Johann Löwen

Die Ratte des Warlords Band 3

Ohne Abkommen

EK-2 Militär

I.

1. Die leicht ausgefransten Tüllgardinen flatterten behaglich im offenen Küchenfenster und ließen die hellen Sonnenstrahlen als kurzlebige Schattenmuster über den Fußboden wandern. Der schwache Wind war an diesem Morgen nicht kalt, sondern angenehm kühl. Und er roch nicht mehr nach Smog.

Im Winter hingen die Abgase der Kraftwerke und der vielen Kohlefeuern in den Armensiedlungen wie eine Glocke über Johannesburg. Jetzt trug der Wind den würzigen Duft von frischem Gras aus dem Hochland im Norden herbei.

David schloss die Augen und sog den lauen Wind genüsslich ein.

*****

Dann war der Zauber vorbei. David fühlte sich ausgebrannt, als wenn er einer von den zahllosen unterirdischen Kohleflözen wäre, die in der Umgebung der Stadt brannten und den illegal in den aufgegebenen Stollen entsorgten Müll entzündeten. Darum war das Grundwasser mancherorts zu vierzig Grad heißer giftiger Säure geworden und darum hatte die Luft im Winter so beißend verbrannt gerochen. Die Verheißung des Frühlings ließ David nicht vergessen, wie lange und erfolglos er gegen das Unrecht an der Umwelt und an den Menschen gekämpft hatte. Für diesen Kampf hatte er sich mit seiner Familie überworfen.

Schon lange schämte er sich für die Worte, die er im jugendlichen Eifer seinem Vater an den Kopf geworfen hatte. Wäre er damals weniger überheblich gewesen und hätte seinem Vater zugehört, dann hätte er das Familienvermögen für seine Ideale einsetzen können. Anstatt auf Kundgebungen, die von der Polizei aufgelöst wurden und nie etwas bewirkt hatten, sich den Hals wund zu schreien.

Nun war er sechzig Jahre alt und das einzig Gute in seinem Leben hatte er sich nicht erstritten, sondern einfach so bekommen. Er staunte jeden Tag darüber, und fragte sich, wofür eigentlich. David sah seine Frau an. Ihr war es egal, dass seine Geschwister in Luxus lebten, während sie glücklich darüber waren, eine Zweizimmerwohnung mit Strom und Wasser zu haben, in einer relativ sicheren Gegend zu leben, und dass David eine Arbeit hatte. Er hätte Milliarden scheffeln können, stattdessen brachte er nur das bescheidene Gehalt eines Taxifahrers heim. Sue bedauerte, dass es keinen Kontakt zu seinen Geschwistern gab, aber auch das tat sie nicht wegen des Geldes, sondern – weil sie einfach ein guter Mensch war. Wie jeden Tag fragte sich David, was sie an ihm fand. Und wie jeden Tag war er in diesem kurzen Moment glücklich. Weil er wusste, dass weder sein mickriges Aussehen, noch dass er zehn Jahre älter und völlig mittellos war, eine Rolle spielten. Sue liebte ihn einfach. Ihn und Mepuku. Dieser Junge, der so etwas wie ein Stern in der Dämmerung von Davids Leben war, er hatte es wieder lebenswert gemacht, als eine wundervolle Ergänzung zu Sue.

Sie bemerkte seinen Blick und lächelte ihn an, während sie sein Mittagessen einpackte. Ihr Lächeln war zwar beiläufig, aber es leuchtete trotzdem.

"Du kommst heute früher heim, nicht wahr?", fragte sie.

"Natürlich", antwortete David. Dann grinste er verschlagen. "Ich löse den Scheck ein, wir gehen schick essen und abends geben wir ihm sein Geschenk."

Sue zwang sich, verurteilend den Kopf zu schütteln.

"Du willst einen siebenjährigen Jungen an seinem Geburtstag auf die Folter spannen", warf sie David mit bemühter Entrüstung vor.

Dann schmunzelte sie mit derselben Vorfreude, wie er sie hatte.

"Ich liebe dich", sagte David.

Er gab Sue einen Kuss, nahm die vorbereitete Lunchbox und machte sich auf den Weg aus der Wohnung.

"Ich dich auch, Schatz", flüsterte Sue, als sich die Tür schloss.

2. Alle Taxifahrer in Johannesburg wurden *Killer* genannt. Schuld daran waren aber nur die Fahrer von Sammeltaxis, die mit ihren meist verkehrsunsicheren Minibussen rücksichtslos durch die Stadt rasten. Auch David war lange black-taxi-driver gewesen, bevor er die Anstellung bei Rose Taxis bekommen hatte.

Die Minibusfahrer höhnten, einen langweiligeren Job, als einen weißen Toyota mit gelbem hutförmigem Schild auf dem Dach zu fahren und telefonisch bestellt zu werden oder vor Hotels oder am Flughafen zu warten, könne es gar nicht geben. David fand jedoch nichts Spaßiges daran, irrsinnig durch die Stadt zu rasen, mit zwanzig statt sechzehn Leuten im Bus, und von Passanten angehalten zu werden. Auch wenn er nicht mehr selbständig war, sondern nur einer von zweihundertvierundzwanzig Fahrern, die in Schichten rund um die Uhr für das seit 1934 bestehende Unternehmen fuhren, David war mit seiner Arbeit zufrieden.

Aber in letzter Zeit wünschte er sich, nach Rooiels Bay zurückzukehren. Nicht für sich selbst, vielmehr wollte er seinem Sohn ein besseres Leben ermöglichen.

Weil die Zeitungen vor einiger Zeit berichtet hatten, dass seine geldbesessenen kleinen Geschwister ihr Imperium auflösten. Anscheinend hatten die beiden ihr Denken verändert. Mauto hatte sich sogar vor kurzem einfach so gemeldet. Es war ein kurzes verkrampftes Gespräch gewesen, aber vielleicht ein Anfang.

David rügte sich, Mautos Geburtstag vergessen zu haben. Er hätte ihm gratulieren und dann nebenbei fragen können, ob er, oder vielleicht Rebecca, einen Chauffeur gebrauchen könnten. Aber vielleicht würden sie anrufen, um Mepuku zum Geburtstag zu gratulieren. Dann konnte er die Frage immer noch stellen.

*****

Die beiden letzten Fahrgäste an diesem Tag waren ein europäisches Touristenpärchen. Direkt vom Flughafen wollten sie zu Sandton City gebracht werden.

Südafrikas größtes Einkaufszentrum befand sich in Sandton, Johannesburgs prächtigstem, reichstem und elegantestem Stadtteil. Dieses Geschäftsviertel war das Finanzzentrum von Südafrika und Johannesburgs wichtigste Geschäftsadresse. Die Börse residierte hier, und an jeder Ecke gab es Banken.

David fuhr einen Umweg, aber nicht, um mehr Geld zu verdienen, sondern, weil er nicht durch Alexandra fahren wollte. Das war die ärmste Township des Landes. Sandton lag direkt daneben.

David beschloss, seinen Scheck hier einzulösen, das ersparte ihm einen Umweg. Den Scheck hatte er in der Mittagspause abgeholt, die Erlaubnis, den Wagen heute Abend für den Familienausflug zu benutzen, hatte er auch. Er dankte im Geiste nochmals seinem Vorgesetzten und hielt vor der Filiale der ABSA Limited an, vor der er einen freien Parkplatz sah. Wenn es zügig ging, dann würde er es sehr schnell nach Hause schaffen.

Die Bank kam David einschüchternd vor, mit dem glänzenden Marmor, funkelnden Accessoires, den roten Teppichläufern und den vornehm gekleideten Angestellten. David lächelte in sich hinein. Eine Zeitlang waren solche Dinge in solchen Banken etwas Alltägliches für ihn gewesen, aber das war schon lange her. Er entspannte sich und reihte sich in die Schlange zu einem Schalter ein.

*****

Die vier Männer, die die Bank eine knappe Minute nach ihm betraten, fielen ihm nur deshalb auf, weil sie genauso wenig wie er hierhin gehörten. Wie er, trugen sie billige Kleidung. Einzig, dass die Männer weiß waren und Baseballmützen trugen, die tief ins Gesicht gezogen waren, unterschieden sie von David.

Vor ihm standen nur drei Menschen in der Schlange, es würde mit Sicherheit nur einige wenige Minuten dauern, dann konnte er zu seiner Familie.

Sekunden später wusste David, dass der Abend versaut war und er doch nicht so schnell nach Hause kommen würde. Zwei der Männer liefen

3

plötzlich zu den Wachleuten, einer blieb mitten in der Halle stehen und riss eine Maschinenpistole aus der Jacke, während der vierte zu einem Schalter rannte. Er sprang über den Tresen, schlug den Angestellten nieder, der ihn verdattert anblickte, und drückte die Waffe an die Stirn des Bankmanagers, der daneben stand. David sank wie die anderen Besucher auf die Knie und legte die Hände an den Kopf, bevor er den Schrei des Managers hörte, dass sich niemand wehren solle und tun müsse, was die Räuber verlangten. Die Wachmänner legten ihre Pistolen glücklicherweise vorsichtig auf den Boden, und in David keimte die Hoffnung, dass er es doch zeitig schaffen würde. Die Wachleute waren nicht bereit, für das versicherte Geld zu sterben, und wenn sonst niemand den Helden spielen würde, könnte er bald bei seiner Frau und seinem Sohn sein. David blickte erleichtert zum Fenster hinaus. Er war nicht zum ersten Mal in einer solchen Situation, er wusste, dass man die Räuber nicht direkt ansehen sollte.

Und die wussten, was sie taten. Sobald sich niemand mehr rührte, verschwanden zwei von ihnen mit dem Bankmanager nach hinten. Keine fünf Minuten später kehrten sie zurück. Einer schleppte zwei prallgefüllte Taschen. Der zweite, der den Bankangestellten geschlagen hatte, schien der Anführer zu sein, er hatte nur einen schmalen braunen Aktenkoffer in der Hand. Während der mit schweren Taschen behängte Räuber an David vorbei hastete und die beiden, die die Wachmänner entwaffnet hatten, ihm folgten, ging der Anführer gemächlichen Schrittes zur Tür und überblickte dabei die Halle.

Plötzlich spürte David, dass er angestarrt wurde. Überrascht blickte er auf und sah in die Augen des Räubers. Und wusste sogleich, dass er es nicht nach Hause schaffen würde. Weder heute noch jemals sonst.

II.

3. Es lief so ab, wie es geplant gewesen war. Roy brauchte nur über den Tresen zu springen und einen Angestellten niederzuschlagen, sogleich brüllte der Filialleiter, dass sich niemand wehren solle. Dieser Befehl wurde befolgt und niemand löste den Alarm aus. Der Rest war einfach. Nachdem die beiden Wachleute entwaffnet waren, hatten Emil und Alfred die Kontrolle über den Schalterraum und die Besucher. Roy und Otis zerrten den Filialleiter zum Tresor. Dort lagen vier Stapel aus noch nicht ausgepacktem Geld, es war nur dreißig Minuten zuvor hergebracht worden. Es in die mitgebrachten Taschen zu stecken, war dann nur eine

Sache von einer Minute. Otis ging gleich mit der Beute weg. Roy schnappte sich aus einer Eingebung heraus den feinen braunen Aktenkoffer, der einsam hinten in einem Regal stand. Dann schlug er dem protestierenden Filialleiter mit dem Griff seiner Pistole ins Gesicht, damit bei dem Kerl ein deutlicher blauer Fleck zurückblieb, und ging.

*****

Plötzlich fiel sein Blick auf den einzigen Nicht-Weißen in der Bank. Auf dem Weg hierhin war Roy von einem Schwarzen angerempelt worden. Der hatte sich zwar gleich entschuldigt, aber beiläufig, und Roy kochte innerlich immer noch deswegen. Und nun sah er diesen Schwarzen da. Der wartete seelenruhig, bis alles zu Ende war. Roy überkam plötzlich die Wut. Der Kerl auf der Straße und dieser hier, die beiden würden niemals Respekt vor ihm haben. Dem ersten konnte er nichts mehr, aber diesem hier schon. Wieder völlig ruhig, ging Roy weiter. Der Schwarze, der angestrengt zum Fenster hinausblickte, drehte leicht den Kopf, als Roy bei ihm seine Schritte verlangsamte. Und dann wusste der Schwarze es, das konnte Roy deutlich sehen.

Er hätte diese Sekunde gern ausgedehnt, in der er die Waffe hob. Das hilflose Erstaunen des Schwarzen, dann das Begreifen, dass er gleich sterben würde, der Unglaube, die Frage nach dem Warum, die Angst und vor allem – die Machtlosigkeit, etwas gegen den eigenen sinnlosen Tod unternehmen zu können.

Das Gefühl der Allmacht war besser als jeder Sex, besser als das Wissen, dass sie Millionen erbeutet hatten. Und die letzte Hoffnung auf Gnade und die schutzlose Ohnmächtigkeit seines Opfers machten es noch vollkommener.

Vielleicht hätte Roy unter anderen Umständen den Zuruf von Alfred nicht ignoriert, aber jetzt wäre es wie ein unterbrochenes Liebesspiel. Er schoss dem Schwarzen in den Kopf, als er an ihm vorbeiging, beiläufig und allmächtig.

Die erschrockenen Aufschreie erfüllten Roy mit einer euphorischen Befriedigung. Er warf sogar einen Blick über die Schulter und sah, wie der Schwarze in die Lache aus eigenem Blut fiel. Die Bankbesucher verstummten erstickt, als Roy den Kopf in ihre Richtung drehte. Er genoss diesen viel zu kurzen Moment, während er ruhig weiter zum Ausgang schlenderte und die Pistole einsteckte.

*****

Alfred, Emil und Otis waren schon weg, als Roy aus der Bank trat. Jetzt musste er seine Freude zügeln. Er eilte davon und zog dabei die Jacke aus. Noch bevor er die nächste Querstraße erreichte, hatte er die Jacke umgedreht, sodass sie jetzt blau statt grün war. Roy zog sie wieder an, bog um die Ecke und ging nun ganz normal weiter, während er die Baseballmütze vom Kopf zog, sie in den Gürtel steckte und die Jacke darüber stülpte.

Drei Straßen weiter beachtete ihn niemand, und auch nicht den alten Ford, in dem Otis wartete. Roy sah sich um. Noch hatte wahrscheinlich gar kein Mensch mitbekommen, dass in der Nähe eine Bank überfallen worden war. Alfred und Emil saßen bestimmt schon in ihrem Dienstwagen und warteten auf den Funkspruch, um als erste zur Bank zu kommen und die Ermittlungen aufzunehmen.

Sie hatten es geschafft. War simpel gewesen.

Als Roy einstieg, reichte Otis ihm einen Becher mit Kaffee und nickte. Die beiden Taschen lagen also im Kofferraum. Roy grinste und fuhr los.

4. Roberto Melandri rümpfte die Nase und wedelte mit der Hand vor dem Gesicht. Er mochte den Tabakrauch im Allgemeinen und den von Mentholzigaretten im Besonderen nicht. Sein Vater wusste von dieser Abneigung, doch das hinderte ihn nicht daran, den Rauch zu ihm zu blasen. Aber das hatte er jetzt wohl ohne Absicht getan, sondern, weil er angestrengt nachdachte. Sein Blick wurde dennoch scharf, und Roberto wollte nicht respektlos erscheinen.

"Chiedo scusa", bat er sofort um Entschuldigung für das Wedeln.

*****

Italienischstämmige gab es in Südafrika nicht viele, und die meisten waren längst assimiliert und bezeichneten sich wie die anderen Weißen als *Afrikaaner*.

Roberto jedoch, obwohl hier geboren, beherrschte nicht nur die Sprache seiner Vorfahren, er fühlte sich als Italiener. Weil sein Vater eine italienische Macht repräsentierte, die ihren Einfluss beständig auf die ganze Welt ausdehnte. Der Codex der 'Ndrangheta wurde in seinem Clan, zu dem sich einzelne Johannesburger Familien zusammengeschlossen hatten, nicht nur befolgt, er wurde gelebt. Man sprach Italienisch und heiratete nur untereinander, denn die Bande des Blutes waren die stärksten überhaupt. Außenstehende hatten keinen Zutritt zu dieser Welt. Den wegen der Geschäfte nötigen Kontakt nach Außen reduzierte man auf das absolut mögliche Minimum.

Seit mehr als fünfundzwanzig Jahren leitete Robertos Vater als Associazione den Rat der Familienoberhäupter. Und Roberto trug schon die Tätowierung des fünfzackigen Sterns, das Erkennungszeichen eines Quintino. Nur wenige *'ndrinu*, wie sich die Clan-Mitglieder nannten, wurden in diesen Rang berufen, der mit vielen Vorrechten, aber auch mit vielen Pflichten verbunden war.

Roberto war stolz darauf, schon mit dreißig ein Quintino zu sein. Er war einer der beiden Stellvertreter des Dons, er hatte Macht und er genoss sie. Und er liebte die Vergnügen des Lebensstils, die ihm seine Position bot, und er zelebrierte gern das gewiefte Spiel gegen die Polizei. Und bald würde er Associazione werden. Auf dieses Amt bereitete er sich mit selbstloser Hingabe vor.

Das musste er auch, seit dem Ende der Apartheid pochten schwarze Banden, die bis dahin mehr in Revierstreitigkeiten untereinander verwickelt waren, nun darauf, Teile an Geschäften zu bekommen, die ihnen bis dato allein aufgrund ihrer Hautfarbe verwehrt waren. Das galt für alle farbigen Gruppierungen, und es war schwierig für die Familie geworden, ihre Position in dieser neuen Ordnung zu behaupten. Viele Weiße, zu denen man gute Kontakte gepflegt hatte, wurden durch idealistische Schwarze ersetzt, die keine Mafia im neuen Südafrika haben wollten. Diese Edelmenschen begriffen einfach nicht, dass das Verbrechen nicht auszurotten war. Und dass wenn sie das Machtgefüge der Unterwelt zerstörten, es beschwor einen Krieg herauf – weil es immer Leute gab, die höher und weiter wollten. Immer wieder versuchten einige der neuen Landesherren, das Verbrechen ans Tageslicht zu zerren und ihm den Garaus zu machen.

Die Schäden, die die Polizei der Familie seitdem hatte zufügen können, waren herbe Schläge. Aber letztendlich hatten die Melandris ihre Position gefestigt und sogar ausgebaut. Denn zwar nicht alle, aber die meisten Idealisten sahen irgendwann ein, dass sie für Träume weder etwas zu essen, noch ein gutes Haus oder ein anständiges Auto kaufen konnten. Und dass es profitabel war, wenn sie die 'Ndrangheta in Ruhe ließen. Roberto konnte sich nicht mehr erinnern, wann man einen ehrlichen und sturen Ermittler mit Gewalt von seinem Vorhaben hatte abbringen müssen. Denn Don Marcello führte seinen Clan gut organisiert und clever, und er hatte sich mit der Staatsmacht arrangieren können. Die Polizei hielt sich bedeckt, solange das Verbrechen unauffällig blieb. Es gab mal Ermittlungen, aber nur, um den Schein zu wahren. Und um sie anschließend einstellen zu können, denn das honorierte Marcello sehr großzügig. Es gab natürlich auch unbestechliche Polizisten, doch sie wurden oft durch die Vorschriften eben jener Gesetze zermürbt, die sie vehement durchzusetzen versuchten.

Darum eiferte Roberto seinem Vater nach. Und er war gut darin. Den Rang des Picciotti, eines Soldaten, hatte er nur kurz innegehabt, für herausragende kriminelle Verdienste war er bald gleich über die nächsten drei Grade hinweg zum Santista befördert worden. Schon bald darauf hatte er als Vangelista mit der Hand auf dem Evangelium der Organisation ewige Treue geschworen. Sein steiler Aufstieg hatte nichts damit zu tun, dass er der einzige Sohn des Dons war, sondern, weil er die sieben Regeln, die das Leben des 'ndrina, des Clans bestimmten, mit der Muttermilch aufgesogen hatte. Bedingungslos befolgte er Il Cotello, die Regel, die besagte, dass die Interessen der 'Ndrangheta an erster Stelle stehen und bis in den Tod beschützt werden müssen, und Fedelta, die Treue bis in den Tod. Mit Umilta, der Demut, hatte er Schwierigkeiten, aber nur in Bezug auf die einfache Bevölkerung, niemals anderen Ehrenwerten gegenüber. Dafür hatte er die Falsa Politica, die Sprache gegenüber der Polizei und den Nichteingeweihten, sogar weiterentwickelt. Mit La Carta, wonach alle bedeutenden Ereignisse niederzuschreiben waren, und Il Lapis, die den Associazione verpflichtete, diese geheime Chronik zu führen, hatte er noch nichts zu tun.

*****

Marcello war sich im Klaren darüber, dass Roberto ein Soziopath war. Er missachtete soziale Normen und Regeln, hatte absolut kein Schuldbewusstsein, eine sehr niedrige Frustrationstoleranz und eine stark ausgeprägte Neigung zu aggressivem und gewalttätigem Verhalten. Er hatte Charme, wirkte interessant auf Frauen, und nutzte das aus. Aber sobald eine Frau nicht mehr aufregend genug war, vergaß er sie. Wenn die Begebenheit nicht damit endete, dass sie oder ihre Eltern besucht werden mussten, um ihnen Geld anzubieten oder um sie einzuschüchtern, damit sie nicht rechtlich gegen Roberto vorgingen, dann war das eine nicht erwähnenswerte Episode gewesen. Aber all das bedeutete nichts, denn Roberto würde sein würdiger Nachfolger werden. Es war egal, dass er manchmal über die Stränge schlug. Seine sechs Töchter liebte Don Marcello abgöttisch, aber sein einziger Sohn war für ihn die Quelle unendlichen Stolzes.

Und dessen manchmal brutales und furchteinflößendes Handeln brachte auch viel Gutes ein, denn man hatte Angst vor Roberto. Die Verhandlungen mit anderen Vereinigungen, seien es mit Indern, Schwarzen oder sonst wem, gingen meist sehr vorteilhaft für die Familie aus, wenn er anwesend war. Mit dreißig Jahren hatte er schon so oft getötet, dass gestandene Killer sich gegen ihn wie Anfänger ausnahmen. Roberto war schwierig, aber ein Segen für die Familie.

Don Marcello war kein starrköpfiger Patriarch. Er wusste genau, wie fähig sein Sohn war. Innerhalb der kurzen Zeit als Quintino hatte sich Roberto enorm viel Wissen angeeignet. Er kannte sich exzellent in der Politik aus, verstand die Wirtschaftskreisläufe und wusste viel über die Arbeit des Polizeiapparates. Darum war Don Marcello zuversichtlich, dass sein Sohn auch das schwerwiegende Problem lösen würde, das sie völlig unerwartet ereilt hatte.

*****

8

Roberto blickte weiterhin demütig, während Marcello brütend an der Zigarette zog. Im Moment saßen sie nicht als Familienmitglieder einander gegenüber, sondern als der Führer eines Clans und dessen wichtigster Vertrauter und Helfer.

"Es ist schon zwei Tage her, aber weder war die Polizei bei uns, noch die Zeitungen, noch hat jemand Geld haben wollen", resümierte der Don. "Also?"

Roberto räusperte sich unter seinem verlangenden Blick.

"Eben weil diese Auswirkungen nicht eingetreten sind, gehe ich davon aus, dass der Räuber den Aktenkoffer mitgenommen hat, weil er sich im sichersten Raum der Bank befand", sagte er. "Wenn er sich nicht gründlich einliest, wird der Typ mit dem Inhalt gar nichts anfangen können. Für ihn ist es nur Papier."

"Und für uns eine Gefährdung", erinnerte der Don ihn schroff.

"Natürlich", stimmte Roberto ihm sofort zu. "Aber ich denke, wir sollten die Suche trotzdem langsam angehen." Er sammelte sich. "Der Überfall war meisterlich durchgeführt. Diesen Typen fehlten anscheinend das Wissen und die Erfahrung für einen Einbruch. Also marschierten sie am hellen Tage in die Bank und nahmen sich das Geld einfach. Nur – sie wussten irgendwoher, dass die ABSA Limited in Sandton das Geld verwaltet, mit dem Coal of Africa seine Arbeiter bezahlt. Es kommt in diese Bank, und erst von dort aus wird es auf die Filialen in der Provinz Mpumalanga verteilt." Roberto machte eine Pause. "Mein Informant bei der Polizei sagt, dass die beiden ermittelnden Beamten davon ausgehen, dass jemand vom Geldtransportunternehmen mit drin steckt."

"Logisch", entschied Don Marcello nach einigem Überlegen. "Häng dich da mit dran", befahl er. "Aber du musst den Typen vor der Polizei kriegen."

"Ich bin schon dabei, Vater", erwiderte Roberto.

"Gut", lobte der Don ihn. "Hol diese Papiere zurück, und zwar schnell."

"Jawohl." Roberto machte eine abwartende Pause. "Ich habe mir etwas überlegt", fuhr er fort, nachdem sein Vater ihm auf seinen fragenden Blick hin mit einem knappen Nicken die Erlaubnis zum Sprechen gab. "Der Überfall an sich und die momentane Zurückhaltung mit unseren Papieren zeugen möglicherweise von Intelligenz. Der Mord an dem Schwarzen weist dagegen auf eine geistige Störung hin." Roberto machte eine kurze Pause. "Vielleicht sollte ich versuchen, diesen Typen für uns zu gewinnen, Vater?"

Der Don zog die nächste stinkige Mentholzigarette aus der Schachtel und zündete sie an, Robertos missbilligende Blicke völlig ignorierend.

"Wozu?", verlangte er knapp zu wissen.

"Damit er dasselbe noch ein paarmal macht", antwortete Roberto. "Daraufhin bieten wir den Banken unsere Schutzdienste an. Die Polizei ist ja unfähig." Er schniefte abfällig. "Nur um die Privaten müssen wir uns langsam kümmern."

Die alten Methoden waren nicht die schlechtesten. Man warf erst die Scheiben eines Geschäftes ein, dann drängte man dem verängstigten Besitzer für eine Gebühr Schutz gegen vermeintliche Verbrecher auf. Doch mittlerweile machten die privaten Sicherheitsfirmen das Erpressen schwer. Entweder beschützten sie die Geschäftsleute aus aller Kraft, oder sie verlangten enorme Bestechungen.

"Schnapp ihn dir und mach dir ein Bild von ihm", entschied der Don. "Wenn du dir sicher bist, dass es funktioniert – mach es."

Roberto lächelte kurz, aber glücklich, angesichts des Vertrauens, das der Associazione ihm entgegenbrachte. Er stand auf und verbeugte sich.

"Danke, Vater. Ich werde dich nicht enttäuschen."

5. Roy hatte gute Laune. Es waren fünf Millionen Dollar, die sie erbeutet hatten. Einen Teil davon würden sie brauchen, um das Geld zu waschen. Doch vier Millionen durch fünf für zehn Minuten Arbeit, war keine schlechte Marge.

Roy stieß grob die Frau an, die neben ihm schlief. Alfred würde bald herkommen, die Frau durfte ihn nicht sehen.

"Raus", befahl er in einem Ton, der keinen Widerspruch duldete, kaum dass die Prostituierte die Augen öffnete.

Sie blinzelte überrascht. Roy langte zum Beistelltisch, nahm zwei Geldscheine und warf sie der Frau zu. Sie sammelte sie ein und blickte ihn fragend an. Roy deutete nur nachdrücklich auf die Tür. Die Frau stieg aus dem Bett und zog sich hastig an, während Roy sie abschätzig beobachtete. Ohne ein Wort hastete sie hinaus. Roy überlegte, schon mal den Kaffee aufzustellen, entschied sich aber dagegen. Zu viel wollte er auch nicht buckeln. Denn ohne ihn konnte Alfred seinen genialen Plan nicht verwirklichen. Roy streckte sich im Bett genüsslich aus.

*****

Er blieb ruhig, als die Eingangstür krachend aufflog. Denn sie war aufgeschlossen worden, und der Einzige, der außer ihm den Schlüssel hatte, war Alfred. Der brauchte öfter eine Möglichkeit, sich ohne seine Frau zu entspannen.

Eigentlich hatte Roy erwartet, dass sein Kompagnon mit einer Flasche teuren Champagner vor ihn treten würde, stattdessen blickte er überrascht in Alfreds und Emils wutverzerrte Gesichter. Roy erschrak. Alfred mochte gemütlich aussehen, aber Roy wusste, dass dieser Kerl wahrscheinlich noch härter war als er selbst. Und wenn Alfred einen solchen Gesichtsausdruck so wie jetzt hatte, und dabei so schwer und kalt blickte, widersprach man ihm besser nicht.

"Was hast du getan?", fragte Alfred bedrohlich ruhig. "Keine unnötigen Toten, das hatte ich doch deutlich gesagt."

"Was denn?", versuchte Roy sorglos zu erwidern. Und sah gleich, dass Alfred das zu wenig war. "Der Typ hatte mich blöde angeglotzt", rechtfertigte er sich.

"Ach ja?", explodierte Alfred. "Sagt dir der Name Galema etwas?"

Sein Ton jagte Roy einen kalten Schauer über den Rücken.

"Nein", dehnte er plötzlich verängstigt das Wort.

"Du Idiot hast David Galema erschossen."

"Wen?"

"Den Bruder des Außenministers!", brüllte Alfred ätzend. "Und dessen Kumpel ist der Chef von Ministry of Security and Safety!"

"Verdammt", brachte Roy erschrocken heraus.

"Ja, genau", fauchte Alfred. "Wir hatten es fast, du Idiot! Aber wenn die MSS-Typen auftauchen, wird es schiefgehen! Die belügt man nicht und die bringt man schon gar nicht um! Wärst du nicht so wichtig für mich, wärst du jetzt tot!"

"Es tut mir sehr leid, Al", stotterte Roy. "Aber der Typ hat mein Gesicht gesehen..." Der Schwarze hatte ihm wirklich in die Augen geblickt. Zumindest nachdem Roy das förmlich provoziert hatte. Trotz dieser Lüge aus der Not heraus wurde Alfreds Blick erstaunlicherweise weicher. Es lag wohl daran, dass Roy, auf die ihm eigene Art, seinen Fehler zugegeben hatte und jetzt nicht mehr versuchte, sich auszureden. Alfred entspannte sich und ließ sich in einen Sessel fallen, während Roy die Hose anzog. "Weißt du", begann Roy, "vielleicht ist es ja gar nicht so schlecht." Alfred bedachte ihn mit einem abfällig abwartenden Blick. "Na, vielleicht wird man denken, es war ein Auftragsmord", erklärte Roy.

"Den man mit einem Banküberfall kaschiert hat, oder was?", entgegnete Alfred giftig. "Merkst du überhaupt, was du da laberst?"

"Willst du einen Kaffee?", wich Roy der Frage aus. "Du auch, Emil?"

Beide Polizisten nickten knapp. Und beide schwiegen schwer, während Roy die Espressomaschine in Gang brachte.

"Was war in dem Aktenkoffer?", wollte Alfred dann wissen.

"Nur irgendwelche Papiere, nichts von Wert", antwortete Roy. "Darum habe ich ihn einfach weggeschmissen." Diesmal hatte er die Wahrheit gesagt, und konnte so dem Blick des Polizisten mühelos standhalten. "Ich hatte gedacht, es wären Diamanten drin oder so", fügte er schulterzuckend hinzu. Alfred akzeptierte die Erklärung mit einem knappen Nicken. "Soll ich den Filialleiter umlegen?", bot Roy daraufhin eifrig an.

"Nein", gab Alfred zurück. "Wir haben den Verdacht auf das Geldtransportunternehmen gelenkt, und wenn Kwo stirbt, wirft es Fragen auf." Er seufzte verärgert. "Immer vermasselst du alles! Hättest du nicht geschossen, würden wir die Ermittlungen bald unaufgeklärt beendet haben und könnten verschwinden."

Roy reichte ihm schnell eine Tasse Espresso, sehr stark, so wie er ihn mochte, und wartete, bis Alfred zwei Schlucke getrunken hatte.

"Was soll ich tun?", fragte er dann kleinlaut.

Alfred lehnte sich zurück und trank den Espresso nachdenklich aus. Dann reichte er die leere Tasse zurück und nickte auf Roys fragenden Blick hin. Roy füllte die Tasse, und diesmal auch eine für sich selbst. Er gab Alfred den Kaffee, setzte sich aufs Bett ihm gegenüber und wartete.

"Weiter nach Plan", bestimmte Alfred schließlich in geschäftigem Ton. Ein kurzes Lächeln huschte über seine Lippen. "Wasch das Geld und beeil dich, vielleicht schaffen wir es, das Land zu verlassen, bevor das MSS hier auftaucht."

Roy entspannte sich. Wenn Alfred so lächelte, war das Schlimmste überstanden. Erst hatte Roy geglaubt, er würde ihn wirklich töten.

"Wenn es schneller gehen soll, wird die Gebühr höher", sagte er betont zahm.

Der Polizist bedachte ihn mit einem amüsierten Blick. Es war deutlich, dass er sein Spiel durchschaute. Nichtsdestotrotz gefiel ihm, dass Roy sich fügsam gab.

"Das ist mir klar, oder meinst du, ich sei blöd?", fragte er dennoch scharf, beruhigte sich aber sofort wieder. "Du wirst die Differenz aus deinem Anteil bezahlen", bestimmte er unmissverständlich und sah warnend drein.

Roy versuchte nicht einmal, zu widersprechen.

"Klar, natürlich", beeilte er sich zu sagen.

"Mindestens siebenhunderttausend Dollar für mich", verlangte Alfred. "Damit komme ich in Thailand zurecht." Er rieb sich nachdenklich das Kinn. "Eine Million wäre besser", murmelte er. "Vielleicht müssen wir Kwo doch loswerden."

"Ich gebe mein Bestes", versprach Roy.

"Mach es einfach nur gut", dämpfte Alfred scharf seinen Eifer. "Vermassele es nicht und halt dich bloß zurück." Er sah ihn eindringlich an. "Tritt keinem auf die Füße, Roy. Und keine Probleme diesmal, verstanden." Er hatte nicht gehässig, sondern ruhig gesprochen. Roy wusste trotzdem, dass es ganz anders war als vorhin. Ein zweites Mal würde Alfred kein Nachsehen haben, sollte er sich an seine Anweisungen nicht halten. "Und wenn es Probleme gibt", fügte Alfred hinzu, "ganz gleich welcher Art – ruf an. Versuche nicht, sie auf eigene Faust zu lösen. Ist das klar?", fragte er mit bohrendem Blick nach. "Hast du das kapiert?"

"Ja, Alfred", bestätigte Roy und nickte mehrmals zur Bekräftigung.

Der Polizist hatte es wieder einmal geschafft, er hatte nicht nur einfach Angst, sondern richtige, quälende Furcht.

Alfred stand auf und reichte ihm die Tasse. Roy nahm sie und ging zu Emil, um dessen Tasse zu nehmen. Der bedachte ihn mit dem gleichen warnenden Blick wie Alfred. Der sah ihn nicht mehr an und verließ wortlos das Apartment.

Nachdem sich die Tür hinter den Polizisten geschlossen hatte, sprang Roy auf das Bett und schlug wild und wütend knurrend mit den Fäusten auf das Kissen ein, solange, bis er erschöpft und atemlos auf das Laken fiel. Es war gut, dass die Nutte weg war. Sonst hätte er sie erschossen. Er hätte das ganze Magazin in sie gepumpt, das hätte ihm wenigstens etwas Erleichterung verschafft.

III.

6. Benjamin und Rebecca standen reglos hinter Mauto, während auf dem Monitor die Aufnahme der Überwachungskamera aus der Bank lief. Rebecca schluchzte erstickt, als der Räuber, bevor er David passierte, langsamer wurde, beiläufig seine Pistole hob, ihren Bruder erschoss und dann ruhig weiterging.

Kepler fühlte sich so hilflos, wie damals auf der namenlosen Lichtung im Sudan, als die Nonnen hingerichtet wurden. Unaufhaltsam wie eine Welle breitete sich Kälte über die bodenlose schwarze Leere in seinem Innern aus. Nichts bedeutete ihm noch etwas, doch das Leid der drei Geschwister nahm ihn mit. Aber er würde es niemals verringern können. Genauso wenig wie sein eigenes.

"Ich rief an, ich wollte Mepuku zum Geburtstag gratulieren und David fragen, ob er und seine Familie mit uns nach Kenia gehen wollen", krächzte Rebecca plötzlich in einem reißenden Schrei. Sie bebte in einem Weinkrampf, ihr Gesicht war vor Schmerz verzerrt, aus ihren Augen rannen Tränen. Benjamin legte seine Hand auf ihren Arm, aber sie stieß ihren Bruder nur wütend von sich. "Aber David war nicht da! Weil so einer wie der da daherkam", sie blickte hasserfüllt zu Kepler, "und ihn einfach erschossen hat!"

Mauto schien das genauso zu sehen, er warf einen schiefen Seitenblick auf Kepler. Aber Benjamin schüttelte, überraschenderweise missmutig, den Kopf.

"Hör auf mit solchen idiotischen Vorwürfen", befahl er hart und dumpf.

"Sie hat schon recht", sagte Kepler und sah Rebecca an. "Raus hier."

Sie sah ihn an.

"Es tut mir leid", stotterte sie nach zwei Sekunden.

"Schon okay", erwiderte er tonlos. "Trotzdem raus hier", wiederholte er unerbittlich. "Geh, leg dich ins Bett und weine dich aus. Dann wird es leichter", fügte er weicher hinzu. Sie bewegte sich nicht, sah ihn nur leblos an. Er aktivierte das Interkom. "Ngabe, komm in Mautos Arbeitszimmer", befahl er. Die Sekunden, die der Sudanese vom Büro bis in den ersten Stock brauchte, vergingen zäh, erdrückend und still. Dann stürmte Ngabe mit der Hand an der P99 durch die Tür. Kepler wies mit den Augen auf Rebecca. "Bring sie in ihr Zimmer."

Ngabe legte die Arme nun sanft um ihre Schultern und drängte sie behutsam, aber nachdrücklich zur Tür. Rebecca schluchzte und presste eine Hand auf den Mund, dann stolperte sie. Ngabe stützte sie, aber sie strauchelte weiter, darum hob er sie auf die Arme. Sie schmiegte sich verzweifelt an ihn, als er sie hinaustrug. Kepler musterte die Galema-Brüder. In ihren Augen war derselbe wütende Hass wie bei Rebecca. Und wie bei ihr kroch unaufhaltsam blutrünstige Wut auch in ihre Blicke. Kepler holte die DVD aus dem Recorder und steckte sie ein.

"Essen Sie etwas", empfahl er den beiden Brüdern, "und dann legen Sie sich hin. Das hier sollten Sie sich nie wieder ansehen."

Er wusste gleich, dass die Galemas keinen seiner Ratschläge befolgen würden.

7. Aus diesem Grund wies er Ngabe über Interkom an, solange bei Rebecca zu bleiben, bis sie etwas gegessen hatte und eingeschlafen war. Er selbst ging ins Büro. Dort legte er die DVD in den Recorder ein.

*****

Die Bank wurde von zwei Kameras überwacht. Die Ausschnitte ihrer Aufnahmen setzten sich aus zehn recht gut aufgelösten Farbbildern pro Sekunde zusammen. Eine Kamera hatte Davids Gesicht aufgenommen. Kepler konnte relativ gut seine Augen sehen, als der Bankräuber die Pistole auf ihn richtete.

Das war es, was Kepler nicht begriff. Auf keiner der beiden Aufnahmen lieferte etwas auch nur den geringsten Hinweis darauf, was bei dem Bankräuber den Stress ausgelöst hatte. Niemand in der Bank hatte sich den Räubern widersetzt, und David hatte nur auf den Boden oder zum

Fenster hinaus geblickt. Dass der Räuber ihn erschossen hatte, war unbegreiflich. Es war völlig überflüssig gewesen. David hatte nicht einmal in seinem Weg gekniet. Kepler spulte zurück. An der Stelle, als der Räuber die Pistole hob und David zu ihm aufblickte, hielt er das Bild an und zoomte so an Davids Gesicht heran, dass es den ganzen Bildschirm einnahm. Wie damals mit den Nonnen in der Mission, konnte Kepler die Ermordung von Unschuldigen nicht einfach hinnehmen. Sogar für ihn war diese Empfindung nicht nur rein sachlich, für die Galemas war sie ausschließlich emotional. Und starke Gefühle konnten Fatales anrichten. Die Regung, die Kepler bei den Galemas gesehen hatte, verstand er vollkommen. Davids Tod war grausam sinnlos, der Räuber hatte ihn getötet, als hätte er nur eine lästige Fliege weggescheucht, lässig und allmächtig. Und die bestialische Befriedigung über diese Macht hatten die Galema-Brüder dem Räuber genauso wie Kepler angesehen. Niemand verdiente es, aus einer Laune eines anderen heraus sterben zu müssen. Doch ebensowenig sollte niemand seine Seele für die Rache hergeben.

Vor allem, wenn er sie gar nicht vollbringen konnte.

*****

Kepler nahm die Fernbedienung, startete die Aufnahme der ersten Kamera von vorn und sah sie sich genau an. Danach sah er genauso die zweite Aufnahme an.

Anschließend studierte er beide Sequenzen Bild für Bild. Es war nicht anders, als einen Schuss vorzubereiten. Nur dass es diesmal nicht die atmosphärischen Bedingungen waren, nicht die Position des Gegners, nicht die Entfernung und nicht die ballistischen Eigenschaften des Geschosses.

Stattdessen war es die Feststellung, dass die Baseballmützen zwar ziemlich dämlich wirkten, aber dass sie wirkungsvoll waren, Kepler konnte nicht einmal die Umrisse der Gesichter erkennen. Einzig, dass alle vier weiß waren, das konnte er erkennen. Darüber hinaus lieferten die Aufnahmen keine persönlichen Merkmale der Räuber, auch ihre Kleidung war so nichtssagend wie sie allgemein gegenwärtig war. Lediglich das Muster ihrer Bewegungen ließ sich feststellen. Aber das brachte Kepler nicht weiter, er hatte keine Referenz, um diese Erkenntnisse verwerten zu können. Per Parallaxe hätte Kepler anhand der Höhe des Tresens ausrechnen können, wie groß jeder Räuber war. Doch die unbarmherzigen Zahlen hätten nur das bestätigt, was ihm seine Intuition schon gesagt hatte – körperlich waren die vier Männer allesamt völliger Durchschnitt.

Aber ihre Vorgehensweise deutete daraufhin, dass sie sehr gut organisiert waren und effizient agierten. Und genau darum passte Davids Ermordung überhaupt nicht in ihr Schema. Anscheinend war sie völlig spontan erfolgt. Aus diesem Grund sagte sie einiges aus. Nämlich, dass der Killer überhaupt keine Angst hatte, erwischt zu werden. Er hatte David getötet, nur weil ihm danach gewesen war. Der Mörder war nicht arglos – er hatte eine enorme Deckung.

Und das offenbarte seine Schwachstelle. Solche Typen hielten sich für stärker, als sie tatsächlich waren. Sie wendeten Gewalt an – gegen anständige Menschen. Das machte sie widerlich und brutal. Doch im Grunde waren sie Dilettanten. Sie waren die Gewalt zwar gewohnt – aber sie beherrschten sie nicht.

"Das ist das Schlechte, dass ich es auf deinem Niveau machen muss", murmelte Kepler düster. "Aber dafür werde ich es genauso wie du machen."

*****

Als hinter den Fenstern der Morgen graute, war Kepler sich sicher, den Aufnahmen keine weiteren Informationen entnehmen zu können. Er hatte sie zweiunddreißig Mal durchgesehen, und sollte das eintreten, wovon er ausging, dass es eintreten würde, war er vorbereitet genug.

Er war ein fähiger Taktiker, und er war sich sehr gut dessen bewusst, dass er kein begnadeter Stratege war. Darum hielt er sich nicht damit auf, weiter über Details nachzudenken, es gab einfach zu viele unbekannte Variable. Kepler war sich jedoch sicher, die grundsätzlichen Gegebenheiten erkannt zu haben.

Sahi kam herein, um ihn abzulösen, und er machte die Videoanlage aus.

8. In der Küche war nur Matis. Er saß erschöpft auf einem Stuhl und starrte blind auf die blubbernde Kaffeemaschine. Schlaff bestätigte der Butler, dass Mauto und Benjamin die ganze Nacht aufgeblieben waren, und dass er sie mit Sandwiches und Kaffee versorgt hatte.

Kepler ging hinaus. Trotz der Indolenz verspürte er immer noch Wut wegen Davids sinnlosem Tod. Doch jetzt war jede Gefühlsregung absolut fehl am Platz. Mit kalter und sachlicher Berechnung verdrängte Kepler den Zorn.

Während er lief, verifizierte er sachlich die Gründe für seine Entscheidung. Sie waren tatsächlich triftig genug, damit er sein Vorhaben ausführte. Er musste sich nur noch vergewissern, dass er von richtigen Annahmen ausgegangen war.

Als er zurückkam, brannte immer noch nur in Mautos Büro und in der Küche das Licht. Bis zum Frühstück waren es noch anderthalb Stunden, und Kepler ging in seine Wohnung.

*****

Siebenundzwanzig Minuten später klopfte er geduscht, aber unrasiert, an die Tür von Mautos Arbeitszimmer.

16

Die Galema-Brüder empfingen ihn mit verschlossen wirkenden Gesichtern und müden Blicken geröteter Augen. Aber dafür, dass beide immer noch aufgewühlt wirkten, war ihre Wut nicht mehr blind, sondern hatte sich in grimmige Entschlossenheit verwandelt. Anscheinend war Keplers Annahme richtig. Er setzte sich auf den Stuhl vor Mautos Tisch und sah Benjamin an, der mit einer Kaffeetasse in der Hand auf dem Sesselrand hockte.

"Woher haben Sie diese Aufnahmen?", wollte Kepler wissen.

"Von einem Freund", antwortete Benjamin unwillig.

"Demselben, der mich vor dem Knast bewahrt hatte?", riet Kepler. "Er wird Davids Mörder doch fassen, oder?"

Sowohl Mauto als auch Benjamin sahen ihn mit leblosen Augen an.

"Früher oder später kriegt er ihn", antwortete der Minister irgendwie matt.

"Was ist daran nicht gut?", wollte Kepler wissen.

"Dieser Typ wird weiterhin die Luft atmen, die David zustand", keuchte Mauto wütend, brach auf Benjamins warnenden Blick hin aber gleich ab.

"Mehr kann Ihr Freund nicht?", hakte Kepler nach. "Bei mir schon, aber bei Ihrem Bruder nicht?", stocherte er weiter. "Wie geht das denn?"

"Dirk", antwortete Benjamin mit unterdrückter Entrüstung, "Sie hatten damals nur ein unbedeutendes Mädchen gerettet, und jeder mittelmäßige Anwalt hätte Sie mit der Handlung im Affekt schon in der ersten Verhandlung frei bekommen und dabei auch noch Watkies geschadet. Mein Bruder ist eine ganz andere politische Dimension, und egal wie mächtig Grady ist, er kann nur begrenzt in der Grauzone operieren. Er kann diesen Kerl nicht einfach umbringen."

Kepler hörte deutlich heraus, dass das zu wenig war. Benjamin wusste, wie das südafrikanische Rechtssystem funktionierte, und ein ordentliches Verfahren gegen Davids Mörder war nicht die Genugtuung, die er und Mauto haben wollten.

"Und Sie wollen es nicht legal haben, sondern endgültig", sagte Kepler und hob beruhigend die Hand, als beide Galemas aufgeregt aus ihrer Abgespanntheit auffuhren. "Was soll ich machen?", fragte er, es hinauszuzögern hatte keinen Sinn. "Weiter wie bisher, oder soll ich Davids Mörder töten?"

Beide Brüder sahen ihn perplex an.

"Warum fragen Sie das?", brachte Benjamin schließlich heraus.

"Weil Sie es tun wollen. Also ist es besser, ich mache das und nicht ein Auftragskiller, der Sie verraten könnte." Kepler machte eine Pause. "Wenn Sie diesen Bankräuber wirklich tot sehen wollen, tue lieber ich es."

"Was bewegt Sie dazu?", bohrte Benjamin nach.

"Mir gefällt es bei Mauto", antwortete Kepler deutlich. "Und ich weiß nicht, ob ich in Afrika bleiben kann, wenn er und Sie im Gefängnis landen. Denn das werden Sie beide, wenn Sie den Räuber töten lassen. Der Hass hat Sie beide und Rebecca blind und besinnungslos gemacht, Sie würden Fehler machen."

"Sie nicht?", interessierte sich Benjamin mürrisch.

"Nein." Kepler schwieg kurz. "Aber es wird David nicht wieder lebendig machen", sagte er deutlich. "Und die Rache könnte euch alle eure Seelen kosten."

"Und was ist mit Ihrer Seele?", fragte Benjamin scharf zurück.

"Die ist stumpf. Nur weiß ich, was Gerechtigkeit ist." Kepler sah dem Minister in die Augen. "Und genauso gut weiß ich, dass der Mörder von David nur einer von vielen ist. Ihn zu töten schafft keine Gerechtigkeit. Er stirbt, aber es wird ein anderer kommen. Der genauso schlimm ist, oder noch schlimmer."

"Und es kommt ein anderer Kepler", fauchte Mauto plötzlich rasend. "Das geht schon seit Jahrtausenden so. Tun Sie es jetzt oder nicht?"

"Wollen Sie das?" Kepler sah ihm in die Augen. "Wollen Sie das wirklich?"

Mauto blickte erst seinen Bruder, dann wieder Kepler an.

"Ja", krächzte er leise, aber fest. "Töten Sie ihn."

Kepler richtete den Blick auf Benjamin. Der Minister nickte entschlossen. Einige Sekunden lang ließ Kepler diese Antwort im Raum stehen.

"Sie bitten mich, einen Menschen zu töten", sagte er dann deutlich. "Ich werde es tun, aber sein Blut wird auf Ihren Händen genauso wie auf meinen kleben."

Er hatte gehofft, dass das die Brüder zur Vernunft bringen würde. Aber genau diese Tatsache war ihnen anscheinend als Erstes klar geworden.

"Was ist denn mit David?", grollte Mauto.

"Auge um Auge", zürnte sein Bruder im selben Moment.

Kepler sah sie prüfend an. Sie hatten ihre Entscheidung getroffen.

"Wenn Sie die Rache auf diese Art wollen, hört das Leben, wie Sie es bis jetzt geführt haben, an diesem Punkt auf. Egal wer Sie sind, den Mörder Ihres Bruders umzubringen ist illegal. Sie", er sah Benjamin an, "könnten deswegen zurücktreten müssen." Er blickte Mauto in die Augen. "Sie und Rebecca haben die imperialen Pläne zwar aufgegeben, aber Sie könnten trotzdem den Tee, und Ihre Schwester die Kunst verlieren", stellte er klar. "Ist es Ihnen das wert?" Er hatte es langsam, ruhig und deutlich gesagt. Weil die Frage, die er den Brüdern gestellt hatte, für ihn eine Grenze war. Sollte er jetzt etwas über Familienehre und gerechte Rache hören, waren sich die Galemas des Ernstes der Lage nicht bewusst, und er würde einfach gehen. Aber Kepler sah nur grimmige Entschlossenheit.

Dann nickten beide Brüder und sahen ihn fragend an. Sie dachten nicht mehr an die Konsequenzen, sondern warteten auf seine Anweisungen. "Ich breche sofort ab, sollte es gefährlich für mich werden", warnte Kepler nachdrücklich. "Ich gehe wegen dieser Sache nicht in den Knast."

Benjamin hatte sein nüchternes Denken wiedererlangt.

"Ist klar", sagte er. "Sonst fliegen wir mit auf."

"Sie überlassen die Sache dann der Justiz?", hakte Kepler fordernd nach. Die Galemas nickten wieder, ohne einander vorher angesehen zu haben. "Gut", sagte Kepler. Er sammelte sich. "So, der Mord liegt drei Tage zurück, darum muss ich sehr schnell handeln, sonst wird die Spur zu kalt", begann er. "Ich will kein Geld dafür, dass ich diesen Mann töte, aber ich werde welches brauchen, um es tun zu können. Mein eigenes Geld kann ich nicht einsetzen, das würde mich, und somit auch Sie, verraten. Also besorgen Sie mir etwas – unauffällig."

"Natürlich, Dirk", antwortete Mauto leise. "Wie viel?"

"So viel, wie Sie heimlich besorgen können", antwortete Kepler. "Der Hausmeister, den Sie angestellt haben, damit er die Ranch pflegt, hat einen alten, klapprigen Holden-Pickup. Er braucht ein anderes Auto."

"Hä?", brachte Mauto perplex heraus. "Was hat das mit der Sache zu tun?"

"Weil sich so eine Karre für jemanden, der für die Galemas arbeitet, nicht geziemt", antwortete Kepler. "Darum werde ich dem Mann ein besseres Auto besorgen." Er sah zu Benjamin. "Ich brauche den aktuellsten Stand der polizeilichen Ermittlungen. Fragen Sie bei Grady nach, das wird natürlich erscheinen."

"Mache ich", antwortete Benjamin. "Sonst noch etwas?"

"Davids Frau und Kind müssen raus aus meiner Schusslinie", befahl Kepler.

"Ich wollte sie sowieso holen", sagte Mauto matt. "Wir haben jetzt eine Familie zu sein. Spätestens jetzt." Er blinzelte schnell, um die Tränen seiner ohnmächtigen Wut zurückzuhalten. "Verflucht, warum habe ich es nicht früher..."

"Schon gut, Mauto", sagte sein Bruder sanft.

Er stand auf und ging zum Tisch. Der Minister war trotz seines amüsanten rundlichen Äußeren eindeutig der stärkere. Er legte eine Hand auf Mautos Schulter und das schien dem jüngeren Bruder etwas Kraft zu geben. Dennoch hatten beide eine gebeugte Haltung.

"Mauto, Benjamin", rief Kepler eindringlich. Beide Galemas sahen stumm auf, sie waren zu keiner Regung mehr fähig. "Während ich das tun werde, unterlassen Sie jegliche Kommunikation mit den Medien. Schirmen Sie mich ab so gut es geht." Er machte eine Pause. "Mauto, sehen Sie zu, dass wir schnellstmöglich nach Kenia gehen können."

"Okay", brachte sein Chef tonlos heraus.

"Wie lange werden Sie dafür brauchen?", wollte Kepler wissen.

"In zwei Wochen können wir nach Kenia aufbrechen", antwortete Galema träge, nachdem er angestrengt nachgedacht hatte. "Spätestens in drei."

"Nicht mehr als zwei", bestimmte Kepler und ging zur Tür.

9. Sahi saß vor den Überwachungsmonitoren im Büro. Massa und Budi erschienen in weniger als zwei Minuten, nachdem Kepler alle über das Interkom gerufen hatte. Ngabe war auch nach fünf Minuten nicht da.

"Wo bleibt er?", fragte Kepler.

"Er ist bei der Miss", antwortete Sahi. "Seit es passiert ist, ist er nur noch bei ihr, wenn es irgendwie geht." Er erhob sich. "Ich hole ihn."

"Nein", wehrte Kepler ab, "ich mache es selbst."

Er ging in den dritten Stock der Villa.

Rebecca stand in der Tür und sprach leise mit Ngabe. Der Sudanese hielt seine linke Hand wahrscheinlich unbewusst unter Rebeccas rechtem Unterarm.

"Ngabe", rief Kepler von weitem und blieb stehen, "ich brauche dich."

"Ja, Sir", antwortete der Sudanese.

"Dirk", rief Rebecca, als Kepler sich umgedreht. Er blickte über die Schulter zurück. Rebecca warf Ngabe einen Blick zu, und er machte einen Schritt zur Seite. Rebecca ging zu Kepler. "Dirk, es tut mir leid, was ich gestern gesagt habe." Sie sah zu Boden. "Ich war wütend, dass du nicht dagewesen bist", murmelte sie. "Entschuldige bitte."

"Rebecca, ich kann nichts für den Tod deines Bruders", erwiderte Kepler ruhig. Er fasste sie am Kinn und zwang sie sanft, ihn anzusehen. "Aber es war auch nicht deine Schuld", sagte er eindringlich. "Schuld ist dieser Killer, niemand sonst. Verstehst du mich?", fragte er nochmal, weil sie zur Seite blickte, und drehte leicht ihren Kopf. "Verstehst du das?"

"Ja", antwortete Rebecca und sah ihm in die Augen.

Kepler nickte und ließ sie los. Er winkte Ngabe mitzukommen und drehte sich um. Aus dem Augenwinkel sah er, dass der Sudanese noch einen Blick auf Rebecca warf. Darin war mehr, als nur Mitleid.

*****

"Ich werde Urlaub machen, wahrscheinlich zwei Wochen", setzte Kepler im Büro seine Männer ohne Einleitung in Kenntnis. "Galema wird solange hier bleiben. Wenn Rebecca die Ranch verlässt, begleitet sie zu zweit. Dann bleibt immer noch einer in Reserve, falls etwas Unvorhergesehenes eintritt."

Seine Männer sahen einander verstört an, dann blickten sie genauso zu ihm.

"Sie wollen Davids Mörder töten", verstand Budi als erster. "Richtig, Sir?"

Kepler nickte nur.

"Und was ist mit uns?", fragte Sahi fassungslos. "Sir?"

"Ihr macht hier weiter."

"Nein, Sir", widersprach Sahi sofort, "wir machen es mit Ihnen."

"Danke sehr", entgegnete Kepler. "Und was ist mit den Leuten hier?"

"Der Colonel hat recht", sagte Ngabe. "Ich gehe mit ihm, ihr bleibt."

"Du bestimmt nicht", widersprach Kepler entschieden. "Für so etwas braucht man einen klaren Kopf, und du wähnst dich zu früh unglücklich verliebt."

"Einer weniger", sagte Budi munter. "Bevor wir uns streiten, wer mit dem Colonel mitkommt, hört zu." Er sah zu Massa und Sahi. "Galema wird jetzt nicht mehr durch die Nachtklubs ziehen", behauptete er, "darum ist die Reserve nicht nötig. Darum gehe ich mit dem Colonel." Ruhig und entschieden sah er zu Kepler. "Sir, Sie brauchen Deckung", behauptete er, bevor Kepler widersprach.

"Wenn es schiefläuft, kann ich nie wieder zurück – und du könntest es auch nicht", warnte Kepler nachdrücklich. "Es ist völlig ungewiss, was dann passiert."

Budi zuckte nur die Schultern, und Kepler zögerte mit dem Befehl. Er glaubte nicht, Deckung nötig zu haben. Aber er könnte sterben, bevor er Davids Mörder getötet hatte. Kam Budi mit, würde er es dann zu Ende bringen. Kepler hatte dennoch Bedenken, seinen Plan zu ändern. Weil Budi auch sterben könnte.

"Sir, wenn Sie ihn nicht mitnehmen, werden Sie mit mir Vorlieb nehmen müssen", beendete Massa seine Zweifel. "Wir lassen Sie das nicht allein machen."

"Na gut, Budi, du kommst mit", rang sich Kepler zu der Entscheidung durch, dann sah er Massa an. "Du hast solange das Kommando. Das war's."

Er erhob sich sogleich. Seine Männer waren gut, er brauchte nicht da zu bleiben, um zu kontrollieren, wie sie ihre Aufgaben lösen würden, sie würden schon die richtigen Pläne ausarbeiten und sie dann umsetzen.

Budi nickte seinen Kameraden zu und folgte Kepler aus dem Büro.

*****

In seinem Zimmer holte Kepler zwei Wasserflaschen aus dem Kühlschrank und reichte eine Budi. Nachdem sie sich hingesetzt hatten, öffneten sie die Flaschen, nickten einander zu und tranken einige Schlucke.

"Warum, Budi?", fragte Kepler, nachdem er die Flasche abgesetzt hatte.

"Habe ich erklärt, Sir", antwortete der Sudanese. "Und Sie haben selbst gesagt, dass wir Mister Galema viel schulden." Er lächelte. "Und ich war der erste, dem Sie das Leben gerettet haben, in Ihrem ersten Gefecht."

"Ich habe jedem von euch das Leben gerettet", gab Kepler zurück. "So wie jeder von euch meines gerettet hat." Er machte eine Pause. "Die anderen wollten zwar auch mitkommen, aber sie wollten es nicht so sehr wie du."

Der Sudanese trank einen Schluck und sah ihn an.

"Die Jungs werden langsam sesshaft, Sir. Ngabe hat jetzt die Miss, hoffe ich zumindest. Massa und Sahi haben sich Mädchen in Rooiels angelacht."

"Du auch", erwiderte Kepler.

"Nichts ernstes", meinte Budi. "Die drei denken ans Heiraten, ich nicht."

"Du gibst vielleicht eine sichere Existenz auf, mit Kameraden, mit denen du schon seit Jahren zusammen bist." Kepler sah ihm in die Augen. "Warum?"

"Warum wollen Sie es tun, Sir?", fragte Budi zurück. "Weil es eine gerechte Sache ist", beantwortete er die Frage selbst. "Ich sehe das auch so."

"Dann siehst du es falsch", erwiderte Kepler. "Im Sudan haben wir für die Gerechtigkeit gekämpft, Budi, das hier ist nur Rache." Er trank. "Ich habe meine Gründe dafür, aber warum willst du mir helfen, Vergeltung zu üben für jemanden, den du nicht gekannt hast?"

"Erinnern Sie sich an Abib, Sir?", fragte Budi nach einigem Zögern. "Er war mein Vetter." Er schluckte. "Wir beide hatten nur uns, Sir."

"Das wusste ich nicht", sagte Kepler überrascht.

Budi zögerte verlegen.

"Als Sie zu uns kamen, waren wir beide hinter derselben Frau her, das hatte unsere Beziehung abgekühlt", erklärte er schnell. Dann sah er Kepler in die Augen. "Nichtsdestotrotz, er war von meinem Blut. Als Sie diesen Major hingerichtet haben, da habe ich mir geschworen, alles für Sie zu tun, Sir."

Kepler sah in die offen und schmerzlich blickenden Augen seines Kameraden.

"Du hast dich auch davor niemals gedrückt."

"Für Sie persönlich, Sir", sagte Budi mit Nachdruck, "nicht aus Pflicht." Er atmete durch. "An diesem Tag haben wir begriffen, dass Sie es schon lange für jeden von uns zu tun bereit waren." Er sah Kepler in die Augen. "Wir wissen, was wir an Ihnen haben", sagte er leise, aber deutlich. "Auch Sie sind meine Familie, Colonel, und ich lasse Sie diese Sache nicht allein durchziehen."

Kepler nahm den Hörer ab und wählte Mautos Büro. Die Leitung war besetzt, allem Anschein nach hatten sich die Brüder sofort in die ihnen gestellten Aufgaben gestürzt. Kepler wählte Mautos Handynummer. Er musste fast sechs Minuten lang immer wieder neu wählen, bis Galema das Gespräch annahm.

"Ja, Dirk?", fragte er gestresst.

"Budi will den gleichen Urlaub."

Mauto brauchte einige Sekunden, um zu begreifen.

"Geht klar", sagte er dann. "Ich bin schon unterwegs. Ben ist in meinem Büro."

Kepler legte auf und schaltete seinen Laptop ein. Inzwischen gab es Online-Ausgaben auch von regionalen Zeitungen, und Kepler wählte die von Botrivier aus, einem nach der Lagune Botrivier Vlei benannten Städtchen. Dort konnte man eine vortrefflich gemästete Ziege kaufen. Und Autos.

Und es lag in der näheren Umgebung, jedoch weit genug von der Ranch der Galemas. Kepler notierte sich fünf Adressen von Farmern in jener Gegend, die ihre Autos verkaufen wollten. Viele Großgrundbesitzer, denen es finanziell gutging, wechselten ihre Fahrzeuge ziemlich oft. Ohne die Verkäufer anzurufen, machte Kepler den Laptop aus und winkte Budi mitzukommen.

10. Benjamin saß an Mautos Tisch, telefonierte und schrieb dabei etwas auf einen Zettel. Er deutete Kepler und Budi, Platz zu nehmen, und beendete bald darauf das Telefonat.

"Mauto holt gerade das Geld für das Auto", erklärte er.

"Woher kommt das Geld?", interessierte sich Kepler.

"Bank", antwortete Benjamin knapp. "Für Davids Beerdigung. Die Leute hier in der Gegend möchten bar lieber, als Kreditkarte. Es ist legitim."

"Wie viel?"

"Zwei Millionen Rand."

"Zweihunderttausend US-Dollar?", sagte Kepler. "Was ist daran legitim?"

"Wir sind Galemas", gab Benjamin nur zurück. Diese simple Ausrede könnte tatsächlich so einfach die Summe erklären. Kepler nickte anerkennend, aber die Aufmunterung fruchtete bei Benjamin nicht. "Danke", erwiderte er nur matt und beiläufig. Aber dann war es, als würde er wieder zu sich kommen. Hastig schob er Kepler einen Zettel zu. "Lesen Sie."

Kepler überflog die Notizen auf dem Papier. Es waren die Namen der ermittelnden Beamten der Johannesburger Polizei und der Bankangestellten, die beim Überfall zu Schaden gekommen waren. Des Weiteren eine deutlich als vage bezeichnete Vermutung der ermittelnden Polizisten, dass jemand von der Geldtransportfirma für den Raub verantwortlich war. Kepler legte den Zettel ab.

"So in etwa habe ich es mir gedacht", murmelte er.

Benjamin sah ihn angespannt an, seine Hände ballten sich zu Fäusten.

"Was bedeutet das?", fragte er krampfhaft. "Werden Sie es tun?"

"Ja, Benjamin, wir haben den Rubikon längst überschritten", antwortete Kepler. "Budi und ich gehen jetzt packen. Sie besorgen mir bitte die private Adresse und den sozialen Status von dem Bankmanager. Und seinen Dienstplan, wenn möglich." Er überlegte kurz. Aber das war alles. "Sobald Mauto zurück ist, fahren Budi und ich los. Die Infos können Sie mir dann telefonisch geben."

"Dann werde ich auch aufbrechen", sagte Benjamin erleichtert. "Wir fliegen heute noch nach Joburg, ich muss wieder an die Arbeit. Beky und Ngabe kommen mit, sie werden Davids Familie abholen. Ist das okay so, oder soll ich meine Bodyguards hier lassen?"

"Nein, nein, nehmen Sie sie mit", antwortete Kepler. "Es soll möglichst der Anschein bewahrt werden, dass alles normal weitergeht. Dass Budi und ich weg fahren, könnte schon auffällig genug sein."

"Sollen wir vielleicht abwarten?", fragte Benjamin.

"Nein, dann kriege ich den Mörder bestimmt nicht mehr."

"Danke, Dirk." Benjamins Blick wurde hart. "Sagen Sie ihm, warum. Und wenn es geht, machen Sie ein Foto von seinem Gesicht in diesem Moment."

"Soll ich ihn mit der Kamera erschlagen?", fragte Kepler und erhob sich.

Benjamin verkniff sich angesichts der barsch gestellten Frage die Antwort. Er reichte Kepler einfach nur die Hand, dann Budi.

*****

Ihre Pistolen waren registriert, Kepler konnte sie nicht benutzen, wollte er keine Spuren hinterlassen. Eine Möglichkeit, illegale Feuerwaffen innerhalb weniger Stunden zu besorgen, hatte er nicht. Damit blieb nur das SR-100, das Kepler in der ganzen Zeit nicht angemeldet hatte. Es war nie geplant gewesen, das Gewehr außerhalb der Ranch zu benutzen. Doch eigentlich brauchte er gar keine Waffe, um den Killer zu finden. Und wenn er dann nahe genug an ihn herankam, würde ein Faustschlag ausreichen, um ihn zu töten.

Kepler war sich aber absolut dessen bewusst, dass ein Vorhaben selten so wie geplant funktionierte. Darum versuchte er, mögliche Schwierigkeiten jetzt schon zu erkennen. Nur stützte er sich dabei lediglich auf logische Schlussfolgerungen, er verfügte so gut wie über keine validen Informationen. Er musste die Aufgabe empirisch lösen. Und dabei trotzdem vermeiden, sich ohne wirklich triftige Gründe zu exponieren. Aus diesem

Grund plante er nur als äußerste Notlösung, eine Pistole in einer Township zu kaufen. Bis dahin wollte er die Wurfmesser benutzen, sie waren auch gut für den Nahkampf geeignet.

Nachdem sie gepackt hatten, gingen Kepler und Budi duschen. Danach zogen sie frische Kleidung an. Ihre Jeans, Hemden und Jacken waren von guter Qualität, wirkten aber durchschnittlich. Kepler und seine Männer trugen diese Kleidung auf der Ranch und wollten sie benutzen, um Mauto und Rebecca dahin zu begleiten, wo nicht unbedingt ein Anzug getragen werden musste.

Wann es jetzt dazu kommen würde, falls je überhaupt, war nun ungewiss.

*****

Sie mussten zehn Minuten vor der Villa warten, dann fuhr der XJ vor. Kepler deutete Massa, der am Steuer saß, im Auto zu warten, während Mauto schwerfällig ausstieg. Taumelnd vor Müdigkeit schleppte er sich zum Aufgang und reichte Kepler einen braunen ledernen Aktenkoffer. Nachdem Kepler ihn genommen hatte, atmete Mauto durch und fuhr mit der Hand über die Augen.

"Benjamin soll erst dann nach Kapstadt fahren, wenn Massa zurück ist", wies Kepler seinen Arbeitgeber an.

"In Ordnung", antwortete Mauto mit schwacher Stimme. Dann versuchte er zu lächeln und streckte die Hand aus. "Kommt bitte schnell wieder."

Nachdem er Kepler und Budi knapp die Hand gedrückt hatte, schlurfte er kraftlos zum Aufgang weiter und blickte dabei nach unten.

Kepler winkte Budi hinten einzusteigen, er selbst nahm neben Massa Platz.

"Botrivier", befahl er, während er sich anschnallte.

Nachdem Massa losgefahren war, öffnete er den Koffer. Darin lagen eine kleine Digitalkamera und Bündel aus gelblichen Zweihundert-Rand-Scheinen, auf denen ein nachdenklich anmutender Leopardenkopf prangte. Kepler warf die Kamera auf den Rücksitz neben Budi und zählte das Geld durch.

Es war genug, um jemandem eine sorgenfreie Existenz zu ermöglichen. Aber es sollte nur dazu dienen, das Leben eines Mörders zu beenden.

11. Zwanzig Minuten später fuhr der XJ auf der Autobahn 44, die sich entlang der Küste schlängelte. Bald kam Botrivier Vlei in Sicht. In der malerischen Lagune lebten tausende Wasservögel und eine Wildpferdeherde. Früher weideten Khoikhoi-Stämme hier ihr Vieh. Jetzt taten es nur die Weißen.

Kepler und Budi stiegen im Zentrum von Botrivier aus und Massa fuhr sofort wieder zurück. Budi nahm sogleich ein Taxi, um die fünf Farmer aufzusuchen, die ihre Autos verkaufen wollten. Kepler ging in ein Café.

*****

Budi kehrte schon anderthalb Stunden später zurück – mit einem hellgrauen Mazda BT-50. Der Pickup hatte keine richtige Doppelkabine, sondern eine nur verlängerte, die hinteren Türen waren sehr schmal, sie gingen gegen die Fahrtrichtung auf und ermöglichten den Zugang zu den beiden winzigen Notsitzen im Fond. Solche Autos wurden zuhauf von Handwerkern und in ländlichen Gegenden gefahren. In der Windschutzscheibe klebte die License Disc mit der Zahl *2008* – die Straßensteuer für das laufende Jahr war bezahlt. Damit war der Mazda so unauffällig wie jeder andere Wagen auf den Straßen von Südafrika.

"Habe sofort auf ganz hart gemacht, und gleich sehr deutlich anmerken lassen, dass ich das Auto unbedingt brauche", erklärte Budi den schnellen Erfolg. "Der Farmer ließ sowas von überhaupt nicht mit sich handeln, dass es ihm selbst zum Schluss peinlich wurde." Der Sudanese grinste. "Dafür hat er mir erlaubt, mit seiner Zulassung nach Hause zu fahren."

Damit hatten Kepler und Budi einundzwanzig Tage. Diese Frist galt in Südafrika für die Ummeldung eines Wagens. Sofern sie keinen Unfall bauten, benutzten Kepler und Budi ein Auto, das keine direkten Spuren zu ihnen hinterließ.

*****

Der Mazda schaukelte leicht zu dem monoton sonoren Brummen seines Zweieinhalb-Liter-Diesels, während sich in der Weite hinter dem rechten Fenster die Swartberge gegen den Himmel abzeichneten. Es war ungefähr ein Drittel des Weges, elfhundert Kilometer und zwölf Stunden lagen noch vor Kepler und Budi. Die Zeit müsste Ngabe und Rebecca reichen, um Davids Familie aus Johannesburg zu bringen. Und wenn alles gut lief, würden Kepler und Budi früh am Morgen des nächsten Tages in der Hauptstadt der Provinz Gauteng ankommen.

*****

Nach etwas mehr als dreizehn Stunden nach dem Aufbruch erreichten sie Kroonstad. Die nach einem verunglückten Pferd benannte Stadt war relativ klein, hatte aber viele Geschäfte und sogar ein Theater. Kepler und Budi mussten etwas warten, bis die Läden öffneten. Sie nutzten die Zeit, um in einem Schnellrestaurant zu essen. Danach ging Budi einen Rucksack kaufen, Kepler suchte ein Bekleidungsgeschäft auf. Dort erwarb er einen Anzug, der zwar nicht maßgeschneidert war, aber dennoch recht edel anmutete.

Danach legten Kepler und Budi in zwei Stunden die letzten knapp zweihundert Kilometer bis nach Johannesburg zurück. Unweit des Stadtzentrums verließ Budi die Autobahn N1 und steuerte den Wagen in Richtung von Soweto.

In der Nähe der Township fiel ein Schwarzer überhaupt nicht auf. Budi besorgte hier zwei Prepaidhandys mit Headsets und eine Perücke. Kepler telefonierte mit Benjamin wegen der Informationen, die er haben wollte. Den Dienstplan des Filialleiters bekam er nicht. Das würde zu viel Aufmerksamkeit erregen.

Im vornehmeren Stadtteil Germiston war es Kepler, der sich unauffälliger bewegen konnte. Budi setzte ihn ab und er kaufte in vier verschiedenen Läden einen langen Mantel, Handschuhe, ein Barett und eine Sonnenbrille. Die war für seinen Geschmack erbärmlich unschön, aber sie war groß und deckte sein halbes Gesicht ab. Und weil sie extrem extravagant war und nur leicht getönte Gläser hatte, würde sich niemand daran stören, wenn er sie innerhalb eines Gebäudes nicht abnahm. Und allein das Firmenlogo am Bügel verbot das schon fast.

*****

Gegen Mittag stieg Kepler aus dem Taxi am Sandton-City-Building aus. Im Gedränge fiel er nicht auf, aber in der gigantischen Mall mit recht pompöser Architektur gab es etliche Kameras, und Kepler umging ihre Sichtbereiche entweder, oder er überquerte sie so, dass irgendein Kauflustiger ihn abschirmte.

Budi wartete schon auf der Herrentoilette. Er nickte Kepler nur unauffällig zu und widmete sich wieder der Betrachtung seiner Nasenhaare im riesigen Spiegel. Kepler ging an ihm und vier anderen Männern vorbei zu den Kabinen. Die letzten drei waren frei, und er betrat die mittlere. Als er den Rucksack abnahm, hörte er Budi nebenan leise husten. Er klopfte leicht gegen die Trennwand und Budi schob unter ihr einen schon ausgepackten elektrischen Rasierer, eine Schere und die Perücke durch. Kepler öffnete den Rucksack. Der Anzug war leicht zerknittert, aber das war egal, dafür war der Mantel faltenfrei. Kepler nahm den Aktenkoffer aus dem Rucksack und zog sich aus. Danach rasierte er seine Wangen und die Haut um die Lippen herum völlig glatt, die Stoppel am Kinn rührte er nicht an. Anschließend setzte er die Perücke auf. Deren schwarze Haare waren lang. Kepler kürzte sie mit der Schere in langen schiefen Schnitten. Die abgeschnittenen Haare entfernte er dagegen so gründlich wie er es nur konnte. Anschließend zog er den Anzug an, danach setzte er das Barett auf und die Sonnenbrille. Dann steckte er das Wurfmesser ein, verstaute seine Kleidung, die Schere und den Rasierer im Rucksack und drückte ihn unter der Trennwand durch. Budi schob daraufhin eine aufgeschlagene Zeitung mit einem gelblichen Klumpen in der Mitte in seine Kabine. Die Paste, die er gemäß Keplers Anweisung aus Holzleim und

Härter hergestellt hatte, ermöglichte es, keine Fingerabdrücke zu hinterlassen. Kepler trug sie auf seine Hände auf.

Es dauerte einige Zeit, bis die Paste ausgetrocknet war. Ab jetzt musste Kepler jeglichen Kontakt seiner Hände mit Wasser vermeiden. Er nahm den Aktenkoffer und trat hinaus. Budi stellte sich neben ihm vor den Spiegel. Er schielte zu ihm und unterdrückte ein Grinsen. Kepler musterte die eigene Erscheinung.

"Bizarr genug?", erkundigte er sich flüsternd.

"Aha", machte Budi kaum hörbar.

"Dann wie besprochen weiter."

Budi schulterte ohne ihn anzusehen den Rucksack und ging. Kepler überprüfte sein Spiegelbild nochmal, fegte ein Härchen vom Hals und ging hinaus.

*****

Seine überspitzte Verkleidung rief bei einigen Menschen überraschtes Kopfschütteln, bei anderen nur abfällige Blicke hervor. Ein paar hatten mitleidig gelächelt. Doch es war nicht Kepler selbst, der auffiel, sondern nur seine extravagante Aufmachung. Und sie lenkte von den Teilen seines Gesichts ab, die er nicht verstecken konnte. Wenn jemand ihn beschreiben sollte, würde derjenige sich nur an die groteske Erscheinung erinnern, nicht an den Menschen darin.

*****

Südafrikanische Banken waren im Allgemeinen sehr vorsichtig und stockkonservativ. Es war manchmal schon problematisch, halbwegs große Beträge in Traveller Checks umzutauschen. Der Anblick eines Koffers voller Geld ließ die Angestellte am Wechselschalter krampfhaft lächeln.

"Bei dieser Summe muss ich den Branch Manager holen", stotterte sie.

"Tun Sie es", erlaubte Kepler nörgelnd. "Nur zügig bitte."

Pikiert nahm die Frau den Telefonhörer ab.

Keine zwei Minuten später kam der Filialleiter. Es war ein kleiner Mann mit trotzdem stark gekrümmtem Rücken. Er war asiatischer Abstammung, sein Gesicht wirkte dennoch blass. An seiner Stirn schimmerte ein blauer Fleck durch die zwar gekonnt aufgetragene, aber mittlerweile verwischte Schminke.

Der Mund des Filialleiters öffnete sich, als die Angestellte ihm den Inhalt des Koffers zeigte. Der Bankier fing sich jedoch sogleich. Mit ausgesuchter Höflichkeit lud er Kepler ein, ihm in sein Büro zu folgen. Die Angestellte machte den Koffer zu und schob ihn zu Kepler. Er nickte nur flüchtig-erhaben. Es blieb zu hoffen, dass auch die Angestellte nur seine Aufmachung und sein Gehabe im Gedächtnis behielt. Der Filialleiter wartete im Durchgang auf ihn. Er zeigte Kepler mit einer Geste den Weg zu seinem Büro und trippelte in kleinen Schritten neben ihm her.

Das Büro war relativ groß und sehr durchdacht möbliert. In diesem Raum änderte sich das Verhalten des Filialleiters. Er wirkte nicht mehr angespannt. Ohne jede Hektik setzte er sich in seinen Drehssessel und erkundigte sich, ob Kepler etwas trinken wolle. Er verneinte, zog sein Prepaidhandy heraus, wählte die Nummer von Budis Prepaid-Telefon und stellte seines auf laut. Der Filialleiter sah ihn wegen der unverfrorenen Unhöflichkeit verdattert an.

"Zwei hier", meldete Budi sich wie besprochen.

"Wie weit bist du?", fragte Kepler.

"Bereit", antwortete der Sudanese knapp.

"Warte kurz", befahl Kepler ihm und sah den Bankier an. "Mister Kwo, mein Partner steht gerade vor Ihrem Haus in 17 Frere Road", setzte er ihn in Kenntnis.

Kwo war farbig und Anfang dreißig, hatte es aber schon ziemlich weit gebracht, er wohnte in dem recht wohlhabenden Stadtteil Parktown. Mehr Informationen hatte Benjamins seltsamer Freund nicht weitergegeben. Wahrscheinlich aus demselben Grund, warum er den Dienstplan von Kwo nicht besorgt hatte – auch Grady wollte keinen Verdacht erregen. Dennoch ging Kepler davon aus, dass Kwo verheiratet war und Kinder hatte, das zeigte dem Arbeitgeber solide Zuverlässigkeit. Ohne dem hätte er seine hohe Position nicht.

Kwos Blick wurde zu einer Mischung aus Unglauben, Empörung, Wut und Ohnmacht. Kepler war erleichtert, weil er keine Gewalt anzuwenden brauchte, denn das würde laut werden. Kalt und abwartend sah er den Bankier an.

"Wer sind Sie?", verlangte Kwo erbost zu wissen.

"Sie sollten sich Sorgen über das Wohlergehen Ihrer Familie machen, nicht über meine Identität", teilte Kepler ihm mit. "Und legen Sie bitte die Hände so auf den Tisch, dass ich sie sehe", befahl er und hob das Handy an, als der Bankier eine Sekunde lang zögerte. "Oder wollen Sie es darauf ankommen lassen?"

Die brutal ruhig vorgebrachte Drohung zeigte Wirkung, die Vorstellung dessen, was seiner Familie angetan werden könnte, machte Kwo beinahe wahnsinnig und raubte ihm jeden klaren Gedanken. Er schnappte nach Luft und verharrte wie gelähmt, nur seine Hände, die er auf die Tischplatte legte, zitterten.

"Was wollen Sie?", presste er stotternd heraus.

"Die Wahrheit über den Banküberfall wissen", antwortete Kepler.

"Aber... aber ich habe schon alles der Polizei gesagt...", stammelte Kwo.

Kepler sah, dass der Bankier erneut begann, seine Optionen abzuwägen. Er musste Kwo klarmachen, dass er gar keine hatte.

"Versuchen Sie nicht, mich für dumm zu verkaufen", empfahl er eisig. "Das kostet mehr, als die fünfundfünfzig Millionen Rand, die Sie geraubt haben."

"Ich... äh...", stotterte Kwo.

"Sie sind ein Idiot", bescheinigte Kepler ihm. "Sherlock Holmes hat zwar behauptet, dass wenn man etwas verstecken will, man es ganz offensichtlich präsentieren muss, aber Sie haben es übertrieben. Denn jeder Angestellte würde mit so einer Beule wenigstens ein paar Tage zu Hause bleiben, Sie waren aber schon am nächsten Tag wieder in der Bank." Kepler lächelte dünn. "Um den Verdacht auf das Geldtransportunternehmen zu lenken. Weil es nicht zu verbergen war, dass der Raub ein Insiderjob war, und das wird jeder feststellen, der sich die Aufzeichnungen der Überwachungskameras genau ansieht. Der Mord an dem Schwarzen spielt Ihnen und Ihren Komplizen zwar in die Hände, aber irgendwann lässt sich jemand nicht mehr davon ablenken. Dann wird derjenige feststellen, dass es für die Geldboten einfacher gewesen wäre, das Auto überfallen zu lassen, und nicht die Bank." Er schwieg wieder kurz. "Dass Sie sich nicht geweigert hatten, den Tresor zu öffnen, kann man für Angst halten, weil Sie nicht für das versicherte Geld sterben wollten, zudem war einer Ihrer Mitarbeiter geschlagen worden, als er den Alarm auslösen wollte. Aber — die Räuber waren kaum maskiert, doch auf keinem einzigen Bild sieht man deren Gesichter. Weil sie genau wussten, wo die Kameras waren." Kepler sah dem Bankier in die Augen. "Darum bin ich mir sicher, dass die Polizei in diesen Raubüberfall verwickelt ist. Anders kann man die Geldboten einfach nicht kompromittieren." Kwo sah erschlafft zur Seite. "Doch das ist mir egal", sagte Kepler deutlich. "Ich will den Killer des Schwarzen haben, und wenn Sie ihn mir liefern, mache ich Ihnen das Leben nicht ganz zur Hölle", bot er an. "Und ich verschone Ihre Familie."

Kwo taumelte in seinem bequemen Sessel hin und her.

"Ich kenne ihn nicht", brachte er tonlos heraus. "Ich weiß nur, dass er als Informant für Komri arbeitet." Er atmete krampfhaft durch. "Das ist ein Polizist, mit dem ich auf der Uni war. Er hatte das Studium abgebrochen, aber wir sind Freunde geblieben. Ich habe ihm öfter günstige Kredite besorgt und er hat etwas für mich getan. Dann geriet ich in Schwierigkeiten und schlug ihm den Raubüberfall vor. Der Mörder ist ein Hehler, Alfred hatte ihn beteiligt, damit er das geraubte Geld gegen sauberes tauscht." Kwo sah Kepler flehend an. "Es sollte keinem etwas passieren. Ich weiß nicht, warum er den Mann erschossen hat."

"Wer sind die anderen beiden?", verlangte Kepler zu wissen.

"Einer ist der Freund des Hehlers, aber den kenne ich auch nicht", murmelte Kwo. "Der letzte ist der Partner von Alfred..."

"Emil Berger", beendete Kepler den Satz. "Das sind die beiden Inspektoren, die die Ermittlungen leiten", verstand er erst jetzt.

"Ja...", erwiderte Kwo flüsternd.

"Haben Sie auch die Nummer des Hehlers?", wollte Kepler wissen.

Kwo zog sich zusammen.

"Nein, die habe ich nicht", flüsterte er furchterfüllt.

Kepler hatte angenommen, dass Kwo und der Mörder gemeinsame Sache gemacht hatten, und dass sie von korrupten Polizisten gedeckt wurden. Auch nach der zweiunddreißigsten Durchsicht des Videos war ihm nicht in den Sinn gekommen, dass die Ermittler am Raubüberfall teilgenommen hatten. Raffiniert.

Und mit dieser Erkenntnis ging ein Problem einher – wegen Kwo allein würde Kepler nicht so kurz vor dem Ziel scheitern. Aber da er den Killer über zwei korrupte Polizisten finden musste, könnten die beiden ein solches Ende dagegen wahrscheinlich ganz schnell herbeiführen.

"Können Sie Verbindung mit Komri aufnehmen?", fragte Kepler.

"Ja", antwortete Kwo kraftlos.

Kepler sammelte sich.

"Rufen Sie ihn an. Sagen Sie ihm, dass der Verdacht gegen die Geldboten bröckelt, und Sie ihnen etwas geben müssen, um ihn zu erhärten. Und zwar schnell und an einer Stelle, wo es keine Zeugen gibt. Die Polizisten sollen den Treffpunkt bestimmen, für Sie muss es nur schnellstmöglich gehen. Alles klar? Los."

Kwo rührte sich nicht. Zwei Sekunden später war zu hören, wie Budi seufzte.

"Ihm ist schon klar, dass wenn ich erst im Haus bin, ich niemanden am Leben lassen kann, oder?", fragte er nach.

Kepler fand, dass der Sudanese sehr gut improvisierte. Er sah zu Kwo.

"Nein!", brüllte der Bankier sogleich. "Nein, bitte, ich mache es ja schon!"

Blass und zitternd sprang er auf und langte ungelenk in die rechte Hosentasche. Das Handy fiel fast aus seinen Händen, als er es herauszog.

"Warte, Zwei, und bleib auf Bereitschaft", wies Kepler an.

Kwo hätte seine Stimme niemals so verstellen können, wie die ihm aufgezwungene maßlose Angst sie klingen ließ. Völlig natürlich stotternd gab der Filialleiter das weiter, was Kepler befohlen hatte. Der Polizist hatte keinen Grund an der Aufrichtigkeit des Bankiers zu zweifeln. Kepler hörte ihn sogar dumpf, aber wütend aus Kwos Handy sprechen, als er den Treffpunkt bestimmte. Kwo bestätigte und beendete auf Keplers Wink hin das Gespräch. Danach sackte der Bankier in sich zusammen, schloss die Augen und atmete stoßweise durch. Um ihn ein wenig zu entspannen, gab Kepler die Adresse und den Zeitpunkt des Treffens an Budi weiter und wies ihn an, sofort hinzufahren.

"Das haben Sie gut gemacht", bescheinigte er Kwo. "Jetzt melden Sie sich bei Ihrer Sekretärin ab, mit der Begründung, dass Sie mich zum Essen ausführen."

In Kwos Augen breitete sich panische Angst aus.

"Aber ich habe doch alles getan, was Sie verlangt haben...", begann er flehend.

"Ich sagte – gut", berichtigte Kepler sofort eisig, "nicht, dass es alles gewesen wäre." Er stand auf. "Sie werden jetzt weiter das machen, was ich will", stellte er unmissverständlich klar. "Hoch mit Ihnen, und wenn wir gleich draußen sind, dann lächeln Sie. Ich bin schließlich ein wichtiger Kunde. Und Ihr Leben und das Ihrer Familie hängen davon ab. Mein Partner kann jederzeit umkehren."

Der Bankier riss sich zusammen.

Die Sekretärin bemerkte seine desolate Verfassung dennoch, kaum dass Kepler und er sein Büro verlassen hatten. Kwo zwang sich zu einem Lächeln, behauptete leise, fürchterliche Kopfschmerzen zu haben und äußerte die Hoffnung, dass ein gutes Essen und ein großer Abschluss sie mildern würden.

"Das haben Sie auch gut gemacht", lobte Kepler ihn. "Nur weiter so."

Als sie den Parkplatz erreichten, hatte Kwo sich wieder halbwegs gefangen, er torkelte nicht mehr. Er atmete tief durch, nachdem er und Kepler in seinen Jaguar XF eingestiegen waren, bevor er den Kopf fragend nach links drehte.

"Losfahren", sagte Kepler.

Von weichem, unaufdringlichem Säuseln des Drei-Liter-V6 begleitet, glitt der Jaguar sanft und elegant vom Parkplatz.

Das XF-Modell gab es erst seit diesem Jahr. Der Wagen von Kwo war zwar nicht die Spitzenversion, aber auch nicht die billigste Variante der Edellimousine. Kepler musterte den Anzug aus feiner Kaschmirwolle, den Kwo anhatte, dann seine goldene Uhr und die feinen Lederschuhe. Und das Haus des Bankiers befand sich bestimmt in einem reichen Viertel.

"In was für Schwierigkeiten stecken Sie, Kwo?", interessierte sich Kepler.

Der sah ihn mit einem verbissen feindseligen Ausdruck an.

"Ich habe Geld unterschlagen", antwortete er abgehackt. "Was sonst."

Kepler verband das Headset mit dem Handy und steckte den Kopfhörer ins linke Ohr. Anschließend sah er den Bankier kalt amüsiert an.

"Kwo, ich mache das hier nur, weil David Galema völlig grundlos umgebracht wurde", sagte er. "Ich weiß sehr gut, wie ähnlich ich seinem

Mörder bin, und ich begehe nicht den Fehler, mich für besser als Sie, oder diesen Hehler, oder die korrupten Bullen zu halten. Ich wollte es einfach nur wissen."

12. Die verlassene Gegend südlich von Johannesburg glich den Industrievierteln deutscher Städte im Ruhrgebiet, darum wurde dieser Landstrich auch Ruhrpott von Südafrika genannt. Aber in der Umgebung von Johannesburg wurde mittlerweile keine Kohle mehr gefördert. Die aufgegebenen Anlagen zerfielen vor sich hin, die Erde war verseucht, und die einzigen, die hierhin kamen, waren die Armen, die nach Kohle suchten, um ihre Behausungen zu heizen.

Mittlerweile war es jedoch warm und Kepler sah nur zwei Jungen, die einen Flechtkorb mit Kohlestücken trugen. Die beiden rannten sofort weg, anscheinend einfach, um präventiv Ärger zu vermeiden. Kwo sah ihnen sehnsüchtig nach, während er langsam über das zerfurchte Brachland fuhr. Die Aufhängung der Limousine ächzte trotzdem in den tiefen Schlaglöchern. Kepler blickte sich um. Weder der Mazda noch Budi selbst waren in der unwirtlichen Gegend sichtbar. Der Jaguar erreichte indessen eine verfallene Kohleaufbereitungsanlage. Ein langes, hohes und breites Bogengewölbe bildete in der Mitte des ersten Gebäudes eine Durchfahrt. Die verrosteten Flügel des Gittertors, das sie früher verschlossen hatte, hingen schief und grotesk deformiert zu beiden Seiten des Torbogens. Kwo fuhr in die Arkade hinein und hielt an. Das Innere des Gewölbes war genauso verrottet wie das gesamte Gebäude. Die Mauern waren von meterlangen Rissen durchzogen, auf dem Boden lagen ausgebrochene Betonbrocken und aus den Aufbrüchen im Mauerwerk ragten verbogene Armaturen.

Nachdem sie ausgestiegen waren, befahl Kepler dem Bankier, sich an den Kofferraum zu stellen. Er selbst ging hinter den Vorsprung an der rechten Wand, an dem der Torflügel befestigt war. Viel Zeit blieb nicht mehr. Kepler drückte die Wahlwiederholung auf dem Handy.

"Bin da", sagte Budis ruhige Stimme in Keplers Ohr.

"Bereit machen", gab er leise auf Arabisch zurück.

Er wusste noch nicht genau, was auf ihn zukam, und darum wollte und konnte er keine klaren Anweisungen erteilen. Aber Budi war clever genug, um richtig auf jede Situation zu reagieren.

Die Minuten vergingen. Kwo krümmte sich immer mehr zusammen und atmete immer flacher und gepresster. Plötzlich ertönte in der Ferne eine Hupe und Kwo fuhr entsetzt zusammen. Gequält hob er dann den Kopf an und versuchte, sich aufzurichten, während sein Gesicht sich mit Furcht erfüllte. Kepler ging in die Hocke und lugte vorsichtig um die Ecke.

Vierhundert Meter entfernt fuhr ein unscheinbarer weißer VW Citi Golf über das Brachland. Dieser Lizenzbau des Golf I wurde in Südafrika seit 1978 hergestellt und erfreute sich noch immer großer Beliebtheit. Mittlerweile eine Mischung aus Golf I und II mit Teilen vom Lupo und Skoda Fabia, war dieses Auto genau das, wofür der Name Volkswagen stand, ein gutes und bezahlbares Fortbewegungsmittel für fast jeden. Im Polizeidienst gab es viele Citis, sowohl als Streifenwagen mit blaugelben Streifen, Kokarde und Aufschrift, als auch zivil. Eines dieser unscheinbaren Autos, so alt, dass er noch komplett wie ein Golf I aussah, näherte sich nun langsam der verrotteten Fabrikruine.

Zehn Meter vor der Arkade hielt der Citi an. Kwo bewegte ängstlich den Kopf.

"Geradeaus blicken", rief Kepler leise. "Fährt Komri oder Berger?"

Der Bankier schaffte es erst im letzten Moment, den Kopf nicht zu ihm zu drehen. Er starrte einige Sekunden lang zum Citi.

"Komri", antwortete er dann.

Möglicherweise hatten die Polizisten Kwos Lippenbewegungen gesehen, denn nachdem sie angehalten hatten, blieben sie im Wagen sitzen. Sie blickten zum Bankier und sprachen miteinander.

"Kwo, öffnen Sie den Kofferraum und winken Sie den beiden, dass sie zu Ihnen kommen", befahl Kepler. "Nicht zu mir sehen! Und winken."

Der Bankier folgte der Aufforderung. Er wirkte dabei nicht nur ängstlich, sondern auch hastig. Aber er wollte wirklich, dass alles schnell vorbei war.

Endlich öffneten sich die Türen des Citis. Die Polizisten stiegen aus. Sie blieben in den offenen Türen stehen und blickten sich aufmerksam um. Dann ging der Beifahrer vor. Der Fahrer folgte ihm langsam, stierte aber plötzlich unwirsch in die Arkade, dann legte er die Hand an seine Pistole.

"Budi – den Beifahrer, den Fahrer brauchen wir lebend", wies Kepler an.

Der Beifahrer war nur noch anderthalb Meter vom Torbogen entfernt, als ein Knall die Stille des Nachmittags zerstörte. Das Projektil durchschlug den Kopf des Beifahrers und färbte die Erde um ihn herum rot. Dann wurde es wieder still.

Obwohl vorhin misstrauisch geworden, erstarrte der Fahrer überrascht, als sein Kollege zu Boden stürzte. Kepler sprang nach vorn, stieß Kwo um und rannte los. Der Fahrer kam wieder zu sich und langte zum Holster an seiner rechten Hüfte. Kepler zog das Messer heraus. Er hielt es am Griff, und der Polizist befand sich acht Meter entfernt, damit würde ihn nicht die Klinge, sondern der Griff treffen. Der Polizist sah, dass Kepler ausholte, und duckte sich unwillkürlich, kurz bevor er schoss. Im selben Moment schleuderte Kepler das Messer und hörte, wie die Kugel an ihm vorbei zischte und hinter ihm in den Torbogen einschlug. Der Messergriff streifte den Kopf des Polizisten nur. Das hinderte ihn daran, die Anvisierung rechtzeitig zu korrigieren. Kepler duckte sich unter seinen ausgestreckten Arm, während er mit einer Hand nach der Pistole griff und dem Polizisten aus dem Laufen heraus die Schulter in den Bauch rammte. Sie stürzten zu Boden. Kepler griff mit der zweiten Hand zur Pistole, um sie aus der Hand des Polizisten zu drehen. Der hatte aber starke Nerven. Noch immer vom Aufschlag keuchend, klammerte er sich an seine Waffe und schlug Kepler in die Niere. Im selben Moment tauchte Budi als ein rasanter Schatten auf. Er trat dem Polizisten gegen den Kopf, ergriff mit beiden Händen die Pistole und drehte sie mit einem brutalen Ruck aus der Hand des Polizisten. Kepler schlug ihm im selben Moment ins Gesicht. Der Polizist schrie auf und riss beide Hände zu seiner gebrochenen Nase. Kepler sprang auf und Budi richtete die Pistole auf den Polizisten. Kepler holte das Messer, dann nahm er die Pistole aus Budis Hand.

"Pass auf Kwo auf", befahl er. Der Sudanese rannte zu dem Bankier. Kepler drehte leicht den Kopf. Im Augenwinkel sah er Kwo verdreht auf der Erde liegen. Der Bankier wollte sich erheben, stockte aber, als Budi bei ihm war. Kepler sah herunter. "Bleib ruhig, Komri", empfahl er. "Du hast verloren."

Der Polizist, der die Hände noch immer an die Nase presste, sah zu ihm hoch.

"Inspektor Komri", zischte er feindselig durch zusammengebissene Zähne.

Er hatte das erste Wort deutlich betont. Das und den warnenden Blick hatte Kepler nicht erwartet, die Willensstärke dieses Mannes war enorm. Kepler quittierte sie mit einem dünnen Lächeln.

"Weiß ich", entgegnete er kalt, "beeindruckt mich aber nicht." Er gab Komri etwas Zeit, das zu begreifen. "So, korrupter Inspektor, ich habe einige Fragen."

"Steck sie dir sonst wohin", knurrte der Polizist blindwütig.

Kepler trat einen Schritt zurück und schoss ihm ins linke Knie.

"Eine Sauerei das", meinte er, als Komris Aufschrei verklungen war. Bevor er sich neben ihn hockte, zog er ein Taschentuch heraus und wischte die Bluttropfen von seinen Schuhen. Der Polizist knurrte, als er die Pistole gegen sein rechtes Knie drückte. Es war Wut, wenn auch ohnmächtig. Kepler drückte sofort stärker. "Wer hat David Galema getötet?", fragte er. "Und wo ist derjenige?"

Der Polizist spuckte ihm ins Gesicht und stierte ihn rasend an. Kepler zögerte keine Sekunde, das würde Komri eine Möglichkeit zum Überlegen geben. Und ihn vielleicht zur Annahme verleiten, Kepler wäre nicht zu allem bereit. Er drückte Komris linke Kniescheibe ruckartig zur Seite.

Der Polizist jaulte auf und langte mit beiden Händen zu seinem Arm, um ihn wegzustoßen. Kepler schlug ihm wuchtig mit der Pistole ins Gesicht, ließ von der Schusswunde ab und drückte die Mündung gegen Komris rechten Oberschenkel. Der Polizist streckte beide Handflächen bittend und abwehrend hoch. Kepler schoss trotzdem. Komri schrie und packte sich am Bein. Kepler drückte die Pistole gegen seine Hand und Komris schmerzliches Jaulen ging in Japsen über.

"Nicht!", keuchte er.

"Dann antworte mir", verlangte Kepler.

Komri sagte nichts. Kepler nahm das Messer und setzte dessen Spitze an die Wunde am Bein. Verzweifelt umklammerte Komri seinen Arm. Kepler stieß zu und drehte das Messer unerbittlich, bis Komri aufheulte.

"Biiitteee!", schrie er verzweifelt flehend durch die Tränen.

Kepler nahm das Messer weg, und wartete, bis Komris gurgelndes Schluchzen leiser wurde. Bald winselte der Polizist nur noch.

"Wie heißt der Typ, der David Galema erschossen hat?", fragte Kepler.

"Roy Buyten", krächzte Komri resigniert, der Schmerz hatte seinen Widerstand gebrochen. Er schniefte und schielte zu Kepler. "Er ist in Durban."

"Was macht er da?"

"Das Geld waschen."

Das deckte sich mit Kwos Aussagen. Kepler zog das Messer etwas zurück.

"Wie haltet ihr Kontakt?", fragte er.

"Handy oder SMS", antwortete Komri schmerzerfüllt.

"Seine Nummer", verlangte Kepler. Komri nannte sie ihm, danach sah er ihn flehend an. "Gib mir dein Handy", befahl Kepler, bevor er etwas sagte.

Komri zitterte so stark, dass er das Handy kaum aus der Tasche herausgezogen bekam. Seine Hand flatterte, als er sie ausstreckte. Kepler legte das Messer ab und drückte die Pistole gegen die Stirn des Polizisten, bevor er das Handy nahm.

Die Nummer war darin nicht gespeichert und in der Anrufliste tauchte sie nur einmal auf, sie war vierzig Minuten zuvor gewählt worden. Die von dieser Nummer empfangene SMS mit Zahlen *1:10* und die zurückgesendete Kurznachricht mit dem Wort *machen* waren keine zehn Minuten alt. Anscheinend löschte Komri sofort alle Hinweise auf seine Kommunikation mit Roy. Nur dieses Mal hatte ihm wohl die Zeit dazu gefehlt und er hatte es auf später verschoben.

"Worum ging es beim Telefonat und den SMS?", verlangte Kepler zu wissen.

"Ich habe ihm gesagt, dass es Probleme gibt und er sich mit dem Geld beeilen soll", krächzte Komri. "Er hat mir den Tauschkurs geschickt und ich habe..."

"Dir ist hoffentlich klar", unterbrach Kepler ihn und blickte ihm direkt in die Augen, "dass ich jetzt weiß, wie ich deine Mutter finde?"

"Ich lüge nicht!", jaulte Komri erschrocken auf. "Bitte", schluchzte er, "ich liefere Roy an Sie aus, nur lassen Sie mich gehen..."

"Du hast ihn mir schon ausgeliefert."

Kepler erhob sich.

"Nein, nein!", schrie Komri, vor Panik wahnsinnig, auf.

Kepler schoss ihm in den Kopf. Es dauerte etwas, bis der Schuss verhallt war und die Stille zurückkehrte. Kepler drehte sich von der Leiche weg. Er bereute nicht, wie er Komri zum Reden gezwungen hatte, aber die Folter hatte ihm sehr viel abverlangt, und er war froh darüber, sich und den Polizisten erlöst zu haben.

"Budi, ich brauche die Sachen der beiden", rief er.

Der Sudanese sah prüfend auf den bebenden Kwo, der benommen auf Komris Leiche starrte, dann ging er zu den toten Polizisten. Als Kepler sich Kwo näherte, fixierte dessen Blick die Pistole und seine Zähne begannen zu klappern.

"Holen Sie auch Ihr Handy raus", befahl Kepler, "und werfen Sie es weg." Das Telefon flog gerade einmal zwei Meter weit, für mehr hatte der zitternde Arm des Bankiers keine Kraft gehabt. Kepler schoss, kaum dass das Handy auf der Erde aufgeschlagen war. Das Geräusch des unter Kugeleinschlägen berstenden Plastiks und das Hallen der Schüsse schienen Kwo bis ins Rückenmark zu dringen. Der Bankier warf sich auf die Erde, bedeckte den Kopf mit den Armen und winselte. Kepler drehte ihn mit dem Fuß um. "Davids Sohn wird ohne Vater aufwachsen. Daran sind auch Sie schuld", sagte er und sah dem Bankier in die Augen. "Ich gebe Ihnen trotzdem die Chance, Ihren Kindern nicht dasselbe anzutun." Er machte eine Pause. "Ihr Leben ist nichts mehr wert, Sie haben die eigene Bank überfallen und mir geholfen, zwei Polizisten zu töten. Es ist egal, dass die beiden korrupt waren, deren Kollegen werden Sie töten, also stellen Sie sich nicht." Er steckte die Pistole ein. "Sammeln Sie die Reste des Handys ein, fahren sofort nach Hause, packen Ihre Familie ein und verschwinden." Er schwieg kurz. "Wenn ich es schaffe, Roy ganz schnell dranzukriegen, haben Sie eine Chance." Er musterte das zu ihm erhobene Gesicht des Bankiers, sah aber nichts außer wilder Hoffnung. "Das ist eine einmalige Gelegenheit."

"Sie tun meiner Familie nichts?", brachte Kwo stotternd heraus.

"Ich handle nicht besser als diese Polizisten, Kwo", antwortete Kepler. "Aber ich bin auch nicht schlechter als sie."

"Danke...", brachte Kwo stotternd heraus.

"Bitte", antwortete Kepler kalt. "Hintergehen Sie mich, werden Sie sich wünschen, nie geboren worden zu sein. Sie haben etwas, wofür Sie leben. Ich nicht."

*****

Diesmal war Kwo sein Auto völlig egal. Er fuhr so hastig aus der Arkade heraus, dass er fast den Citi touchierte. Danach jagte er wild schleudernd davon.

Richtige Schlussfolgerungen und das brutale Verhör hatten Kepler auf die Spur von Davids Mörder gebracht. Gefasst hatte er ihn noch lange nicht. Kepler war sich sicher, Kwo so stark eingeschüchtert zu haben, damit er ihm nicht in die Quere kam, aber sein einziger Garant für den Erfolg war die Schnelligkeit. Denn seine einzige Deckung, die Anonymität, die hatte er nicht mehr.

Budi stand schon mit den Sachen der Polizisten neben ihm. Kepler warf das Mobiltelefon des zweiten Polizisten in die Arkade, steckte die beiden Ausweise, die zweite Pistole und die Ersatzmagazine und die Handschellen ein. Budi, der auf weitere Anweisungen gewartet hatte, sah ihm dabei verdattert zu.

"Lass den Rucksack da", befahl Kepler. "Danach fahr zum O.R.Tambo..."

"Wie das jetzt?", fauchte Budi mit einem erbosten Blick. "Garantiert nicht, Colonel. Wir haben es zusammen angefangen und wir bringen es gemeinsam..."

"Halt. Die. Fresse", herrschte Kepler ihn an. "Ein Ranghöherer spricht mit dir."

"Schuligung, Sir", sagte Budi, salutierte und grinste.

"Na geht doch." Kepler musste auch lächeln. "Also, stell den Mazda auf der Parkebene 3 ab, dort dürfte es nicht viele Kameras geben. Dann ruf Ngabe an, er soll den Wagen abholen und ihn auf den Hausmeister ummelden, sobald er zu Hause ist. Dann mach ein Passfoto von dir und kaufe einen Stadtplan von Durban. Anschließend warte irgendwo auf mich wo du nicht auffällst. " Budi deutete fragend auf die Leichen. "Die räume ich schon auf", sagte Kepler. "Fahr los."

"Sind doch nur zwei Minuten", meinte Budi.

"Ja, und wenn jemand vorbeikommt, kann ich den Ausweis von Komri benutzen", knurrte Kepler. "Und du bist blöderweise nicht so blass wie der andere tote Bulle. Also hau sofort ab. Sofort, Budi. Vergiss die Erma nicht."

Eigentlich wusste Kepler, dass der letzte Satz völlig überflüssig war. Die Augen des Sudanesen blitzten auf. Dann nickte er unwillig und rannte weg.

38

Kepler sah Komri nicht ins Gesicht, als er ihn an den Händen packte und in die Arkade schleifte. Dort versteckte er die Leiche zwischen den Betonbrocken. Der Platz reichte sogar für den zweiten Toten aus, und die Stelle war so gut abgeschirmt, dass es dauern würde, bis man die beiden Polizisten fand, wenn man nicht gezielt hier nach ihnen suchte.

Als letzter und größter Unsicherheitsfaktor blieb noch der Zufall. Wie immer.

13. Kepler holte den Rucksack, den Budi in der Fabrikhalle stehen lassen hatte. Er zog sich um und verstaute seine Sachen und die der beiden Polizisten im Rucksack. Danach stieg er in den Citi und fuhr los.

Bald erreichte er die belebteren Gegenden von Johannesburg. Er fuhr auf den Parkplatz des erstbesten größeren Kaufhauses und stellte den Wagen dort ab, wo die meisten Besucher parkten. Im Eingang vergewisserte er sich, dass das Kaufhaus nicht lückenlos von Kameras überwacht wurde, und ging zur Toilette.

Während er sich in einer Kabine rasierte, klingelte das Handy von Komri. Die angezeigte Nummer war die von Roy. Kepler wies das Gespräch ab.

Zehn Minuten später saß er in der hinteren Ecke des Kaufhauscafés. Roy hatte in der Zwischenzeit noch zweimal angerufen und Kepler hatte beide Anrufe sofort abgewiesen. Jetzt analysierte er die in Komris Handy abgespeicherten SMS so, wie er die Aufnahmen der Überwachungskameras studiert hatte.

Im Speicher gab es etwa fünfzig Kontakte und einundzwanzig nicht gelöschte Kurzmitteilungen, die Komri versendet hatte. Die Nachrichten waren in barschem und knappem Stil verfasst. Dazu ergaben vier Mitteilungen auf den ersten Blick einen nur sehr kruden Sinn, Komri hatte die T9-Vorschläge übernommen, ohne zu überprüfen, was vorgeschlagen worden war. Auf Interpunktion hatte er überhaupt nicht geachtet. Das taten wohl die wenigsten Menschen, es war schon quasi zum Sinn einer SMS verkommen, so etwas zu vernachlässigen.

Und genau darin unterschieden sich die beiden Kurzmitteilungen von und an Roy. Hinter jeder von ihnen gab es zwei Punkte. Doch nur zwei Proben ergaben noch lange kein richtiges Muster. Aber es konnte damit aufgewertet werden, dass Komri keine von den anderen neunzehn SMS mit auch nur einem Punkt abgeschlossen hatte. Keplers Überlegungen wurden von einem weiteren Anruf gestört. Als er ihn abwies, kam die Kellnerin, um Kaffee nachzufüllen. Das lenkte Kepler mehr ab als der Anruf, aber die Frau sah auch garantiert um Welten besser als der Hehler aus. Und sie schenkte ihm ein Lächeln, wie Davids Mörder es nicht einmal für den Preis seiner Seele je bekommen könnte. Kepler konnte nichts dafür, er nahm der Kellnerin die Tasse aus der Hand, um für einen Augenblick ihre Finger berühren zu können. Wie immer hallte in ihm die Verwunderung, wie weich und sinnlich die Haut einer Frau war.

Das Klingeln seines Handys holte ihn zurück in die Wirklichkeit. Es war Budi.

"Colonel, alles in Ordnung?", erkundigte er sich besorgt.

"Ja", antwortete Kepler. "Ich will nur nicht im Hellen mit einem Auto herumfahren, das ein *B* auf dem Nummernschild hat. Vielleicht sucht man die beiden schon." Südafrikanische Polizeifahrzeuge hatten diesen Buchstaben statt des Provinzkürzels auf dem amtlichen Kennzeichen. "Hast du alles erledigt?"

"Jawohl, Sir. Ngabe hat den Mazda bestimmt gleich abgeholt, sie waren schon am Flughafen. Ich habe den Schlüssel hinter das rechte Vorderrad gelegt", berichtete Budi. "Den Rest habe ich auch erledigt. Jetzt sitze ich im Kino in der Nähe. Wollte nur sichergehen, dass bei Ihnen alles okay ist."

"Ich bin froh, dass du mitgekommen bist", sagte Kepler warum auch immer.

Nicht nur er selbst staunte über diese Anmerkung.

"Danke, Sir", sagte Budi nach einer Weile ungeschickt.

"Bis nachher", erwiderte Kepler hastig.

Er legte auf und entschied, dass er nach fast drei Stunden, sechs Tassen Kaffee und nicht einmal einem Sandwich allmählich auffiel. Er bezahlte und ging.

*****

Er musste mehrere Kilometer zurücklegen, bis er ein Kaufhaus fand, in dem es einen Fotoautomaten gab. Bis dahin hatte Kepler in verschiedenen Mülltonnen den Mantel, das Barett und den Anzug entsorgt. Die Perücke behielt er dagegen auf. Nachdem er Fotos von sich gemacht hatte, ging er in die vom Rest der Stadt isolierten südlichen Viertel. Sie beherbergten entweder ausschließlich industrielle Anlagen oder aber Wohnsiedlungen der untersten Einkommensschicht.

Es dämmerte, als Kepler endlich einen verschlissenen, blassgrünen Citi in derselben Variante, wie der Citi der korrupten Polizisten, sah. Kepler klopfte an die Tür des alten, ärmlichen Hauses, vor dem der Citi parkte. Ihm öffnete ein Schwarzer. Kepler sagte ihm, dass er unheimlich froh sei, ihn doch noch anzutreffen, denn er wolle seinen Citi kaufen. Sein erstes Auto sei nämlich genau das gleiche gewesen, und im Original seien solche Citis nicht mehr zu bekommen.

40

Dreißig Minuten später besaß Kepler diesen Wagen. Er hatte ihn die Summe gekostet, für die er drei solcher VWs bekommen hätte. Und den Rasierer.

Weitere dreißig Minuten später stand der Citi mit dem Schlüssel im Zündschloss unweit der Orange Farm, einer der Townships von Johannesburg, und Kepler war vier Straßenzüge weit entfernt. In seinem Rucksack steckten die Kennzeichen des Citi, in der Tasche seiner Jacke die Steuerplakette. Er ging eine größere Straße entlang, und als er einen Laster sah, warf er die Brille unter seine Räder. Er hoffte, dass sie dem von seiner Geschichte verwirrten Citi-Besitzer als sein markantestes Merkmal im Gedächtnis geblieben war. Die Brille wurde von den Rädern des Lasters zerstört und Kepler eilte zu der Shoppingmall, an der er den Polizeiwagen abgestellte hatte.

Die Mall hatte längst geschlossen, der Parkplatz war leer und der Polizei-Citi stach geradezu ins Auge. Kepler stieg schnell ein und fuhr zügig weg. Auf dem leeren und dunklen Parkplatz einer unweit gelegenen Firma tauschte er die Polizei-Kennzeichen gegen die des gekauften Citi und befestigte dessen License Disc an der Windschutzscheibe. Danach fuhr er zu dem Kino, in dem Budi sich schon den dritten oder den vierten Film ansah.

Er erschien sieben Minuten, nachdem Kepler ihn angerufen hatte. Im dunklen Saal war die Gewehrtasche niemandem aufgefallen und vom Kinogebäude bis zum Parkplatz ging Budi so lässig, als trüge er einen Gitarrenkoffer. Er war dennoch sichtlich erleichtert, dass er die Tasche in den Kofferraum des Citi legen konnte. Dann stieg er ein und Kepler fuhr los.

*****

Zwei Stunden später saß Budi am Steuer. Die Autobahn war relativ eben und Kepler konnte sein Foto und das von Budi relativ passabel in die Ausweise der toten Polizisten einarbeiten. Berauschend war das Ergebnis nicht, aber für einen flüchtigen Blick würde es ausreichen. Danach studierte Kepler im dürftigen Schein der Innenbeleuchtung den Stadtplan von Durban. Er entwarf Pläne, prüfte sie und verwarf sie. Er hatte einfach zu wenige Informationen. Schließlich entschied er sich. Zuerst rief er von seinem Handy die Auskunft des Durban International an, dann holte er Komris Telefon heraus.

"Morgen um elf im Salt Lake City im Airport", schrieb er, "bring meins mit.."

Er schickte die SMS ab und lehnte sich zurück. Bis nach Durban waren es noch etwa fünfhundert Kilometer, also über vier Stunden. Wenn alles gut lief.

41

Als das Handy kurz klingelte, spannte sich Kepler unwillkürlich an. Einen Augenblick lang zögerte er, bevor er die Mitteilung öffnete.

"Dann nur 6..", las er Roys Antwort.

Kepler sah zu Budi, der seit dem Signal immer wieder kurz zu ihm sah, und nickte ihm zu. Der Sudanese entspannte sich. Kepler wartete sieben Minuten, dann tippte er *egal, erledige es* ein, setzte zwei Punkte dahinter und schickte die Antwort ab. Anschließend legte er das Handy in die Mittelkonsole, rutschte im Sitz nach unten und schloss die Augen.

Plötzlich kam ihm die Erinnerung an den Tag, an dem er Katrin gehen lassen hatte. Die Dinge in seinem Leben wiederholten sich auf eine seltsame Art und Weise. Wieder döste er im Sitz vor sich hin und Budi fuhr. Wieder schienen dieser Mann und ein vages Ziel alles zu sein, was Kepler in seinem Leben hatte.

Eigentlich war es auch so.

14. Für den Flughafen der zweitgrößten Stadt des Landes war der Durban International Airport einfach nur mickrig. Es gab nur ein Terminal und nur eine Start- und Landebahn, die zu kurz für die Boeing747 war. Aber auch in der Nacht pulsierte hier das Leben in farbenfrohen Lichtern, Durban lag an der Ostküste Südafrikas am Indischen Ozean und war ein beliebtes touristisches Ziel.

Der Zeitpunkt, den Kepler dem Hehler genannt hatte, entsprach der Ankunft eines Linienfluges aus Johannesburg. Als Kepler und Budi in Durban ankamen, waren es bis dahin noch fünf Stunden. Sie parkten den Wagen auf dem Kurzzeitparkplatz und blieben darin sitzen. Vielleicht konnten sie Roy schon hier abfangen – wenn sie ihn identifizieren konnten. Wenn nicht, wollten sie weder ihm noch jemand anderem auffallen, indem sie stundenlang im Café herum hockten.

*****

Am Morgen wurde der quirlige Flughafen hektisch. Aber diese Atmosphäre wirkte nicht angespannt, sondern aufgeregt. Das afrikanische Chaos mischte sich mehr oder weniger organisiert mit der freudigen Erwartung eines Abenteuers, das Menschen von überall auf der Welt nach Afrika geführt hatte.

Kepler und Budi stiegen aus. Sie brauchten Bewegung, und sie mussten sich mit den Gegebenheiten des Flughafens vertraut machen. Kepler schickte Budi als ersten hinein, damit sie nicht zusammen gesehen wurden. Dann sah er einen Mann, der unweit des Einganges rauchte, und plötzlich verlangte es ihn nach einer Zigarette. Kepler ging zu dem Mann.

"Entschuldigung", bat er. "Hätten Sie vielleicht eine Zigarette für mich?" Der Mann sah ihn überrascht an, dann zog er eine Schachtel

Marlboro und ein Feuerzeug heraus. Kepler sog den Rauch tief ein und ihm wurde schwindlig. "Danke sehr", sagte er dem nun zurückhaltend lächelnden Mann. "Ich versuche aufzuhören, aber manchmal muss man einfach eine haben."

"Dann sollten Sie es lieber nicht machen", meinte der Mann.

"Weiß ich. Ist mir im Moment aber egal." Kepler führte es nicht weiter aus, der Mann verstand ihn auch so, er nickte. Sie rauchten zusammen. Der Mann war als erster fertig. Er drückte den Stummel im Aschenbecher aus und nickte zum Abschied. "Danke", sagte Kepler nochmal.

"Gern geschehen", antwortete der Mann mit einem wissenden Lächeln.

Zwei Minuten später hatte Kepler aufgeraucht und ging ins Terminal. Das Café *Salt Lake City* fand er gleich, es lag im Ankunftsbereich. Budi, mit einem neuen knackigen Hut auf dem Kopf, saß schon an der Bar. Kepler setzte sich am anderen Ende hin, bestellte einen Kaffee zum Mitnehmen und sah sich um. Der Laden war mehr ein Restaurant als ein Café. Es gab zwei Ausgänge, und sie wurden rege benutzt, permanent kamen Menschen hinein, zugleich verließen andere das Lokal. Alle Tische waren besetzt, ein paar Hungrige warteten, bis ein Platz frei wurde. Lediglich an der Bar war nicht viel los, für Drinks war es noch etwas zu früh. Kepler bekam zügig seinen Kaffee, bezahlte und ging.

Budi kam einige Minuten später, lehnte sich neben ihn gegen den Citi, trank auch bedächtig seinen Kaffee und blinzelte in die Sonne.

"Netter Hut", meinte Kepler.

"Perücken gab es in dem Laden nicht", sagte Budi und blickte hoch.

Über ihnen dröhnte es, als eine Boeing zur Landung anschwebte. Die Sonne blitzte fröhlich am glänzenden Rumpf auf, dann verschwand das Flugzeug aus der Sicht. Sekunden später ertönte das dumpfe Grollen der Schubumkehr, wurde leiser und verstummte. Kepler und Budi blickten schweigend vor sich hin.

*****

Um elf Uhr ging Kepler zum Terminal, die Maschine aus Johannesburg war soeben gelandet. Es würde noch etwas dauern, bis die Passagiere ausgestiegen waren, aber Roy war wahrscheinlich schon im Café.

Das mochte stimmen, Keplers Plan funktionierte trotzdem nicht so, wie er es gedacht hatte. Jemanden an einem Flughafen nur anhand einer Tasche zu identifizieren, war schon an sich schwierig. Kepler wusste zwar, welches Volumen sechs Millionen Rand hatten. Aber auch wenn es je nach Größe der Scheine marginal variierte, hatte im Café niemand nur die passend große Tasche dabei, alle Besucher hatten mehrere Gepäckstücke. Außerdem waren gerade drei einzelne Männer zugegen und sechs, die zu zweit unterwegs waren.

43

Zwei von ihnen konnte Kepler sofort ausschließen, die waren unübersehbar Geschäftsreisende. Das zweite Paar wirkte zwar aufgeregt, aber nicht angespannt. Die beiden könnten Touristen sein, nur sah Kepler keine Koffer bei ihnen, und er konnte nicht ohne aufzufallen an ihrem Tisch vorbeigehen, um zu hören, in welcher Sprache sie sich unterhielten. Die beiden letzten Männer sahen sich nicht um und stachen auf keine Weise hervor. Einer war schmächtig, sah aber gut aus. Nur seine huschenden Augen riefen ein unangenehmes Gefühl hervor. Sein Begleiter war ein massiger Mann mit einem abstoßenden Gesichtsausdruck. Er könnte der vierte Räuber sein. Roy war womöglich aber auch allein hergekommen, falls überhaupt. Kepler musterte die drei einzelnen Männer. Einer war schwarz und auf dem Überwachungsvideo war zu erkennen gewesen, dass alle Räuber weiß waren. Damit blieben nur zwei übrig. Allerdings konnte jeder von ihnen Roy sein, sie glichen dem Hehler von der Statur her. Einer vertilgte zügig ein Omelett.

Fünf Minuten vergingen. Keiner der Männer sah auf die Uhr oder zu den Eingängen. Noch drei Minuten vergingen ohne Veränderung. Bald würden die Passagiere der Maschine aus Johannesburg den Ankunftsbereich verlassen haben, Kepler musste handeln. Wie geistesabwesend öffnete er die Jacke und schob sie mit dem Ellenbogen zurück, um schnell zur Pistole greifen zu können.

Zwei weitere Männer betraten gemeinsam das Lokal und steuerten gezielt auf die Bar zu. Sie bewegten sich zügig und sahen sich dabei mit schnellen Blicken um. Freien Platz an der Theke gab es nur unweit von Kepler, und die Männer setzten sich auf die Hocker neben ihn. Sie drehten sich sogleich halb um und blickten in den Restaurantbereich. Nachdem sie Espressi bestellt hatten, hörte Kepler, dass sie auf Italienisch weitersprachen.

Noch zwei Männer kamen herein. Die beiden waren entweder garantiert nicht die Bankräuber, oder aber Roy war mehr als dreist, als Krimineller eine Polizeiuniform zu tragen. Kepler sah auf die Uhr. Es war zwanzig nach elf. Noch ein paar Minuten, dann wird Roy klar werden, dass Komri nicht kommen würde.

"Budi, stell dich so vor den ersten Eingang, dass man dich aus dem Restaurant sehen kann", flüsterte Kepler leise auf Arabisch. "Halte dein Handy deutlich sichtbar ans Ohr und sei bereit."

Sekunden später postierte sich Budi hinter der Tür. Kepler drehte sich etwas vom Tresen weg, holte Komris Handy heraus und wählte Roys Nummer. Er hörte kein Klingeln, sah aber, dass der schmächtige Mann des dritten Pärchens ein Telefon aus der Tasche zog. Doch im selben Augenblick ließ auch der Mann, der so konzentriert mit dem Omelett beschäftigt war, seine Gabel fallen und eine Sekunde später presste auch er ein Telefon ans Ohr. Kepler legte auf, und der mit den huschenden Augen sah verdattert auf sein Handy. Der Mann mit dem Omelett behielt seins am Ohr, sprach aber nicht, sondern kaute wieder. Kepler drückte die Wahlwiederholung. Und diesmal sah er es deutlich.

Es war nicht der hungrige Typ. Der Mann mit den huschenden Augen sah erschrocken zu seinem Begleiter, dann drückte er krampfhaft auf den Knopf auf seinem Handy und blickte sich hastig um. Er sah Budi, der mit dem Telefon am Ohr dastand, und blickte zum anderen Eingang. Ruckartig erhob sich der Mann und sagte etwas. Auch sein Begleiter sprang auf. Mit eiligen Bewegungen legte er einige Geldscheine auf den Tisch und machte einen Schritt. Kepler sah zum linken Eingang. Dort näherte sich eine große Gruppe bunt gekleideter Touristen dem Café. Kepler sprang auf und griff unter die Jacke.

"Roy Buyten – stehen bleiben!", rief er. "Sie sind verhaftet!" Der Hehler fuhr erschrocken zu ihm herum und Kepler richtete die Pistole auf ihn. "Auf die Knie!", befahl er. "Sofort!"

Mehrere Besucher schrien erschrocken auf, als auch Budi mit vorgestreckter Waffe ins Café stürmte. Im nächsten Augenblick zogen die beiden uniformierten Polizisten ihre Pistolen und richteten sie auf Kepler und Budi.

"Waffen runter!", schrien auch sie aus vollen Kehlen.

Weder Kepler noch Budi gehorchten dem Befehl.

"Wir sind Polizisten aus Joburg!", rief Kepler. "Ich hole meinen Ausweis heraus!" Er griff in die Tasche, Budi ging weiter auf Roy zu. Kepler bekam endlich den Ausweis von Komri zu fassen, zog ihn heraus, öffnete ihn und zeigte ihn den Uniformierten. "Diese Männer werden wegen Mordes gesucht!"

"Hier ist aber nicht Provinz Gauteng, sondern KwalaZulu-Natal", entgegnete ein Polizist, während er, ohne seine Waffe zu senken, in den Ausweis blickte.

Kepler steckte den Ausweis ein. Budi war schon bei Roy und seinem Begleiter und drückte sie hinunter. Beide Männer sahen hoffend zu den Uniformierten, während sich im Lokal eine gespenstische Stille ausbreitete.

"Na und?", kläffte Kepler. "Ich bin ein Inspektor, Constable", betonte er die Rangunterschiede, "das da sind meine Verdächtige und ich verhafte sie. Und es ist mir völlig egal, in welcher Provinz. Wenn du etwas dagegen hast, dann soll dein Chief meinen Chief anrufen, aber ich nehme diese Männer jetzt mit."

Ohne weiter auf die Polizisten zu achten, ging er zu Budi, der die beiden Männer auf die Knie gezwungen hatte. Sobald Kepler sich neben ihn gestellt hatte, nahm Budi seine Pistole herunter und zog Handschellen heraus. Er fesselte Roy, dann gab Kepler ihm die Handschellen, die er hatte, und Budi legte sie dem Begleiter des Hehlers an. Danach zerrten Kepler und er die beiden Männer hoch und schubsten sie zum Ausgang. Die beiden Polizisten hatten ihre Pistolen zwar gesenkt, sie aber nicht eingesteckt. Kepler blieb vor dem stehen, mit dem er gesprochen hatte, und stierte ihm in die Augen.

"Du hast meine Dienstnummer gesehen", knurrte er. "Aber komm mir besser nicht in die Quere, Constable. Und jetzt geh aus dem Weg."

Der Polizist trat unwillig zur Seite und Kepler schubste Roy an. Die beiden Männer an der Theke, die Italienisch gesprochen hatten, sahen Kepler direkt an, blickten aber sofort weg, als er die Augen auf sie richtete.

*****

Roy und sein Begleiter ließen sich widerstandslos aus dem Café führen. Als sie den Abflugbereich passierten, stockten beide Männer, aber Kepler und Budi schubsten sie sofort unmissverständlich weiter. Mit erstaunten Gesichtern ließen sich die beiden aus dem Terminal und dann zum Parkplatz führen. Als Budi den Citi aufschloss, sahen die Bankräuber ihn und Kepler abschätzig an.

"He, ihr Idioten", rief Roys massiger Begleiter. "Uns steht ein Flug zu." Kepler erwiderte nichts, sondern sah sich um. "He, du Penner", hörte er den giftigen Ruf. "Was meinst du, was unser Anwalt mit euch zwei armen Würstchen anstellen wird, wenn ihr uns nicht anständig behandelt?", fragte der Massige mit einem schäbig höhnischen Lächeln.

Roy grunzte vergnügt.

"Ihr werdet höchstens noch Strafzettel in irgendeinem Kaff verteilen, und zwar erst nachdem ihr uns auf Knien um Vergebung angefleht habt", versprach er.

Kepler sah keine Polizisten oder auch sonst jemanden, der sie beobachtete, und blickte zum Hehler. Dessen unsteter manischer Blick widerte ihn an.

"Euren Anwalt werdet ihr nie sehen", sagte er. "Und jetzt halt den Mund."

"Du Vollidiot", höhnte der Massige. "Weißt du, mit wem du dich anlegst?"

"Nein, dich kenne ich noch nicht", gab Kepler zu.

"Dann wirst du mich kennenlernen." Der Massige sah ihn wild an. "Sobald ich draußen bin, nehme ich mir dich vor, und dann deine Frau!"

"Okay, ich erkläre es so, dass sogar du es verstehst", murmelte Kepler unheilvoll. "Warte mal kurz, ich erledige das sofort", sagte er zu Budi.

Mit einer abrupten Bewegung schlug er mit dem Griff der Pistole auf den Mund des Massigen. Einige von dessen Zähnen brachen, seine Lippen färbten sich rot. Kepler zog ruhig ein Taschentuch aus der Tasche und wischte den Griff der Pistole sauber.

"Du...", begann der Massige.

Kepler schlug sofort wieder zu, diesmal stärker. Der Massige wollte sich an die gebrochene Nase fassen, aber seine Hände hinter dem Rücken bewegten sich kaum. Er verzog vor Schmerz das Gesicht und drückte es gegen die Schulter.

"Du hast mir die Nase gebrochen", warf er Kepler wütend vor. "Ich..."

"Kein Wort mehr", warnte Kepler ihn.

"Ich bringe dich um", grollte der Massige trotzdem.

Kepler packte ihn an den Haaren, riss seinen Kopf herunter und schlug mit dem Knie in sein Gesicht. Der Massige jaulte vor Schmerz auf, enthielt sich aber nun eines weiteren Kommentars.

"Seine Hände sind gefesselt", sagte Roy.

Er zog sich sofort ängstlich zusammen, als Kepler seinen Blick auf ihn richtete. Kepler versetzte ihm einen Kinnhaken und sah ihn offen an.

"Und?", fragte er. "Ich bin nicht fairer als ihr, und halte mich genauso wenig an das Gesetz wie ihr. Weil", er sah die beiden amüsiert an, "ich gar kein Polizist bin. Ich habe nur Komris Marke. Und mein Partner hat die von dessen Partner Emil Berger." Jetzt sahen beide Männer ihn furchterfüllt an. Er lächelte höhnisch. "Willkommen in meiner Welt", sagte er. "Roy", rief er und der Blick des Hehlers schnellte zu ihm. Dann sah der Mörder von David zur Seite. "Warum hast du den Schwarzen in der Bank erschossen?", fragte Kepler.

"Was interessiert es dich?", keifte Roy zurück.

Seine Stimme klang jetzt reißend, wie bei einem Pubertierenden, und er sah Kepler kurz und gehässig an. Dass er nicht abgestritten hatte, David erschossen zu haben, erfüllte Kepler noch mehr mit einer seltsamen Genugtuung.

"Er war mein Freund", antwortete er ruhig.

Diese Worte schienen schlimmer zu sein, als wenn er direkt mit dem Tod gedroht hätte, beide Männer wurden bleich. Kepler schlug brutal gegen Roys Kiefer. Dessen Kopf baumelte benommen, sein Blick wurde glasig. Kepler sah den Massigen auffordernd an, aber der blickte ihn ängstlich zurück und kniff dann die Augenlider zusammen. Kepler machte die hintere Tür auf.

"Du", er deutete auf den Massigen, "rein da und leg dich vor die hintere Sitzbank", befahl er und sah zu Roy. "Du kommst in den Kofferraum."

*****

Zwei Minuten später verließen sie den Parkplatz. Die Tasche mit der Erma war an den hinteren Sitzen angeschnallt und der schmächtige Hehler lag ruhig im Kofferraum zusammen mit Budis Hut und Keplers Perücke. Ihre Jacken hatten sie über Roys massigen Freund gelegt, nachdem sie ihn mit den Vordersitzen im Fondfußraum eingequetscht hatten. Er stöhnte bei der ersten Querfuge leise, wurde aber sofort still, nachdem Kepler ihn mit der Pistole geschlagen hatte.

15. Budi hielt an einem Supermarkt an und Kepler stieg aus. Er kehrte mit zwei Spaten, einer Wasserwaage und einer Rolle Richtschnur zurück. Die Wasserwaage und die Richtschnur hatte er nur mitgekauft, um nicht aufzufallen. Er legte die Sachen auf die hintere Sitzbank und stieg ein.

Sie fuhren eine Zeitlang nach Süden auf der N2, dann wechselte Budi auf die M37. Bald kam eine Baustelle in Sicht. Hier entstand ein Hotel für die erst in zwei Jahren anstehende Fußball-WM, aber es wurde heftig gearbeitet und niemand würdigte den Citi auch nur eines Blickes, als er vorbeifuhr.

Während die Minuten träge verflossen, schielte Kepler immer wieder unauffällig zu Budi. Der Sudanese starrte unentwegt und regungslos in den nach unten gedrehten Innenspiegel. Worüber er nachdachte, konnte Kepler nur vermuten. Er hatte einige verdeckte Einsätze hinter sich, die auch illegale Tötungen beinhaltet hatten. Doch diese Entscheidungen hatten andere getroffen, und die Zielpersonen wären so oder so gestorben. Als Soldat und auch als Söldner hatte er ähnliche Befehle ausgeführt. Er hatte Glück gehabt, er hatte dabei nie gegen sein Gewissen handeln müssen. Er hätte es auch nicht getan, er hatte Abudi erschossen, um das nicht tun zu müssen. Doch das hier war anders. Es würde dasselbe werden, wie die Erpresser auszulöschen, die die Familie seines Bruders bedroht hatten. Es mochte gerecht sein – und musste dennoch heimlich geschehen. Und zwar, weil er das so entschieden hatte. Er allein.

Die Stimme des Massigen unterbrach seine und Budis trübe Gedanken, als der Räuber weinerlich bat, austreten zu dürfen. Roy schrie dumpf aus dem Kofferraum, dasselbe zu wollen. Kepler empfahl den beiden, in die Hosen zu machen oder es sich zu verkneifen, wenn sie den Gestank nicht ertragen wollten. Im Auto wurde es wieder still.

Sie fuhren genau von der Küste weg ins Hinterland von Durban. Nachdem dessen Ballungsgebiet hinter ihnen lag, breitete sich eine Landschaft vor dem Wagen aus, die Kepler an die von Sudan erinnerte.

Die Drakensberge schräg links vor ihnen wurden allmählich in der Abenddämmerung unsichtbar. Budi jagte den Citi immer weiter in die Savanne. Die Straßen wurden schlechter, bald hörten sie ganz auf.

Zwei Stunden lang hoppelte der Citi am Lauf des Tugela Rivers entlang. Der Fluss war früher die Grenze zwischen der Kolonie Natal und dem unabhängigen Königreich der Zulus im Nordosten gewesen. Dann hatten die Briten sowohl die Buren als auch die Zulus besiegt. Doch Tugela River war ein Grenzfluss geblieben, jetzt allerdings lediglich kulturell. An ihm endete die lange Reihe von europäisch geprägten Küste-Badeorten, nördlich des Flusses dominierten die traditionellen Siedlungsstrukturen der Zulus. Trotz seiner langen breiten Strände und traumhaft schöner Flussmündung war Tugela vom Tourismus kaum berührt. Die Gegend war menschenleer und die Natur wurde karg, sobald man sich wenige Kilometer vom Flussbett entfernte.

Irgendwo in dieser Unwirtlichkeit hielt Budi an.

"Hier, denke ich", vermutete er fragend.

Es begann zu dämmern, die gesamte Umgebung wirkte wie in ein schummriges Licht getaucht. Am Himmel wurde der zunehmende Mond immer heller.

"Ja, das ist gut", erwiderte Kepler.

Budi stellte den Motor ab und starrte wieder vor sich hin.

"Fühlst du dich unwohl dabei?", fragte Kepler ihn auf Arabisch.

"Nein, Colonel", antwortete der Sudanese gedehnt.

"Was ist dann?"

"Ach... Als ich eingezogen wurde, wollte ich kein Soldat sein und bin aus der Miliz abgehauen", begann Budi unschlüssig nach einer Weile. "Dann landete ich in Kurdufan bei Abudi und sah, was er vorhatte, und vor allem – wie." Er lächelte traurig. "Wir haben für etwas Gutes gekämpft, aber dann mussten Sie ihn töten, weil er so böse geworden war, wie die Typen da hinten." Er drehte den Kopf und blickte Kepler direkt in die Augen. "Ich habe kein Problem damit, die Welt davon zu säubern. Ich habe nur Angst, dadurch genauso zu werden."

"Ich auch", erwiderte Kepler. Budi war erleichtert, dass er genauso fühlte. Er nickte ihm zu. "Wir passen auf uns auf, damit das nicht passiert", versprach er.

Im blassen Zwielicht sah er Budis weiße Zähne, als sich seine Lippen zu einem Lächeln auseinander zogen. Budi reichte ihm die Hand und er drückte sie.

Im Auto roch es immer stärker nach Urin, die beiden Räuber hatten sich irgendwann nicht mehr zurückhalten können. Das malträtierte sie noch stärker.

*****

Kepler und Budi stiegen aus und holten die beiden Männer aus dem Auto. Budi öffnete ihre Handschellen, Kepler warf die beiden Spaten vor ihre Füße. Roy und der Massige, die sich ächzend streckten, sahen ihn trotzig an.

"Was ist unklar?", fragte Kepler.

49

Er hatte nicht damit gerechnet, aber die frische Luft und dass sie sich endlich bewegen konnten, belebte die beiden Räuber.

"Ich werde kein Grab schaufeln", setzte Roy ihn widerspenstig in Kenntnis.

"Es ist deine Leiche", meinte Kepler. "Mir ist es egal, ob Tiere sie fressen."

Er zog die Pistole heraus, Budi machte es ihm gleich. Die Aussicht, noch einige Zeit am Leben zu bleiben, ließ Roy umdenken.

"Schon gut, schon gut", sagte er schnell.

Er beugte sich keuchend, nahm einen Spaten und richtete sich auf. Dann sah er sehnsüchtig in die Ferne. Kepler lächelte schief.

"Es kommt niemand, um dich zu retten, Roy. Grab, ich verliere die Geduld."

Der Massige hob den zweiten Spaten auf und schwang ihn plötzlich. Budi wich dem Schlag mühelos aus. Der Massige ließ den Spaten fallen und rannte los. Er konnte es nach den Stunden in Fesseln nicht gut und er hatte keine Orientierung, er lief einfach in die Weite. Budi riss seine Pistole blitzschnell hoch.

"Lass ihn hoffen", sagte Kepler. "Pass auf den da auf."

Budi richtete die Pistole auf den aufgescheuchten Roy, der seinem Freund fassungslos nachsah, und überlegte, dasselbe zu versuchen. Nach einem Blick auf Budi gab er diesen Gedanken auf.

Kepler holte die Erma heraus. Als er anlegte, hatte der Massige zweihundert Meter geschafft. Kepler schoss. Sogar auf die Entfernung war zu sehen, wie das rechte Knie des Massigen zerfetzt wurde. Er stürzte und schrie. Mit erbleichtem Gesicht wandte Roy zitternd den Blick ab.

"Grab weiter", befahl Budi ihm.

Kepler verstaute das Gewehr und ging los.

Der Massige lag am Boden, das zerschossene Bein mit beiden Händen umschlungen, und heulte vor Schmerz und kraftloser Wut. Kepler zog den Gürtel aus seiner Hose, packte grob seine Hände und legte ihm die Gurtschlinge um die Handgelenke. Gemächlich schleifte er den jaulenden Mann zu dem winzigen Loch, das Roy mittlerweile zustande gebracht hatte. Der Hehler ließ den Spaten bereitwillig fallen und sah den Massigen unbeholfen und ratlos an.

"Kriege ich Wasser für ihn?", bat er unschlüssig, ob es das Richtige war.

"Wird er danach graben?", interessierte sich Kepler.

"Nein, Mann", schnaubte Roy empört. "Das kann er jetzt doch gar nicht."

Kepler zog die Pistole heraus und schoss dem Massigen in den Kopf.

"Ich werde kein Wasser an ihn vergeuden", sagte er kalt zu Roy, der ihn fassungslos ansah. "Nicht mal du kriegst welches. Geh schaufeln."

Es war wohl das erste Mal in Roys Leben, dass er körperliche Arbeit zu verrichten hatte, und das letzte.

Die Gruben, die er ausgehoben hatte, waren nicht besonders tief. Nachdem er die Leiche seines massigen Freundes zugeschüttet hatte, warf Roy einen gehetzten Blick auf Kepler und fing unaufgefordert an, das andere Loch tiefer zu graben, aber sehr langsam. Kepler ging zu ihm.

"Es reicht", sagte er. "Leg die Schaufel weg."

Roy tat es langsam, dann sah er auf. In seinen Augen war wieder derselbe Irrsinn, den Kepler vorhin darin gesehen hatte.

"Wir verhandeln, hä?", fragte der Hehler trotzdem bemüht ruhig. "Du hast nichts davon, wenn du mich tötest, und gewinnst viel, wenn du es nicht tust."

"Und?", fragte Kepler. "Wo ist das Geld?"

Fast erleichtert zog Roy hastig ein Papier aus der Innentasche seines Jacketts und reichte es Kepler. Es war ein Scheck von einer Offshore-Bank über eine halbe Million US-Dollar.

"Ich besorge dir noch mehr", versprach Roy haspelnd. "Ich töte Kwo, dann bekommst du auch seinen Anteil. Und den von Otis. Und die von den Bullen."

"Das hier reicht schon", erwiderte Kepler und hob die Pistole. "Knie nieder."

Plötzlich schnappte Roy nach seinem Bein. Kepler trat ihm gegen das Ohr und er ließ ihn jaulend los, dann sprang er ihn wieder an. Kepler wehrte den Angriff mit einem Fausthieb ab und schoss Roy in beide Füße. Danach packte er den Hehler an den Haaren und zerrte ihn zur Grube. Er schob Roy in sie hinein, sodass er auf den Knien stand, stellte sich hinter ihn und hob die Waffe.

"Roy Buyten, du hast David Galema erschossen, einfach weil du Spaß daran hattest. Du hast gleich eine Minute Zeit, Buße dafür zu tun." Der Hehler sah ihn schief und dreckig grinsend an. "Ich will kein einziges Wort der Reue von dir hören", erklärte Kepler ihm, bevor Roy etwas sagte. "Ich gebe dir nur die Möglichkeit, deine Sünden vor Gott zu bekennen, während zu stirbst."

Der Gesichtsausdruck des Hehlers änderte sich, weil Kepler ihm die letzte Möglichkeit zum Hohn nahm. Er schaffte es noch, den Mund zu öffnen.

Kepler schoss durch seinen Hals und stieß ihn auf den Boden des Lochs. Er stieg aus der Grube, Budi reichte ihm einen Spaten, und zusammen schaufelten sie die Erde auf den verblutenden, leise röchelnden Hehler. Danach fuhr Budi mit dem Wagen immer wieder über die beiden

Gräber, um die Aufschüttung zu verdichten, und Kepler warf den Aushub nach. Bald waren die Gräber so gut wie nicht mehr zu erkennen, und die wenige übriggebliebene Erde würde binnen kurzem vom Wind weggetragen werden. Damit würden die Leichen des Hehlers und seines Handlangers wohl niemals gefunden werden.

Während Budi die Spaten im Citi verstaute, holte Kepler sein Prepaidhandy heraus und wählte die Nummer von Mauto Galema.

"Fertig", sagte er nur, legte auf und machte das Telefon aus.

16. Kepler und Budi fuhren entlang des Flusses und hielten immer wieder an, um die Spaten, danach alle Telefone, die Pistolen, die Ausweise, die Handschellen und zum Schluss die Perücke und den Hut ins Wasser zu werfen.

*****

Am frühen Morgen stellten sie auch diesen Citi mit dem Schlüssel im Zündschloss in einer Township ab. Umlazi lag nicht weit vom Zentrum entfernt im Osten von Durban, und Kepler und Budi gingen zu Fuß in die Innenstadt.

Kepler überlegte die weitere Vorgehensweise. Budi schien auch angestrengt über etwas nachzudenken. Nach einer Weile unterbrach er Keplers Grübeln.

"Sir", begann er, "Sie haben mir zwar einige Ihrer Schlussfolgerungen erklärt, aber – warum wussten Sie von vorne herein, wie wir Roy finden würden?"

Sie waren zwar noch lange nicht in Sicherheit, aber Budi hatte sich auch früher manchmal mitten in einem Gefecht völlig trocken dafür interessiert, wie man bei einem böigen Seitenwind richtig den Seitenvorhalt berechnete. Diese Wissensgier hatte Kepler in seine Männer beinahe schon brutal eingeprügelt. Und wenn es irgend möglich gewesen war, hatte er sich auch im Gefecht die Zeit genommen, Budi die nötigen Korrekturen zu erklären.

"Wegen seines Verhaltens in der Bank", antwortete Kepler und girente freudlos vor sich hin. "Er hatte keine Angst vor Konsequenzen. Darum hatte ich gedacht, dass er mit Kwo gemeinsame Sache machen und von der Polizei gedeckt werden würde. In Wirklichkeit war es zwar andersherum, aber dass er sich unantastbar wähnte, das war nicht zu übersehen gewesen." Bevor Budi nachfragte, erklärte er es vollständig. "Roy hatte sich genauso benommen, wie ich mich im Sudan, als ich Abudis ganze Macht hinter mir gewusst habe."

Budi starrte ihn verdattert an, dann schüttelte er entschieden den Kopf.

52

"Haben Sie nie getan, Colonel. Sonst hätten Sie das hier nicht gemacht."

*****

Am Flughafen sollten Kepler und Budi sich nicht zeigen. Falls ihre Abwesenheit von der Ranch jemandem auffiel, konnten sie behaupten, Urlaub gemacht zu haben. Das war an sich schon fadenscheinig genug, nur vier freie Tage wären völlig unglaubwürdig. Aus diesem Grund mussten Kepler und Budi länger abwesend sein. Der Weg nach Hause bot die Möglichkeit dazu.

Budi wollte nicht protzen, sondern einfach nur mal einen Porsche fahren, nachdem er die Werbung von Getaway Africa gesehen hatte. Diese Firma vermietete im Gegensatz zu Avis sogar den Cayenne. Kepler wollte wegen des protzigen SUV nicht auffallen, und auch nicht überfallen werden. Budi sah das ein. Sie mieteten einen unauffälligen Toyota Fortuner aus der von Touristen bevorzugten Group I des Autoverleihers.

*****

In Pietermaritzburg suchten Kepler und Budi nach einem Hotel. Sie hatten schon seit mehr als einem Tag nichts gegessen, und schlafen mussten sie auch.

Die Hauptstadt von KwaZulu-Natal wurde auch *Last Outpost of the British Empire* genannt. Pietermaritzburgs viktorianische Häuser wirkten wie aus einer Ära, in der alles besser gewesen war. Aber auch wenn keine Zeit dieser Welt je sorglos und friedlich verlief, Kepler spürte dennoch eine milde, in sich selbst wiegende Ruhe, als er den Toyota in einem schattigen Vorort mit backsteinernen Bungalows und Boarding Schools vor einer Pension anhielt.

Am nächsten Morgen fuhren Kepler und Budi in Richtung der Drakensberge, die sich in der Ferne mächtig und erhaben gegen den Himmel abzeichneten.

Das uralte Gebirge der Drachen bildete die Grenze zu einer der wenigen Enklaven auf der Welt, dem Königreich Lesotho. Die Felszeichnungen des Bantustammes San und die vielfältige unberührte Natur machten die Basaltberge zum Touristenmagnet, und die UNESCO hatte sie zum Weltnatur- und auch zum Weltkulturerbe deklariert. Irgendwann wollte Kepler die Berge sehen, aber jetzt fuhren er und Budi einfach auf der Autobahn N5 immer weiter nach Süden.

Für die fast sechzehnhundert Kilometer bis Kapstadt brauchten sie siebzehn Stunden. Dort gaben sie den Toyota in einer Filiale der Autovermietung ab.

Sie hatten rechtzeitig angerufen, Sahi wartete zwei Straßen weiter mit dem XJ.

*****

53

Als Kepler und Budi schwerfällig aus dem Jaguar ausstiegen, kam Mauto auf die Veranda. Sein Lächeln, als er ihnen die Hände drückte, wirkte leblos.

"Warum haben Sie kein Foto gemacht?", fragte er in einem Ton, als wenn die Aufnahme ihm eine Genugtuung verschafft hätte, die ihm sonst gestohlen blieb.

"Er ist schäbig gestorben, Mauto", erwiderte Kepler. "Dieses Wissen muss Ihnen reichen, Sie müssen sich nicht mit dem Anblick belasten."

Galema sah ihn mit einem leeren Blick an, nickte und drehte sich um.

Irgendetwas war anders. Als hätten die Ereignisse einen drückenden Schatten auf die Ranch geworfen.

17. Roberto war in mieser Stimmung, weil er einen Linienflug nach Durban nehmen musste. Die Firma SkyService, deren Flugzeuge die Familie öfters charterte, war heute völlig ausgebucht. Wenigstens hatte das Reisebüro, das der Familie gehörte, ihm den letzten freien Platz bei der Kulula Air buchen können.

Schon in der Abflughalle ekelte sich Roberto, als er die vielen Menschen sah, die mit ihm fliegen würden. Kulula war eine Billigfluglinie, allein Robertos Anzug kostete scheinbar mehr, als die einhundertdreißig Passagiere zusammen für den Flug bezahlt hatten. In der engen Röhre der Boeing 737-200 verstärkte sich Robertos Ekel. Den ganzen Flug über saß er stocksteif zwischen einem zotteligen Studenten und einer korpulenten Schwarzen.

Nach der Landung kam ihm der Geruch von Kerosin auf dem Flugfeld wunderbar vor. Die große Mercedes-Limousine, mit der er abgeholt wurde, war schon geradezu eine Ekstase. Onkel Luca ließ es sich nicht nehmen, seinen wichtigsten Neffen persönlich zu empfangen und ihn umgehend mit einem anständigen Drink und Zigarre zu bewirten.

Damit hörten die Verbesserungen aber auch schon wieder auf.

"Wir hatten ihn fast", begann Luca zu berichten. "Er war sogar hier am Flughafen, wozu auch immer. Aber plötzlich tauchten zwei Polizisten aus Joburg auf, verhafteten ihn und seinen Kumpel und verschwanden mit ihnen."

"Wann?", fragte Roberto erstaunt.

"Na eben erst", antwortete Luca.

"Und?"

"Meine Männer hatten gedacht, dass die Bullen mit den beiden zurück nach Joburg fliegen würden, darum sind sie nicht sofort hinterher gegangen, zudem da noch hiesige Polizisten zugegen waren", erklärte Luca. "Fünf Minuten später sind meine Männer zum Abflugbereich gegangen, aber weder die Bullen noch Roy und sein Kumpel sind da. Meine Männer suchen sie."

Die Zigarre schmeckte Roberto plötzlich bitter und der Kognak korkte.

"Hat er sich hier mit jemand anderem getroffen?", erkundigte er sich.

"Weiß ich nicht", antwortete Luca. "Ich habe die Verhandlungen über die fünfundfünfzig Millionen verzögert wie ich konnte, aber gestern akzeptierte Roy plötzlich den Kurs von eins zu neun. Ich habe ihm nur die Hälfte gegeben, damit er nicht gleich abhaute, und habe dich sofort angerufen." Er hüstelte. "Weil den Aktenkoffer, den haben wir noch nicht. Hat er ihn wirklich genommen?"

"Ja, er hat es wirklich getan", gab Roberto zurück.

Die nächsten Minuten vergingen in drückend angespanntem Schweigen. Luca war sichtlich erleichtert, als die beiden Männer kamen, die den Hehler beschatten sollten. Sie hatten weder ihn, noch die Polizisten wiedergefunden. Anstatt ihnen den Hals umzudrehen, weil sie ihre Arbeit nicht getan hatten, freute sich Luca darüber, dass einer von ihnen den Namen des weißen Polizisten aus Joburg mitbekommen hatte, weil der Constable sich bei seinem Partner vergewissert hatte, ob er ihn richtig gelesen hatte.

"Das sind gute Nachrichten", behauptete er vergnügt.

"Und was ist daran bitte gut?", knurrte Roberto.

"Mein Junge", sein Onkel tätschelte freudig seine Wange, "wenn sie nicht abgeflogen sind, dann sind sie wohl noch hier. Und dein Hehler braucht einen Anwalt. Na, und ich", er grinste, "bin der beste Anwalt in der Stadt."

Zumindest war Luca einer der teuersten. Roberto lächelte trotzdem. Die Aussicht, die Polizei zu malträtieren, anschließend diesen Hehler, und danach gepflegt bei Onkel Luca den Abend zu verbringen, war nahezu traumhaft.

Robertos Laune stieg. Sein Onkel hatte bestimmt recht. Die Joburger Polizisten hatten wohl doch noch Probleme mit dem hiesigen Chief bekommen, und Roy war jetzt im Polizeipräsidium von Durban. Dass Luca es schaffen würde, ihn herauszubekommen, bezweifelte Roberto nicht. Sein Onkel brachte alles zustande, solange es nicht um Mord ging. Und dass Roy jemanden getötet hatte, war noch lange nicht bewiesen, und einer von Durbans einflussreichsten Anwälten persönlich würde ihm den Rechtsbeistand leisten. Also würde Roberto ihn bald haben, und mit ihm den Aktenkoffer. Es wird schon alles klappen, dessen war Roberto sich jetzt sicher. Nur ein Rest des unguten Gefühls blieb trotzdem hartnäckig zurück. Roberto führte es auf seine Anspannung zurück.

*****

Der Tag hielt tatsächlich weitere Überraschungen parat, und zwar genauso unangenehme wie jene, mit denen er begonnen hatte.

55

Niemand auf dem Polizeipräsidium zeigte sich von Luca sonderlich beeindruckt. Nachdem er den Zweck seines Besuches genannt hatte, grinsten die Polizisten sogar hinterhältig. Luca verlangte den Chief, und der kam auch tatsächlich. Es war ein Schwarzer. Und er teilte Luca ruhig und kalt amüsiert mit, dass Mister Buyten sich nicht im Gewahrsam der Polizei von Durban befand.

Roberto kannte die Sorte von Polizeichiefs. Schwarz, idealistisch und unbestechlich. Nur schien der hier klüger als viele andere zu sein. Vielleicht clever genug, um zu wissen, mit wem er sich nicht anlegen sollte.

"Wo ist er?", fauchte Roberto ihn ungehalten an.

"Die Joburg Metro Police hat ihn verhaftet", antwortete der Chief ruhig.

Und sah sichtlich befriedigt zu, wie sich Robertos Gesicht in die Länge zog.

"Wie war der Name des Polizisten?", verlangte Roberto zu wissen.

"Das erfahren Sie bei Joburg Metro Police", erwiderte der Polizeichef kalt.

"Mister", presste Roberto zwischen den Zähnen heraus und schüttelte erbost Lucas warnende Hand von seiner Schulter. "Sagen Sie mir, was ich wissen will."

Trotz der unterschwelligen Drohung sah der Chief ihn gelassen an.

"So wie Ihr Onkel, mögen auch Sie Schwarze nicht, nicht wahr, Mister...", er machte eine Kunstpause, "...Melandri?" Er blickte dem verdutzten Roberto unheilvoll in die Augen. "Verschwinden Sie aus meiner Stadt. Sofort."

Ohne ein weiteres Wort ging er weg. Roberto sah ihm ohnmächtig nach.

*****

Eigentlich mochte Roberto seinen Onkel sehr, und eigentlich hatte Luca alles getan, um ihm zu helfen. Aber Roberto war trotzdem sauer auf ihn und wollte diesen Tag nicht bei ihm verbringen und über alles nachdenken. Das konnte er auch allein ganz gut. Recht schroff bekundete er seinen Wunsch, nach Hause zu wollen. Luca, obwohl er sich keiner Schuld bewusst war, meinte zustimmend, dass das vielleicht auch nicht schlecht wäre, und rief sofort bei SkyService an.

Roberto verabschiedete sich frostig von seinem Onkel und bestieg als einziger Passagier eine Falcon900. Er war sauer, weil Luca alles vermasselt hatte. Aber er würde den Koffer auch ganz allein und ohne Hilfe zurückbekommen.

Der Chief in Johannesburg war kein Vollidiot, nur hatte er von der Polizeiarbeit keine Ahnung, auf den Posten war er nur gekommen, weil er ANC-Mitglied war. Doch er war leider nicht korrupt. Der Chief in Durban war anscheinend zwar viel cleverer und tüchtiger, aber auch ein unbestechlicher Idealist. Von den beiden wäre nichts zu bekommen, wahr-

56

scheinlich nicht einmal mit Gewalt. Aber es gab noch Polizisten von altem Schlag. Solche beugten sich entweder der Macht oder dem Geld. Oder beidem.

Sobald das Flugzeug abgehoben hatte, rief Roberto seinen Informanten bei der Johannesburger Polizei an und gab ihm den Namen des Polizisten durch, der Roy verhaftet hatte. Danach ging es ihm etwas besser.

Sein Handy klingelte fünf Minuten später. Mit erschütterter Stimme berichtete der Informant, dass der Name und der Ausweis zu einem Polizisten gehörten, der vor drei Stunden tot aufgefunden worden war, zusammen mit seinem Partner. Und dass die beiden schon seit einem Tag tot waren. Dann erwähnte der Informant, dass diese Polizisten im Überfall auf ABSA ermittelt hatten. Anschließend sagte er, dass der Manager der Filiale spurlos verschwunden war, nachdem er gestern Besuch von einem seltsam gekleideten Mann gehabt hatte.

Jetzt ergab alles einen Sinn. Roberto stöhnte, weil er die Zusammenhänge des Überfalls nicht sofort nachvollzogen hatte. Jemand hatte das viel schneller als er getan. Die Frage war – wer. Roberto kniff die Augen zusammen und dachte angestrengt nach. Jeder Gegner seiner Familie hätte die brisanten Unterlagen aus dem Aktenkoffer längst dazu benutzt, die Konkurrenz auszuschalten. Es musste also jemand sein, der aus völlig anderen Gründen handelte. Aus persönlichen.

"Mister Melandri?", fragte der Informant nach einer Weile zaghaft.

Roberto öffnete die Augen und riss sich zusammen.

"Ich bin in zwei Stunden zu Hause", sagte er. "Besorgen Sie mir alles, was Sie über die Familie Galema finden können."

"Äh, Mister Melandri", krächzte der Informant. "Außenminister Galema ist ganz eng mit dem Direktor des MSS befreundet. Munkelt man so."

"Ist mir egal, was man munkelt", brauste Roberto auf. "Tun Sie, was Ihnen gesagt wurde, und bringen Sie mir die Akten. Dafür bezahle ich Sie schließlich!"

"Jawohl", gab der Informant devot zurück. "Bis später, Mister Melandri."

"Ja", knurrte Roberto und legte auf.

*****

Am späten Abend, als Roberto schon fast durchdrehte, kam endlich der Informant. Die lange Zeit erklärte sich nicht aus dem weiten Weg, weil das Anwesen der Melandris nordwestlich von Johannesburg in der Nähe vom John-Ness-Naturreservat lag. Der Informant behauptete, er hätte so lange gebraucht, um die Akten so vorsichtig zu besorgen, dass er keine Spuren hinterließ. Roberto tat das erst als faule Ausrede ab, aber der Informant übergab ihm eine DVD, die vollgeschrieben war. Weil der Mann auch Italiener war und immer gute Arbeit leistete, ließ Roberto ihm vom Haushälter einen ordentlich gefüllten Umschlag geben.

In seinem Arbeitszimmer überflog er zügig die Akten der Bediensteten der Galemas. Bei den Bodyguards konzentrierte er sich. Wieder Schwarze. Die von einem Weißen angeführt wurden. Von einem Deutschen.

Dessen Akte war bearbeitet worden. Darin gab es keine Daktylogramme. Und es fehlten nicht nur die Fingerabdrücke dieses Mannes, sondern auch fünf Jahre seiner Vergangenheit. Irgendjemand beschützte ihn. Roberto erinnerte sich an die gestammelte Warnung des Informanten. Das MSS war berüchtigt, besonders die vierte Abteilung. Diese Agenten wurden nicht gekauft – sie kauften. Wenn einer von ihnen einen Kratzer abbekam, nahm ihr Chef ganze Städte auseinander. Vielleicht, sogar höchstwahrscheinlich, hielt er aus Freundschaft zum Außenminister die Hand über den Deutschen.

Aber sowohl Galema als auch Grady waren an das Gesetz gebunden. Dass der Bodyguard den Mörder von David Galema im Verborgenen gejagt hatte, offenbarte zwei Dinge. Erstens – dass man auch einen Minister verletzen konnte. Und zweitens, dass auch so jemand wie Grady, der einen Geheimdienst wie ein Diktator führte, nicht allmächtig war.

Beruhigt lehnte sich Roberto in seinem Stuhl zurück und sah sich die Fotos des weißen Bodyguards genauer an. Das Konterfei en profil war nichtssagend. Das en face ließ Roberto zwar erst nach einigen Augenblicken, aber richtig erschaudern. Er hatte den Mann auf Anhieb widerlich gefunden, dessen Wesen schien ein Klumpen aus kalter, abweisender Arroganz zu sein. Am schlimmsten waren seine Augen. Auf den ersten Blick nur kalt, verbargen sie etwas. Roberto beugte sich vor, in der Erwartung, das absolut Böse darin zu sehen. Aber da war nur unendliche, gespenstische Leere. Das war nicht minder schrecklich. Eigentlich sogar mehr. Zum ersten Mal in seinem Leben bekam Roberto Angst, weil er sich einem unbarmherzigen und unnachgiebigen Gegner gegenüber wusste.

Dann war diese Aufwallung vorbei und sein kalter Verstand begann wieder logisch zu denken, und trotz der Kälte, die sich in ihm ausbreitete, lächelte Roberto. Er war nur an ein einziges Gesetz gebunden, und zwar an das der 'Ndrangheta. Und damit konnte er über andere Gesetze gebieten.

Roberto lehnte sich wieder zurück, schloss die Augen und begann zu planen.

IV.

18. Kepler saß im Liegestuhl am Pool hinter der Villa und dachte nach. Darüber, was die Rache für David von der Rettung von Thembeka unterschied.

"Mister Kepler", hörte er plötzlich eine sanfte, kehlige Stimme.

Er hob die Augen. Vor ihm stand Davids Witwe. Suanita war keine Bantu, sondern eine Schwarzafrikanerin, recht groß, mit sehr dunkler Haut. Der Tod ihres Mannes hatte sie gezeichnet, aber ihre Augen blickten nicht entmutigt.

"Hallo, Misses Galema", grüßte Kepler.

"Ich setze mich zu Ihnen", sagte Suanita.

"Natürlich", antwortete Kepler. "Was kann ich für Sie tun, Misses Galema?"

Suanita schob einen Liegestuhl heran und setzte sich hin.

"Mepuku und Thembeka haben hinter den Ställen sehr viele Hülsen gefunden und bauen etwas daraus." Suanita machte eine Pause. "Sie möchten bitte die anderen Bodyguards anweisen, woanders zu schießen, sofern es überhaupt sein muss. Auch in Kenia." Sie sah Kepler nachdrücklich an. "Vor allem diese beiden Kinder müssen nicht noch mehr mitbekommen, wie die Welt ist."

Kepler wollte erwidern, dass man Kinder nicht vor der Welt beschützen konnte, und dass man sie nicht zu lange im Ungewissen über sie lassen sollte, aber er ließ es sein. Diese beiden Kinder waren schon traumatisiert genug.

"Jawohl, Ma'am", sagte er. "Was noch?"

Eine Pause entstand, in der Suanita ihn eindringlich anblickte.

"Sie haben David gerächt", begann sie dann langsam. "Meine beiden Schwager und Rebecca wollten das." Sie schwieg kurz. "Fanden Sie das richtig?"

Kepler verriet seine Überraschung mit keiner Regung.

"Ja", antwortete er. "Sonst hätte ich das nicht gemacht."

"Die Sache an sich, oder dass sie das wollten?"

"Beides."

"Rache ist dumm und sinnlos", eröffnete Suanita ihm. "Und sie ist illegal."

"Wäre David legal umgebracht worden", erwiderte Kepler höhnisch und war froh, die Sonnenbrille auf zu haben, "hätte ich keinen Finger gerührt, ehrlich."

Suanita sah seine Wut vielleicht nicht, aber gehört hatte sie sie.

"Die Galemas sind nicht Ihre Familie", sagte sie überrascht. "Also, warum nahm Davids Tod Sie so mit, warum wollten Sie diese Rache? Sie persönlich?"

Sie sah ihn mit Ablehnung an und sie hatte verurteilend und von oben herab gefragt, als wenn sie nur eine fadenscheinige Ausrede erwarten würde.

Kepler wusste, wofür David sein ganzes Leben lang eingetreten war. Dass er Entbehrungen dem Luxus vorgezogen hatte, damit er seinen Kampf für die Gerechtigkeit niemals vergaß. Suanita hatte ihn unterstützt. Anscheinend mit ihrer ganzen Seele. Weil sie an Ideale glaubte. Dank solcher Menschen wie Suanita und David wurde die Welt besser und die Güte obsiegte letztendlich.

Doch manchmal musste sie mit Gewalt vor der ausufernden Grausamkeit beschützt werden. Aber wer Ungeheuer bekämpfte, wurde selbst zu einem. Das zu sein leugnete Kepler nicht. Und trotzdem hatte er Davids verzweifelten, hilflosen Blick kaum ertragen können. Weil der letzte Gedanke dieses Mannes, als er den Tod anblickte, seiner Frau und seinem Sohn gegolten hatte.

"David war bestimmt nicht der erste, den dieser Typ einfach so umgebracht hat", sagte Kepler. "Ich wollte nicht nur Rache, ich wollte auch verhindern, dass er noch mehr Kinder zu Waisen macht. Sonst wäre Ihr Sohn nicht der letzte."

"Das mag sein", räumte Suanita ein. "Aber Sie haben dennoch ein großes Unrecht begangen. Durch so etwas hört die Gewalt nicht auf – sie triumphiert."

"Aber leise", knurrte Kepler erbost.

Suanita sah ihn missmutig an.

"Verstecken Sie etwas hinter Ihrer Brille?", verlangte sie zu wissen.

"Nur meine blauen Augen", antwortete Kepler abgehackt.

"Nehmen Sie die Brille ab", befahl Suanita rigoros. Kepler führte die Anweisung aus. Suanita sah ihn prüfend an. "Sie haben ja wirklich blaue Augen."

"Und?", fragte Kepler.

Suanita sah ihm in die Augen.

"Sie müssen die Verantwortung für den Mord übernehmen", behauptete sie.

Sie hatte es leise, aber nicht schwach gesagt. Eigentlich hatte sie es verlangt.

"Das macht David auch nicht wieder lebendig", erwiderte Kepler bestimmt.

Suanita blickte ihn nunmehr ablehnend an.

"Aber es wäre das Richtige!", sagte sie Silbe für Silbe. "Wie können Sie bloß den Menschen um sich herum in die Augen sehen?"

"Da ist dieses traumatisierte Mädchen, mit dem Ihr Sohn spielt", erwiderte Kepler nicht minder deutlich, "und sie kann erst lachen, seit sie mich kennt. War es falsch, Thembekas Zuhälter umzubringen?" Er richtete sich auf und sah Suanita in die Augen. "Sie haben recht, ich bin ein Killer. Aber wenn Sie mich dafür büßen lassen, vernichten Sie die Galemas mit, das ist Ihnen doch klar, oder?"

"Ja", bestätigte Suanita unwillig. "Obwohl sie nicht getötet haben." Sie atmete durch. "Sie schon, und ich will nicht, dass Sie sich in der Nähe von Thembeka oder Mepuku befinden. Wir gehen bald nach Kenia, und ich gebe Ihnen die Chance, Ihren Frieden zu finden. Aber woanders", schloss sie bestimmt. "Und den Mann, der Ihnen bei Ihrer widerlichen Tat geholfen hat, nehmen Sie mit."

Kepler sah sie verdattert an. Dann überlegte er kurz und entschied sich.

"Okay. Aber ich brauche einige Tage, um Vorbereitungen für mich und für den Schutz dieser Familie zu treffen", bestimmte er.

"Sie haben einen", gab Suanita nach.

"Nein. Ich habe so viele, wie es nötig sind", stellte Kepler unmissverständlich klar. Eine Sekunde lang blickte Suanita ihn aufgebracht an. Dann wich sie der Konfrontation aus, indem sie zur Seite sah und knapp nickte. Kepler sah sie spöttisch an. "Warum lassen Sie mich eigentlich laufen?", wollte er wissen. "Ich unterstelle mal nicht, dass Sie die plötzliche finanziell gesicherte Zukunft von Mepuku nicht gefährden wollen. Aber könnte es sein, dass es einfach die Liebe zu Ihrer Familie ist, weswegen Sie die Galemas nicht ins Verderben stürzen?"

Eigentlich war es seine Hoffnung, dass Suanita genau aus dem Grund so widersprüchlich handelte. Sie sah ihn entrüstet an.

"Es ist", sagte sie deutlich, "weil Mauto und Rebecca endlich bereit sind, mit ihrem Geld sinnvolle Dinge zu tun. Sie werden damit Tausenden helfen."

"Sehr edel", sagte Kepler und erhob sich. "Dann noch eine Frage an Sie – woher nehmen Sie sich das Recht zu entscheiden, dass dieser Wunsch der Galemas das Leben eines Menschen, und sei es eines Mörders, aufwiegt?" Suanita sah perplex zu ihm auf und suchte hastig nach einer Erwiderung. "Bemühen Sie sich nicht, Sie werden die Antwort nicht finden. Ich habe sie nie gefunden, und ich bin nicht dämlicher als Sie." Kepler sah sie kalt an. "Und unseren Frieden, den haben Budi und ich gefunden, zumindest fast. Und zwar bei den Leuten hier."

Er drehte sich um und ging ohne ein weiteres Wort zu Mauto.

*****

61

Nombanda hielt ihn wohl aufgrund seines Gesichtsausdrucks nicht zurück, sie griff nur nervös zum Telefon, um Galema zu warnen. Sie schaffte es nicht. Als Kepler in dessen Büro stampfte, wurde Galemas Gesicht erst abweisend, dann aber wich die Verärgerung über die Störung einem furchtsamen Ausdruck.

"Sollte ich eine schusssichere Weste anziehen?", fragte er und sah sich im Zimmer um. "Sie haben eine für mich besorgt, sie muss hier irgendwo sein."

"Beschusshemmende", korrigierte Kepler kalt. "Würde nichts helfen, sie schützt das Genick nicht vor einem Schlag."

"Was habe ich verbrochen?", fragte Galema erstaunt.

"Wer oder was hat Sie geritten", begann Kepler langsam und bedrohlich, "Suanita einzuweihen? Wer weiß noch davon?"

"Beky hat es Sue erzählt, als Trost wahrscheinlich", antwortete Galema beklommen. "Aber sonst weiß niemand Bescheid, nur Sie, ich, Budi und Ben."

"Sue hat mit ihren hehren Ansichten zwar recht", Kepler bohrte seinen Blick in Galemas Augen, "aber es besteht die Gefahr, dass wir alle im Knast landen."

"Ich kriege das hin, es braucht nur etwas Zeit", versprach Galema, aber er zweifelte selbst daran. "Wir gehen ja in drei Tagen nach Kenia, die Veränderung wird Sue beruhigen", versuchte er mehr sich selbst als Kepler zu überzeugen.

Kepler glaubte nicht an diese Möglichkeit.

"Vielleicht beruhigt sie sich in Kenia etwas", räumte er ein. "Aber Budi und ich dürfen nicht mit dahin. Am besten kündigen wir mit sofortiger Wirkung."

"Am besten? Was soll daran auch nur gut sein?", fragte Galema entgeistert.

"Ihnen und Rebecca will Sue eigentlich nichts", antwortete Kepler. "Mit eurem Vermögen hat sie endlich die Chance, das zu tun, wovon sie und David immer geträumt haben. Aber sie will sich dessen sicher sein. Und das Wissen, dass Sie einen Mord in Auftrag gegeben haben, gibt ihr Macht über Sie. Wenn Budi und ich bei Ihnen bleiben, wird Sue uns vielleicht nicht verraten, aber sie wird Sie damit malträtieren. Sie werden Dinge tun müssen, die Sie nicht tun wollen." Er machte eine kurze Pause. "Ich will Sue nicht daran hindern, die Welt zu verbessern, aber ich kenne die Sorte von Idealisten – sie können mit Macht nicht besser als andere umgehen", fuhr er fort. "Also geben Sie ihr niemals das Gefühl, dass sie über Sie bestimmen könnte und lassen Sie sie niemals denken, Sie hätten Angst vor ihr. Bleiben Sie sachlich und liefern Sie ihr keinen Vorwand zum irrationalen Zorn, indem Sie mich oder Budi erwähnen."

"Aber...", wollte Galema widersprechen.

"Es hat noch einen Vorteil", unterbrach Kepler ihn. "So werden wir jeden Verdacht von Ihrer Familie ablenken. Und wenn Sue durchdreht und uns verpfeift, werden Sie in der Lage sein, mich als den einzig Schuldigen hinstellen zu können. Na, und Budi, diesen Vollidioten", ergänzte er. "Wäre er bloß hier geblieben... Egal. Also, er und ich, wir kündigen und verschwinden aus Ihrem Leben."

"Sie können auf der Ranch bleiben", schlug Galema bedrückt vor.

"Das macht keinen Sinn", widersprach Kepler. "Unsere Kündigung ist halbwegs plausibel, wir wollen einfach nicht mit nach Kenia. Und den Urlaub hatten wir genommen, um genau darüber nachzudenken. Bleiben Budi und ich hier, wird es früher oder später Fragen und Nachforschungen nach sich ziehen."

"Ich habe Sie mit der Aussicht auf ein sinnvolles Leben hergelockt. Und Sie haben nicht nur meinen Bruder gerächt, sondern geben Ihren Traum deswegen auf." Mauto schluckte hart. "Damit bezahlen Sie an meiner statt."

"Ich bezahle damit meinen Preis", stellte Kepler klar. "Weil Ihre Familie es mir wert ist. Und Budi ist sie es auch." Er sah Galema in die Augen. "Lassen Sie uns nur nicht umsonst das alles machen, kümmern Sie sich um die anderen, Mauto."

"Natürlich, Dirk", versprach sein jetzt ehemaliger Chef, dann versuchte er zu lächeln. "Wie groß wünschen Sie die Abfindung?"

"Ich habe genug Geld", antwortete Kepler.

"Aber Budi nicht."

"Es reicht auch für ihn", sagte Kepler. "Ich weiß zwar nicht, ob Abfindungen für Bodyguards in Südafrika üblich sind, aber wenn jemand uns auf die Spur kommt und von diesem Geld erfährt, könnte er es für erpresstes Geld halten."

"Ich bin nicht besser als andere, ich habe eine Schwarzgeldkasse", behauptete Mauto, und klang dabei trotzig und fast schon stolz. "Ich zahle Ihnen die Abfindungen so aus, dass niemand nachvollziehen kann, woher das Geld kommt." Er sah Kepler inständig an. "Und Ihnen möchte ich auch etwas geben. Bitte, Dirk."

Kepler überlegte. Wenn Galemas Zusicherungen stimmten, konnte er über Geld verfügen, ohne in Erscheinung treten zu müssen. Damit würde er unauffällig bleiben, vorausgesetzt, er würde nicht anderswie auffallen.

"Würde das Geld wirklich keine Spuren hinterlassen?", hakte er nach.

"Zu neunundneunzig Prozent", antwortete Galema sofort.

Etwas Hundertprozentigem traute Kepler nicht. Das Fast akzeptierte er.

"Okay, danke schön", sagte er. "Zahlen Sie mir und Budi unsere Löhne für zehn Jahre. Unter anderen Umständen hätten wir mindestens so lange für Sie gearbeitet." Es hatte zwar wie der Versuch einer Aufmunterung geklungen, aber so hatte er es nicht gemeint und Mauto hatte es auch nicht so aufgefasst. Er nickte. "Wir haben nur noch ein paar Tage, und ich muss einiges erledigen", sagte Kepler. "Sie allerdings auch. Bevor Sie irgendetwas machen – drohen Sie Ihrer Schwester, dass sie in den Keller eingesperrt wird, lässt sie nochmal ein unbedachtes Wort fallen. Und beordern Sie sie her, ich muss mit Ngabe reden."

"Wir haben keine Keller", wich Galema aus. "Auf der ganzen Ranch nicht."

"Ich zwinge Rebecca, einen zu buddeln", versprach Kepler. "Oder Sie."

"Können Sie nicht selbst mit ihr reden?", bat Galema wehleidig. "Bitte."

"Nein", antwortete Kepler rigoros. "Ich werde mir den verliebten Esel vorknöpfen und ihn zur Sau machen, Sie biegen Rebecca gerade. Los."

"Eigentlich sind Sie noch mein Bodyguard", beschwerte sich Galema, während er zum Telefon griff und wählte. "Sie müssten mich beschützen, sogar mit Ihrem eigenen Leben. Stattdessen lassen Sie mich über die Klinge springen."

"Machen Sie Rebecca genau das deutlich", erwiderte Kepler ungerührt.

Galema sah ihn mit einer Mischung aus Unwillen und Furcht an.

"Hallo, meine liebe Rebecca", sagte er dann mit eiskalter Freundlichkeit in den Hörer. "Jetzt hörst du mir ganz genau zu." Plötzlich klang seine Stimme hart und gebieterisch. Er gab Keplers Warnung so unerbittlich wieder, dass er nicht auch nur ein einziges Mal unterbrochen wurde. Nachdem er aufgelegt hatte, atmete er tief durch, bevor er den Blick hob. "Zufrieden?"

"Ja, das war wirklich gut", antwortete Kepler beeindruckt.

"Danke." Galemas Mund lächelte ihn an, die Augen nicht. "Es tut mir so leid wegen Sue", flehte er plötzlich fast.

"Muss es nicht", erwiderte Kepler. "Sie bringt ein paar richtige Ansichten in diese Familie. Passen Sie nur auf, dass sie nicht übertreibt. Gehen Sie in gewissen Dingen mit ihr so um wie mit Rebecca eben, und es wird gut funktionieren."

"Welche Ansichten?", staunte Galema. "Eigentlich ist sie schwach, sie hat Angst. Und im Grunde ist sie nicht besser als wir", fügte er unsicher hinzu.

"Wenn man mir die Waffe und meinen Körper wegnimmt, was bin ich dann noch?", fragte Kepler. Galema sah ihn stutzig an und er beantwortete die eigene Frage selbst. "Gar nichts bin ich dann." Er machte eine Pause. "Mauto, Sue ist härter als wir beide zusammen und sie hat weniger Angst als wir beide." Er lächelte bitter. "Sie ist nicht nur hart, sie ist stark. Dieser Mörder hat ihr den Mann genommen, aber sie ist Mensch geblieben."

Galema sah ihn gequält an.

"Einen Tag, nur einen Tag später hätte ich David angerufen und ihm gesagt, er soll hierhin ziehen, damit wir wieder eine Familie sind."

"Sie haben eine Familie", sagte Kepler. "Machen Sie das Beste daraus."

*****

Er ging ins Büro, löste Sahi ab und rief Budi zu sich. Der Sudanese hörte ihm erstaunt zu, als er ihm das Gespräch mit Sue wiedergab. Nachdem Kepler fertig war, kauerte Budi einige Minuten lang in apathischer Regungslosigkeit auf seinem Stuhl und blickte schwermütig vor sich hin.

"Hat sie recht, Sir?", fragte er angespannt. "Haben wir gemordet?"

Er akzeptierte die Tatsachen, aber er wollte wissen, ob die Veränderungen in seinem Leben durch die Willkür von Sue bedingt waren oder die gerechte Strafe für das, was er getan hatte. Kepler und er hatten vier Menschen getötet, und zwar in der Überzeugung, das Richtige zu tun. Dennoch hatten die Konsequenzen dessen ihr Leben radikal verändert.

"Budi, es gibt einen alten lateinischen Ausspruch, der früher die Eingänge zu anatomischen Sammlungen zierte – *Hic Locus est, ubi mors gaudet sucurrere vitarn* – dies ist ein Platz, an dem der Tod frohlockt, während er dem Leben dient", sagte Kepler. "Sue ist ein guter Mensch, aber so jemand kann nur dann der Gewalt abschwören, wenn andere sie für ihn ausüben. Aber das kannst du Sue so wenig begreiflich machen, wie einem blinden Maulwurf die Schönheit blassgelber Narzissen erklären. Sue kann jetzt viel Gutes machen. Solange sie das tut, juckt es mich nicht, was sie über mich denkt." Er sah Budi an. "Vergiss ihre Sichtweise niemals, aber entweder ist es auch deine – oder nicht." Er atmete durch. "Ich weiß nicht, ob sie recht hat", sagte er. "Ja und nein."

"Und jetzt?", fragte Budi.

"Wir müssen weg", antwortete Kepler. "Du bekommst von Mauto genug Geld, um irgendwo neu anzufangen." Er sah Budi bittend an. "Nur eins. Lass uns den Kameraden nicht die wirklichen Gründe nennen, sie sollten ohne Groll für die Galemas weiterarbeiten. Wir sagen ihnen, dass Benjamin meint, wir wären kurz davor, aufzufliegen. Darum müssen wir untertauchen. Lass es uns einfach, schnell und möglichst reibungslos hinter uns bringen."

"Okay, Sir", antwortete Budi bedrückt.

*****

Eine Stunde später kamen Rebecca und Ngabe nach Hause.

Kepler versammelte seine Männer im Büro. Das Gespräch mit ihnen empfand er viel schwieriger, als die Entscheidung zu treffen, die sein Leben verändert hatte. Für Budi war es genauso quälend. Und für Massa, Ngabe und Sahi ebenfalls, nachdem sie verstanden hatten, wie endgültig das Ganze werden würde.

"Massa – du bist für die Basis verantwortlich", begann Kepler mit den Anweisungen. "Also für das, was auch immer in Kenia das Äquivalent für diese Ranch hier sein wird. Mach als erstes diesem Matis-Überbutler klar, dass du immer das letzte Wort hast." Er lächelte. "So bleibst du doch Kommandeur."

"Zum Kotzen", stichelte Massa zurück.

Kepler sah ihn scharf an, und er verschluckte sich an seinem Groll. Kepler wandte sich daraufhin an Sahi.

"Sahi, du bist gut an der Pistole, du bist für Galema verantwortlich. Du lässt dir von Nombanda nichts sagen. Von Mauto selbst auch nicht – du machst es so, wie du", Kepler betonte das Wort, "es für richtig hältst. Solange du mit ihnen auf der Ranch bist, hat Massa das Kommando." Kepler wandte sich zu Ngabe. "Dasselbe gilt auch für dich bezüglich Rebecca." Er machte eine kurze Pause. "Die Liebe ist eine Form des Irrsinns, wenn auch eine sehr lustvolle. Du hast anscheinend den wahnsinnigen Wunsch, bekloppt zu werden, und ich werde dich nicht davon abhalten. Aber eines verlange ich – werde weder durch Rebecca, noch durch deine Gefühle für sie nachlässig. Du bist ihr Bodyguard, geh bei ihrer Sicherheit keine Kompromisse ein. Sollte es ernst werden, will ich, dass sie tut, was du ihr sagst, ohne Widerrede." Er lächelte. "In allem Übrigen kannst du dich von ihr verbiegen lassen, wie du willst. Oder wie sie es will."

"Ich bin nur ein Leibwächter", platzte es aus Ngabe heraus, während er an Kepler vorbei blickte. Seine Stimme klang ruhig, aber die unterdrückte Verzweiflung darin war unüberhörbar. "Sie wird mich niemals haben wollen."

"Du bist Soldat", berichtigte Kepler. "Lauf jetzt nicht davon, das hast du nie gemacht. Was du daraus machst, ist deine Sache, aber eine Chance hast du."

Es freute ihn, dass Ngabe nickte und die anderen trotz der Umstände lächelten.

Kepler wies Budi an, Ngabe und Sahi mit dem PSG vertraut zu machen. Die Männer erhoben sich mit steinernen Gesichtern. Kepler blieb mit Massa im Büro. Zusammen überlegten sie, wie das geschrumpfte Team den Schutz von noch mehr Menschen bewerkstelligen würde.

*****

Beim Mittagessen nahmen Kepler und Budi wahr, dass die Zukunft, obwohl nicht einmal richtig erahnbar, jetzt schon eine Trennlinie zwischen ihnen und den anderen drei gezogen hatte. Verbunden waren sie nur noch durch das Bedauern darüber. Sie alle akzeptierten das. Gefallen tat es ihnen nicht.

Nach dem Essen besprach Kepler mit Galema die Veränderungen, die nötig waren, um den Schutz der Ranchbewohner zu gewährleisten. Danach ging er zu Matis und teilte ihm unmissverständlich mit, dass Massa bald an seiner Statt das Sagen haben würde. Er nannte dem Butler den Grund für seine Kündigung nicht, und Matis fragte nicht danach. Aber trotz der eisernen Zurückhaltung, die er an den Tag legte, sah Kepler ihm an, dass er es aufrichtig bedauerte.

Als er am Abend über den Hof ging, hörte er das trockene Knistern der Schüsse vom Schießstand. Er ging hin. Seine Männer übten nicht, sie schossen einfach. Kepler wusste auch keine andere Möglichkeit, den Frust loszuwerden. Er stellte sich zwischen seine Kameraden, schoss, und die Gewissheit, dass ihr Zusammengehörigkeitsgefühl niemals verschwinden würde, war tröstlich.

*****

In zwei Tagen würden die Galemas samt ihrer Angestellten nach Kenia gehen, Mauto hatte gemäß Keplers Anweisung alles daran gesetzt, die Ranch so schnell wie möglich zu verlassen. Sahi und Ngabe mussten noch für einige Tage bleiben, um die letzten Dinge zu erledigen. Damit hatten Kepler und Budi nichts mehr zu tun. Sie würden am Morgen in zwei Tagen aufbrechen, und die Galemas würden die Ranch einige Stunden später auch verlassen.

Die Ranch gehörte für Kepler und Budi nicht mehr in ihre Welt. Dieser Zustand zerrte fast physisch an ihren Nerven. So war es wie Erlösung, als Sahi sie nach dem Frühstück zum Flughafen von Kapstadt brachte.

Massas neue Funktion sollte die des Beschützers der Basis sein, bloß hatte Kepler keine Zeit mehr, um ihn eingehend am PSG auszubilden. Er wollte Massa jedoch dessen Handhabung erleichtern, darum flog er mit Galemas Privatjet nach Pretoria zu Lifeguard. Dort kaufte Kepler einen Schalldämpfer und eine Laservisiereinrichtung für das PSG. Man bot ihm weitere Gewehre an, und er war versucht, ein AWSM zu kaufen. Er beherrschte sich und tat es nicht. Aber er kaufte einen Schalldämpfer für die Erma, denn sie wollte er nicht zusammen mit der Ranch aufgeben.

Er war am Abend zurück in Kapstadt. Nun holte Budi ihn vom Flughafen ab.

Der Sudanese hatte den Tag dazu genutzt, um sich einen eigenen Wagen zu besorgen. Er hatte zwar ein zweitüriges Cabrio gekauft, aber es war ein Toyota RAV4 des zweitausender Modells. Der graue Kompakt-SUV war schlicht und robust. Wie auch immer Budi sein weiteres Leben zu verbringen gedachte, sein bisheriges hatte ihn tief geprägt. Wie Kepler damals in Deutschland mit dem A8, hatte er auch etwas haben wollen, das Allradantrieb hatte.

*****

67

Kepler blieb nur noch einen Tag für die Vorbereitungen. Am Morgen hängte er das PSG auf den Rücken, Massa füllte seinen Rucksack mit der 7,62-Munition, danach liefen sie zum Übungsplatz in den Klippen. Dort montierte Kepler die Laservisiereinrichtung an das PSG. Das kompakte Gerät konnte auch als Entfernungsmesser benutzt werden, dafür gab es einen Adapter, der die Entfernung ins Absehen projizierte. Der Nachteil bestand darin, dass der Laser sichtbar abgestrahlt wurde, und dass der Gewehrkolben wegen des Aufsatzes auf dem Zielfernrohr neu eingestellt werden musste. Kepler und seine Männer kamen jedoch mit derselben Einstellung zurecht und er konnte das Gewehr einschießen.

Er hatte nur wenig Zeit, um dem ehemaligen MG-Schützen einige Feinheiten im Umgang mit dem PSG beizubringen. Weiter als sechshundert Meter würde Massa höchstwahrscheinlich nie schießen müssen, zudem war das PSG halbautomatisch, man konnte sofort weitere Kugeln hinterherjagen, wenn man daneben geschossen hatte. Trotzdem sollte Massa einen Ast in eintausend Metern Entfernung treffen. Wenn er das in der Übung schaffte, würde er kürzere Entfernungen im Ernstfall viel leichter bewältigen. Kepler befahl ihm, den Laser einzuschalten. Massa tat es und zielte wieder auf den Baum. Das PSG lag anscheinend ganz ruhig in seinen Händen, aber der rote Punkt einen Kilometer weiter weg tanzte wie eine irre Motte über den Baumstamm. Massa sah überrascht hin.

"Wenn du schnell schießen musst und es nicht vom Zweibein machen kannst, hat der Laser bei der Entfernung denselben Zweck wie die Leuchtspurmunition beim Maschinengewehr", erklärte Kepler. "Orientiere dich mit seiner Hilfe, während du das Gewehr auf das Ziel einschwenkst. Sobald du siehst, dass der Punkt kurz davor ist, drückst du in der Bewegung ab. Übe das in Kenia. Und nun schieß solange, bis du mit dir zufrieden bist. Wenn was ist – frag."

Kurz bevor Massa schoss, riss er die Glock aus dem Holster und leerte das Magazin auf einen Busch aus. Der Busch war danach kahl und Massa hatte den ersten Schuss ins Leere gejagt. Kepler ging um das Plateau herum und feuerte unentwegt, während Massa sich auf den Baum konzentrierte. Eine Stunde später schulterten sie den Rucksack und das Gewehr und liefen zurück zur Ranch.

Budi saß allein im Büro und putzte verbissen seine beiden Pistolen und die Glock26 von Kepler. Er nickte Massa nur kurz zu und verlangte von Kepler dessen Glock17. Noch bevor Massa weggegangen war, hatte er die Waffe zerlegt und begann, sie zu scheuern. Kepler und er mussten ihre Pistolen zurücklassen, und sie wollten ihren Kameraden saubere Ersatzwaffen übergeben.

*****

68

Kepler und Budi mussten für immer jene Männer verlassen, mit denen sie durch die Hölle gegangen waren. Aber sie vermochten es nicht, das einfach so zu tun. Darum sperrte Kepler am Abend mit kalter Gleichgültigkeit gegenüber den Einwänden sämtliche Ranchbewohner in der Villa ein, bevor er sich zusammen mit seinen Männern zum letzten Mal ans Feuer setzte.

Die Stille senkte sich zusammen mit der Dunkelheit herab. Kepler und seine Männer starrten ins Feuer und hörten seinem Knistern zu.

Und dann war es, als würden sie irgendwo im Dschungel am Lauf des Weißen Nils in der Nähe von Kodok bei Malakal sitzen und darauf warten, am nächsten Morgen in den Kampf zu ziehen. Für etwas, an das sie glaubten. Das ihnen genommen wurde, obwohl sie es mit ihrem Blut bezahlt hatten.

Zum letzten Mal saßen sie miteinander. Sie konnten Gefühle nicht mit Worten ausdrücken, und klammerten sich stumm an ihre Kameradschaft. Und in ihrem grimmigen Schweigen löste sich die Trauer über die Trennung fast auf.

Sie saßen bis in die frühen Morgenstunden am Feuer.

Dann liefen sie zum letzten Mal zusammen.

Danach verabschiedeten sie sich knapp voneinander.

19. Kepler und Budi hatten schon gepackt, jeder von ihnen hatte nur einen Rucksack, das Gewehr steckte in der Tasche. Sie hielten den Abschied von den Ranchbewohnern kurz. Sobald sie jedem die Hand gedrückt hatten, befahl Mauto seinen Angestellten wegzugehen, er selbst blieb zurück. Er begleitete Kepler und Budi zum RAV4. Bevor sie einstiegen, reichte er ihnen zwei Umschläge.

"Hier sind eure Kreditkarten für die sauberen Kontos, die ich für euch eingerichtet habe. Ihr habt jederzeit und überall Zugriff darauf, ohne dass man es verfolgen kann." Seine Lippen zogen sich im Versuch zu lächeln auseinander, aber es wirkten nur schmerzlich. "Es tut mir sehr leid, dass es so endet. Ich hoffe, das Geld reicht dafür, dass ihr..."

"Das tut es, Mauto", unterbrach Kepler ihn. "Vielen Dank."

"Danke, Sir", sagte auch Budi.

Galema nickte nur.

"Mein Herzinfarkt hatte mir die Augen nicht völlig geöffnet, aber der Tod von David schon. Er hatte recht, wir haben uns an anderen bereichert", krächzte er bitter. "Wir sind nicht viel besser als dieser Mörder." Plötzlich leuchteten seine Augen auf. "Aber das werden wir ändern. Wir machen es so, wie David es vorhatte. Sobald wir in Kenia sind, gründen wir Fonds, mit denen wir benachteiligte Menschen unterstützen werden. Wir werden unser Geld für das Gute einsetzen."

"Mauto Galema." Kepler reichte seinem nunmehr ehemaligen Arbeitgeber die Hand. "Sie sind einer der wenigen guten Menschen in meinem Leben."

Galema sah ihn wie vom Donner gerührt an, dann ergriff er seine Hand mit seinen beiden Händen und drückte sie.

"Mein Bruder musste sterben, damit Sie das sagen", sagte er heiser. "Aber ich werde mich dessen – und Davids – würdig erweisen", versprach er.

Sie sahen einander in die Augen. Kepler drückte Galemas Hand.

"Ich weiß, Mauto", sagte er. "Ein schönes neues Leben euch allen."

"Danke", antwortete Mauto leise. "Lebt wohl, und auch für euch alles Gute."

20. Budi schien es nicht eilig zu haben, nach Rooiels zu kommen. Kaum dass die Ranch aus den Spiegeln verschwand, nahm er den Gang heraus. Der Toyota rollte immer langsamer werdend den leicht abschüssigen Weg hinab.

Nicht nur Budi zweifelte aufgrund von Sues Worten an der Richtigkeit dessen, was sie getan hatten, Kepler tat es auch. Er und Budi hatten einen Mörder, einen Räuber und zwei korrupte Polizisten getötet, und er hoffte, dass das wenigstens irgendeinen Zweck gehabt hatte, wenn schon keinen Sinn. Andernfalls musste er ganz schnell einen Grund finden, warum er weiter atmen sollte, sonst stand es nicht gut um ihn. Wieder einmal wiederholte sich seine Geschichte.

Kepler sah Budi an. Der Sudanese schien die gleiche Leere in seinem Innern zu fühlen wie er. Auf der Ranch hatten Kepler und er einen Sinn in ihrem Leben gehabt. Jetzt waren sie heimatlos, hatten keine Familien, keine Wurzeln und kein Ziel vor Augen. Nichts, was ihnen einen Halt bieten würde.

"Wo wollen Sie jetzt hin, Sir, nach Hause?", erkundigte sich Budi verzagt.

"Das hast du mich schon einmal gefragt", erinnerte Kepler ihn. "Als wir Katrin nach Kaduqli gebracht hatten, weißt du noch?" Budi lächelte knapp in Erinnerung, nickte und wurde wieder ernst. "Die Antwort ist dieselbe", sagte Kepler.

"Sie haben kein Zuhause?"

"Doch", erwiderte Kepler langsam. "Es ist irgendwo hier in Afrika." Er überlegte. "Es ist Afrika. Ich bleibe hier, wenn ich kann."

"Wo soll ich Sie hinfahren?", fragte Budi leise.

"Nach Cape Town", antwortete Kepler. "Ich brauche ein Auto, weil ich mit der Erma nicht fliegen kann. Ich ziehe nach Durban, die Stadt hat mir gefallen."

"Aber die Polizei dort kennt uns", gab Budi zu bedenken. "Ich meine – Sie."

"Nur verkleidet. Und eine Großstadt ist immer anonym."

Budi schien davon nicht ganz überzeugt zu sein, aber er vertraute wohl auf Keplers Erfahrung. Er nickte und legte die Hand auf den Schalthebel. Er hielt aber gleich wieder inne und sah Kepler bittend an.

"Kann ich Sie nach Durban bringen, Sir?", bat er zögernd. "Die Erma liegt gut da hinten und ich weiß nicht, wo ich hin soll..."

Kepler dachte an die Monate seines grauen Daseins in Deutschland. In Durban stand ihm auch nichts anderes bevor. Und weil er vor einigen Wochen einmal kurz davon erzählt hatte, ahnte Budi wohl, dass für ihn dasselbe galt.

"Gern, Budi", erwiderte Kepler, und plötzlich freute er sich, und seine Zukunft mutete nicht mehr finster an. "Nur eins." Er sah den Sudanesen so streng er konnte an. "Wir können gern weiterhin Arabisch sprechen, aber da wir jetzt privat unterwegs sind, duze mich bitte endlich, okay."

Der Sudanese sah ihn mit offenem Mund erstaunt an. Sein Blick wurde unwillig, aber nach einigen Sekunden freudig. Kepler reichte ihm die Hand.

"Dirk."

Budi ergriff seine Hand und schüttelte sie.

"Abdula ibn Hassim", gab er grinsend zurück. "Aber eigentlich nur Budi."

"Ich weiß", erwiderte Kepler, ebenfalls lächelnd.

"Ich kenne Ihren..." Budi hatte noch einige Hemmungen. Aber er überwand sie halbwegs schnell. "Also, deinen Namen auch. Ich wollte nur höflich sein."

"Ist dir gelungen", meinte Kepler. "Jetzt guck auf die Straße, sonst landen wir gleich in dem Graben dort. Dann müssen wir die Karre nach Durban schieben."

Budi riss das Lenkrad nach rechts, rammte den ersten Gang ein und gab Gas.

21. Anstatt nach Kapstadt zu fahren, bog Budi in Rooiels nach Süden ab. Die Strecke war zwar um fünfzig Kilometer kürzer, dauerte aber länger, als die direkte Route zwischen Durban und Rooiels, die Kepler und Budi vor wenigen Tagen gefahren waren. Kepler hatte jedoch nichts dagegen. Einen Grund zur Eile gab es für ihn und Budi nicht, und an den

Drakensbergen wieder Touristenbusse überholen zu müssen, darauf hatte auch er keine Lust.

*****

Seine und Budis Stimmung hatte sich vorhin nur kurz gehoben, nach zwanzig Minuten saßen sie schweigend da, blickten auf das Asphaltband vor ihnen und versuchten, die gähnende Leere in sich nicht wieder größer werden zu lassen.

Kurz hinter Mossel Bay kam die Autobahn N2 nah an die Küstenlinie, und als sie an einem Strand vorbeifuhren, deutete Kepler mit der Hand an den Straßenrand. Budi fuhr abrupt links heran und stieg in die Bremse. Dann sah er Kepler fragend an. Ohne diesen Blick in irgendeiner Form zu beantworten oder darauf auch nur zu reagieren, stieg Kepler aus. Er lehnte sich an den RAV4, blickte auf die blaue Weite des Indischen Ozeans und hörte seinem Grummeln zu. Budi stellte sich neben ihn, und sie starrten schweigend auf das Wasser.

Südafrikanische Städte waren so undurchdringlich wie es der Dschungel im Sudan gewesen war. Aber der Ozean glich der Savanne Kurdufans. Und seine wechselvolle, in sich selbst wiegende Ruhe übertrug sich auf Kepler und Budi.

Sie fühlten sich gelöster, als sie weiterfuhren.

*****

Elf Stunden nach dem Aufbruch in ihr neues Leben passierten sie East London. Obwohl es schon dunkel war, verließen sie die N2 hinter der Stadt und fuhren auf einer Nebenstraße entlang der Küste weiter. Aus irgendeinem Grund wollten sie beide in der Nähe des Ozeans bleiben.

Bald erreichten sie die Wild Coast, einen Küstenabschnitt, der früher *Kaffernküste* genannt wurde. Er war noch nicht vollends kommerzialisiert.

Auf der Suche nach einer Übernachtungsmöglichkeit kamen sie zu einer Xhosa-Siedlung, an der die Wirren der Zeit unbemerkt vorbeigegangen zu sein schienen. Statt den Weg zu einer Pension erklärt zu bekommen, wurden sie willkommen geheißen, hier zu übernachten. Sie nahmen das Angebot der Bewohner an. Man führte sie zu einer kleinen weißen Rundhütte, in der aus Pflanzen geflochtene Matten lagen. Danach wurde vergorene Kuhmilch gebracht.

Kepler und Budi saßen mit zwei fröhlichen Dorfbewohnern am Rande der Hütte, tranken gemächlich das Amasi, und ihr gegen sie selbst gerichteter Grimm löste sich langsam auf.

Am nächsten Morgen, einfach, weil sie nicht wussten, wie sie ihre tief empfundene Dankbarkeit für die ihnen entgegengebrachte Freundlichkeit zum Ausdruck bringen konnten, legten sie einige große Geldscheine auf die Matten und verließen das Dorf heimlich und schnell noch vor dem Sonnenaufgang.

*****

Die nächsten zweihundertsiebzig Kilometer der afrikanischen Wildnis ließen Kepler und Budi auf ihrem Weg ins Ungewisse innehalten.

Die Straße schlängelte sich zwischen Rohrfeldern und mit Hibiskus bewachsenen Hügeln. Dann wurde das unberührte Buschland subtropisch. Dichte Wälder wechselten sich mit hügeligem Grasland, steilen Klippen und weißen Stränden mit gewaltigen Sanddünen ab. Zwischen malerischen Flussmündungen und reizvollen Lagunen blühten wie fröhliche Farbtupfer noch einige wenige Azaleen und bildeten einen scharfen Kontrast zu den bizarren Felsenriffen.

Die grandiose, aber schlichte Anmut der Schöpfung legte sich sanft wie Balsam um Keplers und Budis Seelen. Und dann sprach die Wild Coast ihnen leise und unaufdringlich Trost zu und machte ihnen Hoffnung.

Weil es hier einen im Wasser liegenden Landblock mit steilen Wänden gab, in dessen Mitte die Wellen ein Loch hineingefressen hatten. Auf diesem Felsen gediehen Pflanzen. Das Hole in the Wall war so seltsam, wie Kepler und Budi sich selbst empfanden. Weiter nördlich war im neunzehnten Jahrhundert in der Coffee Bay ein mit Kaffee beladenes Schiff havariert, die Bohnen waren an den Strand gespült worden und hatten in Sand gewurzelt. Die Kaffeesträucher gab es längst nicht mehr, aber einige Zeit hatten sie geschafft. Das alles war heilsam.

Von Oma hatte Kepler gelernt, dass es eine Wahrheit gab, die nicht anders ausgelegt werden konnte als so, wie sie lautete. Bei anderen Dingen war das, was sie makaber erscheinen ließ, nur eine von vielen möglichen Sichtweisen. So hatte Kepler zu erklären versucht, dass er mehr bewirkt hatte, als ein Leben zu beenden. Sue hatte es nicht verstehen wollen. Aber die Wild Coast war die Bestätigung. Diese Gegend war pastoral im direkten Sinn dieses Wortes, weil hier und da plumpes Rindvieh und Zuchtpferde auf weiten Grasflächen grasten. Zugleich war diese in ihrer unaufdringlichen Erhabenheit ruhende Landschaft auch im anderen Wortsinn pastoral – hier konnte die Seele frei baumeln.

Auf eine seltsame Art gab die Wild Coast Kepler und Budi ihre unauffindbar geglaubte Kraft zurück. Sie akzeptierten wieder, wer und was sie waren.

*****

Kepler und Budi erreichten Durban früh am Abend auf einer mit Palmen begrünten Straße an der Ostseite der Stadt, die entlang langer, weißer Sandstrände verlief, an denen sich die Wellen des Ozeans brachen.

Vor einigen Tagen hatte diese Stadt einen flüchtigen, aber prägenden Eindruck bei Kepler hinterlassen. Jetzt wollte er wissen, inwiefern seine

Wahrnehmung von Durban richtig gewesen war. Budi verstand sofort, was Kepler verifizieren wollte, er brauchte es kaum erklären. Der Sudanese öffnete das Verdeck, und Kepler und er konnten Durban mit all ihren Sinnen erfassen, während sie aufs Geratewohl gemächlich über seine Straßen kreuzten.

In der Innenstadt wurde die einsetzende Dämmerung von bunten Reklamelichtern aufgelöst. Flatterhaft, schrill und fröhlich teilten sich Autos und Menschen die Stadt und machten Durban zu einer im schnellen Takt pulsierenden Metropole. Unzählige Pubs, Discos und Actionbars riefen den Eindruck einer endlos andauernden Straßenparty hervor. In dieses Flair einer offenen Weltstadt mischte sich die Exotik orientalischer, nach Gewürzen und Räucherstäbchen duftender Basare, zahlreicher Rikschafahrer und der größten Moschee der Südhalbkugel.

Durban hatte eine wechselvolle Geschichte, viele Probleme, und auch seine Fehler, aber diese Stadt zeigte die Essenz der Seele von Südafrika – so, wie sie sein sollte und auch sein wollte. Hier verschmolz das Selbstbewusstsein der auf ihre Wurzeln stolzen afrikanischen Ureinwohner mit den europäischen Traditionen weißer Kolonisten und der uralten Kultur der südasiatischen Einwanderer.

Und die in den roten Strahlen untergehender Sonne glitzernden warmen Wellen des Indischen Ozeans waren wie eine hoffnungsvolle Verheißung. Durban hieß auf IsiZulu nicht umsonst eThekwini – der Ort, an dem Erde und Wasser aufeinander treffen. Eigentlich war diese Stadt ein Platz zum Träumen.

Wenn man dazu fähig war.

22. Ein Werbeschild am Straßenrand machte Kepler und Budi auf Durbans bekanntesten Pub aufmerksam. Weil sie hungrig und wieder fast in der Nähe des Hafens waren, fuhren sie zur Thirsty's Dockside Tavern.

Deren Außenbereich befand sich beinahe mitten in der Hafeneinfahrt. Ein einlaufendes Schiff, das in der Abenddämmerung einem riesigen, gutmütigen und müden Wesen aus einer anderen Welt glich, fuhr so dicht an den Tischen vorbei, dass nicht nur Kinder unwillkürlich die Hände ausstreckten, um es zu berühren.

Kepler und Budi bestellten zwei Combos. Diese zweihundert Rand teure Spezialität der südafrikanischen Esskultur beinhaltete alles, vom Salat über Krabben und Austern bis hin zum Steak. Und auch die Frage nach dem Korkengeld. Die Sitte, mit eigenem Wein ins Restaurant zu gehen, war in Südafrika weit verbreitet, in Weingebieten war das sogar ganz normal. Man musste dafür nur einen Obolus entrichten. Kepler wollte Wasser haben, Budi bestellte Cidre.

Beim Essen blickte er ständig zur Bar, wo eine hübsche und fröhliche Frau die Flaschen schwang. Budi war mehr als beeindruckt von dem Lächeln der Keeperin und ihrer Erscheinung, und dachte angestrengt nach. Ein paarmal erhob er sich fast, blieb dann aber doch unschlüssig sitzen.

Kepler wurde es zu viel.

"Mensch, geh jetzt endlich hin", scheuchte er Budi.

"Gleich." Der Sudanese sah ihn betreten an. "Sobald ich mir den ersten Spruch überlegt habe." Er sah zur Bar. "Was zieht bei ihr bloß?"

"Budi, du hast etwa dreiundvierzig Sprüche durch", schätzte Kepler. "Es wird nicht besser, wenn du noch länger nachdenkst. Geh einfach hin und sag, was dir als erstes durch die Birne knallt. Auch wenn es für dich der größte Schwachsinn ist, für sie ist der es höchstwahrscheinlich nicht. Das da ist eine Frau, kein Ziel in achthundert Metern Entfernung, hier kommst du mit Logik nicht weiter."

"Ich will sie sofort beeindrucken...", erwiderte Budi lahm.

"Das kannst du, bring diesen vermeintlichen Schwachsinn nur ehrlich rüber."

"Was sage ich denn?"

"Meine Güte." Kepler warf einen Blick auf das Mädchen. "Was denkst du denn, was sie so macht, wenn sie nicht hier jobbt? Überleg die Antwort nicht."

"So wie sie mit den Flaschen umgeht... sie könnte... sehr geschickt am Computer sein... oder was?", riet Budi zweifelnd.

"Na bitte. Der erste Eindruck ist meist der richtige. Und so wie sie aussieht, studiert sie, also wird es wahrscheinlich IT sein. Das war genug Denken, geh jetzt hin und frag sie, ob sie schon mal eine Tastatur zum Glühen gebracht hat."

Der Sudanese sah ihn misstrauisch an, erhob sich aber und ging zur Bar. Es war viel Betrieb, trotzdem schaffte Budi es, die Aufmerksamkeit der flotten Keeperin zu gewinnen. Anscheinend bereitete ihm nur das Ansprechen leichte Probleme. Sobald er das hinter sich hatte, brachte er die junge Frau innerhalb von zwei Minuten zum Lachen. Danach, obwohl die Barkeeperin sehr beschäftigt war, rang Budi ihr einige Minuten ihrer kostbaren Zeit ab. Als immer mehr Menschen etwas zu trinken haben wollten, schrieb die Barkeeperin lächelnd etwas auf einen Bierdeckel und gab ihn Budi. Mit dem selbstgefälligen Grinsen eines Siegers kehrte der Sudanese zurück zum Tisch.

"Tastatur nicht, aber einen Touchscreen-Bildschirm hatte sie schon mal umgeworfen", berichtete er. "Ich habe ihre Nummer."

"Bin stolz auf dich", lobte Kepler ihn.

Budi lächelte flüchtig, aber er war jetzt ziemlich aufgedreht.

"Das fängt ja gut an, Sir, war eine gute Idee von Ihnen... von dir, herzu-
kommen." Er zwinkerte Kepler zu. "Ach, und da sitzt eine Blondine an
der Bar, die starrt dich an, und zwar sehr interessiert..."

Er brach ab. Am Tisch rechts von ihnen nahm eine Frau fröhlich vor
sich hin summend Platz. Budi hatte sie angesehen, jetzt blickte er Kepler
erschrocken an.

Kepler brauchte nicht hinzusehen, diese Stimme hätte er unter Millionen erkannt. Sein Herz schlug ihm bis zum Hals in wilder Hoffnung, dass
das Schicksal es einmal gut mit ihm meinte. Er schnellte herum und wollte aufspringen.

Im sanften goldenen Licht des Pubs sah Katrin noch wunderschöner
aus, als er sie in Erinnerung hatte. Eine Sekunde später weiteten sich ihre
sanft-blauen Augen in maßlosem Erstaunen, und ihr Blick berührte etwas
ganz tief in Keplers Innerem. So, wie es vor Jahren auf einer sudanesischen Lichtung geschehen war.

In diesem Moment kam ein Mann zu Katrin und beugte sich zu ihr. Erst
jetzt bemerkte Kepler, dass ihr Gesicht einen Hauch rundlicher geworden
war und dass ihr Bauch sich leicht wölbte. Der Mann küsste Katrin, setzte
sich neben sie und nahm mit einem Lächeln auf den Lippen ihre Hand.

Kepler drehte sich um und atmete durch zusammengepresste Zähne
durch.

"Du guckst, als hättest du einen Geist gesehen", hörte er den Mann sagen.

"Sogar zwei...", hauchte Katrin schwermütig und ratlos.

Kepler hatte es zwar schon zwei Mal versucht, aber erst jetzt gab er
Katrin endgültig auf. Wenn der Mann nicht da wäre – nichts würde ihn
daran hindern, mit Katrin zu gehen, und es gab nichts, das es rechtfertigte,
sie gehen zu lassen.

Nur Budi.

Der ihn jetzt aus großen Augen ansah. Aber Kepler hätte sich schon irgendetwas überlegt, er hätte seinen Kameraden nicht allein zurückgelassen.

Doch er brauchte sich keine Gedanken darüber zu machen. Und er war
froh, dass Budi in diesem Moment wieder bei ihm war. Er nickte ihm zu.
Budi lächelte erleichtert, winkte dem Kellner und bat um die Rechnung.
Nachdem er das Geld ins Mäppchen gelegt hatte, erhoben sich Kepler und
er.

Budi passierte Katrins Tisch ohne hinzublicken. Kepler wollte es genauso machen. Er schaffte es aber nicht. Ganz leicht nur, aber er drehte
den Kopf.

Und er sah es. Dasselbe Lächeln, mit dem Katrin damals ins Flugzeug
gestiegen war, ihr letztes Geschenk an ihn. Es war traurig, und dennoch

tröstete es Kepler. Es erinnerte ihn daran, dass es für ihn noch eine Chance gab, mehr zu sein und zu haben als die unerfüllte kalte Leere, die ihn definierte und ihn zu dem machte, was er war. Darin war er gut. Und wie es schien, war er das endgültig und völlig ausweglos. Doch diese Gewissheit tat nicht mehr stechend weh. Weil er Katrin gerettet hatte und sie jetzt glücklich war. Er nahm ihre unendliche Dankbarkeit mit, als er weiterging.

23. Um kurz nach elf saßen Kepler und Budi im dunklen Zimmer in der vierten Etage des Albany Hotels am offenen Fenster, durch das der laue Wind gedämpft das Lärmen von Durban hineintrug, und tranken langsam und bedächtig Savanna-Dry-Cidre. Weder Kepler noch Budi hatten ein Wort gesagt, seit sie sich für die Übernachtung in dem unweit vom Hafen gelegenen Hotel entschieden hatten. Irgendwann war Budi mit der Flasche in Keplers Zimmer gekommen, hatte ihm eingeschenkt und sich neben ihn gesetzt. Der schwachalkoholische Apfelwein war ein passabler Ersatz für Merisa, und während Kepler ihn trank, erinnerte er sich an Sudan. Budi blickte in die Weite. Sie schwiegen. Es war keine Zeit für Worte. Sie waren einfach nicht nötig.

*****

Das Klingeln eines Handys schreckte Kepler auf. Er hatte sein Mobiltelefon auf der Ranch zurückgelassen, er hatte einen endgültigen Schnitt gewollt. Budi hatte sein Handy dagegen mitgenommen, um im Kontakt mit seinen Kameraden zu bleiben. Er sah auf das Display und lächelte knapp, als er den Anruf annahm.

"Ngabe...", begann er erstaunt und verstummte abrupt.

Es war Budis Gesichtsausdruck, der Kepler wissen ließ, dass etwas fürchterlich schiefgelaufen war, noch bevor er eine Stimme laut und herrisch etwas unverständlich sagen hörte. Daraufhin reichte Budi ihm wortlos das Telefon. Das Leuchten in seinen Augen war tiefster Schwärze gewichen.

"Ja?"

"Bist du Kepler?", wollte eine männliche Stimme wissen.

"Ja. Wer ist da?", fragte Kepler zurück.

"Das ist egal", behauptete der Anrufer. "Ich will den braunen Aktenkoffer."

"Bitte?", fragte Kepler völlig perplex.

"Entschuldigung", tönte es höhnisch aus dem Hörer. "Eigentlich will ich natürlich nur den Inhalt des Koffers."

"Wovon reden Sie?"

77

"Stell dich nicht dümmer als du es bist", befahl der Anrufer ungehalten. "Hör zu. Ich habe hier zwei von deinen Negern. Sie haben sich stundenlang tapfer gehalten, ohne dich zu verraten. Der zweite auch dann, nachdem ich den anderen erschossen habe. Aber dann kam der Hausmeister und seine Frau her und der Typ hier hat genügend Vorstellungskraft, damit ich nur Sekunden später diese Nummer hatte." Der Anrufer machte eine Pause. "Bring mir meine Papiere zurück. Sonst stirbt nicht nur hier jeder, sondern ich fahre auch nach Kenia."

"Warten Sie, ich will es nur verstehen", bat Kepler. "Sie wollen meinen Aktenkoffer haben. Beziehungsweise, die zwei Millionen Rand, die drin waren, richtig?" Er schwieg kurz. "Und dafür haben Sie meinen Soldaten umgebracht?"

"Ich will kein Geld", erwiderte der Anrufer drohend, "sondern die Papiere."

"Ich hatte aber nur Geld im Koffer", unterbrach Kepler ihn.

"Begreif endlich, dass du mich nicht für dumm halten darfst", herrschte der Anrufer ihn an. "Buyten hat meinen Aktenkoffer aus der Bank gestohlen. Da du ihn vor mir erwischt hast, hast du nicht nur das Geld, sondern auch meinen Koffer. Komm nicht auf die Idee, die Papiere, die da drin sind, zu Polizei zu bringen. Klar?" Sein Ton wurde schroff. "Bring sie mir, oder es gibt ein Massaker."

Roy hatte die Bank mit einem braunen Aktenkoffer verlassen. Und weil er ihn aus dem Tresor mitgenommen hatte, waren darin wohl ziemlich brisante Unterlagen gewesen. Viel schlimmer war jedoch, dass der Anrufer davon überzeugt war, dass Buyten diese Papiere weitergegeben hatte.

"Ich wollte Buyten für den Mord an David Galema töten", sagte Kepler deutlich. "Das habe ich getan. Der Koffer war mir egal. Hab ihn nicht mal gesehen."

"Wenn du deinen wie auch immer gearteten Plan gegen uns umsetzt", erwiderte der Anrufer uneinsichtig, "muss ich wirklich nach Kenia."

Kepler dachte kurz nach. Es war sinnlos, er konnte den Anrufer nicht überzeugen. Und auch wenn er es doch schaffen sollte – der Anrufer hatte sich schon zu sehr exponiert. Aus diesem Grund würde er in jedem Fall alle auf der Ranch töten, um seine Spuren zu verwischen, und vielleicht auch die Galemas. Das Einzige, was noch zählte, war die Chance, sie und einen Kameraden zu retten.

"Ich bringe Ihnen die Papiere", sagte Kepler dumpf. "Aber ich bin gerade in Durban angekommen, ich schaffe es erst gegen morgen Abend zurück."

"Ach, das brauchst du gar nicht", meinte der Anrufer. "Wenn du in Durban bist, dann liefere den Koffer einfach dort ab, wo ich es dir gleich sagen werde."

"Nein", widersprach Kepler. "Ich tausche ihn persönlich gegen das Leben meines Mannes und des Ehepaares ein."

"Du bist nicht in Position, Forderungen zu stellen", sagte der Anrufer scharf.

"Aber ich bin in der Lage, Sie zu finden", erwiderte Kepler ruhig. "So wie ich Buyten gefunden habe. Wollen Sie nun die Papiere haben?"

Der Anrufer wusste anscheinend einiges über ihn, und Kepler durfte dieses Bild nicht verfälschen. Zudem musste er wissen, wie überlegen sich dieser Mann ihm fühlte. Und ihn weiter glauben lassen, dass er im Vorteil wäre.

"Na dann komm mal her", erlaubte der Anrufer in einem Ton, der fast unmerklich, aber deutlich vergnügt und zufrieden war. "Und denk dran – versuch nicht, die Polizei einzuschalten", ergänzte er beiläufig. "Das wird nichts bringen."

So ruhig und überzeugt das geklungen hatte, entsprach es den Tatsachen.

"Das weiß ich", antwortete Kepler genauso ruhig. "Wie heißen Sie?"

"Bitte?", fragte der Anrufer überrumpelt.

"Wenn ich Sie kontaktieren muss, nach wem verlange ich, wenn nicht Sie ans Telefon gehen?", erklärte Kepler.

"Gute Überlegung", entschied der Anrufer. "Ich heiße Roberto."

"Okay, Roberto." Kepler machte eine Pause. "Ich nehme lieber das Flugzeug, damit wir es schneller hinter uns bringen. Ich komme morgen mit der ersten Maschine nach Cape Town. Bis dahin – tun Sie niemandem mehr etwas an."

"Sonst was?", wollte Roberto drohend-erheitert wissen.

"Tun Sie es einfach nicht."

Kepler legte auf, bevor Roberto etwas sagte, und sah Budi an. Der stand angespannt da und sah ihn konzentriert und abwartend an. Kepler atmete durch.

"Sue hatte wohl doch recht", sagte er.

"Und?", knurrte Budi.

"Ich denke, sie kennt das Ende der Spirale der Gegengewalt nicht." Kepler sah Budi in die Augen. "Wir beenden es endgültig. So wie wir damals im Sudan diesen versuchten Aufstand im Keim erstickt hatten."

"Ja, Colonel", bestätigte Budi.

Sie lebten jetzt seit anderthalb Tagen ein anderes Leben. Aber Budi benutzte als Anrede wieder den Rang, den Kepler selbst nie gemocht hatte. Diesmal war er dankbar dafür. So wie Budi dieses Wort ausgesprochen und ihn dabei angesehen hatte, empfand er wie damals absolute Zuversicht und Vertrauen zu ihm.

"Hol den Wagen, Budi."

Der Sudanese rannte aus dem Zimmer. Kepler rief die Auskunft an und bat, mit einer Charterfluggesellschaft verbunden zu werden. Zum Gebimmele der Warteschleife zog er sich um. Er hatte den Anzug an, und stopfte seine Stiefel, Hose und Weste in die Tasche mit der Erma, als die Musik endlich aufhörte.

"SkyService, guten Abend", meldete sich eine nasale Stimme. "Sie möchten einen Flug nach Cape Town chartern, Sir? Für wann bitte?"

"Sofort", antwortete Kepler.

"Frühestens in einer Stunde, Sir", bot der Mann an.

"Nehme ich."

"Er wird zweihundertfünfzehntausend Rand kosten."

Der Flug dauerte nur etwas mehr als zwei Stunden. Das bedeutete eine Ersparnis von fast vierzehn Stunden gegenüber einer Autofahrt. Und das war sehr viel mehr wert als siebzehntausend Euro.

"Nehme ich", wiederholte Kepler. Danach musste er einige Angaben machen, unter anderem die Nummer der Kreditkarte. Sie funktionierte anstandslos. "Wir sind rechtzeitig da", beendete Kepler dankend das Gespräch.

Weniger als zwei Minuten später war er draußen. Budi hatte den RAV4 schon vom Hotelparkplatz geholt und wartete vor dem Eingang. Nachdem Kepler eingestiegen war, drückte der Sudanese das Gaspedal grimmig durch.

*****

Auf den Straßen war noch immer viel los, große Ansammlungen von angeheiterten Menschen zogen, teilweise singend, durch die Nacht. Bedingt durch die späte Stunde gab es jedoch viel weniger Verkehr als noch vor drei Stunden. Budi hielt das Gaspedal knapp über dem Boden, er passte nur auf, dass er niemanden überfuhr, der in seiner Freudelaune auf die Straße springen könnte. Einmal musste Budi tatsächlich einem Angetrunkenen ausweichen. Er touchierte ihn beinahe, und der Typ, dem der Mund offen stehengeblieben war, als der RAV4 röhrend an ihm vorbeiraste, sah dem Wagen verstört nach.

Sie wechselten vom Southern Freeway auf die Outer Ring Road, danach auf die Airport Road. Der Flughafenzubringer war leer. Minuten später waren sie an der Schranke, die die Zufahrt zum Privatfliegerterminal versperrte.

Ein Mitarbeiter von SkyService wartete dort aber schon auf sie. Kepler kroch nach hinten, damit der Mann einstieg. Kaum, dass er die Tür zugemacht hatte, gab Budi wieder Gas. Er raste über den Hubschrauberlandeplatz, und der Angestellte, der sich etwas verkrampft festhielt, deutete auf den kleinen Hangar, dessen Tor weit offen war. Darin stand hell erleuchtet eine Falcon900. Der Einstieg war offen, die Triebwerke liefen noch

80

nicht, aber die Hilfsturbine schon. Um die tiefblau lackierte Maschine huschten drei Mechaniker in blauen Overalls hin und her. Der SkyService-Mitarbeiter stieg aus und bat Kepler mitzukommen. Als sie ausstiegen, wurde das erste von drei TFE-Triebwerken der Falcon angelassen.

Budi rannte zum Terminal, Kepler folgte dem SkyService-Mitarbeiter ins Büro der Firma, das sich in einem kleinen Gebäude schräg gegenüber dem Hangar befand. Kepler unterschrieb den Vertrag, wünschte keine Stewardess und charterte das Flugzeug gleich für drei weitere Tage mit der Option auf drei weitere.

Die Piloten gingen noch immer die Pre-Flight-Checklisten durch, als Kepler nach Beendigung der Formalitäten das Büro verließ. Budi kam ziemlich kurz atmend zurück und nickte knapp. Der Mitarbeiter von SkyService brachte Kepler und ihn ins Flugzeug, wünschte guten Flug und verließ die Maschine.

*****

Dreiundzwanzig Minuten später war die Falcon in der Luft. Für die knapp dreizehnhundert Kilometer der Flugstrecke würde sie etwa zwei Stunden benötigen. Etwas mehr, sollte über Karoo, der Halbwüste in den Hochebenen der Ausläufer von Sneuber-Mountains, Gegenwind herrschen.

Kepler und Budi streckten sich in den Sitzen aus, zwangen sich zur Ruhe und schlossen die Augen. Das war kein richtiger Schlaf, nur ein ganz leichtes Dösen, aber es half, die Zeit zu überbrücken und nicht zu denken. Sie wussten nicht, was sie erwartete, und es wäre psychisch nur belastend, sich Sorgen über unbekannte Dinge zu machen, weil sie nichts anderes als nur raten konnten.

Als das Anschnallzeichen wieder aufleuchtete, richteten sich Kepler und Budi auf. Die Falcon rollte nach links und ging in den Landeanflug. Zehn Minuten später parkte das Flugzeug auf einer Abstellfläche. Einer der Piloten öffnete die Einstiegstür und wünschte Kepler und Budi alles Gute.

Die Kontrollen für Privatflieger waren mehr eine Begrüßung und beinhalteten nur einen flüchtigen Blick in die Pässe. Nur Minuten später passierte Kepler samt Waffentasche den Eingang des Flughafengebäudes.

Obwohl es tiefe Nacht war, herrschte bei Avis anscheinend ziemlicher Betrieb, Budi fuhr erst zehn Minuten später in einem Jetta vor.

Weitere zehn Minuten später hatten Kepler und Budi das Gelände des Flughafens verlassen und waren unterwegs zur Ranch. Kamen sie gut durch, könnten sie vielleicht den Vorteil der Dunkelheit ausnutzen, um den unbekannten, aber mit Sicherheit überlegenen Gegnern das Leben von Ngabe abzutrotzen.

24. Bis Rooiels Bay fuhren sie schweigend. Budi klammerte sich ans Lenkrad und starrte aus zusammengekniffenen Augen nach vorn.

Kepler aktivierte die zwei Prepaidhandys, die Budi vor dem Abflug am Flughafen in Durban gekauft hatte. Währenddessen versuchte er, sich über seinen Gegner klar zu werden. Er war mächtig genug, um seinen Namen herausfinden zu können, wahrscheinlich über Kontakte zur Polizei. Und er hatte keine Hemmungen, den Außenminister des Landes anzugreifen. Er war bereit, sein Ziel um jeden Preis zu erreichen. Dieser Gegner bluffte nicht, wenn er drohte.

*****

Als der Jetta von der R44 in die kleine Straße zu Galemas Anwesen einbog, deutete Kepler anzuhalten. An der Straßengabelung standen einige Bäume. Von hier waren es noch knapp zwei Kilometer bis zur Ranch.

Budi fuhr den Jetta unter die Bäume und stellte den Motor ab. Es war Vollmond, und hier draußen minderte nichts seine Leuchtkraft, sein helles Licht ergoss sich wie weiches Silber über das Tal. Kepler und Budi zogen sich um. Danach steckten sie die Kopfhörer der Headsets in die Ohren. Die Erma war einsatzbereit, Kepler kontrollierte sie trotzdem sorgfältig, erst danach lud er das Gewehr durch und sicherte es. Er hatte neun Ersatzmagazine mit Lapua-Magnum-Munition. Zwei steckte er in die Weste, noch zwei in die Hosentaschen. Anschließend rieb er sich Erde ins Gesicht. Budi lächelte knapp. Im diffusen Schein der Kofferraumbeleuchtung wirkte diese seit Stunden erste halbwegs menschliche Regung des Sudanesen grotesk. Kepler zog die Pilotenhandschuhe an. Dann waren er und Budi fertig.

Budi machte den Kofferraum zu, Kepler hängte die Erma an den Rücken. Sie nickten einander zu, schlugen kurz ihre Fäuste aufeinander, dann rannten sie los.

Wie vor Jahren liefen sie im Schein der Sterne in eine Schlacht. Kepler hörte den eigenen Atem und den gleichmäßigen und ruhigen von Budi. So waren sie unzählige Male zusammen gelaufen. Sie hatten einen aussichtslosen Kampf gekämpft, und sie hatten es gut gemacht. Sie hatten ihn nicht gewonnen, aber in Anbetracht dessen, dass sie am Leben waren, hatten sie ihn nicht verloren. Und wenn sie Glück hatten, dann würden sie diesen hier auch nicht verlieren. Und wenn sie richtig viel Glück hatten, dann würden sie ihn sogar gewinnen.

*****

Etwa einen Kilometer vor der Ranch verließen sie den befestigten Weg und liefen querfeldein weiter. Das Gelände war uneben, es gab kaum nennenswerten Bewuchs. Die kleinen und größeren natürlichen Verwerfungen im Boden machten das Vorankommen schwerer, würden aber genügend Deckung bieten.

Nach knapp fünfhundert Metern ließen sich Kepler und Budi hinter eine Aufwerfung fallen. Kepler legte das Gewehr an und sah durch das Zielfernrohr zum Tor. Die Optik hatte keine Einrichtung für die Sicht bei Nacht, aber aufgrund der Vergrößerung und des Infrarotfilters konnte Kepler trotzdem mehr Einzelheiten als mit dem bloßen Auge sehen. Am Tor stand ein Ford Explorer. Hinter den Scheiben sah Kepler schemenhafte Bewegungen. Er schwenkte auf die Kamera auf dem Torpfosten. Sie war nach vorn gerichtet, konnte aber auch sehr weit geschwenkt seitlich werden.

Fünf Minuten vergingen. Dass die Kamera sich nicht bewegte, könnte bedeuten, dass niemand im Büro vor den Monitoren saß. Zur Kamera blickend, besprach Kepler mit Budi die weitere Vorgehensweise.

Der Sudanese atmete tief durch, sprang auf und lief geduckt nach links. Bald konnte Kepler ihn nicht mehr sehen. Er sah zur Kamera. Sie bewegte sich immer noch nicht. Kepler richtete das Gewehr auf den Ford. Sekunden später vibrierte sein Handy. Budi war einen weiten Bogen gelaufen und kam nun von links entlang des Zauns zum Tor. Kepler drückte die Rufannahme und entsicherte.

"Flocke!", brüllte sogleich Budis Stimme in seinem Ohr. "Flocke!"

Sekunden später tauchte der Sudanese aus der Dunkelheit auf und blieb wie verdattert vor dem Tor stehen, als er den Explorer sah. Dann hob er die Hand und winkte. Eine Sekunde später öffnete sich die Beifahrertür.

Roberto mochte clever sein, seine Handlanger waren es nicht, die Innenraumbeleuchtung ging an. In ihrem beinahe stechenden Licht sah Kepler noch einen Mann im Ford. Er saß hinter dem Lenkrad. Sonst war niemand im Auto.

"Sir, haben Sie eine weiße Ziege gesehen?", brüllte Budi, während der Beifahrer in den Aufschlag der Jacke griff. "Einer auf dem Fahrersitz", flüsterte er auf Arabisch. "Mister, war die Ziege hier?", schrie er laut auf Afrikaans.

Kepler schwenkte das Gewehr wieder auf den Mann, der auf Budi zuging, und feuerte. Im selben Moment flammten die Scheinwerfer des Explorers auf und er musste die Augen zukneifen. Während er durchlud, riss er das Gewehr nach rechts. Die Erinnerung ersetzte ihm die visuelle Erfassung. Er drückte den Abzug, lud durch und schoss nochmal. Erneut sah er einen Augenblick lang gar nichts, als die Scheinwerfer des Fords erloschen. Dann adaptierten sich seine Augen an die zurückgekehrte Dunkelheit. In der Windschutzscheibe des Explorers klafften in Höhe des Lenkrades zwei von sternförmigen Rissen umrundete Löcher. Das Glas selbst schien von innen verschmutzt zu sein. Kepler sah nach links. Budi war schon aus dem Erfassungswinkel der Kamera heraus und schleifte die Leiche des Beifahrers in die Dunkelheit.

"Alles klar?", fragte Kepler.

"Ja, Colonel", antwortete Budi. "Die Schüsse waren kaum zu hören gewesen."

Der Schalldämpfer an der Erma unterdrückte zwar die Mündungsflammen, den Mündungsknall verzerrte er lediglich. Doch die Entfernung von einem halben Kilometer machte ihn für ungeübte Ohren tatsächlich fast nicht wahrnehmbar.

Kepler sicherte das Gewehr und sprang auf. Während er rannte, sah er, wie Budi von links in den Ford einstieg. Einige Augenblicke später kam der Sudanese wieder heraus. Er sah auf die Windschutzscheibe, dann zur Kamera hoch, danach öffnete er die Fahrertür. Einen Moment später stemmte er sich gegen die B-Säule und schob den Wagen rückwärts fünf Meter vom Tor weg. Als Kepler bei ihm war, reichte der Sudanese ihm eine Pistole.

Es war eine Beretta92 mit aufgeschraubtem Schalldämpfer. Richtig geübt waren die Angreifer im Umgang damit nicht, der Beifahrer hatte seine Waffe nicht schnell genug herausziehen können. Für Budi schien es jedoch eine Gewissheit und kein Glück zu sein, dass Kepler beide Männer neutralisiert hatte, bevor sie ihm gefährlich geworden waren. Oder es war einfach blindes Vertrauen. Gelassen holte Budi noch zwei Ersatzmagazine aus der Jacke und reichte sie Kepler.

Er hängte das Gewehr an den Rücken, nahm die Beretta und beide Ersatzmagazine, dann hasteten er und Budi zum Zaun. Das war eine zweieinhalb Meter hohe Konstruktion aus Maschendraht, deren Funktion im Grunde lediglich darin bestand, umherziehende Tiere von der Ranch fernzuhalten. Um seinen einfältigen Anblick zu mildern, war der Zaun in eine Hecke eingebettet.

Durch sie hindurch schimmerte das Licht in den Fenstern der Villa. Mehr war wegen der dicht wachsenden Pflanzen nicht zu erkennen.

An der Stelle, wo sie das Schießen geübt hatten, kletterten Kepler und Budi über den Zaun. Der stand nicht unter Strom und war nicht alarmgesichert, das hätte permanent Störungen ausgelöst, weil er ständig von wilden Tieren berührt wurde. Es gab lediglich Kameras, die eine lückenlose Abdeckung gewährleisteten. Aber so wie die Kamera am Tor, bewegten auch sie sich nicht.

Im Schatten des Zauns kauernd, sahen sich Kepler und Budi um. Nur in den Fenstern der Villa und in der Küche von Keplers ehemaligem Haus, brannte Licht. Alle anderen Gebäude waren dunkel.

Sich ständig umblickend, geduckt und die Pistolen fast im Anschlag, liefen Kepler und Budi zum Stall. Von dessen Ecke aus konnten sie fast die gesamte Ranch überblicken.

Vor der Villa stand der gleiche Explorer wie der am Tor. Es waren Fahrzeuge der dritten Generation dieses Modells, das zusätzliche Sitze hatte. Waren die Autos voll besetzt gewesen, dann waren vierzehn Gegner hergekommen.

Dass es nun zwei weniger waren, bereitete Kepler keine Genugtuung, denn auf dem Aufgang lag ein lebloser Körper, dessen Hände am Rücken zusammengebunden waren. Kepler brauchte keinen zweiten Blick, er wusste sofort, dass es Sahi war. Er schubste Budi an und sie liefen zum Leibwächterhaus los.

Seine Tür war abgeschlossen. Kepler und Budi sahen um die Ecke. Ein Mann rauchte vor der Tür des Hauses, in dem Kepler gewohnt und das er später Soraja überlassen hatte. Er hob die Beretta. Die Glut der Zigarette war im Dunkeln deutlich zu sehen, und er visierte etwas oberhalb von ihr an.

"Los", flüsterte er.

Sich in den raren Schatten duckend, rannten Budi und er los. Sie kamen bis auf zwanzig Meter heran, bevor der Raucher sie hörte oder sah. Die Bewegung des Mannes verriet maßlose Überraschung. Kepler ging auf ein Knie herunter und feuerte zweimal, Budi brach nach links aus und rannte weiter. Der Körper des Rauchers war kaum auf der Erde aufgeschlagen, als der Sudanese bei ihm war, ihn am Bein packte und ihn um die Ecke in die Dunkelheit schleifte. Kepler drehte sich, ohne die Pistole zu senken.

Es hatte keine Mündungsflammen gegeben und auch keine Überschallknalle der Projektile, die Angreifer hatten ihre Berettas richtigerweise mit Unterschallmunition geladen, um alle Vorteile der Schalldämpfer auszunutzen. Aber der Verschluss einer halbautomatischen Pistole repetierte ziemlich laut, das hörte sich an wie ein nicht lärmgeminderter Gartenhäcksler in zehn Metern Entfernung, und in der Stille der Nacht war dieses Geräusch sehr laut.

Doch nichts rührte sich, irgendwo in der Finsternis begann sogar ein Nachtvogel zu zwitschern. Kepler sprang auf und lief weiter.

Als er am Haus war, hob Budi seine Pistole und öffnete leise die Tür. Kepler trat ein und überprüfte den Flur. Er war leer.

"Sicher", flüsterte er.

Budi trat ein, machte die Tür zu, dann bewegten sich Kepler und er weiter, während sie einander sicherten. Sie erreichten die Küchentür links am Ende des Flurs. Sie war nur halb geöffnet, hinter ihr waren zwei Stimmen zu hören. Auf Keplers Zeichen hin blieb Budi stehen und sicherte nach hinten ab. Kepler duckte sich und öffnete langsam die Tür weiter, bis er die Küche betreten konnte.

Der Hausmeister und seine Frau, beide ältere Bantu, saßen am Tisch. Ihre Gesichter waren voller Furcht und Pein. Beide schienen zu beten, zumindest bewegten sich ihre Lippen ununterbrochen. Die Frau hob etwas den gesenkten Kopf an, als Kepler durch die Tür kam, und schrie erstickt auf. Der weiße Mann, der sich in einer abfällig lässigen Pose auf einem Stuhl vor dem Tisch breit gemacht hatte, schreckte hoch. Kepler richtete die Beretta auf ihn und hob gleichzeitig den linken Zeigefinger an die Lippen. Der Weiße verharrte genauso wie der Hausmeister und seine Frau, die erschrocken erstarrt waren.

"Herkommen", befahl Kepler dem Weißen. "Budi", rief er über die Schulter.

Der Sudanese war sofort bei ihm. Er nickte dem Ehepaar zu, während Kepler den Weißen abtastete, der mit verdattertem Gesicht vor ihm stand. Er fand ein Portmonee und noch eine schallgedämpfte Beretta. Er reichte sie ohne hinzusehen an Budi. Der nahm die Pistole und ging zum Hausmeister.

"Es ist alles wieder gut", flüsterte er beruhigend. "Hört zu, wir brauchen noch etwas Zeit, um das hier zu beenden. Wartet bitte hier. Telefoniert nicht und geht nicht raus." Er entsicherte die Beretta und reichte sie mit dem Griff voran dem Hausmeister. "Hier. Wenn du einen von denen siehst, einfach die Mündung auf ihn richten und den Abzug durchdrücken."

Mit dem Ausdruck maßloser Angst in den Augen nahm der Hausmeister die Waffe. Seine Hand war verkrampft. Budi korrigierte sanft die Position seiner Finger am Griff der Beretta und klopfte ihm aufmunternd auf die Schulter.

Kepler drehte den Verbrecher mit einer ruckartigen Bewegung um, legte die linke Hand auf seine Schulter und drückte ihm die Beretta in den Nacken. Nach einem knappen Schubs torkelte der Verbrecher los.

Als sie draußen waren, schloss Budi die Küchentür. Kepler und er warteten einen Augenblick, damit sich ihre Augen an die Dunkelheit gewöhnten, dann schubste Kepler den Verbrecher wieder an. Drei Meter weiter stockte der, als sich die Eingangstür öffnete. Kepler schwenkte seine Beretta zur Seite, Budi riss seine hoch. Der Mann an der Schwelle des Eingangs blickte sie aus aufgerissenen Augen an. Doch er fing sich schnell. Kaum dass Kepler und Budi die Berettas im Anschlag hatten, warf er die Tür zu. Aber sie war nur aus Holz. Kepler und Budi feuerten durch sie hindurch. Der Flur füllte sich mit dem Klirren ausgeworfener Hülsen, dem Pulverrauch und dem Scheppern in schneller Folge repetierender Verschlüsse. Der Verbrecher in Keplers Griff duckte sich unwillkürlich. Kepler riss ihn hoch, Budi stürmte zur Tür. Er öffnete sie mit einem Tritt, während er das leere Magazin aus seiner Beretta auswarf. Der zweite Mann war mehrmals in die Brust getroffen worden. Stark blutend und röchelnd lag er auf der Erde. Als er Budi sah, hielt er inne. Der Sudanese steckte ein neues Magazin in die Beretta. Der Mann hob abwehrend und flehend die Hand hoch, als Budi die Waffe auf ihn richtete.

Kepler stieß den Verbrecher durch die Tür und dann weiter zur Ecke des Hauses. Hinter ihnen ähnelte das Geräusch der feuernden Beretta einem kräftigen metallischen Husten. Als der Verbrecher die Leiche des Rauchers sah, strauchelte er. Kepler trat ihm in die Kniekehlen. Der Verbrecher stürzte ungelenk zu Boden. Seine Arme baumelten schlaf herab und er senkte den Kopf, um nicht hinzusehen, wie Budi die Leiche des zweiten Mannes heranschleifte und sie neben der des Rauchers ablegte. Der Verbrecher schüttelte sich, als der Sudanese auf Keplers Wink hin an ihn trat. Während Budi seine Beretta dem taumelnden Verbrecher an den Kopf drückte, wechselte Kepler das Magazin in seiner Pistole aus, spannte und sicherte sie und steckte sie in die Weste.

Dann holte er das Portmonee des Verbrechers aus der Hosentasche heraus. Darin waren einige Geldscheine, ein Ausweis und ein paar Plastikkarten, aber keine Fotos. Kepler hatte schon einigen Gegnern die Gewalt an deren Familien angedroht. Er hätte so etwas nie getan, aber als Druckmittel eignete sich so etwas hervorragend, wenn man es nachdrücklich genug machte. Der Verbrecher schien keine Familie zu haben. Kepler hockte sich vor ihn hin.

"Mario Pinotti", sagte er und wechselte ins Italienische. "Wer seid ihr?"

Er bekam keine Antwort. Zumindest keine verbale. Aber dass der Verbrecher ihn überrascht angesehen hatte, war auch eine Information. Budi drückte dem Verbrecher den Schalldämpfer hart an den Kopf, und er verzog das Gesicht.

"Wir gehören zur Melandri-Cosche", antwortete er matt.

"Artischocke?", wiederholte Kepler erstaunt das nach sizilianischer Redeweise ausgesprochene Wort.

"Clan", erklärte der Verbrecher gepresst.

"Moment mal", sagte Kepler erstaunt. "Seid ihr die Camorra oder was?"

"Nein – die 'Ndrangheta."

Das hatte etwas willensstärker geklungen und der Verbrecher hob den Blick.

"Der härteste Import aus der Kloake Italiens", kommentierte Kepler spöttisch und sah zu Budi. "Lokalmatadore. Wie bei dem Aufstand damals."

Der Sudanese reichte ihm sofort seine Beretta, trat hinter den Verbrecher und drückte ihm mit der Hand den Mund zu. Kepler schoss ihm ins linke Knie. Der Verbrecher schrie auf und wand sich in Budis hartem Griff, bis Kepler die Mündung des Schalldämpfers gegen seinen Unterleib drückte. Der Verbrecher hörte auf zu winseln und sich zu winden. Budi nahm die Hand von seinem Mund.

"Antwortest du schnell, stirbst du genauso. Wenn nicht, wird es die ganze Nacht dauern. Dabei wirst du mir alles über deine Eltern erzählen", erklärte Kepler ihm sachlich. "Also, wie viele von euch sind hergekommen?"

"Acht", krächzte der Verbrecher.

"Wo sind die anderen?"

"In der Villa..."

"Wie viele?"

"Signore Melandri, Gina und Luigi."

"Roberto Melandri?"

"Ja...", bestätigte der Verbrecher. Kepler erhob sich, gleichzeitig trat Budi zwei Schritte zurück. "Bitte", begann der Verbrecher flehend.

"Wir nehmen keine Gefangenen", teile Kepler ihm kalt mit.

Er sah auf den Verbrecher herunter und konnte sogar in der Dunkelheit das Entsetzen in dessen Augen sehen. Er trat zurück, zog die Beretta und beendete die Qualen des Verbrechers zusammen mit seinem Leben.

*****

Kepler schritt ohne Hast neben seinem Kameraden, während sie die Villa in einem großen Bogen umrundeten. Die Chancen standen gut, dass die letzten drei dort nicht wussten, wie einsam es um sie geworden war, aber Kepler und Budi hielten die Pistolen trotzdem halb im Anschlag und sahen sich ständig um.

Unweit von den bis zum Boden reichenden Fenstern des Salons auf der Westseite zog Kepler das Gewehr vom Rücken und klappte das Zweibein aus. Er und Budi legten sich hin und er nahm die Fenster ins Visier.

Die Möbel im Salon waren noch da, aber sie waren alle mit Folien abgedeckt, und das machte den früher so gediegen wirkenden Raum armselig kahl. Ein Stuhl mit Blutspuren und durchgeschnittenen Kabelbindern daran lag auf der Seite fast in der Mitte des Raumes. Daneben stand noch ein Stuhl. Mit dem Rücken zum Fenster saß Ngabe darauf. Seine Arme und Beine waren mit Kabelbindern brutal an den Stuhl gezurrt. Er saß reglos, sein Kopf hing entkräftet nach vorn und zur Seite. Nicht nur der nackte Oberkörper des Sudanesen war blutüberströmt, auch sein Kopf, soweit Kepler es sehen konnte.

Ein Mann saß in einer herrischen Pose auf dem Sofa und blickte abfällig zu Ngabe. Neben dem Sofa stand eine Frau in enganliegender Kleidung. Sie sah ebenfalls zum Sudanesen, somit konnte Kepler ihre Gesichtszüge recht gut erkennen. Sie war schön, aber nur auf den ersten Blick. Ihre Schönheit wurde von einem Gesichtsausdruck ruiniert, der bei einem Kind auf eine enorme Verzogenheit schließen ließ. Bei Erwachsenen bedeutete es eine krank laszive, zügellose Selbstverliebtheit, die nichts duldete, was ihr in die Quere kam. Die Frau wirkte nach dem ersten Blick nicht mehr schön, nicht einmal aufreizend.

Den anderen Mann, von dem der Verbrecher vorhin erzählt hatte, sah Kepler nicht. Die Mafiosi waren schwache Gegner, die nur dank ihrer Überzahl so weit gekommen waren. Aber jetzt konnte Kepler sie nicht einfach angreifen, er selbst hatte überall auf der Ranch Panzerglas in die Fenster einsetzen lassen. Diese Scheiben hielten Projektilen bis Kaliber .300 Winchester Magnum stand. Lapua Magnum entwickelte anderthalbtausend Joule mehr an Geschossenergie, aber auf dreihundert Meter konnten die Panzerscheiben sogar .338 widerstehen. Blieb zu hoffen, dass es auf fünfzig Meter möglich war, die Scheiben zu penetrieren.

Kepler zog sein neues Handy heraus und rief das neue von Budi an.

"Verbindung steht", meldete der Sudanese.

"Gib mir dein reguläres Handy und lauf zum Eingang", befahl Kepler. "Ich schieße, du gehst rein. Wenn der Schuss nicht durchgeht, wird er sie ablenken, das wird dir Zeit verschaffen. Ich komme sofort nach."

Budi gab ihm sein Handy und stand auf. Während er zur Villa lief, stellte Kepler die Rufnummer-Unterdrückung an Budis altem Handy ein.

"Bereit", meldete sich der Sudanese über das neue Telefon. "Waffe entsichert."

Kepler wählte an seinem Handy die Nummer von Ngabe. Als das Rufzeichen kam, regte sich der Mann auf dem Sofa. Er sagte etwas zu der Frau, die daraufhin das Handy vom Tisch nahm, zu Ngabe ging und es ihm ans Ohr hielt.

"Ja?", meldete sich der Sudanese mit schwacher Stimme.

"Ngabe, schnell", sagte Kepler auf Arabisch, "sind drei im Haus?"

"Ja", antwortete Ngabe sofort.

Kepler hörte erleichtert, dass sich die Stimme seines Soldaten hob.

"Wer ist da dran?", hörte er sogleich die Frau argwöhnisch nachfragen. Ihre Stimme entsprach ihrer Erscheinung. Sie klang ebenfalls schön – für den ersten Moment. Im nächsten hörte sie sich schrill und unangenehm an und genauso hohl, wie die Schönheit dieser Frau wirkte. Ngabe antwortete nicht, und sie schlug ihm auf den Kopf. "Wer ist dran?", wiederholte sie, ihre Stimme war um eine Oktave gestiegen.

"Sag es ihr", wies Kepler an. "Und sag ihr, ich will den Boss sprechen."

Als Ngabe antwortete, konnte er deutlich Zuversicht, Stolz und Schadensfreude aus der Stimme des Sudanesen heraushören.

"Mein Colonel ist dran", antwortete Ngabe und deutete zu dem Mann auf dem Sofa. "Er will ihn da sprechen."

Die aufgeblasene Selbstgefälligkeit schwand sowohl aus dem Gesicht des Mannes als auch aus dem der Frau. Sie gab ihm das Telefon.

"Und, wie weit bist du?", fragte er.

"Fertig. Ich bin jetzt da", antwortete Kepler. Er sah im Objektiv, wie Melandri aufschreckte. "Hör zu. Ich habe Roy lebendig begraben, was glaubst du, was dir blüht, wenn du Ngabe auch nur ein Haar krümmst? Also gib auf."

"Dein Kumpel ist in meiner Gewalt!", keifte Melandri ins Telefon. Seine Stimme klang in dem für ihn wohl üblichen überheblichen Tonfall, aber er war sich seiner jetzt viel weniger sicher. Er merkte das, und was für ihn noch schlimmer war, er wusste, dass man das auch hören konnte. Es kostete ihn eine enorme Anstrengung, seiner Stimme annähernd die Selbstsicherheit von vorhin zu verleihen. "Und der Hausmeister auch! Stell du dich sofort, dann lasse ich die Frau vielleicht am Leben. Sobald meine Männer genug von ihr haben."

"Sie sind alle tot, Melandri, du hast nur noch Gina und Luigi." Kepler ließ ihm eine Sekunde, die Namen zu realisieren, bevor er weitersprach. "Deine Phantasie reicht nicht ansatzweise aus, den Horror vorzustellen, der dir bevorsteht."

Melandri antwortete nicht. Kepler sah, wie er das Handy mit der Hand zuhielt und ins Innere des Hauses schrie. Einen Moment später erschien ein Mann. Er war anscheinend der Zwilling der Frau. Sein Gesicht glich ihrem nicht nur, es hatte sogar den gleichen Ausdruck. Melandri sagte etwas zu ihm, woraufhin der Mann zu Ngabe ging und ihm eine Pistole an die Schläfe drückte.

"Ich halte eine Waffe an seinen Kopf", kreischte Melandri nun beinahe ins Telefon, "und wenn du..."

"Warte kurz, ich muss das Handy für einen Moment zur Seite legen", unterbrach Kepler ihn. "Bin aber sofort wieder dran."

Melandri verstummte perplex. Kepler legte das Handy auf die Erde und nahm den Torso des Mannes neben Ngabe ins Visier. Das Fensterglas würde die Kugel ablenken, und er wollte nicht riskieren, nicht zu treffen, darum entschied er sich gegen den ersten Schuss in den Kopf, obwohl das die Gefahr barg, dass der Mann Ngabe erschoss, nachdem er getroffen war. Kepler konzentrierte sich.

"Budi, zwei Sekunden", sagte er ins Headset. "Melandri brauche ich lebend."

"Hand an der Klinke", meldete der Sudanese sofort.

"Eins", zählte Kepler, "zwei. Los."

Er schoss. Auf die kurze Entfernung durchschlug das Lapua-Geschoss die Schiebe nicht nur, es kam dabei sogar nicht sehr stark von seiner Bahn ab. Aber es trudelte wohl, als es Luigi traf. Dessen Bauch wurde sofort zu einem blutigen Fleck, weil die lebenswichtigen Organe zerfetzt waren. Luigi starrte ungläubig auf seinen Bauch und torkelte rückwärts, seine

Schwester und Melandri waren wie paralysiert. Kepler lud durch, brauchte aber nicht nochmal zu schießen.

Budi stürmte ins Zimmer, richtete den taumelnden Luigi mit einem Kopfschuss hin und legte auf die Frau an. Sie hob sofort die Hände. Melandri langte benommen in sein Jackett. Budi jagte eine Kugel neben ihn in das Sofa und er erstarrte. Budi gab den Befehl, und Melandri und die Frau legten sich auf den Boden. Widerspruchslos, mit den Gesichtern nach unten und mit den Händen auf dem Rücken. Ihre Welt war zusammengebrochen.

Kepler sicherte das Gewehr, erhob sich und ging zur Villa. Bevor er sie betrat, blieb er vor Sahis Leiche stehen und salutierte.

25. Nachdem Kepler Ngabes Fesseln durchgeschnitten hatte, erhob er sich schwerfällig vom Stuhl. Sein Gesicht war geschwollen, und er hielt sich mit zusammengebissenen Zähnen aufrecht, aber seine Augen leuchteten, obwohl sie kaum noch zu sehen waren. Dann wurde sein Blick hysterisch.

"Wo sind der Hausmeister und seine Frau?", schrie er.

"In Sicherheit", beruhigte Kepler ihn. "Setz dich, Ngabe, und atme durch."

Erleichtert, aber kraftlos, sank der Sudanese zurück auf den Stuhl. Budi warf Kepler einen Blick zu und ging aus dem Raum.

Er kam mit drei Wasserflaschen und einem Verbandkasten zurück.

"Die Küche ist leer", berichtete er knapp. "Die habe ich aus einem Explorer."

Er gab Ngabe eine Flasche, und, während sein Kamerad gierig sie leerte, wusch Budi ihn mit dem Wasser der anderen Flaschen halbwegs sauber. Ngabes Wunden waren grausam anzusehen, aber nicht besonders schlimm, und dafür sprach Kepler im Stillen ein Dankesgebet.

"Komm noch etwas zur Ruhe, Ngabe", sagte er. "Budi, bring die beiden zum Büro. Aber nicht durchs Haus. Und warte draußen auf mich."

Budi scheuchte Melandri und die Frau mit Tritten hoch. Ngabe erhob sich unwillkürlich, und Kepler musste ihn zurückhalten, damit er sie nicht schlug.

"Wie war das möglich?", verlangte er zu wissen.

Ngabe sah beschämt zu Boden.

"Sahi und ich mussten den Abtransport von den letzten Dingen nach Kenia sicherstellen und dann die Ranch an den Hausmeister übergeben", begann er dumpf. "Der sollte gestern abends herkommen. Aber zuerst tauchte ein Explorer auf. Er da", Ngabe deutete auf Luigi, "zeigte den

Ausweis der Johannesburger Polizei in die Kamera und sagte, er wäre wegen Ihnen hier."

"Mach eine Pause", befahl Kepler, sein Soldat hörte sich immer schwächer an.

Ngabe atmete durch und fuhr mit der Zunge über die aufgeplatzten Lippen.

"Sahi und ich gingen raus. Als das Auto anhielt, sahen wir plötzlich in die Mündungen von fünf Berettas. Wir hatten keine Chance." Ngabe blinzelte durch die Tränen. "Weil ich Idiot das Büro verlassen habe."

"Ruhig, atme durch", sagte Kepler.

"Dann haben sie uns verhört", Ngabe reagierte nicht auf den Befehl, sondern sprach hastig weiter. "Wir wussten nicht, wo ihr seid, und wir haben lange standgehalten. Dann hat die Frau Sahi hingerichtet – so, dass ich es durch das Fenster sehen konnte. Ich habe trotzdem nichts verraten." Ngabe schluchzte krampfhaft. "Aber dann kamen der Hausmeister und seine Frau, und Melandri sagte, sie würden sie töten, wenn ich nichts sage. Und deswegen... habe ich Budi angerufen." Er sah Kepler flehend in die Augen. "Es tut mir leid, Sir. Ich hätte es sonst zu Ende durchgezogen, Colonel."

"Ich weiß", sagte Kepler. "Aber ihr hättet sofort aufgeben sollen." Er atmete tief durch. "Wo ist der Schlüssel zum Büro?"

Ngabe zeigte auf den Kaminsims. Dort lag neben einem Kabelbinderbündel ein Schlüsselbund. Kepler steckte beides ein, dann zog er seinen Soldaten vorsichtig hoch und zwang ihn, sich auf das Sofa zu legen. Er deckte Ngabe zu, befahl ihm, sich auszuruhen, und ging hinaus.

Es graute schon, und Kepler sah kurz in den heller werdenden Himmel. Dann ging er zum Büro und schraubte dabei den Schalldämpfer von der Beretta ab.

Melandri und die Frau standen auf den Knien vor der Tür. Sie waren nicht gefesselt, aber ihre Arme hingen kraftlos nach unten. Als Kepler stehenblieb, schielte Melandri zu ihm, jedoch ohne den Kopf zu heben. Die Frau sah ihn offen an. Dann hob sie ihre Brust. Kepler lächelte andeutungsweise, schloss auf und öffnete die Tür. Dann zog er die Beretta und drehte sich um. Die Frau sah ihn entsetzt an, als er die Waffe auf sie richtete. Er tötete sie genauso beiläufig, wie Roy es mit David gemacht hatte.

Der Anblick dieser schnellen, gnadenlosen Hinrichtung und der Knall des Schusses erschütterten Melandri. Als Budi ihn hoch zerrte, sah Kepler in den Augen des Mafioso zwar Entsetzen, aber nur wenig Angst.

Im Büro fesselte Budi ihn an einen Stuhl. Er machte es mit den Kabelbindern, die Kepler mitgebracht hatte, und zwar so fest, dass Melandri sich nicht bewegen konnte. Kepler beobachtete die Prozedur schweigend, was den Mafioso nun etwas einschüchterte. Sobald Budi fertig war, winkte Kepler ihn mit hinaus.

Sie besprachen schnell die weitere Vorgehensweise. Danach ging Budi zum Hausmeister, Kepler in die Villa. Auf dem Weg nach oben warf er einen Blick ins Wohnzimmer. Ngabe schlief, aber sehr unruhig. In Mautos Büro setzte sich Kepler auf die Fensterbank. Während er das Prepaidhandy herausholte und Benjamins Nummer eintippte, fuhr der Mazda-Pickup des Hausmeisters an der Villa vorbei zum Tor. Budi saß am Steuer.

Der Minister nahm die Schilderung der Ereignisse schweigend auf, nur sein Atem ging immer schneller, während Kepler redete. Benjamin kommentierte mit keinem Wort die Ursachen für den Angriff auf die Ranch. Nachdem Kepler ihm in groben Zügen erklärt hatte, wie er die Bedrohung durch die Melandris zu beenden gedachte, fragte der Minister lediglich, wie er helfen konnte.

"Mauto muss die Schutztruppe der Plantage unbedingt aufstocken", antwortete Kepler. "Massa und Ngabe kommen allein nicht zurecht."

"Natürlich", beeilte sich Benjamin zu sagen. "Und für Sie und Budi?"

"Er und ich müssen untertauchen", antwortete Kepler. "Können Sie... oder nein, der Waffenhändler – kann Smith uns vielleicht neue Identitäten besorgen?"

"Er kann alles besorgen", erwiderte Benjamin. "Wenn der Preis passt. Aber ich kann das für Sie und Budi auch tun."

Als Kepler die Anstellung bei Mauto angenommen hatte, war Benjamin fähig und imstande gewesen, ihm einen Pass und einen Waffenschein zu besorgen, beides innerhalb sehr kurzer Zeit. Und er hatte nur einen Tag nach dem Mord an David das Überwachungsvideo gehabt, das eigentlich polizeiliches Beweismaterial war. Außerdem hatte Kepler wegen Thembeka nur deswegen keine Schwierigkeiten mit der Justiz gehabt, weil Benjamins ominöser Freund interveniert hatte. Mit dem legte man sich anscheinend besser nicht an.

"Nein, das hinterlässt bestimmt Spuren", erwiderte Kepler. "Geben Sie mir die Nummer von Smith. Und anschließend rufen Sie den Hausmeister an und trichtern Sie ihm und seiner Frau ein, dass sie den Mund halten müssen."

Es dauerte etwas, bis Benjamin die Telefonnummer des Waffenhändlers gefunden und sie Kepler durchgegeben hatte.

"Sie wollen das wirklich tun?", fragte er danach deprimiert. "Unseretwegen?"

Kepler hatte sich für die Rache an Davids Mörder wegen der Galemas und aus einer tiefen inneren Überzeugung heraus entschieden. Diese Handlung hatte schlimme Konsequenzen nach sich gezogen. Kepler hatte jedoch keine Probleme damit, aufgrund dessen auf dem Papier nicht mehr er selbst zu sein. Er wusste, wer er war. Was die Welt über ihn dachte, interessierte ihn nicht.

"Ja."

"Sie werden Geld brauchen", sagte Benjamin.

"Wir haben genug von Mauto", erwiderte Kepler. "Das reicht, keine Sorge."

"Soll er Ihr eigenes Geld für Sie anlegen oder anderswie verwahren?"

"Nein, auch das wäre verdächtig, sollte jemand je Dirk Kepler suchen."

"Sie verzichten unsertwegen auf Ihr Geld", sagte Benjamin niedergeschlagen.

"Tue ich nicht", antwortete Kepler. "Mein Neffe erbt es in zwei Jahren."

"Aber Smith bezahlen dann wir, ja?", beharrte Benjamin.

"Danke." Kepler warf einen Blick aus dem Fenster. "Ich muss auflegen."

"Dirk..."

"Bis bald, Ben."

Kepler legte auf und wählte sofort die Nummer von Smith. Der Waffenhändler klang verschlafen, doch seine Stimme wurde munter, als Kepler ihn um ein Treffen bat. Irgendwie eifrig sagte Smith, dass sie sich umgehend treffen könnten, er sei in Pretoria. Kepler erwiderte, er würde es vielleicht am Abend nach Johannesburg schaffen, aber eher erst am nächsten Tag. Er brauchte Smith aber nicht mit Geld zu ködern, der Waffenhändler war bereit zu warten. Er nannte Kepler ein Restaurant und verabschiedete sich mit der Anmerkung, sich auf das Wiedersehen zu freuen.

Als Kepler auflegte, sah er den Jetta heranfahren. Er ging nach unten. Budi kam ihm im Flur entgegen und händigte ihm eine Tüte aus.

"Hat Benjamin den Hausmeister schon angerufen?", fragte Kepler.

"Ja, schon als ich ihn und seine Frau in Rooiels in ein Hotel begleitete", antwortete Budi. "Ich denke, wir haben jetzt die paar Stunden, die wir brauchen."

"Gut." Kepler straffte sich. "Wir müssen trotzdem schnell weitermachen."

26. Kepler und Budi konnten die Tür zur Gerätekammer des Gärtners mit dem Generalschlüssel öffnen. Er befand sich an Ngabes Schlüsselbund und passte nur nicht zum Schloss des Sicherheitsbüros.

Kepler und Budi zogen Arbeitsanzüge an und gingen zum Tor. Dort warfen sie die beiden toten Wachmänner in den Explorer hinein. Anschließend fuhren sie mit dem Wagen auf das Gelände der Ranch, schlossen das Tor und beluden den Explorer mit den anderen toten Mafiosi. Als sie Luigi holten, weckten sie Ngabe auf, obwohl sie sich bemühten, leise zu sein. Er wollte ihnen helfen, und Kepler schickte ihn ins Haus des Hausmeisters, um ein Laken und eine Decke zu besorgen. Er und Budi stellten solange beide Explorer hinter dem Stall ab.

Bis dahin hatte Kepler nur angewiderten Ekel empfunden. Bei dem, was er und seine Männer anschließend tun mussten, hatte er das Gefühl, dass ihm ein hilfloser Schrei wie ein Kloß im Hals steckte. Sie hatten wieder einen Kameraden verloren. Sahi war zwar kein Soldat mehr gewesen, aber ein Bodyguard, und es lag in der Natur dieser Arbeit, dass er sein Leben verlieren könnte.

Es tat trotzdem weh. Kepler und Budi hatten zuvor nur wenige Worte gewechselt, als sie das Grab für Sahi aushoben, sprachen sie überhaupt nicht. Genauso schweigend gingen sie danach in die Küche. Ngabe, obwohl er sich kaum bewegen konnte, half ihnen bei der rituellen Waschung von Sahi, er ließ es sich nicht nehmen, seinem Freund die letzte Ehre zu erweisen.

Dann lag Sahi sauber und friedlich auf dem großen Esstisch und Kepler, Budi und Ngabe wickelten ihn in das weiße Laken ein.

Es war nicht das erste Mal, dass sie einen gefallenen Kameraden zu Grabe trugen, aber als sie mit der Decke, in der Sahi lag, langsam über den Hof schritten, empfand Kepler wieder die Wut, die er bei Abibs und Sakahs Tod verspürt hatte. Sie deckten Sahi mit Erde zu und standen danach mit versteinerten Gesichtern an seinem Grab und blickten in die Ferne.

Plötzlich fuhr Ngabe zusammen und presste unterdrückt aufstöhnend die Hände ans Gesicht. Er schüttelte sich, Tränen flossen aus seinen Augen. Er biss sich auf die Lippe, um nicht zu weinen, aber er konnte sich nicht halten, sein Mund verzog sich. Dann krümmte Ngabe sich verkrampft. Er versuchte durchzuatmen, schaffte es aber nicht, sein Körper zuckte unkontrolliert. Kepler riss ihn an sich, legte die Arme um ihn und spannte sich an. Er drückte Ngabe immer stärker an seine Brust, bis der Sudanese keine Luft mehr bekam. Nachdem sein Krampf abgeebbt war, ließ Kepler ihn abrupt los. Ngabe atmete hechelnd durch. Kepler drückte ihn wieder an sich. Ngabe atmete erst gepresst, dann ruhiger und gleichmäßiger, dann hörte er auf zu zittern. Kepler lockerte die Umarmung, aber Ngabe drückte sich an ihn, weinend und nach Trost suchend.

"Ich wollte früher aufgeben", wimmerte er. "Sie hätten sich ganz bestimmt etwas ausgedacht, Colonel, aber Sahi hatte mich angebrüllt, ich solle das Maul halten. Und ich... ich habe es getan. Und jetzt ist er tot... Es ist meine Schuld..."

Kepler schob ihn von sich und sah ihn wütend an.

"Und inwiefern ist das deine Schuld?", fragte er erbost. "Es ist meine."

Er hatte seinen Männern viel beigebracht, aber dass eine Niederlage auch zum Sieg führen konnte, das nicht nachdrücklich genug. Darum war Sahi jetzt tot.

"Es ist niemandes Schuld", sagte Budi mit Blick in sein Gesicht. "Du kannst nichts dafür, wen es erwischt und wen nicht." Er bohrte den Blick in Keplers Augen. "Es ist nicht deine Schuld, verflucht nochmal, Colonel, Sir."

Einige Sekunden lang stierten sie einander an. Kepler wollte sagen, dass das nicht wahr sei, aber diesmal zog Ngabe ihn zu sich. Und der halbtot gefolterte Soldat umarmte ihn ungeschickt. Budi legte eine Hand auf seine Schulter.

Vielleicht hatte er zu einem winzigen Teil recht. Zögernd und unwillig sah Kepler ein, dass wirklich niemand alles unter Kontrolle haben konnte.

"Lass uns jetzt keine Fehler mehr machen", sagte er.

27. Melandri saß mit gesenktem Kopf, aber er hob ihn, als Kepler und Budi ins Büro kamen. Er versuchte sich zu bewegen, aber die stramm zusammengezogenen Kabelbinder schnitten in seine Haut und er verzog das Gesicht. Seine Augen richteten sich dennoch im blanken Hass, der alles andere ausblendete, auf Kepler, der sich wortlos an den Tisch setzte und die Tüte vor sich hinstellte.

"Das wirst du büßen", knurrte Melandri drohend. "Meine Familie..."

"Über deine Familie unterhalten wir uns", versprach Kepler. "Gleich."

Er machte Budi mit den Augen ein Zeichen und der Sudanese versetzte Melandri einen Kinnhaken, der ihn verstummen ließ.

Kepler packte die Fläschchen aus und sah sich die Etiketten an. Budi hatte das Richtige mitgebracht. Kepler nahm den Messbecher und füllte die Flüssigkeiten ab. Es war schon erstaunlich, dass man aus Kohlenstoff, Wasserstoff und Stickstoff durch Zugabe von Schwefel etwas machen konnte, das völlig seltsame Eigenschaften hatte. Kepler schüttelte die Mixtur durch und zog das gelblichweiße, unangenehm nach Knoblauch riechende Barbiturat in eine Spritze auf.

Melandri war von Budis Schlag immer noch benommen, als Kepler ihm die Spritze in eine Vene am rechten Unterarm verabreichte. Bevor die Wirkung eintrat, nahm Kepler einen Stuhl und setzte sich direkt vor Melandri hin.

Wahrheitsserum zu benutzen, bedeutete nicht automatisch, dass man Wahrheit zu hören bekam, ein geschulter Mensch konnte trotzdem immer noch lügen. Ein ungeübter sogar auch. Aber Kepler hatte Melandri etwas Angst eingejagt, und sie beeinträchtigte das Denkvermögen. Das schaffte gute Voraussetzungen für die richtige Wirkung des Serums. Das Natriumpentothal beeinflusste die höheren Funktionen des Gehirns und hemmte das Urteilsvermögen und die Konzentrationsfähigkeit, sodass langfristige Folgen von Entscheidungen oder Aussagen nicht überdacht werden konnten. Melandri sollte durch das Barbiturat kommunikativ werden und seine Gedanken ohne zu zögern äußern. Der Rest hing davon ab, wie geschickt Kepler seine Fragen stellen würde.

"Du hast deine Familie sehr gern, oder, Roberto?", begann er weich auf Italienisch, sobald Melandris Blick entrückt geworden war. "Um sie zu schützen, musstest du diesen braunen Aktenkoffer einfach wiederhaben, nicht wahr? Egal was es kostet." Melandri nickte mehrmals. "Weil deine Familie eine ganz besondere ist", sprach Kepler weiter, lächelte Melandri an und erntete von ihm eine erneute, freudige Bestätigung. "Was denn zum Beispiel, erzähl mal."

Budi hatte Stift und Papier vorbereitet. Jetzt stand er hinter Melandri. Er verstand nichts, lächelte aber böse, sobald Kepler begann, Notizen zu machen.

Die Droge wirkte maximal fünfzehn Minuten, Kepler musste die Spritze noch zweimal setzen. Natriumpentothal konnte Atemdepression auslösen, aber Melandri hatte zum Glück ein starkes Herz und verkraftete die Spritzen.

Als die Wirkung der letzten nachließ, hatte Kepler in Stichworten drei Seiten vollgeschrieben. Er hatte es auf Englisch gemacht und reichte sie Budi. Der las sie aufmerksam durch und dachte kurz nach. Melandri war wie weggetreten.

"Warum hast du ihn über den zweiten Qintino ausgefragt?" wollte der Sudanese wissen, als Kepler und er das Büro verließen. "Was hast du vor, machen wir nicht weiter wie damals beim Aufstand im Sudan?"

"Das geht nicht", gab Kepler knapp zurück.

"Warum das denn?", fragte Budi ablehnend.

"Weil wenn wir Johannesburg in ihrem Blut ertränken, kommen weder wir beide heile davon, noch die Galemas", antwortete Kepler.

*****

Der Wind, der durch das kleine Einschussloch im Fenster ins Wohnzimmer blies, kam Kepler kalt und feindselig vor. Ngabe schlief trotzdem weiter. Diesmal zuckte er im Schlaf nicht pausenlos zusammen, aber sein Gesicht war noch immer schmerzerfüllt. Seine Hand umklammerte seine P99, die Budi bei einer Leiche gefunden hatte. Plötzlich schnellte Ngabe hoch und richtete die Pistole benommen aus. Kepler machte eine beruhigende Geste und der Sudanese entspannte sich. Kepler setzte sich neben ihn hin.

97

"Du musst weg", befahl er. "Geh sofort nach Kenia und sorge dafür, dass so etwas sich dort nicht wiederholen kann. Budi und ich kümmern uns hier darum."

"Ist es noch nicht vorbei?", fragte Ngabe niedergeschlagen.

"Nein", antwortete Kepler. "Wir müssen es noch zu Ende bringen."

"Okay, aber dann helfe ich euch wenigstens bei dieser Sache", sagte Ngabe.

"Nein", wies Kepler ihn sofort ab. Er und Budi würden bald nicht mehr als die weiter existieren, die sie waren. Und es wartete niemand auf sie. Ngabe konnte dagegen unter seinem richtigen Namen leben und er selbst sein. Vielleicht sogar mit Rebecca zusammen. Kepler und Budi mussten dafür sorgen, dass sie und die anderen frei atmen konnten. Oder bei dem Versuch, das zu tun, sterben. "Falls Budi und mir etwas passiert, bevor wir damit fertig sind, will ich euch in Sicherheit wissen", sagte er. "Es sind schon zu viele gestorben."

"Aber...", setzte Ngabe an.

"Kein aber", unterbrach Kepler ihn. "Ich hatte die Galemas gewarnt, dass der Preis für ihre Rache sehr hoch werden könnte. Jetzt musste Sahi ihn mit seinem Leben bezahlen." Er sah Ngabe kompromisslos an. "Du wirst das nicht."

Ngabe suchte Beistand bei Budi, mit der Begründung, ihn und Kepler nicht allein in einen Kampf ziehen lassen zu können. Budi antwortete nur, dass Ngabe sich an Befehle zu halten habe. Sein Ton machte deutlich, dass es keine Bitte und kein Vorschlag war. Ngabe sträubte sich weiter. Erst nachdem Kepler ihm sagte, dass er und Budi gleich seine Hilfe brauchen würden, gab Ngabe endlich nach. Mit dem Gefühl der Erleichterung gingen Kepler und Budi ins Büro.

*****

Melandri war schon wieder wach.

"Versuchst du, dich zu erinnern, was alles eben passiert ist?", erkundigte sich Kepler auf Englisch. "Ich helfe dir." Er machte eine Pause. "Du hättest niemals herkommen sollen, Quintino. Du hältst dich für einen schlimmen Menschen und du bist es auch. Aber ich bin dein schrecklichster Alptraum." Er nahm die vollgeschriebenen Blätter und sah sie durch. "Du hast mir interessante Sachen über deine Familie erzählt. Was meinst du, stehen deine Schwestern darauf, vergewaltigt zu werden? Wie alt ist die jüngste?" Er sah auf den Zettel, dann zu Melandri. "Siebzehn. Meinst du, sie steht auf so etwas?", fragte er kalt. "Ich besuche sie mal und frage nach. Oder nein, fragen werde ich nicht."

Robertos Wut, dass so etwas ihm passierte, wich der Resignation. Weil er sich mächtig wähnte, ließ er für andere nichts davon gelten, was er für sich in Anspruch nahm. Er begriff innerhalb weniger Sekunden, wie bru-

98

tal und endgültig ihm diese Macht genommen worden war. Kepler konfrontierte ihn mit derselben Angst, die er zum Instrument seiner Stärke gemacht hatte. Melandri brach unter ihr schneller zusammen, als die meisten seiner Opfer. Er hatte sein Leben lang vielen Menschen ohne mit der Wimper zu zucken Böses angetan, und war nun da, wo diese Menschen waren, als er ihnen alles genommen hatte. Und jetzt, nachdem er Kepler in die Augen geblickt hatte, wusste er, dass es sinnlos war, um Gnade zu flehen. Er selbst hatte nie solches Bitten anderer erhört. Nun sah er dieselbe unbarmherzige Entschlossenheit, mit der er gehandelt hatte.

"Der Mann, den ihr getötet habt, war mein Soldat", sagte Kepler langsam und deutlich. "Er hatte mit mir den verfluchten Krieg im Sudan überlebt, nur um von einer Verbrecherin erschossen zu werden." Er ging zu Melandri und riss dessen Kinn hoch, damit der Mafioso ihm in die Augen sah. "Um schnell und schmerzlos sterben zu dürfen, sagst du mir jetzt, wer alles weiß, wie wir aussehen."

Dieser Teil der Unterhaltung war schnell abgeschlossen. Kepler zweifelte nicht an seinem Wahrheitsgehalt. Melandri machte den Eindruck, sehr ehrgeizig zu sein, er wollte den Ruhm, die Papiere wiederbeschafft zu haben, ganz für sich allein haben. Kepler musste jedoch völlig sicher gehen.

"Melandri, ich bin ein viel besserer Killer, als ihr es je werden könntet", sagte er. "Also, was bist du bereit zu tun, damit ich deine Familie nicht niedermetzle?"

Als Budi ihn vom Stuhl schnitt, hatte die Furcht dem Mafioso alle seine Kraft geraubt. Er schrieb eine SMS und führte ein Telefonat exakt so, wie Kepler es von ihm verlangte. Anschließend zerrte Budi den Mafioso hoch und schleppte ihn hinter den Stall. Als Kepler die Heckklappe des mit Leichen beladenen Explorers öffnete, stürzte Melandri bei dem Anblick auf die Knie und übergab sich.

"Rein da", befahl Kepler ihm. Melandri hob den Kopf. Klebriger Speichel an seinem Kinn zog sich dabei zu einem Faden, der hin und her baumelte, aber er bemerkte es nicht. "Ich fliege gleich nach Johannesburg", erinnerte Kepler ihn kalt. "Muss ich dich reinwuchten, wische ich den Dreck von meinen Händen an den nackten Brüsten deiner jüngsten Schwester ab."

Der Mafioso richtete den Blick in seine Augen. Dann stemmte er sich hoch und kroch in den Kofferraum. Als seine Knie auf der Stoßstange waren, zog Kepler die Beretta heraus und schoss ihm in den Hinterkopf. Zusammen mit Budi schob er die Leiche weiter hinein und machte die Heckklappe zu.

28. Budi fuhr den leeren Explorer, Kepler den mit der zerschossener Scheibe, und der mit Leichen voll war. Ngabe fuhr im Jetta als letzter.

Keine zwanzig Kilometer westlich der Ranch gab es einen winzigen Zufluss des Rooiels Rivers. Die letzten zwei Kilometer über den zerklüfteten felsigen Untergrund schaffte der Jetta nicht. Die allradgetriebenen Explorers schon, aber Kepler und Budi brauchten eine halbe Stunde dafür. Sie versenkten beide Autos in einem Tümpel unweit des Zuflusses. Der war jedoch nicht viel mehr als ein Teich, die Dächer der SUVs blieben oberhalb des Wassers. Aber diese Gegend war menschenleer und wurde auch kaum von den Wanderern aufgesucht, die das nahe gelegene Hotentots Area besuchten. Einige Tage würden reichen, damit das Wasser alle DNA-Spuren in den Autos und auf den Arbeitsanzügen zerstören konnte. Kepler und Budi warfen sie ins Wasser und gingen zurück.

Ihre Kleidung war dreckig, aber Budi kaufte in Rooiels zwei Anzüge, weil Kepler und er auch eine Tarnung brauchten. Danach fuhren sie nach Kapstadt.

Ein südafrikanisches Phänomen verhinderte die Sicht auf den Tafelberg. Es hieß Tablecloth. Wenn feuchte, abkühlende Luftmassen vom offenen Meer kommend auf den Tafelberg trafen und sich mit dem gleichzeitig an den nördlichen und westlichen Hängen wehenden trockenwarmen Föhn vermischten, bildete sich dichter Nebel, der eben wie ein Tischtuch aussah. Der Anblick der wallenden Nebelschwaden, die vom Wind an der Bergkante abgerissen und davongetragen wurden, war grandios. Und erinnerte Kepler daran, wie oft sich Pläne in der Realität auflösten, besonders wenn sie hastig gemacht wurden.

*****

Die Vereinbarung mit SkyService war auch in Eile getroffen worden, sie erwies sich jedoch als eine sehr gute Planung, obwohl Kepler die Falcon aus völlig anderen Gründen gechartert hatte, als er sie jetzt tatsächlich brauchte. Er hatte sie als Transportmittel für Ngabe haben wollen, aber auf ihn, und auf Sahi, wartete Galemas Gulfstream auf dem Flughafen. Ngabe konnte also ohne Komplikationen nach Kenia abreisen, und für Kepler entfiel die Notwendigkeit, für sich und Budi einen unauffälligen Transport nach Johannesburg besorgen zu müssen.

Als die G550 abhob, versuchten Kepler und Budi, sich darüber zu freuen, dass ein Kamerad überlebt hatte und in Sicherheit war. Sie sahen der Gulfstream solange nach, bis sie zu einem Punkt am Himmel geworden war.

*****

Bis zur Ankunft des zweiten Linienfluges aus Durban waren es nur noch wenige Minuten. Kepler und Budi verließen den Privatfliegerbereich. In der Nähe der Ankunftshalle drückten sie sich in eine Nische.

100

Bald machten sie einen Mann aus, der ständig auf die Uhr, zur Anzeige-
tafel und dann auf einen Zettel in seiner Hand blickte. Was darauf stand,
konnten Kepler und Budi nicht sehen. Sie waren sich der Identität des
Mannes ziemlich sicher, er entsprach Melandris Beschreibung. Und sah
wie tausende andere weiße afrikanische Männer aus.

Kepler und Budi hatten sich wieder umgezogen, und wahrscheinlich
erwartete der Mann nicht, dass sie Anzüge tragen würden. Aber sie waren
sich nicht sicher, ob sie den richtigen Mann vor sich hatten. Und für ihren
einzigen Versuch blieben ihnen nur noch wenige Minuten, weil die Maschine aus Durban schon gelandet war. Wenn die Passagiere in den Ankunftsbereich kamen, würde das Ganze allein aufgrund vieler Menschen
komplizierter werden.

Plötzlich rannte Budi weg. Kepler hielt ihn nicht zurück, wenn sein
Soldat etwas tat, dann hatte er einen triftigen Grund dazu.

Zwei Minuten später schlenderte der Sudanese an ihm vorbei. Vor dem
Gesicht hielt er eine Zeitung, die er konzentriert zu studieren schien. Auf
den ersten Blick machte er den Eindruck eines schwarzen Geschäftsman-
nes, der sehr beschäftigt war. Auf den zweiten Blick fehlte ihm für diesen
Eindruck am Flughafen ein Gepäckstück. Aber Budi hatte es schon richtig kalkuliert, kaum jemand blickte zweimal hin, wenn er etwas gesehen
hatte, das ihm bekannt vorkam.

Der Mann mit dem Zettel sah Budi nur flüchtig an. Er ging sogar einen
Schritt zur Seite, weil der Sudanese sich direkt auf ihn zubewegte, dann
sah er wieder auf die Uhr. Im selben Moment passierte Budi ihn und sah
auf den Zettel. Er schlenderte weiter, aber seine linke Hand schoss hinter
seinen Rücken, ballte sich zur Faust und der Daumen spreizte sich ab.

Kepler ging schnell und mit gesenktem Kopf los. Zum einen, damit der
Mann ihn nicht sofort erkannte, zum anderen, um nicht von den Überwachungskameras gefilmt zu werden. Dann ließ er das Wurfmesser aus dem
Ärmel in die Hand gleiten und eine Sekunde später rempelte er den Mann
an.

"Äh!", empörte der sich.

Kepler drückte ihm die Messerspitze in die Seite. Im nächsten Augenblick entwand Budi ihm den Zettel. Der Atem des Mannes ging jetzt
stoßweise.

"Zu deinem Wagen", befahl Kepler.

Zwischen ihm und Budi eingeklemmt, stolperte der Mann zum Ausgang.

Es dauerte, bis Kepler den schwarzen Explorer sah, der riesige Parkplatz vor dem Terminal war überfüllt. Budi ging vor, zu dritt passten sie
nicht zwischen den Autos durch. An dem SUV angekommen, sah er sich
schnell um. Dann fällte er den Mann mit einem Schlag in die Magengrube

auf den Boden. Kepler blickte sich auch um. Nicht in unmittelbarer Nähe, aber es waren viele Menschen auf dem Parkplatz. Sie hatten jedoch andere Sorgen, als auf die Umgebung zu achten. Kepler zog die Beretta.

"Ich habe Frau und Kinder", stammelte der Mann hastig.

Beinahe erwiderte Kepler, dass Sahi nicht einmal die Chance gehabt hatte, ein eigenes Baby in seinen Armen zu halten. Aber was interessierte einen weißen Mafioso ein einfacher schwarzer Ex-Milizionär aus Sudan.

"Na und", sagte Kepler nur und schoss dem Mann in den Kopf.

Kepler und Budi schoben die Leiche unter den SUV. Sie hatten beide etwas Blut abbekommen, aber die wenigen Tropfen fielen nicht sehr auf.

"Jetzt weiß nur noch der Don, wie wir aussehen", sagte Budi unheilvoll, während sie den Parkplatz in Richtung des Privatfliegerbereichs verließen.

"Ein paar Stunden lang noch, ja", erwiderte Kepler genauso grimmig.

29. Johannesburg hatte neben dem internationalen O.R.Tambo noch drei weitere Flughäfen, die hauptsächlich für private und für Geschäftsflüge benutzt wurden. Die Falcon landete auf Rand Airport, einem davon. Der kleine Flughafen befand sich in Germiston, einer etwa zehn Kilometer westlich vor Johannesburg gelegenen Stadt.

Eine halbe Stunde nach der Landung fuhren Kepler und Budi nach Norden in einem gemieteten BMW an Midrand vorbei. Viele internationale Konzerne hatten hier ihre Niederlassungen, leuchtende Tafeln mit Firmenemblemen dominierten das Panorama dieser zu Johannesburg gehörenden Stadt. Hinter ihr wurde die Umgebung ländlicher.

*****

Die grüne Gegend, in der das Anwesen der Melandris lag, machte einen beinahe märchenhaften Eindruck, als wenn sie sich in einer Welt befand, in der man nichts von Gewalt und Leid wusste. Die mit Stacheldraht und Videokameras bewährte hohe Mauer um die Villa der Mafiafamilie erinnerte dagegen an den Schutzwall einer Burg. Es gab in diesem Landstrich mehrere solche Villen, aber sie alle lagen in einer gebührenden Entfernung von einigen Kilometern zueinander. Die lose Ansammlung prunkvoller Domizile wurde von leicht hügeligen Landflächen getrennt, durch die sich ein schmales Flüsschen wand. Entlang seiner Ufer gab es viele kleine Haine aus Nadelbäumen.

Kepler und Budi stellten den Wagen in einem solchen lichten Hain ab und gingen einen halben Kilometer zurück in Richtung der Brücke, über die sie den Fluss überquert hatten. Unweit von ihr standen vier Afrikazypressen.

Kepler kletterte auf den höchsten Baum, der stand am weitesten vom Wasser entfernt, wurde dafür aber von den drei anderen halbwegs gut abgeschirmt. Budi legte die Gewehrtasche auf den Boden und lehnte sich mit dem Rücken gegen den Stamm. Im Anzug sah er nicht wie ein müder Wanderer aus, aber es liefen genügend seltsame Gestalten auf der Welt herum, und einen erschöpften Manager, der in der Natur zur Besinnung kommen wollte, gab Budi her.

Kepler zog das Gewehr vom Rücken, nachdem er sich dessen Trageriemen um den Hals gelegt hatte. Er stand auf einem Ast und klammerte sich mit dem linken Arm am Stamm fest. In Höhe seiner Brust zweigte ein anderer Ast zwar etwas zu tief ab, aber dafür in die richtige Richtung. Kepler legte die Erma in die Gabelung. Die Baumkrone wackelte ziemlich, nicht sosehr vom Wind, sondern von Keplers Bewegungen, doch die Villa der Melandris lag nur dreihundert Meter entfernt und er hatte das Gewehr passend ausgerichtet. Er öffnete die Klappen am Zielfernrohr und stellte die Vergrößerung fast auf Maximum.

Roberto hatte nicht gelogen, weder unter Drogen, noch später. Seine Beschreibung des Anwesens stimmte, die Fenster des Arbeitszimmers seines Vaters gingen tatsächlich zum Fluss hinaus. Vasen, Repliken von Skulpturen und Bilder an den Wänden des Raumes schindeten den Eindruck, kunstvoll und mit Geschmack ausgesucht zu sein. Viel wichtiger war jedoch, dass sich zwei Männer in diesem Raum befanden.

Marcello Melandri war ein korpulenter Mann. Er saß am Tisch wie ein König, und sogar sein Hinterkopf drückte misstrauischen Unmut aus. Der Mann im Stuhl vor seinem Tisch war einer seiner engsten Vertrauten. Er saß in einer gehemmten Pose, hörte zu und nickte eifrig, während der Don redete und seine Worte mit herrischen Gesten begleitete.

Nachdem Kepler sich vergewissert hatte, dass das SR-100 nicht herunterfallen würde, wenn er es losließ, holte er Robertos Telefon heraus. Die richtige Nummer war schon vorgewählt, er brauchte nur den Anrufknopf zu drücken. Es klingelte und der Vasall des Dons fuchtelte plötzlich demütig mit den Händen und seine Lippen bewegten sich gehetzt. Er angelte sein Handy aus der Tasche und zeigte es dem Don. Wahrscheinlich einzig die Nummer von seinem Sohn veranlasste den Paten zu einem abfällig erlaubenden Wink.

"Roberto", säuselte sein Handlanger ins Telefon, "wo bleibst du denn?"

"Er schmort in der Hölle", antwortete Kepler ebenfalls auf Italienisch. "Und du, Monti, hast – im Moment noch – drei Söhne, eine Tochter und zwei Enkelkinder. Legst du auf oder bewegst du dich auch nur, sind sie alle innerhalb einer Stunde tot. Habe ich jetzt deine ungeteilte Aufmerksamkeit?"

"Ja", brachte Monti erstickt hervor.

"Dann steh auf und geh zwei Schritte nach links", befahl Kepler. "Bleib stehen und mach bloß keine Bewegung, egal was passiert."

Ohne das Auge vom Zielfernrohr zu nehmen, pfiff er kurz.

"Alles frei, Colonel", rief Budi einige Sekunden später.

Trotz des Schalldämpfers stiegen zwei Duzend aufgescheuchte Vögel erschrocken gackernd aus den Bäumen in die Luft. Im selben Augenblick strauchelte der Vasall des Dons, als die Kugel die Fensterscheibe durchbrach und dann den Kopf des Paten in einem blutigen Nebel explodieren ließ.

"Soll deine Familie am Leben bleiben, Monti?", erkundigte sich Kepler. Während der strauchelnde Mafioso mit bleichem Gesicht zu seinem toten Boss starrte, nannte Kepler ihm die Adresse von seiner Geliebten. Roberto hatte unter Drogen noch mehr erzählt und Budi hatte alles penibel aufgeschrieben. Kepler hatte diese Aufzeichnungen im Flugzeug nicht minder gewissenhaft studiert. Je mehr intime Details er nannte, desto flacher wurde Montis Atem. "Und ich weiß, wo deine Kinder leben", schloss Kepler. "Samt ihrer Kinder."

"Was wollen Sie?", verlangte Monti flehend zu wissen, als er verstummte.

"Ich fragte, ob deine Sippe leben soll", erinnerte Kepler kalt. "Oder willst du den Kopf deiner Tochter in den Händen halten?", fragte er. "Dauert zwei Stunden, dann hast du ihn. Eine Stunde lang wird Odelia sehr laut schreien."

"Will ich nicht!" Montis Ton wurde panisch. "Was soll ich machen?"

"Was weißt du über den braunen Aktenkoffer?"

"Dass Roberto ihn gefunden hat, mehr nicht", stotterte der Mafioso.

"Wo?", wollte Kepler wissen.

"Weiß ich nicht", beteuerte Monti. "Wirklich nicht! Bitte!"

Auch in Bezug darauf schien Roberto die Wahrheit gesagt zu haben. Nur er und sein Vater kannten sämtliche Aspekte des Ganzen. Hatten gekannt.

"Das ist dein Glück", gratulierte Kepler dem Mafioso. "Jetzt hör gut zu. Sucht ihr je wieder nach diesem Koffer, oder nach mir, oder nach jemandem, der mit der Sache etwas zu tun hatte, komme ich wieder. Ohne vorher anzurufen."

"Schon gut, schon gut", schrie Monti bittend und erleichtert auf. "Ich mache alles, was Sie wollen. Ich schwöre es bei meiner Ehre."

"Ich gebe gar nichts auf die Ehre eines 'Ndrangeto", setzte Kepler ihn kalt in Kenntnis, "und dieses hohle Ehrengehabe widert mich an. Also unterbrich mich nicht noch einmal." Er machte eine Pause. "Ich habe dich soeben zum Paten gemacht, Monti. Genieß es, aber komm nicht auf dumme Gedanken", warnte er unerbittlich. "Weißt du, was mich an solchen wie dir ankotzt, Don?", sprach Kepler das letzte Wort mit Verachtung aus. "Ihr denkt, ihr seid stark und böse, ihr genießt die Vorzüge des Rechtsstaates, der euch schützt, und ihr wendet euch gegen diesen Staat und ihr macht euch nichts aus anderen Menschen." Er machte eine Pause. "Nur bin ich böser als ihr alle, und wenn du mich zu hintergehen versuchst, werde ich mit euch so umgehen, wie ihr immer mit denen umgeht, die sich nicht wehren können." Er schwieg kurz. "Ich nehme deine Sippe als Geiseln, und ich habe einen langen Arm. Ich lösche deine ganze Familie aus, bis hin zum Neffen vom dritten Mann der Cousine vierten Grades vom Helfer der Toilettenfrau. Und ich werde mir viel Zeit dabei lassen."

"Ich werde nichts tun", brachte Monti kraftlos heraus.

"Doch, und zwar sofort", widersprach Kepler. "Du lebst nur, weil du nicht weißt, wie ich aussehe. Also wirst du alles daran setzen, damit es so bleibt, und dazu wirst du den Tod der Melandris und der Männer vertuschen, die mich gejagt haben. Machst du das nicht gut oder versuchst du mich zu finden, dann wird 'Ndrangeta einen neuen Clan nach Joburg exportieren müssen. Klar soweit?"

"Woher weiß ich", begann Monti stockend, "dass Sie Ihr Wort halten werden?"

"Du weißt es nicht", erwiderte Kepler ruhig. "Das kannst du gar nicht. Wenn dir klar ist, warum, dann nicke einmal." Er hatte ehrlich geantwortet, und Monti hatte keine Wahl. Er nickte. "Dann setz dich hin", befahl Kepler. "Und denk nach, wie du dich als Don verhalten solltest." Er machte eine Pause. "Ich werde noch eine Zeitlang auf deinen Kopf zielen. Irgendwann verschwinde ich. Bewegst du dich während ich noch da bin, suche ich mir einen willigeren Paten."

Ohne die Antwort des Mafioso abzuwarten, unterbrach Kepler das Telefonat und sicherte das Gewehr. Dann sah er durch das Zielfernrohr. Monti saß in seinem Stuhl und starrte krampfhaft zur Wand, um seinen toten Amtsvorgänger nicht ansehen zu müssen. Kepler machte die Visierklappen zu, schob die Erma auf den Rücken und begann hinunter zu klettern.

*****

Auf dem Weg zum BMW und auf den ersten Kilometern schwiegen er und Budi. Erst als sie auf der R25 waren, sprach der Sudanese.

"Also, warum genau haben wir sie nicht im Blut ertränkt, Colonel?"

Seine Stimme klang unwillig, aber nicht gehässig.

"So viel Munition gibt es nicht auf der Welt, um sie alle zu töten", antwortete Kepler. "Wir würden sie nicht alle auf einen Schlag erwischen, und ein äußerer Feind eint immer eine Gruppe, sie würden alles dafür tun, uns zu kriegen. Und wir hätten auch noch die Polizei am Hals. So haben wir vielleicht ein Patt."

"Wie meinst du das?", erkundigte sich Budi nun wissbegierig.

105

"Roberto hat anscheinend nicht gelogen – nur er, sein Vater und seine Männer wussten, wie wir aussehen", begann Kepler mit der Erklärung. "Monti hat keinen Ansatzpunkt für die Jagd nach uns. Außerdem hat er im Moment sehr viel Angst, das wird ihn eine Zeitlang hemmen." Kepler lächelte freudlos. "Vielleicht lernt er dadurch etwas über den Wert des Lebens. Na ja, später wird er schon etwas tun müssen, um sich vor dem Clan zu behaupten, aber wenn Smith uns das Richtige liefert, wird Monti zwei Phantome jagen. Ich schätze, er wird nicht so eifrig sein, weil er seine neue Macht nicht der Vergeltung wegen riskieren wollen wird. Vielleicht hängt er die Toten einem Rivalen an, das würde sich für ihn wahrscheinlich noch mehr auszahlen. Damit wären die Galemas sicher."

Budi dachte einige Minuten lang über dieses Konstrukt nach.

"Du hast ihm eine wirklich schlimme Mischung aus Angst und Macht vorgesetzt", resümierte er.

"Danke", erwiderte Kepler müde. "Hoffentlich ist Monti machtgierig."

"Das sind sie doch alle", erwiderte Budi, dann verfiel er in bedrücktes Schweigen. "War die Rache für David das Leben von Sahi wert?", murmelte er nach einer Weile zweifelnd. "War es das, Colonel?"

Kepler wusste, was Budi quälte. Dasselbe wie ihn. Einmal hatte eine Nonne zu ihm gesagt, dass Gott die Rache übernehmen würde. Er hatte geantwortet, dass er vielleicht ein Instrument dieser Vergeltung wäre. Bloß wenn dem nicht so war, dann hatte diesmal ein anderer für die fürchterlichen Konsequenzen seiner Tat sterben müssen. Budi konnte beteuern, was und so viel er wollte, aber den Tod eines Kameraden zu verschulden war grausam. Und auch wenn es nur ein dummer Zufall wegen des Aktenkoffers war, er und Budi hatten ein schreckliches Opfer auf dem Altar der Rache gebracht. Doch sie hatten Davids Mörder und die Mafiosi aus demselben Grund getötet, aus dem Sahi sein Leben gegeben hatte – um andere zu retten. Vielleicht so jemanden wie David. Und damit Thembeka weiterhin lachen konnte. Kepler hoffte dennoch, nie wieder von den anderen zu hören, es sei denn, in der Zeitung zu lesen, dass die Galemas die Armut und das AIDS besiegt hatten. Dafür hatten Sahi, Budi und er alles getan.

"Nein. Aber es hat eine Familie zusammengebracht", antwortete Kepler. "Und wir haben dafür gesorgt, dass Buyten niemanden mehr töten wird. Und vielleicht haben wir der Mafia eine ähnliche Lektion erteilt. Das ist Sahis Leben nicht wert, aber irgendetwas ist es wert." Er schluckte. "Sahi ist gestorben, um uns beide zu beschützen. Das war es ihm wert gewesen."

Er drückte Budi kurz die Schulter. Der Sudanese nickte knapp, dann blickte er wieder auf die Straße. Kepler lehnte sich im Sitz zurück.

"Okay, Colonel", hörte er Budi leise sagen, als er die Augen schloss.

30. Überall um Johannesburg herum gab es kleine und größere Seen. Einige von ihnen lagen abseits von Straßen und Siedlungen. In einem solchen Gewässer wollten Kepler und Budi die Berettas entsorgen. Sie zerlegten sie und wischten sie und die Magazine gründlich ab, bevor sie sie ins Wasser warfen. Außer den Waffen der Mafiosi hatten sie noch den Laptop von Roberto. Angeblich konnte ihre Spur nur darauf gefunden werden.

"Colonel, warte mal", rief Budi plötzlich, als Kepler die Festplatte ausbauen wollte. "Die Daten in diesem Laptop sind für die Polizei bestimmt interessant."

"Vielleicht. Soweit habe ich nicht nachgesehen", antwortete Kepler.

"Ist garantiert so", meinte Budi. "Hast du unsere Daten gelöscht?"

"Ja, aber ich will es auch mechanisch machen", gab Kepler zurück. "Elektronisch kann man einiges wiederherstellen."

"Hm." Budi grübelte kurz nach. "Und wenn wir die Daten kopieren?"

"Und wenn sie einem korrupten Polizisten in die Hände fallen?"

"Wir geben sie Benjamin", erwiderte Budi. "Der kennt bestimmt jemand, der damit das Richtige anfängt." Er sah Kepler bittend an. "Komm schon, kostet doch nur ein paar Minuten, ein bisschen Sprit und zweihundert Rand für eine Festplatte. Lass es uns machen. Das wird Monti zusätzlich unter Druck setzen."

Kepler verspürte denselben Drang, Sahis Tod mehr Sinn zu verleihen.

"Hast recht, Budi", sagte er. "Fahren wir."

In Midrand besorgten sie in einem Laden eine externe Festplatte mit einem ein Terabyte großen Speicher. Der Akku des Laptops war noch fast voll und Kepler kopierte die Daten, während Budi den Wagen durch den dichten abendlichen Verkehr von Johannesburg steuerte. Sie mussten trotzdem noch eine halbe Stunde im Wagen sitzen bleiben, nachdem sie ihr Ziel erreicht hatten, damit der Kopiervorgang vollständig abgeschlossen werden konnte. Danach baute Kepler die Laptop-Festplatte aus und demolierte sie. Budi entsorgte solange den Rechner in Einzelteilen in den Mülltonen in der Umgebung.

*****

Wegen der Datensicherung kamen Kepler und Budi eine halbe Stunde zu spät zur Verabredung mit Smith. Das Restaurant, das der Waffenhändler als Treffpunkt bestimmt hatte, war ein italienisches Lokal. Kepler sah Budi amüsiert an und zuckte die Schultern. Der Sudanese grinste nur schief zurück.

Der Oberkellner war ein schmächtiger ruheloser Mann mit stark gegelten Haaren und einem fröhlichen Lächeln auf den Lippen. Er führte Kepler und Budi zu einem Separee, nahm freudig die Getränkewünsche entgegen und entschwand.

Smith grämte sich nicht wegen der Verspätung, aber damit erschöpfte sich seine Höflichkeit schon, er hatte allein zu essen angefangen. Mit einem von der Größe her nicht zu verachtendem Tuch um den Hals, um seinen blütenweißen Anzug nicht zu bekleckern, verdrückte er eine riesige Portion Spaghetti mit einer nicht minder großen Portion Soße.

"Auch was?", erkundigte er sich mit vollem Mund. Kepler und Budi verneinten. Smith lud sie mit einer Handbewegung ein, Platz zu nehmen, und schob sich den nächsten Knäuel auf die Gabel aufgewickelter Nudeln in den Mund. Er schien einen mörderischen Hunger zu haben, und arbeitete sich mit erstaunlicher Geschwindigkeit durch die Spaghetti durch. Nachdem er sie vertilgt hatte, entfernte er das riesige Lätzchen und seufzte zufrieden. "So." Er lächelte geradezu selig. "Und nun – was kann ich für Sie tun?"

"Budi und ich brauchen neue Identitäten", antwortete Kepler ohne jegliche Vorrede. "Können Sie uns welche besorgen? Nicht nur Pässe – Identitäten."

"Wenn die Bezahlung stimmt, besorge ich Ihnen alles", behauptete Smith.

"Ich bezahle das, was Sie fordern", entgegnete Kepler und sah dem Waffenhändler in die Augen. "Mister Smith, Sie müssen garantieren, dass die Identitäten nicht zu den Galemas führen können. Garantieren Sie das?"

"Ja", antwortete der Waffenhändler völlig entspannt. Er holte ein Notizbuch aus der Tasche und sah Kepler an. "Es hinterlässt keine Spuren, man kann es gründlicher vernichten als elektronische Aufzeichnungen", erklärte er anscheinend aus Gewohnheit, "und es ist nicht zurück zu verfolgen." Er hob den Bleistift an. "Dann zum Geschäft. Wie wollen Sie heißen, Mr. Nobody?"

"Ich habe mal Joe geheißen", überlegte Kepler. "Und als Nachname... Luger."

"Sie sind wer Sie sind." Smith lächelte knapp. "Ich dachte, Sie wollten nicht auffallen, und Sie wählen den Namen eines deutschen Waffeningenieurs, der die meistverbreitete Pistolenpatrone entwickelt hat?"

"Luger war Österreicher", berichtigte Kepler.

"Er hat aber in Berlin gearbeitet", gab Smith sofort zu bedenken.

"Nicht jeder hat Ihr akademisches Wissen", lobte Kepler. "Also – Joe Luger."

"Okay." Smith zuckte die Schultern und wandte sich an Budi. "Und Sie, mein Herr, welcher Name schwebt Ihnen vor? Ernesto Kalaschnikow oder so?"

Der Sudanese hatte dem letzten Teil der Unterhaltung grinsend zugehört. Jetzt wurde sein Grinsen noch breiter und er rieb sich die Hände.

"Ne. Wenn ich es mir aussuchen darf – Hoca N. Aburni", sagte er strahlend.

"Das erklär mal", bat Kepler.

So erfreut wie Budi grinste, hatte er nicht einen Buchstaben zufällig gewählt.

"Aburni war ein König von Nobatia", begann er. "Das war ein Königreich im nachchristlichen Nubien, zu dem ein Teil des Gebiets des modernen Sudans gehört. Aburni hatte wirklich existiert, und wahrscheinlich war er es, der das Reich der Blemmyer, der ewigen Feinde Nobatias, endgültig besiegt hatte." Seine Augen glitzerten. "Der Rest steht für *Hoca Nasreddin*. Das war ein fuchsiger Held zahlreicher Geschichten aus dem Orient, zu dem heute der arabische Norden des Sudans gezählt wird. Über ihn gibt es viele Geschichten. In einer hatte er einem Bettler geholfen, dem ein Wirt das letzte Geld abnehmen wollte. Der Bettler hatte eigenes Brot über dem Feuer des Wirts geröstet. Der meinte, mit dem Geruch des bratenden Hammels sei das Brot doppelt so schmackhaft, und wollte dafür Geld haben. Nasreddin nahm dem Bettler dessen letzte beiden Kupfermünzen ab und schüttelte das Geld in der Faust neben dem Ohr des Wirtes, anschließend gab er die Münzen dem Bettler zurück. Dem aufgebrachten Wirt erklärte Nasreddin, dass er und der Bettler quitt seien. Der Bettler hätte gerochen, wie sein Hammel duftet, und er habe gehört, wie das Geld des Mannes klingt."

Budi hatte in seinem neuen Namen geschickt seine schwarzafrikanischen und arabischen Wurzeln verknüpft. Und wie der orientalische Volksheld, hatte er auch schon immer vermocht, hinter das Offensichtliche zu blicken.

Smith hatte indessen nachgedacht und dabei in seinem Notizbuch geblättert.

"Ab wann wollen Sie anders heißen?", erkundigte er sich.

"Seit vorgestern", antwortete Kepler.

"Das schaffe ich nicht", sagte Smith ehrlich und bestimmt.

"Wie lange wird es dauern?", wollte Kepler wissen.

"Eigentlich zwei Wochen", meinte Smith betreten. "Aber gerade dann muss ich geschäftlich nach Brasilien, deswegen werden es zehn Tage mehr."

"Wären die Pässe bis dahin fertig?", fragte Kepler nach kurzem Nachdenken.

"Wenn Sie in Spendierlaune sind", antwortete Smith vorsichtig.

"Ich habe im Lotto gewonnen", behauptete Kepler unverblümt. "Dann treffen wir uns in Brasilien. Passt mir sogar besser. Sehen Sie nur zu, dass in den Pässen die richtigen Einreisestempel drin sind."

"Klar", entgegnete der Waffenhändler fast beleidigt. "Dann brauche ich noch die Konten für die Kreditkarten Ihren neuen Identitäten."

Kepler und Budi nannten ihm ihre Nummern.

"Na wenn das so simpel war, brauche ich für das Leben danach etwas Lapua-Magnum-Match-Munition", sagte Kepler dann erleichtert. "Eine Kiste vorerst."

"Ich dachte schon, Sie wären krank", kommentierte Smith. "Sonst noch was?"

"Zwei unregistrierte Glocks", sagte Budi sofort. "Und zwei Schalldämpfer."

"Planen Sie etwas?", interessierte sich Smith beiläufig.

"Nein, wir wollen nur auf Eventualitäten vorbereitet sein", antwortete Kepler.

"Ah. Eine Kiste Paramunition", schätzte Smith, "und jeweils zehn Magazine?"

"Je sechs Ersatzmagazine", korrigierte Budi. "Und zwei Kisten. Unterschall."

"Okay." Smith sah geschäftig drein. "Weitere spezifische Wünsche?"

"In der Tat", bestätigte Kepler. "Wir wollen unsere Fingerabdrücke loswerden, die sind inzwischen zu bekannt."

"Sie werden zufrieden sein", versprach Smith.

"Davon gehe ich aus."

Smith riss aus seinem Büchlein einen Zettel heraus und reichte ihn Kepler.

"Wenn Sie das hier zu zahlen imstande sind, dürfen Sie davon ausgehen."

Kepler warf einen Blick auf die Zahl.

"Sind aber einige Nullen", meinte er.

"Die Identitäten sollen ja gut werden", gab Smith zurück.

"Richtig. Wie wollen Sie es haben?"

Smith schrieb wieder, riss den zweiten Zettel heraus und gab ihn Kepler.

"Das Geld muss bis morgen vierzehn Uhr auf diesem Konto eingegangen sein", verlangte er. Dann zogen sich seine Lippen verhalten amüsiert auseinander. "Aber da es eine enorme Bestellung war, bekommen Sie von mir hundert Dollar Rabatt." Er wurde wieder ernst. "Wir treffen uns morgen um dieselbe Zeit hier. Ihre Getränke gehen auf mich."

31. Kepler und Budi trafen Benjamin um vier Uhr am Morgen bei einem Blumengroßhändler in Centurion, einem Städtchen, das zwischen Johannesburg und Pretoria lag.

Viel Zeit hatte der Minister nicht. Während einer seiner Bodyguards einen Blumenstrauß kaufte, richtete er Kepler und Budi den Dank und die Grüße von Mauto aus. Er war sich sicher, dass Smith die richtige Qualität liefern würde, die siebenhunderttausend Dollar, die er für seine Dienste haben wollte, fand er dennoch unanständig. Dann meinte er, es würde Gründe dafür geben, und stellte einen Scheck über die Summe aus. Er schien sich unbehaglich zu fühlen, und Budi sagte ihm, er und Mauto brauchten sich wegen Sahi nicht schuldig zu fühlen, niemand hatte die Sache mit dem Aktenkoffer voraussehen können.

Kepler war nicht dieser Meinung. Er hätte sich Gedanken darum machen müssen. Er sagte es aber nicht laut, um es Benjamin leichter zu machen.

Der wirkte sichtlich erleichtert, verabschiedete sich dennoch zügig. Die Festplatte nahm er mit und versprach, sie direkt an Grady weiterzuleiten.

*****

Gegen Mittag war der Geldtransfer erledigt. Auch bei der South African Reserve Bank holte der Angestellte den Filialleiter, aber Kepler und Budi brauchten sich nicht auszuweisen. Nach zehn Minuten wurde ihnen die Einzahlung auf das gewünschte Konto bestätigt.

Danach hockten sie in einem mittelmäßigen Hotel am Stadtrand und sahen fern. Bis dahin wurde in den Nachrichten nichts über die Vorfälle auf der Ranch der Galemas berichtet.

Am Abend fuhren sie mit dem Bus zur Verabredung mit Smith. Der wartete diesmal nicht kauend, sondern ging angespannt im Separee auf und ab. Als der Oberkellner Kepler und Budi zu ihm brachte, entfuhr dem Waffenhändler ein erleichterter Seufzer.

"Setzen Sie sich", befahl er und nahm selbst auch Platz, allerdings auf der Kante des Stuhls. "Das Geld ist da, die Sache läuft", sagte er schnell und sah sie eindringlich an. "Sie beide müssen die Stadt sofort und unauffällig verlassen."

"Das können wir, wir haben ein Flugzeug gechartert und es steht uns noch zwei Tage lang zur Verfügung", erwiderte Kepler. "Aber warum?"

"Weil Marcello Melandri heute einen Gerichtstermin hatte", gab der Waffenhändler zurück. "Sollte die Polizei nicht an einen Herzinfarkt glauben, wird man einige Nachforschungen anstellen. Die Folgen können Sie nachvollziehen."

"Ja", bestätigte Kepler. "Und woher wissen Sie, dass wir das können?"

"Sehe ich wie ein Blumenhändler aus?", gab Smith beißend zurück.

"Zumindest reden Sie nicht wie einer."

"Danke. Verschwinden Sie sofort aus Joburg und kommen Sie niemals als Sie selbst wieder her", empfahl Smith im Ton einer unmissverständlichen Anweisung. "Sonst brauche ich nicht zu liefern."

"Okay", erwiderte Kepler alarmiert und wollte sich erheben.

"Moment noch", hielt Smith ihn zurück. Ein wenig entspannter langte der Waffenhändler in die Tüte aus festem Papier, die neben seinem Stuhl stand. Er holte aus ihr zwei kleine Medizingläser, in deren Verschlüsse Pipetten eingearbeitet waren. Smith gab Kepler und Budi je ein Glas, griff nochmal in die Tüte und holte eine Verpackung heraus. Er legte sie auf den Tisch und schob sie Kepler zu, danach sah er ihn und Budi an. Sie blickten wohl ziemlich unverständig und Smith grinste schief. "In den Gläschen ist Säure, damit können Sie Ihre Fingerabdrücke wegätzen. Machen Sie es so, dass nach dem Abheilen viele kleine Narben bleiben. Die werden dann zwar andere Fingerabdrücke bilden, aber nicht mehr Ihre originalen." Er schwieg kurz. "Solange Sie die Finger präparieren, tragen Sie die Handschuhe aus dieser Packung."

Die war grau und ohne Aufdrücke. Kepler öffnete sie. Darin lagen mehrere Paar hauchdünner Handschuhe aus Latex. Kepler stülpte einen vorsichtig über. Er war absolut transparent, glänzte überhaupt nicht und war reißfest. Er lag so eng an, dass das Tastgefühl nahezu echt war. Kepler ballte die Hand zu Faust und öffnete sie wieder. Faltenfrei angezogen würde der Handschuh visuell nicht wahrnehmbar sein. Allerdings schwitzte Keplers Hand darin sofort.

"Das ist sehr gut, Mister Smith", sagte er dennoch anerkennend. "Danke."

"Sie sollten niemandem die Hand geben, dann merkt normalerweise keiner, dass Sie Handschuhe anhaben", riet der Waffenhändler. "Aber das dürfte Ihnen mit Ihrem Gemüt nicht schwerfallen", merkte er an. "Oh. Sie müssen noch Wundsalbe kaufen, habe ich ganz vergessen, Entschuldigung."

"Kein Problem", erwiderte Kepler. Er reichte Smith eine Zweihundertrandbanknote. "Der Bonus für die Fingerabdrücke. Abzüglich des Rabatts natürlich."

"Natürlich." Der Waffenhändler grinste und steckte seine Prämie, die zwanzig US-Dollar entsprach, ungerührt ein. "So, jetzt muss ich an Ihre alte Wirkungsstätte. Wir sehen uns in einigen Tagen in Rio." Er holte eine verpackte SIM aus der Tasche und reichte sie Kepler. "Prepaid. Ich nehme darüber Kontakt auf."

"Wo müssen Sie jetzt hin?", wollte Kepler wissen.

"Malakal", antwortete der Waffenhändler beiläufig.

Plötzlich überkam Kepler eine undefinierbare Sehnsucht.

"Alles Gute dort", wünschte er.

32. Bevor sie das Hotel verließen, rief Kepler bei SkyService an, und nachdem er und Budi den BMW abgegeben hatten, war die Falcon startbereit. Dreieinhalb Stunden nach dem Gespräch mit Smith landete sie in Durban.

Der Toyota stand immer noch bei SkyService neben dem Hangar. Budi stellte ihn auf dem normalen Langzeitparkplatz ab. Die provisorische Zulassung lief zwar bald ab, aber das würde auf dem vollen Parkplatz wahrscheinlich nicht auffallen. Kepler verstaute die Tasche mit der Erma in einem Schließfach.

Damit hörte es auf, einfach zu sein. Kepler hatte die Charteroption nicht rechtzeitig verlängert, darum konnten sie die Falcon nicht für den Flug nach Brasilien nutzen, SkyService hatte sie schon weitervermietet. Das machte das Ganze insofern komplizierter, weil alle Flüge von Durban nach Rio de Janeiro eine Zwischenlandung in Johannesburg beinhalteten.

Von Kapstadt aus gab es jedoch Verbindungen nach Rio mit nur einem Stopp in Paris oder in London. Der letzte Flug von Durban nach Kapstadt startete in siebzehn Minuten. Kepler und Budi rannten zum Schalter von 1time. Die erste Billigfluggesellschaft Südafrikas bot zwischen den wichtigsten Städten des Landes bis zu sieben Flüge täglich an. Die Angestellten von 1time hielten sich daran, was der Name der Fluggesellschaft implizierte, er war eine südafrikanische Redewendung, die *im Ernst* bedeutete. Kepler und Budi hatten kein Gepäck, darum startete die McDonnell Douglas MD-87 mit ihnen und ohne Verzögerung.

Zwei Stunden und vierzehn Minuten später wurden ihre beiden Triebwerke auf dem Cape Town International Airport schon wieder abgestellt.

*****

Dreißig Minuten später kauften Kepler und Budi am Schalter von Air France auf ihre richtigen Namen Flugtickets nach Rio de Janeiro.

Um nach Brasilien einreisen zu dürfen, benötigten südafrikanische Touristen kein Visum, und sie durften ohne jeden Passvermerk für neunzig Tage dort bleiben. Kepler und Budi überlegten laut, dass ihnen achtundachtzig Tage reichen würden, um Brasilien zu erkunden. Danach wollten sie weiter nach Belize. Dort durften sie einen Monat ohne Visum bleiben. Von dort aus wollten sie auf die Bahamas fliegen. Dort durften sie drei Monate verweilen. Sie entschieden, dort zu überlegen, wohin sie danach wollten. Spätestens an diesem Punkt war der Angestellte der Fluggesellschaft, der ihnen bei ihren Überlegungen erstaunt zugehört hatte, vollends überzeugt, dass sie ziellos die Welt bereisen wollten. Bei den Kosten für die Flugtickets blieb ihm aber auch nichts anderes übrig.

Theoretisch könnten Kepler und Budi sofort ins Flugzeug steigen. Praktisch nicht, der Flug ging erst in zwei Tagen. Sie stiegen in ein Taxi.

*****

113

In Kapstadt kauften sie in mehreren Läden zwei Koffer und typisches Urlaubsgepäck, danach ein Prepaid-Handy und wechselten die SIM gegen die aus, die Smith ihnen gegeben hatte.

Danach quartierten sie sich im Cape Town Lodge Hotel im Zentrum der Stadt an der V&A-Küstenpromenade ein. Die Fenster der geräumigen Zimmer boten Ausblick auf die Stadt, und der Tafelberg, Robben Island, Kirstenbosh Gardens, Cape Point und andere Sehenswürdigkeiten lagen in unmittelbarer Nähe.

Diese Dinge stellten für Kepler und Budi keinen besonderen Wert dar, sie verbrachten den nächsten Tag im gut ausgestatteten Fitnessraum des Hotels.

Am Abend saßen sie auf dem Balkon und unterhielten sich. Kepler wollte im Detail wissen, was Budi und die anderen getan hatten, nachdem er aus Sudan geflüchtet war. Auf der Ranch hatten sie nie richtig Zeit dafür gefunden.

33. Die Boeings 777 und 737 waren beide zweistrahlig, aber in der Größe nicht vergleichbar. Die Spannweite einiger 777-Modelle war größer als die Länge mancher 737-Varianten und auch größer als die beim Flug der Gebrüder Wright zurückgelegte Strecke. Darüber hinaus war der Durchmesser eines 777-Triebwerks nur dreißig Zentimeter kleiner als die Breite des Innenraumes einer 737. Kepler und Budi fanden die Erste Klasse der TrippleSeven recht angenehm.

*****

Während der elf Stunden des Fluges nach Paris vermittelte Kepler Budi die Grundlagen der Kosmologie. Er hatte entschieden, dass sie sich zur Tarnung als Astronomen ausgeben würden. Wenn man als jemand anders unterwegs war, brauchte man unbedingt eine Hintergrundgeschichte. Und wenn es nur bei einem flüchtigen Gespräch war – sie musste natürlich und überzeugend wirken.

Es half auch, die Zeit zu verkürzen und an etwas anderes zu denken. Budi hörte interessiert und sehr aufmerksam zu, zumindest bis Kepler zur Quantenphysik kam. An dieser Stelle wurde Budis Blick ein wenig glasig. Kepler, dem das Ganze auch etwas obskur war, wechselte zu den Keplerschen Gesetzen über die Bewegungen der Himmelskörper. Das war simple Mathematik, das konnte er viel besser. Budi sah ihn erst misstrauisch an, als er den Namen hörte.

Die Zwischenlandung in Paris dauerte achtzehn Stunden. Die Lounge der Ersten Klasse bot einige Annehmlichkeiten, sodass Kepler und Budi sich ausschliefen. Danach widmeten sie sich wieder den Sternen.

114

Es ging in einer Boeing747 weiter. Wie seine Vorgängerin, die Boeing707, besaß auch der Jumbo Jet vier Triebwerke. Nur dass eines von seinen mehr Schub lieferte als alle vier der 707. Nachdem Kepler das zur Auflockerung verkündet hatte, trichterte er Budi ein, dass wenn man auf einem Neutronenstern etwas aus einem Meter Höhe fallen ließ, es eine Mikrosekunde später mit sieben Millionen Kilometern pro Stunde auf dem Boden aufschlagen würde.

*****

Die reine Flugzeit betrug zweiundzwanzig Stunden, aber insgesamt hatte die Reise fast vierzig Stunden gedauert. Als sie endlich in Rio ankamen, war Kepler vom Reden erledigt und Budi vom Zuhören.

Im Taxi, das sie vom Flughafen zum Hotel brachte, schliefen sie fast ein. Budi brachte melancholisch seine Verwunderung darüber zum Ausdruck, dass sie im Sudan tagelang durch den Dschungel gerannt waren – mit Marschgepäck – ohne so müde zu werden, wie nach diesen ein paar Stunden lumpigen Herumsitzens.

34. Das Casa Amarelo Hotel, in dem Kepler und Budi wohnten, lag im historischen, ins Grüne eingebetteten Stadtteil Santa Teresa. Es war ein ruhiges Viertel, das bevorzugt von Künstlern bewohnt wurde. Die Straßen hier waren klein, eng und gewunden, die Häuser hinter klapprigen Bronzezäunen alt und oft ziemlich schief. Wegen der unzähligen Bäume und Büsche roch es hier beinahe wie im Regenwald. Es sei denn, man befand sich in einer der vielen kleinen Kneipen, oder abends unweit der offenen Fenster der privaten Küchen, wo unentwegt mit Pfannen und Töpfen geklappert wurde. Dann nahmen Kepler und Budi solche Düfte wahr, die sie nicht einmal zu beschreiben imstande waren.

Tagsüber streiften sie durch Rio. Nach zwei Tagen bekamen sie ein Gefühl für die brasilianische Metropole und konnten sich halbwegs problemlos orientieren.

Sie beide fanden allerdings, dass es ihnen um einiges schwerer fiel, als im sudanesischen Dschungel. Das lag wohl daran, dass sie dort auf solche Dinge wie Minen und Geschosse hatten aufpassen müssen. Das konnte man nur mit sehr geschärften Sinnen überleben. Rio forderte die Wahrnehmung nicht minder stark heraus, aber mit völlig anderen Mitteln. Wunderschöne und knapp bekleidete Frauen in allen Regenbogenfarben ließen Kepler und Budi nicht nur staunen, sondern hin und wieder ihr eigentliches Vorhaben völlig vergessen.

Es war – aufzufallen. In der Stadt legten sie es darauf an, von Überwachungskameras gefilmt zu werden. In dem malerischen Viertel, wo sich ihr Hotel befand, versuchten sie penetrant, Menschen im Gedächtnis zu

115

bleiben. Abends belagerten sie übertrieben lange die Tische von zwei kleinen Lokalen und verteilten anschließend sehr großzügige Trinkgelder. Ihr Ziel war es, dass man sie später eindeutig anhand von Fotos identifizieren konnte. Es musste zweifelsfrei sicher sein, dass sie hier gewesen waren und sorglos viel Geld ausgegeben hatten.

Frauen kennenzulernen passte sehr gut in dieses Muster. Erfolg hatten sie damit aber erst, nachdem Kepler die Abfuhr seines Lebens kassiert hatte.

Sein Spanisch war nicht so gut wie sein Russisch oder Englisch, aber nicht schlecht. Und da sich Spanisch mit dem Portugiesisch ähnlich verhielt wie die skandinavischen Sprachen untereinander, hatte sich Kepler gute Chancen ausgerechnet, zu verstehen und verstanden zu werden. Aber schon die allererste hiesige Schönheit, die er ansprach, faltete ihn verbal zusammen. Kepler entnahm ihren recht empörten Ausführungen, dass wenn man nicht spanischer Muttersprachler war, man nicht auf Spanisch mit den Brasilianern zu sprechen versuchen solle, das würde hier als Ignoranz gelten. Damit endete die Belehrung und die Frau nahm Kepler nicht mehr wahr. Er dankte ihr dennoch. Sie sah ihn überrascht an. Anscheinend verstand sie jetzt, dass er sich nicht hatte aufspielen wollen. Dann lächelte sie ihn an, nicht mehr entrüstet, sondern aufmunternd, aber die Fremdenführerin wollte sie trotzdem nicht machen.

Nach diesem Desaster schlug Budi schief grinsend vor, nur Touristinnen anzusprechen. Kepler bescheinigte ihm verdattert, er wäre auf Zack.

Sie zogen weiter umher, lernten Rio kennen und hielten Ausschau nach offensichtlichen Touristinnen, die augenscheinlich ohne männliche Begleitung unterwegs waren. Budis Strategie und sein Lächeln erwiesen sich als voller Erfolg.

*****

Acht Tage später saßen Kepler und Budi abends wieder in einem kleinen Lokal unweit des Hotels, als das Prepaidhandy klingelte. Smith war so weit.

Sie trafen sich am nächsten Tag zum Mittagessen in einem gut besuchten Restaurant, in dem es allerdings keine Kameras gab. Es war sowohl bei Touristen als auch bei Einheimischen beliebt, weil es sich die Atmosphäre der guten alten Zeit bewahrt hatte. In dieser traditionsreichen Umgebung wirkte der Waffenhändler in seiner weißen Aufmachung, diesmal sogar samt einem Hut, mit Zigarre zwischen den Zähnen und Siegelringen auf den Fingern, ziemlich authentisch, als wenn er einem epischen Gangsterfilm aus den Siebzigern entstammen würde. Doch das war ganz genau so beabsichtig – es war keine Rolle, die Smith spielte, er hatte sich die Identität eines reichen Egozentrikers nicht nur übergestülpt, sondern lebte sie. Als eine junge Bedienung ihnen das Essen brachte, lächelte sie

116

den Waffenhändler sehr kokett an, bevor sie wieder ging, und er zwinkerte ihr gönnerhaft zu, während er ihr einen Schein zusteckte. Kepler war sich sicher, dass nicht einmal diese Frau ihn wiedererkennen würde, sollte sie ihm jemals unter anderen Umständen begegnen.

Smith hatte einen Tisch in einem Separee bekommen, und nachdem die Bedienung gegangen war, übergab er Kepler und Budi zwei Mäppchen. Darin befanden sich Pässe, südafrikanische und internationale Führerscheine, Karten für Girokonten und ein Stapel aus Geburtsurkunden, Versicherungspolicen und anderen Unterlagen, die das Leben eines modernen Menschen reflektierten. Danach reichte er jedem von ihnen einen Zettel.

"Ihre Legenden", erklärte er. "Lesen Sie."

Kepler vertiefte sich in seinen neuen Lebenslauf.

Smith hatte seinen Wunschnamen aus irgendwelchen Gründen in *Joseph* geändert. Aber *Joe* war die Kurzform davon, und Kepler akzeptierte es. Zumal er keine Wahl hatte. Er hieß jetzt also Joseph Luger, war genauso alt wie in Wirklichkeit, seit seiner Kindheit eine Waise, und gebürtiger deutschstämmiger Namibier. Seit dem Ende des Ersten Weltkrieges war Namibia keine deutsche Kolonie mehr, aber Deutsch war auch jetzt eine der Nationalsprachen in Namibia, das sollte Lugers Herkunft und Sprachkenntnisse erklären. Das war gut überlegt, so war es für Kepler einfach natürlicher. Dasselbe galt für den Verlust der Eltern. Und auch sonst wies die Legende viele Parallelen zu seinem Lebenslauf auf. Namibia hatte bis neunzehnhundertneunzig unter der Mandatsmacht Südafrikas gestanden, darum hatte Luger bei der südafrikanischen Armee gedient. Er war Scharfschütze gewesen und zwar beim 32-Bataljon. Die 1993 aufgelöste Antiaufstandseinheit der südafrikanischen Armee hatte auch gegen Sowjets und Kubaner in Angola und Namibia gekämpft. Informell wurde diese Elitetruppe *Büffelbataljon* genannt oder *Os Terriveis*, das bedeutete auf Portugiesisch *die Schrecklichen*. Mit vierzehn Honoris-Crux-Auszeichnungen für Tapferkeit im Kampf war das Bataljon die höchstdekorierte Einheit der südafrikanischen Armee. Viele ehemalige Angehörige des 32-Bataljon und der Koevoet, einer ähnlichen Einheit, arbeiteten bei Geheimdiensten.

"Okay?", fragte Smith, als Kepler kurz zu ihm aufsah.

"Sie haben für die siebenhunderttausend ganze Arbeit geleistet."

"Bei der kurzen Zeit – ja", stellte Smith klar. "Joe, als wen hätte ich Sie denn tarnen sollen, als Astrophysiker etwa? Wo Sie auf eine Meile, ach was – auf zwei – nach Soldat riechen?", erklärte er im Ton einer Binsenweisheit. "Sie wollten eine richtige neue Identität. Sie haben sie bekommen. Und das kostet."

"Schon gut", erwiderte Kepler. "Ich hatte es als Kompliment gemeint."

Während Smith blinzelte, tauschten er und Budi ihre Zettel und lasen weiter.

Budis Alter laut seiner Legende entsprach mit sechsundzwanzig Jahren auch seinem echten. Er stammte aus Soweto und hatte bei den Recces gedient, einer Spezialeinheit der South African National Defence Force.

"Verbrennen", befahl Smith, nachdem Kepler und Budi fertig waren. Budi zündete seinen Lebenslauf im Aschenbecher an. "Sie sind tief im System, die Identitäten sind so gut wie absolut echt", bekräftigte Smith indessen noch einmal. "Fallen Sie am besten trotzdem nicht auf."

"Wie geht das eigentlich – innerhalb so kurzer Zeit?", erkundigte sich Kepler.

"Äh", machte Smith unbehaglich. Dann entschied er, ehrlich zu sein, zumindest halbwegs. "Wissen Sie, Mister Luger, ich schufte auch ein bisschen für den Staat", begann er, "und kenne einige Leute. Einer davon schuldet Benjamin Galema viel, weil er mit dessen Hilfe auf seinen Posten kam. Eigentlich sind die beiden befreundet. Und da Sie und der arabische Volksheld da gute Freunde des Außenministers sind, kam das Ihnen zugute."

"Toll", schnaubte Kepler, "genau das wollte ich vermeiden." Er sah Smith schief an. "Ben hätte dieselben Pässe besorgt, oder?", vermutete er.

"Schon", gab der Waffenhändler freimütig zu. "Aber dann hätte ich nicht die Unsumme daran verdient."

"Das sei Ihnen gegönnt", sagte Kepler. "Und jetzt – wer ist Grady?"

"Der Direktor des MSS", gab Smith zurück.

"Das da heißt?"

"Ministry of Security and Safety. Aber ist der südafrikanische Geheimdienst für In- und Ausland", erklärte der Waffenhändler. "Das MSS hat vier Abteilungen. Die ersten drei sind für die Polizeiarbeit, für die Zusammenarbeit der Polizei mit der Legislative und für die Legislative selbst zuständig. Die vierte befasst sich mit anderen", er betonte das Wort, "exekutiven Operationen. Sie hat sehr viele Befugnisse. Inoffiziell nennt man sie – Gradys Gruselkabinett."

Kepler sah dem Waffenhändler in die Augen.

"Sie, Ben und Grady. Es gibt drei Menschen, die über uns Bescheid wissen."

"Eigentlich weiß nur Grady wirklich alles von Ihnen. Und nur er", behauptete Smith völlig ruhig trotz der Warnung. "Darum können Sie auch zurück nach Afrika", ergänzte er und deutete auffordernd auf den Aschenbecher. "Würden Sie jetzt bitte?" Schweigend sahen sie zu dritt zu, wie das Papier verbrannte. Nachdem sich der Rauch aufgelöst hatte, räusperte Smith sich. "Joe", begann er, "ich hatte Sie das schon einmal gefragt." Er musterte Kepler abwartend. "Also, wenn ich in Bezug auf eine Waffe mal einen Rat brauche, darf ich Sie dann diesbezüglich anrufen? Ich bezahle Sie selbstverständlich dafür."

Kepler überlegte nicht lange. Und hätte der Waffenhändler ihm jetzt einen Job angeboten, hätte er zugesagt. Weil Smith kompromisslos erschien, aber nicht völlig skrupellos. Kepler sah zu Budi. Der nickte leicht.

"Okay. Lohnt es sich, Waffen zu verkaufen?", fragte Kepler.

"Wenn ich es nicht tue, macht es ein anderer."

Smith hatte ruhig erwidert, aber sein Ton zeigte deutlich, dass er von der Frage genervt war. Trotzdem hatte Rechtfertigung in seinen Worten durchgeklungen.

"Ich meinte, ob es lukrativ ist?", hakte Kepler belustigt nach.

Der Waffenhändler runzelte unschlüssig die Stirn.

"Ist es", antwortete er dann etwas verwirrt. "Also?", wollte er wissen und lächelte. "Meine Prämien sind besser als Ihre, Mister Luger."

"In Ordnung, Mister Smith." Kepler reichte ihm die Hand. "Sollen wir das Prepaid-Handy behalten, oder wie stellen Sie sich das vor?"

"Ja, genau", gab Smith fröhlich zurück. "Machen Sie es einmal die Woche an."

Bevor Kepler noch etwas fragte, blickte er zur Seite. Aber vielleicht nur, um nach seinem Hut zu greifen. Er nahm ihn, verabschiedete sich höflich und ging.

*****

Kepler und Budi fuhren mit einem Taxi zum Flughafen und kauften Tickets nach Durban für den nächsten Abend mit der TAM. Die Reise würde knapp zwanzig Stunden dauern, inklusive zweier Zwischenlandungen. Es gab Flüge, die früher starteten, die dauerten aber allesamt länger, und weder Kepler noch Budi hatten Lust, mehr Zeit als nötig in der vollen Aluminiumröhre eines Großraumflugzeuges zu verbringen. Zumal sie nun unter den Namen fliegen würden, die in ihren neuen Pässen standen. Sie tarnten sich als Wissenschaftler, und die hatten selten die zehntausend Euro für einen Platz in der First Class.

*****

Jetzt hatten Kepler und Budi noch dreißig Stunden, um sich am Zuckerhut zu entspannen, bevor ihr neues, völlig unbekanntes, Leben begann. Dazu ließen sie sich, nachdem sie den Flug bezahlt hatten, nach Copacabana bringen.

35. Das bekannteste Stadtviertel von Rio hatte die höchste Bevölkerungsdichte der Stadt und den berühmten, vier Kilometer langen halbmondförmigen Sandstrand direkt am Atlantik. Auf seiner anderen Seite erhoben sich Granitfelsen.

Die erhabene Weite des großen uralten Ozeans, der in unzähligen Farben glitzerte, von denen man keine einzige im Gedächtnis behalten konnte, stand in stechendem Kontrast zu dem, was Menschen in nur wenigen Jahrhunderten zustande gebracht hatten. Da waren einerseits Hotels, Restaurants und Bürotürme, manche prachtvoll, andere kitschig, ein paar sogar fast schon wunderschön. Andererseits die hässlichen zwölfstöckigen Wohnblocks und weder malerisch noch romantisch wirkenden Favelas der ganz Armen, die die Felsen bedeckten.

Unberührt davon übte das Vergnügungsviertel eine magische, in Bildern, Büchern und Filmen gepriesene Anziehungskraft aus, und lockte mit seinen sechs Dutzend Hotels scharenweise Touristen an, die die Magie und die Exotik der brasilianischen Lebensart spüren wollten.

Dieses Prickeln war tatsächlich wahrnehmbar – wenn man die negativen Seiten ausblendete und sich dem Zauber des poetischen Namens der Promenade Princesinha do Mar, der kleinen Meeresprinzessin, hingab. Und dazu am besten nur die vielen Frauen anschaute, deren Schönheit den Glanz der Sonne auf dem türkisen Wasser verblassen ließ.

Kepler und Budi machten es sich im weißen Sand bequem und betrachteten die Umgebung. Dieses märchenhafte Fleckchen Erde war nicht nur verführerisch, sondern auch gefährlich. Es gab hier viele Utes – Jugendbanden, die sich auf das Ausrauben von Touristen spezialisiert hatten. Kepler und Budi sahen nicht unbedingt wie typische Touristen aus, aber man konnte hundert Meter gegen den Wind riechen, dass sie keine Einheimischen waren. Aus diesem Grund zeigten sie nicht offen, dass sie Geld dabeihatten, und sie schwammen immer einzeln.

*****

Am frühen Abend überquerten Kepler und Budi die acht Fahrstreifen der Avenida Atlantica und suchten nach einem Restaurant. Sie hatten seit Stunden nur Terere getrunken. Der Sud des Matetees mit rauchig-erdigem Aroma, der süßsäuerlich nach verwelktem Blatt schmeckte und darum mit Fruchtlimonade gemischt war, wurde am Strand von einem Mann verkauft, der zwei riesige Kanister auf seinen Schultern schleppte und eine feste lokale Größe zu sein schien.

Plötzlich zog Budi Kepler unter den als Sonnenschutz aufgespannten Baldachin neben einem Restaurant. Dort zeigte er mit den Augen auf einen Tisch, an dem vier Touristinnen saßen. Still bewunderte Kepler seinen Soldaten. Budi war sogar schwer auf Zack, das Lokal sah gut aus, die Frauen sprachen Deutsch und es gab keine freien Tische.

Budis Gesichtsausdruck zeigte deutlich, dass er seinen Teil der Aufgabe erledigt hatte, und dass Kommandeure als erste in die Schlacht gingen. Kepler zwängte sich zu dem Tisch der Frauen durch.

"Entschuldigung, die Damen." Die deutschen Worte kamen Kepler mit einem sonderbaren Gefühl von den Lippen, mittlerweile träumte er sogar auf Afrikaans, und manchmal wieder auf Arabisch. Die Frauen brachen ihre Unterhaltung ab und sahen ihn reserviert an. "Mein Kollege da", Kepler zeigte auf den nunmehr sehr betont scheu lächelnden Budi, "würde sich gern mit euch unterhalten. Er lernt nämlich Deutsch." Zwei Frauen schmunzelten, eine wirkte zweifelnd, die vierte leicht abgeneigt. "Das ist zwar nur ein Vorwand", räumte Kepler daraufhin schnell ein, "aber es gibt keinen freien Tisch und wir sind am Verhungern. Wir laden euch natürlich ein", bot er an und lächelte gewinnend.

Die vier Frauen sahen sich daraufhin amüsiert an, nickten einander zu und begannen belustigt, zusammenzurücken. Kepler winkte Budi, während ein aufmerksamer Kellner schon vorsichtig zwei Stühle zum Tisch schleppte. Kepler und Budi nahmen Platz. Sogleich bedankte sich der Sudanese bei den Frauen für die Freundlichkeit, und zwar auf Deutsch und recht blumig.

"Es stimmt ja tatsächlich", sagte eine Frau überrascht.

"Natürlich", erwiderte Kepler übertrieben gekränkt.

"Entschuldigung", bat die Frau. "Ich dachte wirklich, es ist eine Anmache."

"War es auch. Eine ehrliche", stellte Kepler klar.

"Mein Freund würde nie lügen", erzählte Budi die Unwahrheit über ihn.

"Habt ihr schon bestellt?", erkundigte sich Kepler daraufhin schnell.

"Vor einer halben Stunde", antwortete eine Frau.

"Fisch?", riet Kepler. Ihre Gastgeberinnen nickten. "Wollen wir auch Fisch, Budi?", fragte er aus Gewohnheit auf Arabisch.

"Welche Sprache war das?", erkundigte sich eine der Frauen interessiert.

"Arabisch", erwiderte Budi an Keplers statt. "Ich stamme aus Sudan."

Kepler winkte dem Kellner. Als der kam, bestellte er für sich und Budi das gleiche Gericht, was die Frauen bestellt hatten. Anschließend bat er um Bier, und was die Damen wollten. Nachdem der Kellner gegangen war, stellten sich Kepler und Budi und die Frauen einander vor.

Budi war sogar ganz schwer auf Zack, korrigierte Kepler seine vorigen Feststellungen. Langsam, mit Fehlern, aber sehr bemüht, tischte Budi den Frauen gerade auf, Kepler und er seien Astronomen, würden am Very Large Telescope in Chile arbeiten, wären hier auf Urlaub und es sei ihr letzter Tag. Und diese Begegnung sei ein Geschenk, denn so würden sie beide, und er persönlich ganz besonders, das Nützliche mit dem Schönen verbinden. Dabei lächelte er so strahlend, dass die Frauen hingerissen waren. Auf die Frage einer von ihnen, was sie denn so alles erforschten, fragte Budi zuerst nach, wie viel die Damen von Astronomie verstehen würden, er wollte sichergehen, dass die Frauen kein Fachwissen hatten. Sie lachten, und eine antwortete für alle, dass sie vom Kosmos gar nichts wussten. Daraufhin behauptete Budi, Keplers und sein Fachgebiet wären die Schwarzen Löcher. Seine anschließende Tirade über die Materiefresser war dermaßen farbig und voller unmöglicher Vergleiche, und dabei grundsätzlich korrekt, dass die Frauen ihm mit Sicherheit sämtliche Bildbände mit Aufnahmen des Hubble-Teleskops abgekauft hätten, hätte er welche dabei gehabt. Die Frauen waren fasziniert von Budi und vom Kosmos, und sogar Kepler hörte Budi gebannt zu, obwohl er selbst dieses gesamte Wissen erst kürzlich in seinen Kopf eingepflanzt hatte. Der Sudanese benutze beim Erzählen in Ermangelung deutscher Adjektive immer wieder englische Ausdrücke und gefühlvolle Gesten, aber das machte seinen Vortrag nur authentischer.

Beim Essen fragte Budi die Frauen darüber aus, wer sie waren und was sie taten. Kepler machte sich nur bemerkbar, wenn er einen Ausdruck übersetzte, bei dem Budi Schwierigkeiten hatte. Schließlich, als sich die Frauen erneut mehr für den exotischen Wissenschaftler interessierten, als für ihre eigenen Geschichten, fragte eine, wie Budi dazu gekommen war, Deutsch zu lernen.

"Mein Chef ist so deutsch, dass er mich vor Jahren damit angesteckt hat", antwortete der Sudanese. "Seitdem bringt er es mir bei."

Die Frauen blickten interessiert zu Kepler. Budi zwinkerte ihm grinsend zu.

"Wie viele Sprachen sprichst du?", wollte eine der Frauen wissen.

Ihr Name war Nicole.

"Mehrere", antwortete Kepler. "Ohne angeben zu wollen."

"Welche?" Kepler zählte auf. Nicole sah ihn prüfend an und wechselte ins Italienische. "Wie kommt man dazu, so viele Sprachen zu lernen?"

Kepler grinste sie an.

"Es gibt Astronomen in der ganzen Welt. Und die weiblichen sind ganz entzückt, wenn man ihnen die Komplimente in ihrer Muttersprache macht."

"Und das macht sich bezahlt?", wollte sie wissen.

"Na klar. Sieh dir meinen Kollegen und deine Freundinnen an.... Äh, können die auch Italienisch?", fragte Kepler verspätet.

Nicole lächelte beruhigend.

"Entspann dich wieder, sie verstehen uns nicht. Macht ihr das öfter?"

"Premiere heute", antwortete Kepler wahrheitsgemäß.

"Und was erwartet ihr?", fragte Nicole. "Du persönlich?", präzisierte sie.

"Nette Gesellschaft."

"Das hätten wir", behauptete Nicole auffordernd.

"Ich habe keine Erwartungen", sagte Kepler wahrheitsgemäß. "Ich mache mir Hoffnungen", ergänzte er und deutete auf Budi. "Er sich auch."

Der vorhin leere Platz unter dem Baldachin war mittlerweile mit Tanzenden angefüllt, die sich zu mitreißenden Sambarhythmen zweier Musiker bewegten.

Budi stand auf und reichte einer Frau galant die Hand. Sie gingen auf die Tanzfläche. Eine Minute später folgten die beiden anderen ihnen.

Kepler und Nicole blieben zurück. Sie unterhielten sich, wieder auf Deutsch, über das atemberaubende Panorama des nächtlichen, hell erleuchteten Rio um sie herum. Der Verkehr auf der Avenida Atlantica war weniger geworden, je später es wurde, und man konnte die Brandung des Atlantiks hören.

Die warme Nacht, Rios Geräuschkulisse, die salzige Luft und die schöne Frau neben ihm versetzten Kepler in eine gelöste Stimmung. Er hörte Nicoles warme, kehlige Stimme und genoss die Unwirklichkeit des Augenblicks. Das Lächeln der jungen Frau und ihre ganze Erscheinung wirkten wie ein Märchen aus einer anderen Welt, zu der für ihn der Zutritt schon lange versperrt war.

Er musste die Verträumtheit abschütteln, als er merkte, dass Nicole ihn ansah.

"Entschuldige", bat er. "Was ist?"

"Ob du tanzen willst?", fragte sie amüsiert, aber auch geschmeichelt.

Sie gingen zur Tanzfläche. Nicole lächelte, als Kepler seine Hände auf ihre Taille legte und sie zu sich zog. Die Musik und Nikols warmer Körper in seinen Händen, der Tanz an sich und die Würze einer Verheißung, die plötzlich in der Luft war, versetzten Kepler noch mehr in die Unwirklichkeit.

*****

Eine Stunde später war das Lokal so brechend voll, dass man schreien musste, um sich zu unterhalten. Geistesgegenwärtig schlug Budi vor, dem lauten Treiben zu entfliehen und die brasilianische Nacht auf der Terrasse seines Hotels zu Ende auszukosten. Seine Beschreibung des Ausblicks auf den Atlantik, den Zuckerhut und die Stadt hätte das Hotelmanagement bestimmt sofort in seine Werbung übernommen, würde es sie je hören.

Obwohl die Frauen nicht müde schienen, auf Disco hatten sie danach keine Lust mehr. Kepler winkte den Kellner herbei, beglich die Rechnung und bat ihn, ihnen ein Taxi zu besorgen. Angesichts des Trinkgeldes erfüllte der Kellner diese Bitte umgehend, kaum fünf Minuten später geleitete er Kepler, Budi und die vier Frauen zu einem Minibus. Er wünschte allseits eine gute Nacht und brachte seine Hoffnung zum Ausdruck, die werten Gäste bald wieder bewirten zu dürfen. Kepler steckte ihm noch ein paar Real zu, danach fuhren sie los.

Das Hotel erfüllte die Erwartungen der Frauen, es bestand aus mehreren Gebäuden inklusive eines Spitztürmchens und glich einem kleinen Schloss. Es war Anfang des zwanzigsten Jahrhunderts erbaut worden, und am Design hatte sich eindeutig ein Franzose ausgetobt, dennoch hatte es Charme und Eleganz. Es hatte nur fünf Zimmer, aber jedes war individuell gestaltet und hatte einen eigenen Namen, nach dem Stoff der Ausstattung. Die Zimmer waren groß, die von Budi und Kepler maßen jeweils mehr als dreißig Quadratmeter. Sie hatten Holzböden, sehr hohe Decken und riesige Fenster, durch die am Tage viel Licht einfiel.

Beim Ausblick hatte Budi maßlos übertrieben, vom Ozean sah man so gut wie überhaupt nichts. Rio bot sich dagegen als ein beeindruckendes Bild dar. Budis Schwindelei wurde von der Atmosphäre auf der Terrasse entschädigt, wohin der Sudanese eine Flasche Wein und kaltes Bier bringen ließ.

Später gingen Kepler und Nicole in den hoteleigenen tropischen Garten. Die Vegetation war üppig und die Luft rein, sie schmeckte viel besser als der Alkohol. Kepler und Nicole gingen schweigend und langsam zwischen den Pflanzen und hörten das vereinzelte verschlafene Zwitschern der Singvögel irgendwo in den Zweigen. Die Bäume hielten das Licht der Stadt zurück, der von Sternen übersäte Himmel war prachtvoll. Nicole blieb stehen und hob den Kopf. Kepler tat es ihr gleich und seine Augen suchten im nächtlichen Himmel unwillkürlich den flackernden Sirius. Einige Momente lang stand er da, dann senkte er den Blick. Er sah, wie sich das Sternenlicht in Nicoles Augen spiegelte, und verdrängte den Sirius aus seinen Gedanken. Nicole sah ihn an. Er nahm ihre Hand und sie schlichen sich an der Terrasse vorbei in Keplers Zimmer. Es lag unter dem trapezförmigen Dach des Mittelhauses. Das arkadenförmige Fenster, das in den Garten hinausging, stand offen, und das Zimmer war mit den leisen Geräuschen von Rio, dem Duft und dem schwachen indirekten Schein der Nacht erfüllt. Kepler machte das Licht nicht an. Er zog Nicole zu sich. Sie legte ihre Hand an seinen Nacken. Er küsste sie und sie drückte sich an ihn. Er trug sie zum Bett und dort löste sich alles im kurzen Moment des Vergessens auf.

*****

Das zaudernde Licht des Morgens kündigte die unausweichliche Rückkehr in die Realität an. Kepler wollte es zwar nicht hinauszögern, weckte Nicole aber nicht. Er lag da und sah die weich schimmernde Haut ihres Gesichts an.

Irgendwann öffnete Nicole die Augen und blinzelte ihn an. Er lächelte sie an, aber ihre Erwiderung wirkte mechanisch. Sie rutschte vom Bett und zog dabei die Decke mit. Sie wickelte sich schnell darin ein. Ihr Blick streifte schnell über Kepler, dann sah sie ihm in die Augen.

124

"Es war ganz nett mit dir, aber die Nacht und dein Urlaub sind vorbei", sagte Nicole distanziert. "Akzeptiere das, ich würde dir nur ungern das Herz brechen."

Kepler nickte und setzte sich auf.

"Ich rufe dir ein Taxi", bot er an.

Nicole sah ihn erstaunt an. Ohne die nächste bissige Bemerkung zu machen, ging sie ins Bad. Kepler stand auf.

Zwanzig Minuten später hupte es, das Taxi war da. Nicole wollte nicht, dass Kepler sie begleitete. Er nickte und machte für sie die Tür des Zimmers auf.

"Alles Gute, Fremder", sagte Nicole zwar leichthin, aber etwas bemüht.

"Dir auch." Kepler stockte. "Und ich danke dir mehr als du denkst."

Nicole hielt inne und sah ihn an.

"Du hast niemanden, außer deinem Freund, oder?", fragte sie. Kepler schüttelte den Kopf. Nicoles Blick wurde weich. "Leb wohl, wer auch immer du bist."

Nachdem Nicole weg war, ging Kepler auf die Terrasse.

Während er Kaffee trank, verschwand in dem immer stärker werdenden Strahlen des neuen Tages der Zauber der letzten Nacht seiner bisherigen Existenz.

36. Eine halbe Stunde später tauchte Budi auf.

"Wie war's?", interessierte sich Kepler.

"Die deutschen Frauen sind die besten", wich der Sudanese strahlend aus.

Kepler lächelte auch, aber nur kurz, sie beide hatten nicht für eine Sekunde vergessen, weswegen sie hier waren. Sie gingen auf Keplers Zimmer. Dort holte er aus dem Koffer zwei Paar Handschuhe und gab eines davon Budi.

"Bereit, zwei weitere Existenzen auszulöschen?", erkundigte er sich.

"Ja", antwortete Budi leichthin. "Prellen wir das Hotel?"

"Müssen wir wohl."

Sie brauchten keine Minute, um aufzubrechen. Das Hotel konnte es bestimmt verkraften, aber Kepler ließ auf der Kommode einen größeren Betrag als das übliche Trinkgeld liegen, denn Zimmermädchen hatten es nirgendwo leicht.

*****

Kepler und Budi gingen zügig zur Guanabara-Bucht, an deren östlicher Seite Niteroi lag. Eine fünf Kilometer lange Brücke verband die Satellitenstadt mit Rio. Kepler und Budi fuhren mit einem Taxi zu dem nach einem UFO aussehenden Museu de Arte Contemporanea. Zeitgenössische

125

Kunst interessierte sie nicht, sie wollten sich nur von den Überwachungskameras dort filmen lassen.

Danach gingen sie in die Stadt. Hier gab es weniger videoüberwachte
Läden, und in solchen kauften sie verschiedene Kleidungsstücke. Sie
zahlten bar.

Zurück nach Rio nahmen sie die Fähre. Auf der Überfahrt zogen sie
sich um, danach gingen sie auf das Panoramadeck. Dort streute Budi unauffällig ihre zu winzigen Schnipseln zerrissenen Pässe in den Atlantik.
Damit waren ihre wahren südafrikanischen Identitäten vernichtet. Budi
hatte schon lange keinen sudanesischen Pass mehr, Keplers deutscher lag
im Koffer im Hotel.

In Rio wagten sich Kepler und Budi nicht in jene Gegenden, die von
Banden, welche sogar mit Kriegswaffen ausgerüstet waren, beherrscht
wurden. Aber bis in die Nähe von Favela Complexo da Maré trauten sie
sich hin. Dort entsorgten sie in mehreren Mülltonnen die harten Passum-
schläge und die alte Kleidung.

Danach gingen sie zum nächsten Bankautomaten. Budi lehnte sich gegen das Terminal und deckte dabei die Kamera mit einer Zeitung ab, während Kepler von ihren alten Kreditkarten alles abhob, was möglich war.
Auf dem Weiterweg warf er seine Karte in ein Blumenbeet. Budi entsorgte seine in einem Mülleimer.

Anschließend erwarben sie in verschiedenen Läden nach und nach zwei
Reisetaschen, Kleidung und Reiseutensilien, einfach, damit sie wieder
Gepäck besaßen. Sie zahlten wieder in bar.

Den letzten Abschnitt ihrer Reise zum internationalen Flughafen legten
sie in einem Taxi zurück. Sie passierten ohne Probleme die Kontrollen
und bestiegen eine kleine A320. In Sao Paolo mussten sie umsteigen und
flogen mit einer A340 der South African Airways weiter.

*****

Nachdem der Airbus seine Flughöhe erreicht hatte, gingen Kepler und
Budi nacheinander auf die Toilette, verätzten dort ihre Fingerkuppen und
zogen die unsichtbaren Handschuhe an. Die Wundsalbe hatten sie gekauft, an Schmerzmittel hatten sie nicht gedacht. Kepler konnte den
Schmerz halbwegs ertragen, Budi weniger gut. Er fragte eine Stewardess
nach Schmerzmittel. Zum Glück gab es an Bord das Tilidin. Damit konnte Budi die brennenden Finger ignorieren.

Schlafen konnte er jedoch nicht. Kepler ebensowenig. Auf diesem Flug
unterhielten sie sich aber nicht. Sie saßen nur da.

Irgendwann über dem Atlantik begannen die Erinnerungen an die Zeit
und die Erlebnisse in Rio zu verblassen.

126

In Johannesburg wurden Kepler und Budi mit ihren neuen Namen freundlich zu Hause willkommen geheißen. Einige Stunden später waren sie in Durban.

*****

Nachdem sie in Durban das Gebäude des Flughafens verlassen hatten, blieb Budi plötzlich stehen und reichte Kepler die Hand.

"Hoca Nasreddin Aburni", stellte er sich recht förmlich vor.

Kepler drückte seine Hand.

"Joseph Luger."

"Es freut mich, dich kennen zu lernen, Joe", sagte Budi leise auf Arabisch.

"Ich freue mich auch, Hoca", antwortete Kepler.

37. Kepler und Budi nahmen sich zwei Zimmer im preiswerten Parade Hotel unweit des Strandes von Durban. Danach stürzten sie sich sofort in die Einrichtung ihres neuen Lebens, um dessen noch hohlen Klang auszublenden.

*****

Die neuen Pässe und die Kreditkarten funktionierten problemlos, das hatten Kepler und Budi schon in Brasilien und auf der Rückreise festgestellt. So ging es auch weiter, Budi hatte keine Probleme, den RAV4 auf seinen Namen zuzulassen. Smith hatte wirklich tadellos gearbeitet.

Eine Überraschung erlebten Kepler und er, als sie in einer ABSA-Filiale ihre Konten überprüften – Mauto Galema hatte jedem den Lohn für fünfzig Jahre anstatt für zehn ausgezahlt. Mit diesem Geld waren sie nicht nur zu keinen nennenswerten Kompromissen gezwungen – sie hatten es damit einfach nur leicht.

Sie wollten ein Haus am Rand von Durban haben, das ihnen die gleichen Möglichkeiten bieten sollte wie die Ranch in Rooiels. Sie suchten einen Immobilienmakler auf und erteilten ihm den entsprechenden Auftrag.

Der Makler fand die entsprechende Immobilie innerhalb weniger Tage. In Berea, einem in hügeliger Landschaft gelegenen Stadtteil, kauften sie ein Haus mit zwei separaten, aber miteinander verbundenen Wohnungen an. Es lag abgeschieden in der Abzweigung einer Sackgasse, war alt, aber gut erhalten, hatte eine Terrasse und eine moderne Alarmanlage, eine auch in Durban grundlegende Ausstattung. Für Kepler und Budi waren der große Garten und die Abgeschiedenheit des Viertels entscheidend, hier hatten Sie genug Platz für das Kampftraining und gute Laufstrecken. Sie konnten gleich einziehen, und taten es. Die Kaufabwicklung überließen sie dem Makler.

*****

Ohne jemals darüber gesprochen zu haben, blieben Kepler und Budi zusammen. Nicht, weil sie eine erneute Bedrohung der Galemas befürchteten. Denn die Öffentlichkeit hatte Davids Tod längst vergessen, und laut Sunday Times, Südafrikas wichtigster Wochenzeitung, ermittelte die Polizei aufgrund neuer Beweise gegen die 'Ndrangheta und Glenn Agliotti, den bekanntesten südafrikanischen Mafioso, einen Drogenhändler und Mörder, der in die Korrumpierung der Wirtschaft und höchster Staatsebenen verstrickt war. Die Daten auf der Festplatte setzten Monti, der sich bestimmt bemühte, seine Position zu erhalten, also unter Druck. So schienen die Galemas auch in Zukunft sicher zu sein.

Es war etwas anderes, weswegen sich Kepler und Budi nicht trennten. Es war ihre gemeinsame Vergangenheit. Die Erinnerung war ständig bei ihnen, an Sahi und an all die anderen Toten, sie war da und starrte sie aus endlos leeren Augen in der dröhnenden Stille ihres nichtsnutzigen Daseins an, und sie verspürten nicht einmal mehr die Genugtuung, Menschen beschützt zu haben. Die bloße Tatsache, einfach weiter atmen zu können und frei zu sein, war vielleicht das größte Glück, das ihnen vergönnt sein konnte. Kepler und Budi mussten den Sinn finden, den sie noch – so hofften sie – in ihrem Leben hatten.

Ohne darüber gesprochen zu haben, war sich jeder von ihnen sicher, dass ihnen diese Suche, wenn überhaupt, dann nur gemeinsam gelingen würde.

*****

Die Zeit in Brasilien war wie Urlaub gewesen. Seit Kepler und Budi in Durban lebten, muteten die Tage wie ein unschlüssiges Schweben zwischen zwei Welten an. So wie Kepler damals in Bremen keine Ablenkung gefunden hatte, erging es ihm und Budi auch jetzt.

Es brachte gar nichts, gegen die eigene Natur anzukämpfen. Kepler und Budi brauchten eine ihrem Wesen entsprechende Beschäftigung. Ohne eine solche, und sei es nur zu Übungszwecken, kamen Soldaten in Friedenszeiten mit sich selbst nicht zurecht. Weder Kepler noch Budi sagten es laut, aber sie beide warteten sehnsüchtig auf einen Anruf von Smith.

Bis dahin trainierten sie in ihrem Garten und erkundeten die Stadt. Das erste stärkte sie innerlich, das zweite war so etwas wie eine Suche, wonach auch immer. Wie in Bremen strebte Keplers Scharfschützenwesen stetig nach Verbergung, und er streifte wie ein Schatten durch Durban. Aber diesmal empfand er beinahe so etwas wie Freude dabei. Einfach, weil Budi bei ihm war.

Nachts, wenn die Stadt noch anonymer, unverbindlicher und lockerer war, zogen Kepler und Budi durch die Bars und lernten Frauen kennen.

*****

128

Es waren gute Momente, wenn sie mit fröhlichen Touristinnen zusammen waren. Oder wenn sie in den verwinkelten Gassen eine winzige Werkstatt entdeckten, in der ein alter Bantu aus einem simplen, knorrigen Ast eine wunderschöne kleine Giraffe schnitzte.

Ansonsten fühlte sich ihr Leben fast gut an, und absolut sorgenfrei. Sie lebten es vor sich hin und redeten einander konsequenterweise mit ihren neuen Namen an. Sie hatten ihre wahren Identitäten aufgegeben und konnten nie wieder in ihr bisheriges Leben zurückkehren. Es war nur noch offen, ob ihre Vergangenheit nicht irgendwo auf sie lauerte.

V.

38. Nur wenige Dinge waren für Kepler so etwas wie ein Ort, an den er zurückkehren konnte, um wieder zu sich selbst zu finden. Es war seine Familie gewesen und die Kampfkunst, die Armee und sein Glaube an die Gerechtigkeit.

Doch jetzt hatte er keine Familie und war schon lange kein Soldat mehr, und der Gerechtigkeit hatte er auf Kosten anderer Geltung verschafft. Das Kung-Fu war wie ein Anker, aber es konnte ihm keine Kraft geben, nur ihn halten.

Die Kraft musste Kepler aus etwas anderem schöpfen. Es gab nur noch eines, das ihn beleben konnte. Es war nicht der Sex, zumindest nicht nur. Es war die unendliche Ehrfurcht, die Kepler vor dem Weiblichen empfand, weil es für ihn das absolut Schöne war, und er es mit allen Sinnen begehrte.

Er und Budi versuchten der Leere zu entgehen, indem sie sich in die Faszination stürzten, mit Frauen zu sprechen und sie zu berühren. Sie entwickelten sogar eine Strategie dafür. Es war stets Kepler, der die Frauen ansprach, Budi hatte immer noch Schwierigkeiten damit. Das war seltsam, denn sobald der Sudanese drei Sätze gesprochen hatte, faszinierte er die Frauen genauso, wie sie ihn.

Frauen kennenzulernen war spannend, es war sowohl anregend und auch erregend. Jeder brauchte etwas, um seine Geister wenigstens für einen Augenblick vergessen zu können. Alkohol oder Drogen hätte Kepler nie geduldet, und Sex hatte eine ähnliche Wirkung. Solange es ihm und Budi dabei nicht ausschließlich um das Körperliche ging, solange sie einer Frau nicht als einem reinen Lustobjekt begegneten, solange hatten sie eine Chance, menschlich zu blieben.

Die Freude weiblicher Gesellschaft half, nicht durchzudrehen, unabhängig davon, ob es nur bis zum Tisch eines Restaurants reichte oder bis zum Bett.

Aber auch Sex vermochte nicht, ihre innere Leere vollständig auszufüllen. Und die ließ Kepler und Budi nie vergessen, dass sie – außer für den Kampf – für alle anderen Aspekte des Lebens unnütz waren.

Sie konnten nichts anderes sein, als das, was sie waren. Und sie wollten nichts anderes sein, denn das hieße, sich selbst zu verraten.

Darum fuhren sie hin und wieder in die leeren Gegenden im Hinterland von Durban, um zu schießen. Und fast jeden Tag trainierten sie.

Um keine Monotonie aufkommen zu lassen, wechselten sie unregelmäßig die Art ihrer Beschäftigung, und Kepler begann, Budi die Kali-Messerkampftechnik beizubringen, die er beim KSK gelernt hatte. Wenn er seine Kampfsporterfahrung in seinen Stil mit eingebracht hatte, so band Budi arabische und afrikanische Elemente ein. So lernte auch Kepler etwas dazu. Für ihn war es wieder einmal so, als würde er für einen Fall trainieren, von dem er hoffte, dass er nie eintrat. Es war eigentlich genauso wie bei der Armee.

Eigentlich, denn der Fall trat irgendwann doch immer ein.

39. Innerhalb einer kurzen Zeit entwickelte Budi eine enorme Wissbegierde in Bezug auf Naturwissenschaften. Das ging so weit, dass Kepler ihn manchmal vom Computer zerren musste, damit sie trainieren gingen. Hin und wieder kam es nicht dazu, weil er sich neben Budi setzte und sie zusammen das Internet nach Daten, Fakten und Erkenntnissen über die Rätsel der Wissenschaft durchforsteten. Wie in einem Gefecht, verständigten sie sich dabei mit knappen Gesten, wenn einer den anderen bat, weiter zu scrollen oder damit zu warten. Danach unterhielten sie sich ausführlich über das Gelesene. Manchmal unterbrachen sie sogar das Training und diskutierten heftig, anstatt sich zu prügeln.

*****

Ein weiterer Monat ihres seltsamen neuen Lebens verging in Studien, Stadterkundungen und dem Training, ohne dass Smith angerufen hatte. Und plötzlich stellten Kepler und Budi fest, dass es Weihnachten war.

Dieses Fest wurde in Südafrika als Karneval oder als Picknick am Strand gefeiert, nur der europäischstämmige Teil der Bevölkerung zelebrierte noch die Bräuche, die ihre Ahnen einst mitgebracht hatten. Allerdings ohne Weihnachtsbäume, dafür schmückte man die Fenster mit glitzernden Stoffen und bunten Folien und hängte Strümpfe neben der Eingangstür auf. In den Siedlungen der Weißen wurde pantomimisch die Weihnachtsgeschichte nachgestellt und Weihnachtslieder bei Kerzenlicht gesungen. Ein weicher Zauber lag in der Luft, die Welt schien für einen Moment alles Schlechte von sich abgeschüttelt zu haben.

Am Boxing day, dem sechsundzwanzigsten Dezember, war es Brauch, Essen und Geschenke an Arme zu verteilen. Kepler hatte noch den Scheck, den er Roy abgenommen hatte, und er und Budi fuhren zu einem Waisenhaus. Budis Augen leuchteten beinahe beschwingt, als er in die Verwaltung ging, um den Scheck dort abzugeben. Kepler blieb im Auto. Dieses Geschenk machte ihn nicht zu einem guten Menschen und er wollte keinen Dank dafür hören. Budis Freude, kleinen Kindern geholfen zu haben, gab jedoch auch Kepler halbwegs das Gefühl, nicht ganz sinnlos zu existieren.

Zwei Tage später kehrte das unangenehme Dröhnen in seinem Innern zurück.

In der Silvesternacht verschwand es wieder, als Kepler und Budi in die Stadt gingen. Das bunte, losgelöste Treiben zog sie in seinen Bann.

Durban war völlig überfüllt, aber kein Mensch nahm Anstoß an einem anderen. Afrikaner, Amerikaner, Europäer, Südamerikaner, sie alle waren fröhlich, und sie lachten miteinander. Die Silvesterparty stieg mit wenig Geziertheit, und Kepler fragte sich, warum es nicht immer so sein konnte. Kurz vor Mitternacht wurde ein gigantisches Feuerwerk abgebrannt. Danach zählte die Menschenmenge brüllend den Countdown zum neuen Jahr herunter. Anschließend gab es nur noch laute Musik und spätestens jetzt wurde der Verkehr völlig stillgelegt.

*****

Ein paar Tage später normalisierte sich das Leben wieder. Die Medien waren voll von Skandalen, Mordmeldungen und Berichten darüber, dass die Gewalt in Durban immer mehr die Touristen abschreckte. Die Stadt präsentierte sich in keinem guten Licht, dabei war es bis zur Fußball-WM nicht mehr lange hin.

An einem Morgen, als Kepler auf der Terrasse zusammen mit Budi einen Kaffee trinken wollte, stolperte er und brachte es fertig, den Kaffee zu verschütten, die Tasse zu zerbrechen, anschließend in der Pfütze auszurutschen und so hinzufallen, dass er sich brutal den rechten Knöchel zerrte. Sehr schlimm war die Verletzung nicht, aber einige Tage lang konnte Kepler nur auf einem Fuß hüpfen und so war kein Training möglich.

40. Wegen der Trainingspause realisierte Budi seine Idee, den RAV4 umlackieren zu lassen, Grau stand dem Wagen nicht besonders. Er fand eine gute Lackiererei, vereinbarte einen Termin und zwei Tage darauf fuhr er ganz früh hin.

131

Kepler stöberte bis zum Nachmittag im Internet, danach humpelte er aus dem Haus. Die Zerrung war schon beinahe verheilt, und er ging langsam immer weiter und weiter, während er überlegte, ob seine und Budis echte Identitäten noch jemanden interessierten. Die Antwort darauf fand er nicht.

Als er in Westville an einer BMW-Vertretung vorbeiging, sah er in ihrem Schaufenster in den rötlichen Strahlen der untergehenden Sonne den Traum, den er mit siebzehn gehabt hatte. Obwohl fast zwanzig Jahre alt, war für Kepler das schnörkellose Design des BMW 850i zeitlos. Er ging in den Laden.

Umgehend kam ihm eine Verkäuferin entgegen. Die Farbe ihrer Haut war die einer starken gleichmäßigen Bräune. Die Frau war einige Zentimeter größer als er und schlank. Die in Jeans eingesteckte Bluse betonte sowohl ihre Taille als auch ihren Busen, und der offene Kragen ließ ihren zierlichen Hals gut zur Geltung kommen. Die enge Hose umriss deutlich ihre langen Beine.

Kepler sah in seiner Kleidung nicht wie der in einem solchen Geschäft übliche Kunde aus, aber die Frau wusste anscheinend sehr wohl, dass Fassade nicht alles war. Sie lächelte professionell gewinnend.

"Hallo, ich bin Rania Hussini. Was kann ich für Sie tun?"

"Joe Luger." Kepler zeigte auf den Achter. "Den da hätte ich gern."

"Der Wagen ist nicht zu verkaufen, er gehört dem Chef", bedauerte die Verkäuferin. Dann sah sie Kepler überlegend an und lächelte. "Wenn Sie auf ältere BMW stehen, könnte ich Ihnen einen anderen anbieten."

Sie deutete Kepler mitzukommen und führte ihn in den hinteren Teil des Schauraumes. Dort stand in einer Nische ein E38-Siebener.

Dieses eigentlich gut aussehende Auto gefiel Kepler überhaupt nicht. Der Wagen hatte monströse Spoiler und einen riesigen Flügel auf dem Kofferraumdeckel. Die auf Rennsport gemachte gelbschwarze Lackierung war schreiend grell.

"MVR-Räder." Kepler schüttelte abfällig den Kopf. "Alpina wäre protziger."

"Das ist ein MVR", sagte die Frau mit einem anerkennenden Blick.

Ein MVR war im Grunde ein 750i der E38er Baureihe, allerdings war sein Motor auf sechs Komma eins Liter Hubraum aufgebohrt und hatte vierhundertsechzig PS. Das gesamte Fahrzeug war für diese Leistung optimiert und dabei sehr viel mehr als der ähnliche Alpina B12 auf Understatement bedacht.

"Die gab es als Rechtslenker?", zweifelte Kepler.

"Nein, den hier hat man extra für unseren Junior-Chef umgebaut. Jetzt fährt er einen Alpina B7", erklärte die Verkäuferin. "Aber das ist ein echter MVR."

"Er ist völlig verschandelt. Den Achter würde ich gern kaufen." Kepler sah nachdenklich die Seitenlinie des MVR an. "Oder ein Siebener-Coupé, wenn es ein solches geben würde", murmelte er. "Es würde gar nicht schlecht aussehen."

Die Verkäuferin betrachtete den Wagen überlegend.

"Dann bauen wir eins für Sie daraus", bot sie an.

"Das können Sie?", fragte Kepler skeptisch.

"Ja", bekräftigte Rania, dann lächelte sie. "Nicht ich persönlich natürlich, aber die Jungs aus der Werkstatt können das. Sie haben schon viele Limousinen zu Cabrios umgebaut. Lassen Sie uns feststellen, ob Ihr Wunsch machbar ist."

Der richtige Mechaniker war noch da und Rania holte ihn. Der Mann hörte sich Keplers Wunsch erst skeptisch an, dann starrte er zwei Minuten lang den MVR an. Anschließend bat er um Papier. Während Rania es holte, verlor sein Blick immer mehr an Argwohn. Zehn Minuten später hatte er ein Bild gezeichnet. Es bestand nur aus Strichen, zeigte aber genau das, was Kepler sich vorstellte. Das Coupé wirkte schlicht, sogar fast bieder, hatte aber ausgewogene Proportionen. Rania war beeindruckt, Kepler und der Mechaniker zufrieden.

"Wieso haben die bei BMW es selbst nicht so gemacht?", wunderte sich Rania.

"Besser ist es", erwiderte Kepler breit grinsend. "Ich werde als einziger Mensch auf der Welt ein solches Coupé besitzen."

*****

Es war schon dunkel, als Budi zurückkehrte. Kepler ging in die Garage, um sich den RAV4 anzusehen. Dort schluckte er hart. Sogar im mickrigen Licht der Garage strahlte der Toyota so gelb, dass es fast den Augen wehtat.

Erst nach ungefähr einer Minute vollzog Kepler die Genialität seines Kameraden nach. Mit derselben Zielstrebigkeit, mit der Budi die Kunst des weiten Schusses und den Nahkampf lernte, hatte er versucht, das Wenige anzuwenden, was das männliche Hirn über die weibliche Denkweise nachvollziehen konnte.

Der Wagen hatte weiche Formen, war relativ klein und seine Scheinwerfer glichen fröhlichen Glupschaugen. Der Toyota sah wie ein Küken aus. Frauen würden gar nicht anders können, als den RAV4 süß zu finden.

*****

Während Budi allein herausfand, ob seine Erkenntnisse den Tatsachen entsprachen, verbrachte Kepler die Tage in der BMW-Werkstatt. Er wollte den beiden Männern, die den MVR umbauten, nicht auf die Nerven gehen, aber die Gestaltung des Coupés war eine Ablenkung von der Leere in seinem Innern.

Im Prinzip war der Umbau einfach. Der Wagen wurde zerlegt, die hinteren Türen mit der Karosserie verschweißt, danach wurde hinter der B-Säule ein siebenundzwanzig Zentimeter langes Stück aus der Karosserie ausgetrennt und das Auto wieder zusammengeschweißt. Die Kardanwelle wurde von einem Spezialbetrieb gekürzt und ausgewuchtet, die hinteren Scheiben waren eine Sonderanfertigung. Nachdem die Inneneinrichtung angepasst und der MVR wieder komplett war, stellten die Mechaniker zwei Tage lang das Fahrwerk ein. Diese Zeit brauchte der Lackierer, bis er ein unbestimmtes, rauchiges Grau zusammenmischt hatte, das Kepler gefiel. Die dezenten Spoilerlippen unter den Stoßfängern, die Schwellerverkleidungen, der Kühlergrill, alle Chromleisten, die vorderen Blinker, die Rückleuchten und die Räder wurden im Grau der Karosserie lasiert und die Scheiben mit einer Folie beklebt, die eine ähnliche Tönung hatte.

Die Tieferlegung und die Niederquerschnittsreifen ließen den MVR fast mit dem Asphalt verschmelzen. Sämtliche Zeichen am Auto waren entfernt und es gab nichts, was einen Kontrast bot. Aus diesem Grund rutschte der Blick trotz der ungewohnten Form irgendwie an dem Wagen ab. Und wenn man bewusst hinsah, wirkte der MVR wie der Schatten einer bösen Gewehrkugel.

*****

Keplers Augen mussten wohl ziemlich fiebrig glänzen, als er den Wagen abholte. Zumindest lachten die beiden Mechaniker offen, als sie ihm die Schlüssel gaben, nachdem er alle Formalitäten erledigt hatte.

Er widerstand der Versuchung, sofort irgendwohin zu fahren und holte Budi ab. Erst fuhren sie gemütlich über die M4 nach Norden in Richtung des Flughafens. Sie wechselten auf die M30 und quälten sich durch Umlazi durch. Als sie die Stadt endlich hinter sich hatten, wurde die Mangosuthu Road, an der nur noch wenige Häuser standen, richtig kurvig. Kepler trat das Gaspedal durch.

Das Fahrwerk filterte die Bodenunebenheiten so gut wie gar nicht aus, sondern reichte sie pur an den Rücken weiter. Dafür klebte der MVR förmlich auf der Straße und fuhr wie ein Zirkel durch die Kurven. Kepler entdeckte sogar den Spaß am Schalten wieder. Eigentlich nur, weil er die Kupplung nicht treten musste, sondern den Wählhebel, auch unter Gas, nur anzutippen brauchte. Er könnte auch am Lenkrad schalten, aber mit einer Hand am Ganghebel zu fahren machte viel mehr Spaß. Kepler fuhr die Scheibe herunter und drehte das Radio komplett auf. Die Geräusche der Straße und die Musik wurden von heiserem Fauchen des V12 untermalt. Kepler genoss dessen brutale Kraft, die mit dem leichter geworde-

134

nen Wagen überhaupt keine Mühe hatte. Der MVR belebte seine Gemütsverfassung so wie er es nicht für möglich gehalten hatte.

Für Budi galt anscheinend dasselbe, aus seinen flehenden Blicken wurden selige, als er nach dem Tanken ans Steuer wechselte.

Kepler und er waren so eingenommen von der Ausfahrt, dass sie sich wie zwei Jungen vorkamen, denen noch die ganze Welt offenstand.

*****

Eine Woche später verlor der MVR seinen Reiz. Er war zwar völlig unvernünftig, brachial und sehr kompromisslos – aber er hatte hinten keine Sitze.

Budis schreiend gelb umlackierter Toyota kam tatsächlich sehr gut bei Touristinnen an. Sie fanden ihn schnuckelig und ließen sich sehr gern mit dem Wind in den Haaren und der Sonne im Gesicht durch Durban kutschieren.

Den MVR benutzten Kepler und Budi nur sporadisch. Wenn sie wieder mal das Adrenalin spüren mussten, jagten sie über nächtliche Autobahnen. Das wiederum ging viel besser als mit dem Toyota. Der schaffte keine dreihundert Kilometer pro Stunde. Zudem war so ein rasender gelber SUV auch nicht stilvoll.

41. In einer kühlen Nacht bekam Budi den MVR auf dreihundertelf Kilometer pro Stunde. Das waren drei mehr, als Kepler es je geschafft hatte. Und Budi schien seinen Rekord für längere Zeit zu behalten, auf dem Rückweg begann der Motor des MVR zu stottern.

Kepler und Budi waren für die Abwechslung in ihrem recht monotonen Leben dankbar und zelebrierten die Beseitigung des Problems. Sie schafften eine Unmenge an Werkzeug an und stürzten sich in die Reparatur.

Mehr als eine Versuchsreihe wurde es aber nicht. Trotz des Tausches von Zündspulen, Einspritzventilen und Druckreglern zwischen den Zylindern und Zylinderbänken schüttelte sich der Motor unbeirrt weiter.

Nach fünf Tagen gaben Kepler und Budi auf und fuhren zur Werkstatt. Während der MVR inspiziert wurde, saßen sie im Kundenbereich und unterhielten sich über das aktuelle BMW-Design. Es gefiel ihnen nicht und sie meckerten daran herum. Sie taten es aber auf Arabisch, um niemanden zu kränken. Rania beriet unweit von ihnen einen Kaufinteressenten. Sie lächelte Kepler und Budi während ihres Gesprächs einmal an.

Sobald der Kunde gegangen war, stand Kepler auf und ging zu ihr.

"Hallo", begrüßte sie ihn freundlich. "Na, sind Sie vom MVR begeistert?"

"Wenn er läuft, dann schon", antwortete Kepler.

"Er sieht wirklich wunderschön aus", bescheinigte Rania ihm.

"Nein, er sieht gut aus", korrigierte Kepler. "Sie sehen wunderschön aus."

Rania sah ihn spöttisch an.

"Danke", erwiderte sie, jetzt in deutlich abweisendem Ton.

Kepler ignorierte es.

"Ich möchte mich bei Ihnen mit einem Abendessen für Ihre Hilfe bedanken."

"Ach, für die Hilfe danken, ja?", fragte Rania bissig.

"Natürlich auch aus dem vorhin erwähnten Grund", gab Kepler zu.

"Nein", sagte Rania hart.

"Habe ich was falsch gemacht?", interessierte sich Kepler verdattert. "Oder habe ich etwas nicht gemacht? Und wie kann ich das korrigieren?"

"Das können Sie überhaupt nicht", setzte Rania ihn offen in Kenntnis. "Weil Sie gar nicht so nett sind, wie es den ersten Eindruck gemacht hatte."

"Da haben Sie recht", sagte Kepler. "Trotzdem – danke für alles."

Er bekam Ranias erstaunten Blick mit, bevor er sich umdrehte.

"Was war das denn?", fragte Budi, als er sich wieder neben ihn setzte.

"Erinnerst du dich an die Touristin, die mich vor zwei Wochen abgewiesen hat? Und die vor einem Monat?", fragte Kepler zurück. "So wie die beiden, hat auch Rania mich ziemlich genau durchschaut."

Budi sah zu Rania, die gerade wegging und sich dabei kurz umdrehte.

"Sie zweifelt jetzt aber an der eigenen Feststellung", sagte er vorsichtig. "Probiere es nochmal, vielleicht könnte es doch noch was werden."

"Warum sollte ich ihr das antun?", erwiderte Kepler. "Zumal ich von ihr nicht mehr wollte, als von jeder ixbeliebigen Touristin."

Budi schwieg eine Weile, dann sah er Kepler kurz an.

"Du bist ein seltsamer Mensch, Joe."

Kepler lächelte knapp und freudlos.

"Eine angeborene Fähigkeit, Hoca, perfektioniert durch jahrelange Übung."

Einige Minuten später kam der Mechaniker. Er hatte den Fehler gefunden, es war ein Masseschluss im Motorkabelbaum, aber die Reparatur würde einen Tag dauern. Nach dem Gespräch verließen Kepler und Budi die Werkstatt.

42. Viele Dinge konnten wirklich von mindestens zwei Seiten betrachtet werden. Das galt auch für das, was Oma Kepler über das Leben beigebracht hatte.

Einerseits war dieses Vermächtnis für ihn dasselbe wie für einen Computer das BIOS, die Programmierung der Grundebene. Diese unverrückbaren Werte ließen Kepler menschlich denken. Zugleich, weil er nicht imstande war, danach zu leben, verursachten sie einen Schmerz, der sich niemals vollständig unterdrücken ließ. An dieser Stelle fand Kepler seine Indolenz sehr nützlich. Der Stumpfsinn bewahrte ihn davor, wegen seines seelischen Kummers durchzudrehen.

Aber – gleichzeitig störte die Indolenz seine Empfindung des eigenen Körpers manchmal so stark, dass es mehr schadete als nutzte. Darum spürte Kepler die Zerrung bald nicht mehr, und nach so vielen Tagen dachte er, sie wäre verheilt.

Der erste richtige Lauf über acht Meilen stellte die Dinge richtig. Die Indolenz hatte Kepler die Zerrung nicht mehr spüren lassen, aber gesund war sein Knöchel noch lange nicht. Auf dem letzten Kilometer humpelte Kepler so dermaßen stark, dass Budi ihn stützen musste.

Zu Hause verfrachtete der Sudanese ihn rigoros in einen Sessel, legte seine Füße in einen anderen, befahl ihm, sich nicht zu bewegen, und ging. Er kehrte mit zwei Tassen frischen Kaffees zurück, und mit seinem Laptop. Während Kepler den Kaffee trank, forschte Budi im Netz nach einem guten Orthopäden, um die Zerrung behandeln zu lassen. Kepler hatte nicht vor, ihn davon abzubringen, er war lieber gesund als krank. Als Budi nach einer halben Stunde verkündete, einen Arzt gefunden zu haben und dass er nun einen Termin bei ihm ausmachen würde, dankte Kepler ihm. Budi ging, um sein Handy zu holen.

Kepler nahm den Laptop auf die Knie, um zu sehen, was für einen Arzt Budi für ihn gefunden hatte. Es war ein renommierter Mediziner, der in Kapstadt eine Privatklinik betrieb. Die Behandlung schien sehr teuer zu sein, aber die auf der Homepage abgebildeten Geräte stellten den neuesten Stand der Technik dar und es wurde mehrmals nachdrücklich darauf hingewiesen, dass sie aus Deutschland stammten. Kepler fragte sich, ob das für Budi womöglich das entscheidende Kriterium gewesen war, und blätterte zurück, um mehr über den Arzt zu erfahren. Die Suchmaschine präsentierte ihm etliche Einträge, darunter auch einige Bewertungen ehemaliger Patienten.

Aber es war ein Blogbeitrag, der Keplers Aufmerksamkeit auf sich zog. Einen Bezug zu dem Arzt hatte die Website nicht, die Suchmaschine hatte sie nur deshalb aufgeführt, weil der Nachname des Arztes der gleiche war, wie der eines Vergewaltigers. Den Beitrag hatte die Schwester einer Frau verfasst, die angeblich von Doyle Shine vergewaltigt worden war. Beweise gab es dafür keine. Der ermittelnde Polizist hatte keinen Tatbestand einer Vergewaltigung gesehen, weil der Sex im Büro stattgefunden hatte und Shine angesehenes Vorstandmitglied eines großen Unternehmens war. Shine selbst, dessen Anwalt und sogar Police Detektive Urchi behaupteten, dass sich die Frau durch den Sex berufliche und soziale Vorteile hatte verschaffen wollen.

Jede zweite Frau in Südafrika lief Gefahr, mindestens einmal in ihrem Leben vergewaltigt zu werden. Die meisten Opfer waren arm, bedeutungslos, Ausländerinnen oder alles zusammen. Die Bewohnerinnen der Townships erstatteten meistens erst gar keine Anzeige.

Die Schwester der Schreiberin hatte den Mut gehabt, genau das zu tun. Und war gescheitert. Aber Kepler glaubte ihrer Behauptung. Nicht, weil die Antworten auf den Beitrag entsetzlich viele Schilderungen gleicher Schicksale waren, sogar von Männern und Kindern. Sondern, weil die Schwester vier Fotos gepostet hatte. Auf dem ersten blickte eine junge Frau fröhlich in die Kamera. Ihre Gesichtszüge zeigten deutlich, dass sie eine Tuareg war, viele Marokkaner versuchten ihr Glück in Südafrika. Die meisten Immigranten hatten es hier schwer, aber die Frau auf dem Foto lächelte, ihr Kopf war graziös erhoben und ihre Augen blickten in tief empfundenem Stolz, eine Imazighen zu sein, eine Freie, wie sich die Berber eines nordafrikanischen Nomadenstammes nannten. Das zweite Foto bewies, dass die junge Tuareg kein perfides Spiel gespielt hatte. Sie krümmte sich, ihre Schultern waren nach vorn gezogen, als würde sie sich ihres Busens schämen, und dessen, eine attraktive Frau zu sein. Von ihrem Selbstbewusstsein war nichts mehr da, ihr Blick war nicht mehr weich und sanft, sondern verängstigt und verloren. Jede Hoffnung darin war erloschen. Auf dem nächsten Foto lag die junge Frau in einem Sarg, sie hatte sich umgebracht. Sogar im Tod hatte sie keine Erlösung gefunden, ihr Gesicht war verkrampft.

Ganz im Gegensatz zu dem des mutmaßlichen Vergewaltigers auf dem letzten Foto. Shine sah gut aus, war durchtrainiert und gebräunt, so jemandem pfiffen die Frauen nach. Sein Blick war maßlos selbstgefällig und einschüchternd.

Im letzten Satz des Beitrags flehte die Schwester – nicht um Hilfe, sondern um Gerechtigkeit, verzweifelt und in Gewissheit, niemals Sühne zu erfahren.

Kepler wusste wie es war, verraten zu werden. Doch ihm hatte Abudi seinen Glauben nicht wegnehmen können. Die vergewaltigte Frau war schlimmer als er dran gewesen. Ihr Peiniger hatte ihr sogar den Lebenswillen genommen.

Ein Geräusch holte Kepler zurück in die Realität. Er drehte sich um und sah Budi, der hinter ihm stand. Das Gesicht des Sudanesen war grimmig.

"Wie lange stehst du schon da?", fragte Kepler.

"Lange genug", antwortete Budi. Er reichte ihm eine Tasse und setzte sich neben ihn. "Und?", erkundigte er sich. "Was jetzt?"

Er fragte nicht nach, was Kepler beschäftigte. Oder warum es das tat. Er wusste es. Kepler zeigte auf das Bild des Vergewaltigers.

"Ihm dafür das Gehirn wegzublasen, wäre im Sinne von präventivem Schutz zwar wirkungsvoll, aber viel zu einfach", gab er langsam zurück. "Ihm dasselbe anzutun, was er getan hatte, das wäre viel perfider."

"Das ist es nicht wert", erwiderte Budi sichtlich unwillig, aber fest. "Das wird der Frau auch nicht mehr helfen."

"Aber ihrer Schwester schon – wenn sie es erfährt", sagte Kepler. "Und es würde andere vor dem Typen schützen. Und der hätte nichts mehr im Leben."

"Dieser Shine ist zu einflussreich, und derselbe Polyp Urchi, der ihn laufenlassen hatte, würde uns jagen." Budi schnaubte. "Für die Galemas ein neues Leben anzufangen, damit habe ich kein Problem. Aber wegen so einem? Denn irgendwie mag ich Durban. Sehr sogar." Er sah Kepler eindringlich an. "Wenn wir es tun, sollten wir es nicht an die große Glocke hängen", meinte er. "Nicht mal an die kleine", korrigierte er sich. "Und im Grunde an gar keine."

"Was schwebt dir vor?", wollte Kepler wissen.

"Wir haben viele schmutzige Dinge gemacht, Colonel", sagte Budi leise, "und das hätte etwas bewirkt, wenn man uns nur gelassen hätte." Er sah Kepler in die Augen. "Ich dachte früher, du wärst jemand, der hart genug ist, die Welt nach seinen eigenen Vorstellungen passend zu biegen, ganz egal, was es für Leute um dich herum bedeutet. Manchmal käme sogar etwas Gutes dabei heraus, aber nur wenn es dir passt", sagte er brutal ehrlich. "Es ist aber nicht ganz so, du bist extremer. Weil du genau weißt, dass du die Welt nicht verändern kannst. Und trotzdem versuchst du, wenigstens ein kleines Stück davon besser zu machen, egal was es dich kostet und wie weh es dir tut. Du rennst immer wieder dagegen an, obwohl du weißt, dass es eigentlich sinnlos ist." Er atmete durch. "Aber diesmal, dieses eine Mal lass bitte den Abschaum die Drecksarbeit erledigen."

"Und zwar wie?", verlangte Kepler zu wissen.

"Fahr nach Cape Town und lass deinen Knöchel reparieren", schlug Budi im Ton einer Anweisung vor. "Ich werde in der Zeit den Polizisten finden. Und wenn du zurück bist, hetzen wir ihn auf Shine."

43. Hoca Nasreddin Aburni, früher Abdula ibn Hassim, ehemaliger Milizionär, nun südafrikanischer Millionär sudanesischer Herkunft mit nubitischen Wurzeln und deutscher Prägung, lehnte sich unweit des Flughafengebäudes an den Mietwagen und wartete auf den Flug 1T650 aus Kapstadt.

Er war froh, dass er seinen Colonel dazu gebracht hatte, die Klinik zu besuchen – weil die Zerrung eine fünftägige Behandlung zur Folge gehabt hatte. Hätte er Kepler nicht dazu gezwungen, hätte der es mit seinem sonderbaren Gehirn und dem schmerzunempfindlichen Körper zu einer Amputation gebracht. Das hätte Budi sich nie verziehen. Denn Freunde mussten aufeinander aufpassen.

*****

Kepler hatte ihn sofort beeindruckt, als er sich angesichts von dreißig Bewaffneten völlig kalt mit Sobi angelegt hatte. Und an Keplers ersten Einsatz erinnerte sich Budi ebenfalls noch ganz genau. Er war neben Sobi gelaufen, als sich ein feindlicher Kämpfer hinter ihnen erhoben hatte. Weder Budi noch Sobi hätten das überlebt, hätte Kepler ihren Angriff nicht abgesichert.

Danach hatte er jedem Milizionär in der Einheit mehr als einmal das Leben gerettet. Er hatte nie mit seinem Können geprotzt, aber vormachen konnte ihm nie jemand etwas. Er kam Budi wie ein durchgeknallter Roboter vor, völlig gefühlsatrophiert, kalt, berechnend und brutal. Sein immenses Wissen und seine Fähigkeiten machten ihn tödlich. Er war ein besserer Soldat als jeder andere, trotzdem lernte er von den Milizionären den afrikanischen Krieg – um noch besser zu werden. Und gleichzeitig hatte er versucht, menschlich zu bleiben. Aus diesem Grund hatte sich niemand gerührt, als er Sobi erschossen hatte.

Budi war in einem Land geboren, das ununterbrochen Krieg gegen sich selbst führte. Von seiner Kindheit in einem Dorf irgendwo in Darfur hatte Budi nur einige vernebelte Fetzen im Kopf, die mehr einem Traum denn einer Erinnerung glichen. An bewaffnete Männer, die ihn von dort gewaltsam weggebracht hatten, erinnerte er sich besser. Er wusste noch, dass es ein FN-FAL-Gewehr war, mit dessen Kolben seine Mutter geschlagen wurde, damit sie ihn losließ. Er erinnerte sich daran, dass sie geweint und geschrien hatte, aber er wusste schon lange nicht mehr, wie sie aussah. Danach hatte man ihn, Abib und die anderen Jungen in ein Lager gebracht. Ihnen wurde gesagt, sie seien jetzt richtige Männer. Man gab ihnen Drogen, dann AKs, und schickte sie in den Kampf. Budi hatte nicht gewusst, wofür er gekämpft hatte. Er hatte Angst und schoss, weil die Gegner es taten. Bald überredete er Abib zur Flucht, weil er keine Bauern mehr töten konnte. Aber ihr Heimatdorf gab es nicht mehr, und so gingen sie weg aus Darfur nach Dschanub Kurdufan. Doch der Krieg war überall. Budi und Abib schlossen sich Abudis Miliz an. Eigentlich nur, um zu essen zu haben. Sie blieben, weil sie nicht mehr sinnlos töten mussten, und weil die Bezahlung gut war.

Dann war Kepler aufgetaucht und hatte Budi das Gefühl gegeben, ein Soldat zu sein. Er hatte ihn und die anderen gelehrt, dass der Krieg nie-

140

mals ruhmreich oder heldenhaft war, aber dass eine Schlacht um ein namenloses Dorf bedeutungsvoll sein konnte. Und, dass auch wenn niemand später wissen würde, wessen Blut die Erde getränkt hatte, der Tod in einem solchen Kampf trotzdem nicht vergeblich war, weil er für jemand anderen das Leben bedeutete.

Kepler begegnete Prostituierten mit Respekt und Achtung, und obwohl er Mördern drohte, ihre Familien umzubringen, war er nicht fähig, einem Unschuldigen ein Haar zu krümmen. Wenn er verletzte Feinde auf dem Schlachtfeld mit Kopfschüssen tötete, tat er es, um sie zu erlösen. Ihm war nicht viel heilig, aber ein paar elementare Werte schon. Und für diese würde er fast alles tun. Aus diesem Grund hatte er Abibs Mörder getötet, und seinen Gönner Abudi, und Kobi, dem er im Kampf sein Leben anvertraut hatte. Und obwohl Kepler kaum Schmerz empfinden konnte, erinnerte sich Budi sehr gut an sein vor Kummer verzerrtes Gesicht als Kameraden fielen, obwohl er alles in seiner Macht stehende getan hatte, damit sie überlebten. Seine Rache für Abib war bezeichnend dafür gewesen, doch erst in diesem Moment hatte Budi verstanden, wie viel er und die anderen Kepler bedeutet hatten. Als Kommandeur hatte er jedem in der Einheit das Gefühl gegeben, etwas wert zu sein.

Nur für sich selbst hatte er das nie verlangt oder in Anspruch genommen. Genau das wollte Budi ihm geben, so wie er es von ihm bekommen hatte. Die Freundschaft mit Kepler und ein wenig Frieden für sie beide war so ziemlich alles, was er sich von seinem Leben erhoffte.

*****

Was dieser Frieden war, wusste Budi nicht genau. Vielleicht waren es das herrliche Wetter und die Freude über die Rückkehr seines Freundes.

Und die Anwesenheit einer wunderschönen jungen Frau, die einige Meter entfernt neben ihrem Auto stand und ebenfalls auf einen Flug wartete.

Plötzlich fühlte sich Budi gut und leicht. Er lächelte der jungen Frau zu und drehte den Kopf weg. Als er einige Momente später erneut zu ihr blickte, sah sie ihn verstohlen an. Budi grinste in sich hinein. Keplers Art funktionierte meistens. Eigenartigerweise hatte dessen neutrale Kälte eine anziehende Wirkung auf Frauen. Wahrscheinlich, weil er in seinem tiefsten Innern eine ungeheuchelte Achtung und Respekt vor ihnen hatte. Sie spürten es, bewusst oder nicht, und diese Mischung aus Arroganz und Ehrerbietung war wohl der Grund, warum viele Frauen Kepler anziehend fanden. Diese Mischung war auch das Ziel von Budis Anstrengungen. Nicht der äußere Schein, sich passend geben konnte er mittlerweile ziemlich gut – er wollte genauso wie Kepler empfinden.

Der Tag war sehr heiß, darum hatte Budi nur ein Muscleshirt an. Er verschränkte die Hände hinter dem Kopf und streckte sich. Seine Muskeln zeichneten sich deutlich ab, was auf die Frau Eindruck zu machen schien.

Aber als Budi ohne weitere Überlegungen zu ihr ging, sah sie ihn abweisend an. Anscheinend hatte sie nichts dagegen, seinen Körper anzusehen, darüber hinaus ging ihr Interesse jedoch nicht. Budi straffte sich und sah die Frau sachlich an. Sie war kleiner als er und blickte ihn von unten nach oben an, aber ihm kam es vor, dass es genau andersherum war. Er kannte die Sorte, das waren weibliche Keplers. Budi zuckte trotzdem mit keinem Muskel und nahm die Sonnenbrille ab.

"Entschuldigung, Miss, Sie sind nicht zufällig Lehrerin?", erkundigte er sich.

Eigentlich zu schnell, bevor er richtig nachgedacht hatte. Kepler tat es so. Der Typ war eiskalt, er konnte im Gefecht bei dem ganzen Lärm, Stress und unter Beschuss völlig ruhig und rational die Parameter für einen Schuss auf zwölfhundert Meter Entfernung durchrechnen. Bei Frauen verließ er sich dagegen fast nur auf seine Intuition. Die war bei ihm sehr gut entwickelt, obwohl es eigentlich eine weibliche Domäne war. Aber Kepler war völlig durchgeknallt und alles andere als gewöhnlich oder normal. Oder auch nur zurechnungsfähig.

Die Frau sah Budi mehr als erstaunt an, und ihr Blick war nicht mehr hinterlistig, sondern angenehm überrascht.

"Woher wissen Sie das?", fragte sie.

"Was unterrichten Sie?", ging Budi nicht auf ihre Frage ein.

"Äh... Geschichte."

"An einer höheren Schule", wagte Budi noch eine Prognose.

"Uni", bestätigte die Frau noch mehr erstaunt.

Budi bedachte sie mit einem anerkennenden Blick, sie war noch sehr jung.

"Danke für die Auskunft."

Er setzte die Brille auf, als wollte er wieder gehen. Sein Bluff ging auf.

"Was ist das denn für eine Anmache?", hielt die Frau ihn perplex zurück.

"Keine Anmache. Ich beobachte gern Menschen", erfand Budi umgehend eine Ausrede. "Wollte mich nur vergewissern, ob ich Sie richtig eingeschätzt habe."

"Nun warten Sie doch", wies die Frau ihn an. "Wie heißen Sie?"

"Hoca Nasreddin", stellte sich Budi prompt vor und streckte die Hand aus.

Die Frau hielt inne und sah ihn misstrauisch an.

"Das ist doch nicht wahr", sagte sie, aber nicht völlig überzeugt.

"Aber doch. Ich kann Ihnen meinen Pass zeigen. Sagen wir, beim Dinner?"

"Das ist jetzt eine Anmache", behauptete die Frau.

"Logisch", stimmte Budi ihr sofort zu. "Also?"

Sie lächelte amüsiert.

"Okay."

In diesem Moment öffneten sich die Türen des Flughafeneingangs und eine Menschenmenge strömte heraus. Die Frau richtete sich auf, Budi ebenso.

"Haben Sie ein Telefon?", fragte er schnell. Sie nannte ihm ihre Nummer. Budi wiederholte sie, um sie sich einzuprägen, dann reichte er der Frau die Hand, während er nach Kepler Ausschau hielt. "Ich melde mich bei Ihnen", sagte er.

"Wen erwarten Sie?", fragte die Frau überrascht darüber, dass seine Aufmerksamkeit nicht mehr ausschließlich ihr galt.

"Meinen Bruder", antwortete Budi.

Er sah in Richtung des Einganges, während die Frau ihn anblickte. Plötzlich löste sich Kepler aus dem Menschenschwall, der aus dem Gebäude kam. In seinem Gesicht lag der übliche undurchdringlich ruhige Ausdruck, aber als er Budi sah, lächelte er knapp. Budi machte einen Schritt vor. In diesem Moment hielt ihn eine Hand zurück. Er drehte den Kopf. Die Lehrerin sah ihn perplex an.

"Er da ist Ihr Bruder?"

"Ja", antwortete Budi und ging los.

*****

Er konnte Keplers Augen wegen der Sonnenbrille nicht sehen, als er ihm wortlos die Hand reichte, aber er sah, dass sein Freund sich auch freute, und zog unwillkürlich an seiner Hand. Kepler stockte, dann klopfte seine linke Hand leicht auf Budis Rücken. Es war keine Umarmung, sie berührten sich nur knapp mit ihren rechten Schultern. Dann gingen sie wortlos weiter. Kepler warf einen Blick auf die Lehrerin und lächelte leicht. Budi nickte ihr zu, bevor er den Kofferraum aufmachte. Kepler warf seinen Rucksack hinein, dann stieg er ein.

Sie fuhren schweigend. Kepler blickte aus dem Fenster. Budi warf einen Blick auf ihn. Dieser kalte Weiße war wieder da, nur das zählte.

Budi reichte ihm die Hand. Kepler drückte sie und nickte ihm zu. Dann sprachen sie nicht und sahen sich nicht an. Sie brauchten es nicht, sie hatten einander alles gesagt, was wichtig war.

44. Budis Freude, ihn wiederzusehen, hatte Kepler erst verwirrt. Aber er hatte den Sudanesen auch vermisst, stellte er erstaunt fest. Und da sie nur einander hatten, war es wohl die passende Begrüßung gewesen.

Einige Minuten vergingen und dann war es fast so wie immer. Kepler warf einen Blick auf Budi. Der lächelte unterdrückt vor sich hin.

"Du hast weniger als zwei Tage gebraucht", schätzte Kepler.

"Woher weißt du das denn schon wieder?", fragte Budi in einem Ton zurück, in dem sich Enttäuschung mit Ergebenheit mischte.

"Ich kann in dir lesen wie in einem Buch", antwortete Kepler. "Du müsstest es nach all den Jahren eigentlich mitbekommen haben."

"Ich wollte es nicht wahrhaben", gab Budi seufzend zurück.

"Finde dich damit ab."

"Muss ich wohl", brummte Budi. "Aber ich hatte nicht einmal einen ganzen Tag gebraucht", setzte er Kepler dann trotzig in Kenntnis. "So."

"Gut. Und wie hast du es gemacht?"

"Habe im Präsidium angerufen, mich undeutlich vorgestellt und nach Urchi verlangt, weil ich sein Auto auf dem Parkplatz angefahren hätte", antwortete Budi. "Man hat mich tatsächlich weiterverbunden. Als ich ihn dran hatte, fragte ich, ob der gelbe Citi mit der gerissenen Scheibe ihm gehöre, wie mir ein Kollege gesagt hätte. Er antwortete, dass nein, er führe einen Telstar." Budi grinste so leicht, wie er es schon seit Tagen nicht mehr getan hatte. Kepler erwiderte ebenso. Es war eigentlich geisteskrank. Aber sie jagten wieder solche, die wie sie waren. Nur, dass die auf der anderen Seite des Schlechten standen, zumindest wenn man es aus einer ganz bestimmten Perspektive betrachtete. "Es gab nur drei Telstars auf dem Parkplatz des Polizeipräsidiums und zwei konnte ich gleichzeitig beobachten", fuhr Budi fort. "Als die Tagesschicht zu Ende war, stieg in den einen Ford ein Weißer und in den anderen ein Schwarzer ein. Und hätte ich den Namen nicht gewusst, wäre ich dem Weißen gefolgt." Kepler nickte nur. Das hätte er auch so gemacht – weil der Polizist eine vergewaltigte Araberin ausgelacht hatte. Budi schielte kurz zu Kepler. "Die Schwarzen können genauso gut so rassistisch sein, wie sie es ständig den Weißen vorwerfen", meinte er. "Na egal. Ich folgte dem Schwarzen zu seinem Haus. Seitdem beobachte ich ihn, deswegen der Mietwagen." Budi warf einen Blick auf die Uhr. "In zwei Stunden müsste er nach Hause kommen. Und abends geht er joggen."

*****

Auf eine eigentümliche Art konzentrierte der Vorort Cato Manor die Vielfalt von Durban in sich. Obwohl nicht weit vom Stadtzentrum gelegen, war es hier sehr grün, und inmitten der üppigen Vegetation fanden sich afrikanische Squatter Camps und hinduistische Tempel zwischen den Häusern der Mittelschicht.

Kepler und Budi saßen im Wagen und blickten zu dem Haus in der Seitenstraße der Bellair Road, vor dem ein winziger Garten lag. Das Häuschen war umzäunt, obwohl die Entfernung vom Zaun bis zur Haustür keine zwei Meter betrug. Sowohl der Zaun als auch das Haus machten zwar einen wackeligen Eindruck, aber sie schienen nach Kräften und Möglichkeiten gepflegt zu werden.

144

Die Haustür öffnete sich, und Budi stieg sofort aus. Während er sich entfernte, sah Kepler zum athletischen Schwarzen im Jogginganzug, der sich an der Türschwelle von einem kleinen Mädchen verabschiedete. Eine Frau trat hinzu und nahm das Kind in die Arme. Sie lächelte den Mann an und machte die Tür zu.

Er setzte sich im leichten Trab in Bewegung und Kepler folgte ihm. Als der Schwarze in einen kleinen Weg abbog, beschleunigte Kepler die Schritte. Als er den Mann wieder vor sich hatte, betrug die Distanz zwischen ihnen nur noch zwanzig Meter. Budi lief zehn Meter vor dem Schwarzen auf dem schmalen Weg, der von hohen Büschen umzäunt war und zu einem Tempel führte.

Kepler sah niemanden. Er zog das Tuch, das um seinen Hals gebunden war, als Maske vors Gesicht. Der Schwarze holte Budi ein und wollte ihn überholen. Der Sudanese drehte sich abrupt um und hielt ihm seine schallgedämpfte Glock direkt ins Gesicht. Der Mann verharrte erstaunt. Bevor er sich fing, war Kepler bei ihm und drückte ihm den Schalldämpfer seiner Glock in den Nacken.

"Ich bin Polizist", krächzte der Mann angespannt.

Kepler schubste ihn nach links in die Büsche. Zwischen zwei Sträuchern und einem Baum einige Meter vom Gehweg entfernt, befahl Kepler dem Mann stehen zu bleiben und schlug ihm dann mit zwei schnellen Tritten in die Kniekehlen. Der Mann fiel auf die Knie. Er krümmte sich, als Kepler ihm die Glock in den Nacken drückte, und seine halberhobenen Hände begannen zu zittern.

"Bist du Detective Urchi vom Sittendezernat?", fragte Kepler.

"Ja", brachte der Polizist kaum hörbar heraus.

"Erinnerst du dich an Doyle Shine?", wollte Kepler wissen.

"Nein...", keuchte Urchi.

"Dann denk nach", befahl Kepler. "Er wurde wegen Vergewaltigung angezeigt, aber du hast es als einvernehmlichen Sex dargestellt und den Fall aus Mangel an Beweisen geschlossen. Die Frau hat sich deswegen umgebracht."

Die ruhig ausgesprochenen Worte versetzten Urchi mehr als die Glock in Angst. Er hob den Kopf und wollte über die Schulter blicken. Budi stand ruhig und schweigsam neben ihm. Urchi sah ihn kurz an, erzitterte trotz des Tuches vor dem Gesicht des Sudanesen, drehte den Kopf zurück und senkte ihn wieder.

"Aber es gab wirklich keine Beweise gegen Shine", winselte er fast panisch.

"Hast du sie überhaupt gesucht?", wollte Kepler wissen. Er bekam keine Antwort, Urchi murmelte nur etwas. Kepler drückte ihm die Glock an den Hinterkopf. "Überprüf den Fall nochmal – alle deine Fälle – und verschaffe den Frauen die Gerechtigkeit, die ihnen zusteht", befahl er langsam und deutlich. "Tue es für deine Tochter, damit sie in einer besseren Welt aufwächst."

"Mache ich, mache ich", versprach der Polizist hastig.

"Das wirst du. Sonst töte ich dich, wenn nötig, auch direkt vor den Augen deiner Familie, damit andere daraus lernen", versprach Kepler. "Jetzt leg dich mit dem Gesicht auf den Boden. In zehn Minuten darfst du zu deiner Familie zurück." Urchi warf sich hin und deckte sein Gesicht mit den Händen ab. Kepler beugte sich und drückte ihm die Glock an den Kopf. "Denk an dein Versprechen und vergiss, dass dieses Gespräch stattgefunden hat", befahl er. "Sonst wirst du nicht erleben, wie dein Kind aufwächst." Als er sich aufrichtete, zog sich Urchi ängstlich zusammen. "Ich schlage niemanden, der am Boden liegt", sagte Kepler. "Ihn zu erschießen habe ich überhaupt keine Hemmungen."

45. Vielleicht hatte der Appell an die Menschlichkeit etwas gebracht, die Drohungen hatten es bestimmt gemacht – denn auch nach Tagen fanden Kepler und Budi keine Anzeichen, dass sich die Polizei für sie interessierte.

Sie fühlten sich zwar relativ sicher, aber sie beschlossen, eine Zeitlang durch die abgeschiedenen Gegenden von KwaZulu-Natal zu wandern. Sollte Urchi es sich anders überlegen und sie zu finden versuchen, würden sie es bei der Rückkehr feststellen und könnten dann wieder unauffällig verschwinden.

*****

Kepler und Budi fuhren zum The Workshop, einem der größten Einkaufszentren Durbans, sie brauchten Angelausrüstung und einen Kocher.

Auf dem Weg zur Kasse passierten sie die Spielzeugabteilung. Sie waren fast durch, als Kepler abrupt stehenblieb. Budi folgte seinem Blick in einen Seitengang. Dort schob ein Mann einen Rollstuhl vor sich her. Darin saß ein Mädchen von etwa zehn Jahren. Die Kleine war an Schläuche angeschlossen, ihr Körper war unnatürlich verkrampft. Der Mann und seine Tochter passierten gerade ein Regal mit großen Kartons. Sie enthielten das, was das Herz jedes Mädchens höher schlagen ließ – die ganze Welt von Barbie. Die Kleine im Rollstuhl hielt einen viel kleineren Karton mit einer Puppe in den Händen, und beim Anblick von Barbie wurde ihr Blick sehnsüchtig. Während ihr Vater sie am Regal vorbeischob, sah sie unentwegt hin. Dann blickte sie mit einer Hoffnung auf ein Wunder zu ihm hoch. Die Kiefer des Mannes mahlten, als er den Kopf schüttelte. Die Hoffnung in den Augen des Mädchens erlosch, aber es lächelte dem Vater aufmunternd zu. Zurück zu lächeln, kostete den Mann alles.

Budi ging wortlos zum Stapel mit den Barbies und nahm einen Karton. Der Mann und seine Tochter waren wohl nur wegen des kleinen Spielzeuges hier gewesen, sie gingen nun zur Kasse. Kepler und Budi folgten ihnen zum Parkplatz. Dort öffnete der Mann die Türen und den Kofferraum eines alten Citi.

"Hallo, ihr zwei", rief Kepler.

Der Mann drehte sich sofort um. Sein Blick war extrem argwöhnisch. Kepler streckte die Hand aus, aber das Misstrauen in den Augen des Mannes verschwand nicht, er machte keine Anstalten, den Gruß zu erwidern. Stattdessen trat er vor seine Tochter. Das Mädchen blickte erschrocken zu Kepler und Budi, dann zum Vater, der wie ein Tier wirkte, das sein Junges beschützte.

"Was wollt ihr?", fragte er abweisend.

Ohne zu antworten ging Budi vor, während Kepler stehenblieb. Budi hielt den Karton deutlich sichtbar vor sich, als er sich dem Rollstuhl näherte. Er ging in die Hocke und reichte der Kleinen den Karton.

"Hier, Prinzessin, für dich", sagte er zärtlich.

Der Blick des Kindes berührte Kepler wie seit Jahren nichts anderes. Darin lag Freude, Erstaunen und Unglauben. Der Karton war fast so groß wie die Kleine, und sie konnte ihn mit ihren verkrampften Ärmchen kaum festhalten. Aber sie klammerte sich an ihn und sah dabei staunend auf Budi. Dann wanderte ihr Blick zu ihrem Vater. Der stand da, unfähig ein Wort zu sagen, und blickte seine Tochter an. Bevor der Mann etwas sagte, stand Budi auf und trat einen Schritt zurück. Sein Anblick zeigte, dass er den Karton niemals zurücknehmen würde.

"Danke, Mister", sagte das Mädchen mit piepsiger Stimme.

"Gern geschehen", erwiderte Budi dumpf.

Der Blick des Mannes war hart. Er war stark, aber er konnte seiner kranken Tochter nicht die Freude machen, ihr diese Puppe zu schenken. Und jetzt musste er mitansehen, wie jemand tat, was ein Vater tun sollte. Es verletzte ihn, aber er schluckte den Stolz herunter, damit sein Kind sich freuen konnte.

"Danke", sagte er heiser.

"Ich helfe dir", bot Kepler an.

Der Mann nickte. Er drehte sich zu seiner Tochter um, nahm den Karton aus ihren Händen und gab ihn Budi. Dann löste er die Riemen, mit denen das Mädchen im Rollstuhl fixiert war, und hob es vorsichtig heraus. Kepler zog den Rollstuhl weg, und der Mann setzte das Kind in den Wagen. Sobald der Vater aus dem Weg war, reichte Budi der Kleinen den Karton zurück. Währenddessen klappte der Mann den Rollstuhl zusammen und legte ihn im Kofferraum. Nachdem er die Klappe zugemacht hatte, blickte er Kepler an.

"Danke sehr", brachte er heraus.

"Was hat sie?"

"Neuronale Ceroid Lipofuszinosen zwei." Der Mann blinzelte schnell, um die Tränen zurückzuhalten. "Sie fängt schon an zu erblinden."

Kepler sah fragend zu Budi. Der Sudanese verstand und nickte.

"Warte noch bitte kurz", sagte Kepler dem Mann.

"Wieso?", fragte der überrascht zurück.

"Ich besorge ihr ein Eis."

Der Mann sah ihn unschlüssig an, dann Budi, dann seine Tochter, die ihn lächelnd aus großen Augen aus dem Auto anblickte. Dann, nach einem weiteren prüfenden Blick auf Kepler, nickte er.

Kepler ging schnellen Schrittes zum Shopping-Center. In der ersten Ebene gab es Juweliergeschäfte, kleine Läden und etliche Bankfilialen. In einer davon hob Kepler hunderttausend Rand von seinem Konto ab. In einem Discounter dieser Größe war das nichts Außergewöhnliches, er bekam das Geld zügig und diskret in einer Tüte, nachdem der Bankangestellte sich nach der Größe der Scheine erkundigt hatte. Kepler verließ die Bank und kaufte auf dem Rückweg vier Portionen Eis. Er nahm Vanille, weil er nicht wusste, was das kleine Mädchen mochte.

Der Mann hockte neben seiner Tochter, als Kepler zurückkam. Die Kleine hielt mittlerweile die Barbie in den Händen und blickte sehnsüchtig zu den anderen Sachen im Karton. Sie bedankte sich, als Kepler ihr das Eis gab, die Puppe ließ sie nicht los. Kepler reichte ihrem Vater die Tüte mit dem Geld.

"Was ist das?", fragte der Mann, ohne danach zu greifen, stand aber auf.

"Geld", antwortete Kepler kurzangebunden.

"Wieso?", wollte der Mann sofort perplex wissen.

"Mach ihr ihre letzten paar Monate schön. Damit kannst du das." Kepler atmete durch. "Damit kannst du es ihr auch weniger qualvoll machen."

Er drückte dem Mann die Tüte in die Hand und nickte Budi zu. Sie winkten dem Mädchen und gingen ohne ein weiteres Wort davon.

"Hey!", hörten sie den Mann rufen und drehten sich um. Er stand mit zitternden Händen, aus seinen Augen liefen Tränen. "Wieso habt ihr das getan?"

Kepler wusste nichts zu sagen, aber Budi zeigte auf den Citi des Mannes. Der drehte sich überrascht um, Kepler sah ebenso verständnislos hin. Aber dann erblickte er ein Plastikkärtchen, der am Innenspiegel hing. Darauf war das Emblem der South African National Defence Force zu sehen, es war ein Passierschein. Der Mann verstand, worauf Budi zeigte. Als er sich umdrehte, wirkte er völlig verdattert. Angehörige der südafrikanischen Streitkräfte, allesamt Berufssoldaten, hatten kein hohes Anse-

148

hen in der Bevölkerung, und seit dem Ende der Apartheid änderte sich das nur sehr langsam zum Positiven.

"Wir sind auch Soldaten", antwortete Budi.

Es war nicht die wahre Begründung, aber wenigstens eine Erklärung.

"Danke, Kameraden", brachte der Mann heraus. "Ich..."

Er wollte noch etwas sagen, aber seine Stimme versagte. Kepler und Budi hoben zum Abschied kurz die Hände und gingen dann weiter.

*****

"Was hast du?", fragte Budi im Auto.

"Ich versuche immer wieder, jemandem etwas Gutes zu tun", antwortete Kepler unwillig, "aber ich kriege das nie richtig hin."

"Doch, eben erst", widersprach Budi.

"Was denn? Ich habe nicht geschossen und die Kleine wird trotzdem sterben."

"Deswegen ist es nicht weniger gut, Joe."

"Aber sinnlos", knurrte Kepler. "Ich hätte ihm alles gegeben was ich habe, wenn CLN heilbar wäre. Mit meiner... Hilfe", würgte er das Wort heraus, "kann er seiner Tochter nur den Tod erträglicher machen, nichts mehr."

Budi wartete, bis seine ohnmächtige Wut abgeebbt war.

"Was wir getan haben, ist mehr als er je hatte, Joe", sagte er nachdrücklich.

"Soll das ein Trost sein?", fragte Kepler ungehalten. "Das ist doch genauso wie früher – wir kämpfen für etwas, aber am Ende ist alles umsonst."

"Nicht alles", widersprach Budi bestimmt. "Wir haben etwas Gutes zustande gebracht. Auch wenn nur für einen Moment, aber das haben wir."

"Ja, genau", maulte Kepler. "Zu welchem Preis? Was sind wir geworden?"

"Wir können das ab", antwortete Budi. "Darum war es das wert. Richtig?"

Kepler nickte nach einer Weile. Und fragte sich, ob es tatsächlich so war.

46. Am Albert-Falls-Stausee im gleichnamigen Naturreservat wurde irgendein sportlicher Wettkampf ausgetragen, darum zogen Kepler und Budi weiter nordöstlich. Sie jagten, fischten und bereiteten das Essen am Feuer zu. Sie schliefen auf der nackten Erde und es machte ihnen nichts aus, dass sie keine Seife hatten. Dafür fühlten sie sich wieder stark. Sie verabscheuten den Krieg zutiefst, so wie jeder richtige Soldat es tat. Aber vollständig nach sich selbst fühlten sie sich nur dann, wenn sie mit der Erma und den Glocks schossen.

Seltsamerweise vermisste Kepler bald die Stadt. Nicht ihre Annehmlichkeiten, sondern die Möglichkeit, sich in ihrem Dröhnen zu verlieren. Dabei gehörte er so wenig in eine Stadt wie sonst irgendwohin, genauso wie er keine Menschen um sich wünschte, und dennoch Gesellschaft brauchte.

*****

In der zehnten Nacht seit dem Aufbruch konnte er nicht einschlafen, obwohl sein Körper müde war. Er lag da und dachte nach.

Er machte dieses Verlassen des wirklichen Lebens nicht zum ersten Mal, es half, zur Ruhe zu kommen und manchmal – zu vergessen. Aber diesmal funktionierte es nicht. Früher hatte Kepler sich dabei wie ein Kind gefühlt, nicht mehr klein, aber noch nicht erwachsen, unbekümmert und frei in einem glücklichen und zufriedenen Augenblick. Diesmal hatte er zwar eine gewisse Befriedigung erfahren, aber nicht die innere Ruhe wiedergefunden.

Kepler verdrängte die Gedanken und versuchte einzuschlafen, was ihm irgendwann auch gelang.

Sein Schlaf dauerte allerdings nicht lange. Als er wieso auch immer wieder wach wurde, war es zwischen zwei und drei Uhr. Es war die dunkle, dumpfe Stunde der Nacht, die schwere Stunde des Bullen nach uraltem mongolischem Aberglauben, die Stunde, in der die finsteren Mächte der Nacht herrschten.

Kepler fragte sich, was ihn geweckt hatte, und starrte in die trübe Dunkelheit.

Im Mondlicht, das die Ebene überstrahlte und den Wald weit an ihrem Rand wie eine dunkle Wand erscheinen ließ, war die Glut des erlöschenden Lagerfeuers fast nicht mehr zu sehen. Budi schlief auf der anderen Seite der Feuerstelle, eine zur Faust geballte Hand unter dem Kopf, die andere an die Seite gedrückt, in der Nähe der Glock. Sie machten keinen Wachdienst mehr. Hier drohte ihnen keine Gefahr, zudem würden sie beim kleinsten Anzeichen einer Gefahr aufwachten. Sie hatten immer noch den Schlaf ihres Berufes.

Kepler stand leise auf. Budi öffnete sofort die Augen, sah ihn blinzelnd an und schloss sie beruhigt wieder.

*****

Kepler fühlte etwas, das er nicht fühlen konnte, das die Indolenz gar nicht zuließ. Der Schmerz war nicht nur in seinem Kopf. Es tat auch in seiner Brust und in seinem Bauch weh. Sein Körper war in Ordnung, das wusste er. Der Schmerz erinnerte ihn an den Tag, als seine Eltern gestor-

150

ben waren, und er fragte sich erstaunt, ob es seine Seele sein könnte, die schmerzte. Eigentlich nicht.

Man konnte die Armee für stupide halten, aber dort lernte man nicht nur das Kämpfen. Man lernte, für den Kampf nachzudenken, auch wenn es der eigene innere war. Diese Lektion war einfach. Wenn man aufgewühlt war, sollte man Zeit verstreichen lassen, um den Kopf klar zu bekommen und nachdenken zu können, damit man objektiv urteilen und anschließend nüchtern handeln konnte.

Nachdem Kepler sich dreißig Meter vom Lager entfernt hatte, lief er los, ohne sich aufzuwärmen, verbissen und viel zu schnell. Bald bekam er kaum noch Luft. Aber er zwang sich, weiter zu laufen, immer weiter, bis der Schmerz in seinen Lungen so stark wurde, dass er den anderen überblendete. Kepler biss die Zähne zusammen und lief weiter.

Nach zwei Kilometern normalisierte sich seine Atmung wieder, und er konnte klarer denken. Er fragte sich, was ihn so mitgenommen hatte, was dieses längst vergessene Gefühl war, das an ihm zerrte.

Zu helfen, das hatte ihn glauben lassen, dass er mehr wäre, als nur ein Killer.

Vielleicht hatte er der Schwester der misshandelten Marokkanerin geholfen, vielleicht auch dem kleinen Mädchen mit der unheilbaren Krankheit. Und das hatte fast alles Dunkle in ihm ausgeblendet und er hatte sich gefühlt, als wäre er ein richtiger Mensch. Sogar ein guter.

Möglicherweise hatte er diese Empfindung auch bitter nötig. Nur hatte er sich an sie geklammert, anstatt sich daran zu erinnern, dass etwas Gutes zu tun nicht gleichbedeutend mit einem guten Wesen war. Kepler war nicht gut. Er hatte jedoch versucht, das zu verdrängen. Aber die Wahrheit ließ sich nicht leugnen.

Kepler lief langsamer. Der Schmerz war seine eigene Schuld. Er brauchte nur mit dem Lügen aufzuhören. Was auch immer er verbrochen hatte, er war immer ehrlich gewesen, zumindest sich selbst gegenüber. Er musste es nur wieder werden. Und aufhören, sich einzubilden, etwas wert zu sein. Er war es nie gewesen.

Erleichtert lächelte er in sich hinein. Und schaltete den Schmerz einfach aus.

Doch dann war das Gefühl, das er soeben besiegt zu haben glaubte, wieder da, und Kepler fühlte sich immer noch nicht frei. Anscheinend hatte er immer noch die Angst, etwas Wertvolles zu verlieren. Erstaunt überlegte er, was es sein konnte. Er musste diese Furcht unbedingt loswerden. Denn frei zu sein war das Einzige, was zählte. Das, und sich selbst nicht zu verraten.

Vor Südafrika war er frei gewesen, zumindest nachdem Sarah, Jens und Robert nach Amerika gegangen waren. Das Scheitern seiner Beziehungen hatte er mit kleinen Anstrengungen verkraftet, das konnte er. So hatte er schon oft Menschen losgelassen, entweder weil er sie verlor, oder weil er Angst davor hatte, sie zu verlieren. Was war denn jetzt noch?

Sein Leben war ihm mehr oder weniger egal.

Er glaubte an die Liebe, aber nicht mehr für sich persönlich.

Seinen Glauben hatte der Sudan ihm genommen, zusammen mit der Liebe.

Er hatte ein Ziel in seinem Leben. Er wollte helfen, so wie Oma und Sarah ihm geholfen hatten. Dafür hatte er an einem heißen Nachmittag in einem sudanesischen Dorf ein Dragunov-Scharfschützengewehr in die Hände genommen, um für einen General zu töten. Auf diese Weise für seine Überzeugung einzustehen war böse, darüber machte sich Kepler überhaupt keine Illusionen. Aber er konnte damit gut leben, weil es letztendlich wirkungsvoll gewesen war. Weil es einigen Menschen die Möglichkeit gegeben hatte, zu überleben. Und diese Menschen hatten einen richtigen Sinn in ihrem Leben.

So wie jene Menschen, die den fehlenden Teil seiner verkrüppelten Seele ausgefüllt hatten. Für sie hätte Kepler sein Leben gegeben. Stattdessen hatte er sie alle verloren. Seine Familie, seine Kameraden, Katrin, die Galemas. Alle.

Außer Budi.

Kepler blieb stehen.

Sein Schmerz resultierte nur daraus, dass er noch etwas verleugnet hatte. Jemanden – den Menschen, dem er mehr vertraute, als sich selbst.

Kepler kam sich wie eine Waffe vor, die ihre Lage im Augenblick des Schusses veränderte. So klein dieses Abkommen sein mochte, die Kugel traf nicht mehr den anvisierten Haltepunkt. Genauso hatte er versagt. Weil er die Rache für David vermasselt hatte und Sahi darum gestorben war, und weil er und Budi untertauchen mussten.

Und trotzdem hielt Budi bedingungslos zu ihm. Er ersetzte Kepler seinen Bruder, Oma, Sarah und das Kind, das er niemals haben würde, er füllte die Leere aus, die Katrin hinterlassen hatte, und er gab ihm Kraft. Budi war wirklich alles was er hatte, alles was er wollte, alles was er brauchte. Das wollte er nicht verlieren. Aus diesem Grund war er nicht mehr frei.

Aber dafür – hatte er einen Freund.

Kepler wurde plötzlich klar, dass er nur deswegen noch nicht aufgegeben hatte und immer noch hoffte, sein Leben so entschieden führen zu können, wie er das stets mit einer Waffe zu tun vermochte. Dank Budi glaubte er inzwischen wieder an sich selbst. So, wie sonst immer vor einem Schuss, wenn er wusste, dass er genau im Haltepunkt treffen würde – ohne Abkommen.

Kepler atmete durch. Und akzeptierte es.

Und dann war er frei.

*****

Budi war wach. Er saß am Feuer, das er wieder entfacht hatte, und starrte in die Dunkelheit. Er drehte den Kopf, und Kepler sah ein erleichtertes Lächeln über seine Lippen huschen. Kepler setzte sich neben seinen Freund. Budi sagte nichts. Er stand auf, drückte seine Schulter und ging zu seinem Rucksack. Einige Augenblicke später war er zurück und setzte sich wieder neben Kepler hin. Er beugte sich und langte nach einem Zweig, der aus dem Feuer herausragte. An dessen glühender Spitze zündete Budi eine Zigarette an. Er warf den Zweig zurück ins Feuer, dann nahm er die Zigarette mit den Spitzen von Daumen und Zeigefinger aus dem Mund und reichte sie Kepler. Er zog zweimal daran, dann gab er sie Budi zurück. Der inhalierte auch zweimal und reichte sie ihm wieder.

Sie teilten die Zigarette, so wie sie es damals auf Patrouille im Sudan getan hatten. Sie hatten am Feuer gesessen, unter dem unvorstellbar tiefen Himmel, und die Männer hatten dabei ihre einfachen Lebensgeschichten erzählt, und ihre nicht minder einfachen Träume. Der Einzige, der sich dabei nie daran beteiligt hatte, war Kepler gewesen. Er und seine Männer waren sich erst fremd gewesen, danach war er derjenige, der sie ins Feuer schicken musste.

Und erst jetzt verstand Kepler endlich, was er damals trotzdem einige Male in den Augen seiner Männer gesehen hatte, nur nie bei Kobi. Sie und er, sie waren gar nicht so verschieden, wie ihre Herkunft es war. Er war einer von ihnen gewesen. Seine Hautfarbe war dabei egal, und dass er ihr Kommandeur war, auch.

Kepler verschränkte die Finger ineinander und blickte bedächtig in die Weite.

"Ich bin am zwanzigsten Februar neunzehnhundertzweiundsiebzig in Steinfurt in Westdeutschland zur Welt gekommen..."

Er erzählte Budi sein Leben, ohne etwas auszulassen. Er sprach über seine Familie, und sah Oma, Sarah und Jens vor seinem geistigen Auge, und beinahe die Gesichter seiner Eltern. Er erzählte von seiner Zeit bei der Bundeswehr, und hatte den ekligen Leichengeruch von Kosovo in der Nase. Er sprach von Katrin und sein Herz verkrampfte sich, er konnte sie beinahe in seinen Armen spüren. Dann überkam ihn abermals das unendliche Bedauern über Omas Tod. Danach spürte er ganz kurz etwas Wärme bei den Gedanken an Julia, Nico, Daijiro und Marco.

Er hatte das niemandem erzählt. Jetzt tat er es für den einzigen Menschen in seinem Leben. Der mit ihm den Weg bis zum Ende gehen würde.

Und er erzählte es sich selbst. Er hatte mit diesem alten Leben abgeschlossen, nur durfte er es nicht vergessen. Damit er Mensch blieb.

153

Gleichgültig, ob ein guter oder ein schlechter, einfach – damit er nicht zu einem Dämon wurde.

VI.

47. Kepler und Budi brauchten nicht mehr so zu tun, als gäbe es zwischen ihnen keine Verbundenheit. Sie sprachen nicht darüber, aber die Gewissheit, nicht allein auf der Welt zu sein, ließ sie im Laufe der nächsten drei Wochen allmählich etwas Lebensfreude finden.

Sie hofften auf den Anruf von Smith. Die Ausflüge in die Savanne um zu schießen, machten das Warten erträglich. Touristinnen kennenzulernen, auch.

*****

Die besten Möglichkeiten dazu gab es an der Beachfront. Sie erstreckte sich über sechs Kilometer von der Mündung des Umgeni Rivers im Norden von Durban bis zu der Hafeneinfahrt im Süden.

Am Strand selbst waren zumeist Südafrikaner aus Gauteng unterwegs, aber an der Golden Mile, dem Kern der Beachfront, wimmelte es von Touristen. Im Gewirr aus riesigen Hotelburgen und unzähligen Bars, Nachtclubs und Restaurants waren die Chancen, eine Touristin kennenzulernen, sehr groß.

An einem Nachmittag fuhren Kepler und Budi nach dem Training zu einem Eiscafé an der breiten, palmengesäumten Strandpromenade. Als sie dort ankamen, wurde draußen gerade ein Tisch frei. Es war schon kurz vor dem Abend, und das Café war brechend voll, darum ließ die Bedienung entgegen des sonst in Südafrika sehr prompten Services länger auf sich warten.

Kepler war das gleichgültig, er und Budi hatten keine Eile. Dafür sahen sie zwei Amerikanerinnen. Trotz schmächtiger Figürchen wirkten die Frauen sehr fit, und sie lachten offen und freudig. Anscheinend machten sie eine Bildungsreise, ein entsprechender Reiseführer lag auf ihrem Tisch.

Kepler und Budi hatten schon viele solche Touristinnen kennengelernt. Aus diesem Grund kannten sie sich mittlerweile mit sämtlichen Museen und Sehenswürdigkeiten von Durban aus. Sie kannten auch die Winkel, die kaum von Touristen aufgesucht wurden, und die darum umso authentischer wirkten. Und im Gegensatz zum Reiseführer kannten Kepler und Budi auch das ursprüngliche, kaum von der Zivilisation berührte Afrika außerhalb der Stadt. Diese Kenntnisse hatten schon einige Touristinnen verzaubert.

Budi nickte drängend und Kepler erhob sich. Im selben Moment sah er eine Frau, die sich an die Wand des Gebäudes lehnte. Sie hatte einen Pappbecher mit Kaffee in der Hand, aber anstatt irgendwohin zu hasten, stand sie da, blinzelte in die Sonne und trank langsam und bedächtig. Als wenn sie für einen Augenblick hinter eine unsichtbare Mauer getreten wäre, die sie von der Welt um sie herum abschirmte. Dennoch materialisierte sich wie aus dem Nichts ein Surfer mit ausgebleichten Haaren und muskulösem Oberkörper breit grinsend vor der Frau und sagte etwas. Ein dummer Spruch verbot sich bei ihr irgendwie von selbst, es konnte nur ein Kompliment sein. Die Frau sah den Surfer flüchtig an und erwiderte etwas. Die Art, wie sie es getan hatte, verriet einen ruhigen und starken Charakter. Der Surfer stierte sie verdattert an und verschwand hastig.

Beeindruckt, musterte Kepler die Frau. Sie schien etwas junger als er zu sein, war nicht groß und hatte europäische Gesichtszüge, aber ihre Haut hatte in den hellen Sonnenstrahlen die Farbe von Bronze. Ihre schulterlangen schwarzen Haare hatte die Frau stramm nach hinten gebunden. Sie trug eine Hose und ein kurzes Jackett, die ihre Figur betonten. Der Stoff beider Kleidungsstücke lag so eng an, dass die Frau wie eine präzise geformte Statue wirkte. Ihre durch die Kleidung betonten Hüften und der grazile Busen lenkten den Blick auf sich, erst nach zwei Sekunden sah Kepler, dass die Frau ihn auch offen ansah.

Ihr Blick war unendlich müde und in ihren dunklen Augen lag ein abgehärteter, enttäuschter und jedem und allem gegenüber misstrauischer Ausdruck. Das minderte nicht die selbstsichere und gelassene Erscheinung der Frau, sondern unterstrich eher ihre kalte und abweisende Haltung. Die Frau sah nicht weg, als Kepler sie direkt anblickte. Aber es huschte nicht einmal ein widerwilliges oder flüchtiges Lächeln über ihre Lippen.

Doch ihr nachdenklich fragender Blick und ihre Augenbrauen, die sich anscheinend überrascht zusammenzogen, lösten in Keplers Hinterkopf das Echo einer alten Erinnerung aus. Die entglitt ihm jedoch sogleich. Er ging geradewegs zu der Frau. Sie musterte ihn weiterhin. Nicht ablehnend, aber distanziert. Als er vor ihr stehenblieb, verengten sich ihre Augen abwartend.

"Entschuldigen Sie, dass die Frage, die ich gleich stelle, sich wie ein absolut einfallsloser Flirtversuch anhören wird", bat Kepler, "aber – kennen wir uns?"

"Nein", gab die Frau sofort und unmissverständlich zurück.

"Sind Sie sich sicher?", hakte Kepler trotzdem nach.

"Ja."

"Ich wollte Sie nicht belästigen, mir war nur so", erklärte Kepler. "Weil ich mich normalerweise ziemlich gut an Gesichter erinnere."

"Sich an jemanden zu erinnern, heißt noch lange nicht, ihn zu kennen", belehrte die Frau ihn sachlich.

Es hatte nicht von oben herab geklungen. Sondern fast schon auffordernd.

"Mein Fehler", erwiderte Kepler. "Dann – haben wir uns schon mal gesehen?"

"Ich habe Sie gesehen", antwortete die Frau. Wieder machten die kleinen Fältchen um die Mundwinkel ihr Lächeln irgendwie traurig. "Sie mich also auch."

"Und wo?", interessierte sich Kepler neugierig.

Anstatt zu antworten, trank die Frau bedächtig ihren Becher aus.

"Es war im Sudan", antwortete sie anschließend ruhig.

Überrascht dachte Kepler nach, konnte sie aber nirgends zuordnen.

"Ich weiß es immer noch nicht", gestand er.

"Es war auch kürzer als diese Unterhaltung", meinte die Frau.

"Koffein macht wach, treibt den Blutdruck hoch, hilft klarer zu denken, lauter solche feinen Dinge", überlegte Kepler laut. "Ich gebe uns beiden Kaffee aus und Sie helfen meiner Erinnerung auf die Sprünge, okay?", schlug er vor.

Die Frau zögerte. Dann musterte sie ihn nochmal und zuckte die Schultern.

"Ist gut", entschied sie sich in recht gleichgültigem Ton.

"Ich sage nur meinem Freund schnell Bescheid." Der Blick der Frau wanderte schnell und zielstrebig zu Budi, der sie und Kepler neugierig anschaute. Sie sah den Sudanesen an, wieder zu Kepler und nickte. Er drehte sich um und wollte weggehen, dann hielt er inne und drehte sich wieder um. "Lady, Ihren Namen wüsste ich gern", verlangte er bittend.

Die Frau lachte auf, kurz und müde, aber diesmal fast gelöst.

"Spoon", antwortete sie.

Mit dem Namen konnte Kepler auch nichts anfangen. Die Frau löste sich von der Wand und ging zu einem Tisch, der gerade frei wurde.

Budi empfing Kepler mit einem nunmehr etwas erstaunten Blick.

"Wer ist die Schöne?", wollte er wissen.

"Ich habe keine Ahnung", antwortete Kepler ratlos. "Aber sie kennt mich aus Sudan. Kommt sie dir vielleicht bekannt vor?"

"Nein." Budi schüttelte alarmiert den Kopf. "Sind wir in Gefahr?"

"Ich trinke mit ihr einen Kaffee, dann werden wir es sicher wissen." Kepler sah nachdenklich in die Weite. "Welchen Eindruck macht sie?"

"Einen seltsamen." Budi überlegte. "Vielleicht ist es an der Zeit, Colonel, vielleicht müssen wir weiter." Er lächelte schief. "Ich hoffe aber, dass nicht." Er sah zu der Frau. Kepler beobachtete aufmerksam das Gesicht seines Freundes. Nach einigen Sekunden lächelte Budi und nickte der Frau zu. "Sie ist nett", meinte er.

"Okay, bis gleich", erwiderte Kepler beruhigt.

Budi irrte sich nur selten. Aber wenn sein Freund diesmal falsch liegen sollte, nun, fürs Packen brauchen sie nicht lange.

Spoon sah Kepler an, während er sich zwischen den Tischen zu ihr lavierte, aber ihr Blick war entrückt und ihre Finger spielten geistesabwesend mit dem leeren Becher. Sie schien sehr müde zu sein, beinahe erschöpft. Als Kepler sich neben sie setzte, nickte sie ihm nur knapp zu.

"Die weite Welt ist im Grunde nur ein winzig kleines Dorf", sagte er leicht verlegen. "Aber ich weiß es immer noch nicht. Waren Sie bei World Vision?"

"Nein, bei der AMIS", antwortete Spoon.

Die African Union Mission in Sudan war der Versuch der Afrikanischen Union, den Krieg in Darfur zu beenden. Der Einsatz hatte fast nichts bewirkt, genauso wie die gemeinsam mit der UNO gestartete Nachfolgemission UNAMID.

"Ich war nie in Darfur", sagte Kepler überrascht.

"Ich weiß", erwiderte Spoon. "Ich habe Sie in Qurdud gesehen. Wir waren dort, um uns anzusehen, wie General Abudi seine Politik durchsetzte." Sie machte eine Pause und sah Kepler völlig offen an. "Ich habe miterlebt, wie Sie einen Drogenhändler auf dem Marktplatz exekutiert haben."

Erst als Kepler die Situation Schritt für Schritt im Gedächtnis rekonstruierte, hatte er eine schemenhafte Erinnerung, Spoons Gesicht in der Menge gesehen zu haben. Damals hatte er sie wohl für eine Mitarbeiterin von der UNO gehalten.

"Zwei Tage später war ich mit einem Journalisten bei Abudi", erzählte sie weiter. "Er hielt viel von Ihnen. Ein paar Monate darauf hörte man überall im Sudan von der Ratcompany. Sie waren der Kommandeur, oder? Joe, die Weiße Ratte."

"Stimmt", antwortete Kepler ruhig.

"Ihre Truppe war berühmt."

"Ich dachte, berüchtigt."

Spoon nickte.

"Ja, das auch", erwiderte sie und machte eine Pause. "Dann war Abudi tot, die Ratcompany verschwand und in Kurdufan brach wieder das Chaos aus." Sie sah Kepler in die Augen. "Und was tun Sie jetzt hier?"

"Urlaub", gab Kepler knapp zurück.

Spoon musterte ihn. Dann lächelte sie leicht.

"Keine Sorge, Joe, niemand interessiert sich für ehemalige Söldner."
Sie seufzte kaum hörbar, aber bitter. "Nur Sudans Bodenschätze sind von
Belang."

Kepler entspannte sich. Eigenartigerweise glaubte er Spoon sofort.

"Haben Sie auch einen Vornamen?", unterbrach er die eingekehrte Stille.

"Ana", antwortete Spoon träge. "Aber niemand nennt mich so. Sag ruhig *du*."

In diesem Moment kam die Kellnerin an den Tisch. Spoon lebte ein
wenig auf und bestellte zwei große Kaffee. Scheinbar automatisch fügte
sie hinzu, dass es Becher zum Mitnehmen sein sollten, keine Tassen.

"Du kommst von der Arbeit, wie es aussieht", vermutete Kepler. "Du
bist völlig fertig. Lass den Kaffee sein, fahr heim, iss was und geh ins
Bett."

"Kann ich nicht, ich habe nur eine Pause in meiner Zwei-Tage-Schicht",
erwiderte Spoon. "Ich brauche den Kaffee. Und hier gibt es den besten."
Der Kaffee wurde gebracht. Spoon holte Geld heraus und reichte es der
Kellnerin. Die stellte die beiden Becher auf den Tisch, nahm das Geld,
dankte und ging. Spoon schob einen Becher zu Kepler und stand müde
auf. "Mach's gut, Joe", wünschte sie. "Meine Pause ist gleich um, ich
muss los."

Sie hatte es nicht abweisend gesagt, sondern fast schon bedauernd, aber
sie bewegte sich so schnell, als wenn sie flüchten wollte.

"Hey, Ana", rief Kepler.

Spoon hielt zögernd inne, dann sah sie ihn an.

"Was ist?", wollte sie wissen.

"Danke", sagte Kepler und deutete auf den Becher. "Pass auf dich auf."

Spoon lächelte knapp und drehte sich ohne ein Wort um. Mit schnellen
Schritten verließ sie das Café. Bevor sie die Straße überquerte, blieb sie
stehen und sah schnell über die Schulter. Kepler wollte ihr Lächeln erwidern,
aber Spoon drehte den Kopf gleich wieder zurück und lief über die
Fahrbahn. Sekunden später verschwand sie in der Menschenmenge auf
der anderen Straßenseite.

48. Kepler wollte Spoon wiedersehen. Nicht, weil er befürchtete, ihre
Kenntnis seiner wahren Identität könnte ihm und Budi vielleicht Schwierigkeiten
bereiten, diese Vergangenheit interessierte wohl wirklich niemanden,
zumindest nicht in Südafrika. Dass Spoon gut aussah, war nur
ein Teil dessen, was Kepler an ihr faszinierte. Wobei *faszinieren* das falsche
Verb war. Spoon hatte fast dieselbe Vertrautheit in ihm geweckt,
die er sonst nur Budi gegenüber empfand.

Der versuchte beim Training, die Empfindung, die Spoon bei Kepler hinterlassen hatte, schamlos auszunutzen. Nachdem er jedoch zum dritten Mal auf dem Boden gelandet war, hielt er eine lange Rede, in der er Kepler vorwarf, nicht einmal verträumt schlechter zu kämpfen. Zum Schluss empfahl er ihm den Besuch bei einem Psychiater. Danach behauptete er, im Studium der Geschichte stets größere Fortschritte als im Nahkampf zu erzielen, und ging duschen.

Kepler schaltete den Laptop ein. Die Erkenntnisse der Out-of-Africa-Theorie halfen ihm die nächsten drei Stunden zu überbrücken. Obwohl er sich ernsthaft mit der Behauptung auseinandersetzte, dass die Menschheit ihren Ursprung auf diesem Kontinent genommen hatte, vergaß er Spoon nicht für einen Moment.

*****

Er dachte weiter über die Lücken der Theorie nach, während er zur Beachfront fuhr, doch auch das tat er nur, um sich von Gedanken an Spoon abzulenken.

Er vergaß die Theorie und ihre Widersprüche völlig, als er sich dem Café näherte. Er war etwas früher als gestern da, aber Spoon lehnte sich schon so wie am Vortag an die Wand und hielt einen Becher in der Hand. Ihre Augen waren heute geschlossen und ihre Wangen schienen eingefallen zu sein.

Kepler stellte sich leise neben sie. Sie hörte ihn trotzdem. Ihr müder, aber beinahe gelassener Gesichtsausdruck veränderte sich. Er wurde hart, unwillig und abgeklärt. Spoon holte Luft und öffnete die Augen. Sie hatte wohl den nächsten Surfer erwartet. Ihr Blick wurde fassungslos erstaunt, als sie Kepler ansah. Ihr schon geöffneter Mund schloss sich. Dann zogen sich ihre Lippen in einem zaghaften Lächeln auseinander, und die winzigen Fältchen um ihre Augen herum wirkten plötzlich weich.

"Hi. Ich schulde dir noch einen Kaffee", sagte Kepler. "Eigentlich zwei, du hast ja gestern mir einen ausgegeben. Mit Zinsen sind es drei. Hält man einen Spiegel davor, sind es dann sechs." Er sah Spoon in die Augen. "Das wird dauern. Hältst du das durch, Ana, oder gibt es in dem Laden ein Klo?"

Spoon unterdrückte ein Grinsen.

"Ich saufe dich unter den Tisch", behauptete sie.

Kepler musterte sie eingehend.

"Irgendwie glaube ich dir das", erwiderte er.

"Feigling", sagte Spoon daraufhin.

"Warum das denn?", fragte Kepler. "Erstens ist es couragiert, sein Unvermögen einzugestehen. Und zweitens – ich hatte nicht vor, wieder zu gehen."

"Sondern?", wollte Spoon wissen.

159

"Weiß nicht. Zunächst bleibe ich neben dir stehen."

Spoon lehnte sich wieder an die Wand und schloss die Augen. Als sie zum Trinken ansetzte, huschte ein flüchtiges Lächeln über ihre Lippen. Kepler sah nach vorn, während sie, in sich gekehrt, langsam ihren Kaffee trank. Nach einiger Zeit setzte sie den Becher ab und blickte Kepler an. Er sah es im Augenwinkel, rührte sich jedoch nicht. Neben Spoon zu stehen, fühlte sich gut an.

"Du bist doch kein Feigling", meinte Spoon. "Du rennst tatsächlich nicht weg."

"Du bist auch mutig", erwiderte Kepler. "Du scheuchst mich nicht davon."

Sie sahen einander an. Für einen Moment war es Kepler, als würde er vor dem Spiegel stehen und in die eigenen Augen blicken.

"Und was machen wir beiden Antihelden nun?", fragte Spoon leise.

"Versuchen, weiter zu überleben", antwortete Kepler.

"Ja", flüsterte Spoon und straffte sich. "Bringst du mich zu meinem Auto?"

Kepler nickte. Diesmal war er schneller, er drückte der herbeigeeilten Kellnerin einen Geldschein in die Hand und warnte Spoon mit einem Blick, als sie protestieren wollte. Die Kellnerin wünschte einen schönen Tag und ging. Spoon sah Kepler undefinierbar an und löste sich mit einem Ruck von der Wand.

Sie gingen schweigend die Promenade entlang. Spoon sah immer wieder zum Ozean. Am Strand und im Wasser tollten Kinder und Jugendliche, die Erwachsenen ließen es zwar etwas ruhiger angehen, aber sie alle wirkten losgelöst und frei. Ein Pärchen knutschte hemmungslos im Sand, ein paar Meter weiter versuchten drei junge Männer, sich gegen sieben Frauen im Beach-Volleyball zu behaupten. Die verloren jeden Angriff, lachten unentwegt und genossen es, die Männer zu wagemutigen Stürzen anzuspornen. Die wälzten sich possierlich im Sand und hatten dabei riesige Freude am stichelnden Beifall ihrer Gegnerinnen.

Spoon ging schneller. Trotz des schon späten Nachmittags schien die Sonne sehr kräftig und Spoon zog das Jackett aus. Sie hängte es über den linken Arm und öffnete die Manschettenknöpfe an den Ärmeln ihrer Bluse. Kepler nahm das Jackett, damit es Spoon nicht störte. Sie nickte kurz, krempelte die Ärmel bis zu den Ellenbogen hoch und öffnete die beiden oberen Knöpfe ihrer Bluse. Unwillkürlich sah Kepler hin. Oberhalb der weichen Rundung der linken Brust leuchtete auf Spoons dunkler Haut hässlich-weiß die Narbe einer Schussverletzung. Als Kepler in den Aufschlag des Hemdes gesehen hatte, schien Spoon erst etwas sagen zu wollen, schwieg aber, die Müdigkeit überkam sie immer mehr.

Nach einigen hundert Metern wurden ihre Schritte schleppender und sie blinzelte öfter und eulenhaft. Bald ging sie fast völlig teilnahmslos weiter.

"Wo hast du geparkt?", fragte Kepler.

"Hast du jetzt genug?", fragte Spoon matt zurück.

"Nein", antwortete Kepler. "Aber du musst schlafen."

"Unter anderem", murmelte Spoon und ging nach links zur Straße.

Ihr alter Mitsubishi Lancer stand auf demselben Parkplatz, auf dem Kepler geparkt hatte. Spoon zögerte einzusteigen, nachdem sie den Wagen aufgeschlossen hatte. Mit der Hand am Türgriff sah sie Kepler an und wollte etwas sagen, aber dann brachte sie wieder kein Wort heraus. Stattdessen verharrte sie und sah mit leerem Blick in die Sonne, die sich schon rötlich färbte. Spoons dünne Augenbrauen zogen sich zusammen, als würde sie mit sich selbst um eine Entscheidung ringen, und sie nicht treffen können.

Kepler ahnte, worum es ging. Um den Wunsch, im Sex zu vergessen – in der Gewissheit, dass es nicht passieren würde. Und um die Frage, lieber gleich sofort eine Flasche Whiskey zu besorgen. Um den Wunsch und den Willen, diesem Verlangen standzuhalten. Noch.

Spoon stöhnte leise und erstickt auf.

"Abends kommt die Erinnerung", riet Kepler.

"Sie ist fast pausenlos da", widersprach Spoon bitter mit leiser Stimme.

Sie fuhr zusammen, als Kepler seine Hand auf ihre Schulter legte. Reflexartig versuchte Spoon, seine Hand abzuschütteln, aber er drehte die junge Frau sanft, jedoch entschieden so, dass sie ihn anblicken musste.

"Die Wunde auf deiner Brust – zwei Zentimeter weiter unten, und du wärst tot, Ana", sagte er. "Freu dich, dass du lebst und hör auf, dich kaputt zu machen."

"Ich wäre lieber tot", flüsterte Spoon. "Denn das hier ist kein richtiges Leben mehr, das ist nur eine leere, sinnlose Hülle um irgendetwas herum."

Kepler wusste plötzlich ganz sicher, dass sie sich genauso fühlte, wie er sich damals in Bremen. Auch Spoon hatte keine Freunde mehr und keinen Kontakt zur Familie, die Erinnerung an den Krieg hatte sie alle vergrault.

"Die, die nicht dort gewesen waren, sie werden es nie verstehen, also lass sie einfach." Kepler sah ihr in die Augen. "Konzentriere dich darauf, das zu sein und zu tun, was du für richtig hältst."

"Den habe ich... meine Arbeit... das Gefühl, Menschen zu helfen", brachte Spoon heraus. "Ansonsten bin ich kaputt..."

"Bescheuert bist du", unterbrach Kepler sie. "Ansonsten bist du eine starke, kluge, schöne und begehrenswerte Frau." In Spoons erstaunt aufgerissenen Augen stahl sich plötzlich eine wilde Hoffnung. "Ich meine es wirklich so, wie ich es gesagt habe", beantwortete Kepler ihre unausgesprochene Frage in ihrem Blick. "Und, Ana – ich bin auch dort gewesen", erinnerte er sie sanft. "Dass wir es nicht geschafft haben, ist nicht nur unsere Schuld gewesen, wir hatten nicht völlig versagt. Man hat uns einfach nicht gewinnen lassen."

"Hätten wir überhaupt gewinnen können?", knurrte Spoon.

"Ja", antwortete Kepler entschieden. "Der Krieg ist schlecht, Ana, du bist es nicht. Lass dich von ihm nicht noch mehr verletzen, als er es schon getan hat."

Spoon sagte nichts. Einige Sekunden lang sah sie Kepler an.

"Wird es irgendwann mal leichter?", fragte sie dann.

"Nein." Plötzlich dachte Kepler an Oma. "Doch, es gibt einen Weg."

"Welchen?"

"Den Glauben. Aber ich kenne diesen Weg nicht."

"Wie kommst du dann zurecht?"

Darüber brauchte Kepler nicht nachzudenken.

"Ich habe einen Freund", antwortete er.

"Ich tue so, als hätte ich einen. Ich unterhalte mich sogar mit ihm." Spoon sah Kepler an und lächelte. "Du erinnerst mich an diese imaginäre Gestalt."

Es hatte verbittert geklungen und nicht leichthin, wie sie es wohl beabsichtigt hatte. Und das Lächeln, das sich schon leicht auf Spoons Lippen abzeichnete, verschwand plötzlich wie ein aufgescheuchtes Tier. Spoon schüttelte Keplers Hand von ihrer Schulter, riss die Tür auf und stieg hastig ein.

Kepler hielt die Tür fest. Spoon zog nicht daran, sie blickte aber nur stur nach vorn. Kepler beugte sich herunter und strich leicht über ihre Wange. Spoon fühlte sich weich und warm an. Und sie zitterte fast unmerklich, wie vor Angst.

"Ich bin nicht fiktiv, Ana", sagte Kepler.

Spoon erwiderte nichts. Sie biss sich auf die Unterlippe und blickte weiterhin geradeaus. Die Fingerknöchel ihrer linken Hand, mit der sie sich ans Lenkrad klammerte, knackten vor Anspannung. Kepler richtete sich auf und wollte die Tür zumachen. Spoon drückte den Ellenbogen gegen die Scheibe.

"Joe", sagte sie leise, ohne die Augen zu bewegen, "002-772-840-26-45-35."

Sie machte die Tür zu und atmete mit geschlossenen Augen durch, dann startete sie den Motor. Als sie sich umsah, streifte ihr Blick über Kepler. Für einen Moment leuchteten ihre Augen dankbar und sehnsüchtig auf und sie lächelte leicht. Dann sah sie nur noch auf die Straße, während sie aus der Parklücke fuhr.

Kepler blickte ihr nach. Er hatte ihr genau die Ratschläge gegeben, die er selbst nie hatte umsetzen können. Er hatte aber nicht geheuchelt, er glaubte daran, dass man seinen inneren Krieg gewinnen konnte. Wenn man einen Freund hatte, mit dem gemeinsam man diesen Kampf ausfocht.

49. Er wartete bis Mittag, damit Spoon sich gut ausschlief. Das hatte sie anscheinend getan, sie nahm ab, noch während das erste Rufzeichen zu hören war.

"Bist du wieder fit?", erkundigte sich Kepler.

"Ja!"

Spoon hörte sich freudig an, als wenn sie etwas Gutes erwartete. Von ihrer Angst schien nichts mehr da zu sein.

"Schon gefrühstückt?", fragte Kepler.

"Klar – nachdem ich fast verhungert war", antwortete Spoon schelmisch. "Ich hatte nämlich gehofft, du würdest mir ein anständiges Frühstück spendieren, und habe gewartet und gewartet. Und du rufst erst gegen Mittag an."

"Ich hatte meine Gründe dafür", ließ Kepler sich kein schlechtes Gewissen einreden, während er seine Zurückhaltung im Stillen bedauerte. "Brunch?"

"Ne du, Kaffee, alter Toast und etwas Margarine haben mich vollends gesättigt", gab Spoon giftig zurück, dann wich die gespielte Entrüstung in ihrer Stimme einem bittenden Ton. "Ich würde gern an den Strand gehen."

"Bin in dreißig Minuten bei dir", erwiderte Kepler. "Bis dann", sagte er, nachdem Spoon ihm ihre Adresse genannt hatte.

"Bis gleich, Joe", hauchte Spoon zurück.

*****

Sie wohnte in der Nähe von Umlazi. Die Häuser hier waren zwar schäbig, aber nicht so verkommen wie in der Township selbst. Spoon wartete vor ihrem Haus.

Ihr Kostüm hatte zwar sehr deutlich gar keine Zweifel aufkommen lassen, dass sie eine Frau war, aber es war trotzdem nur angepasste Männerkleidung. Jetzt trug Spoon eine abgewetzte Jeans mit Löchern über den Knien, die ihre langen schlanken Beine umspannte, und ein T-Shirt mit Dekolleté. Kepler bewunderte nicht nur ihren Busen. Viel mehr war er davon beeindruckt, dass sie sich ihrer Schönheit bewusst war und dass sie genug Selbstwertgefühl hatte, die hässliche Narbe am Ansatz ihrer linken Brust offen zu zeigen.

Spoon hielt eine Tasche in den Händen und tänzelte leicht vor Ungeduld. Vielleicht war es nicht nur die Vorfreude auf den Strand.

163

Kaum, dass Kepler anhielt, lief Spoon zur linken Tür, riss sie auf, schlüpfte in den Sitz und warf die Tür zu.

"Hallo, kleine Fee", grüßte Kepler sie.

"Hi", antwortete Spoon freudig.

Sie berührte leicht seine Hand, die auf dem Schalthebel lag. Diese winzige Geste, über die sie nicht nachgedacht hatte, schien sie zu erschrecken. Hastig zog sie ihre Hand zurück und blickte sich betont aufmerksam um.

"Was ist das für ein Wagen?", fragte sie bemüht lässig.

"Eigenbau", antwortete Kepler und senkte die Augen. Es war quasi das erste Date, aber gestern waren Spoon und er so offen miteinander gewesen, wie es nur in einer langen Beziehung möglich war. Doch jetzt fühlte er sich plötzlich gehemmt. "Machst du Sport?", sprach er den erstbesten Gedanken laut aus.

"Nein", antwortete Spoon, erstaunt das Wort dehnend.

"Du solltest Sport treiben." Spoon bedachte ihn mit einem fassungslosen, fast verletzten Blick. "So kaputt wie du gestern warst, brauchst du einen Ausgleich zu deiner Arbeit", sagte Kepler. "Durch Sport würdest du dich besser fühlen."

"Und besser aussehen?", erkundigte sich Spoon in deutlich scharfem Ton.

"Wohin denn noch?", erwiderte Kepler ehrlich.

Spoon sah ihn nicht mehr wie einen Verbrecher an und lächelte kurz.

"Denkst du nur darüber nach, dass ich Sport treiben müsste?", fragte sie.

"Natürlich nicht nur", erwiderte Kepler offen. "Aber ich habe einen grandiosen Vorschlag – wenn du willst, kannst du mit Hoca und mir trainieren."

"Ist das dein Freund?"

"Ja."

"Wer ist er?", wollte Spoon wissen.

"Er war im Sudan in meiner Einheit", antwortete Kepler. "Jetzt versuchen wir gemeinsam, mit dem friedlichen Leben zurechtzukommen."

"Was macht ihr denn so?"

"Wir sind jetzt freie Berater", wich Kepler aus.

Spoon verstand, dass er dieses Thema nicht weiter ausführen wollte.

"Und was trainiert ihr?", fragte sie.

"Kung-Fu und Schwertkampf."

"Wo?"

"In unserem Garten. Und wir laufen natürlich."

"Ich überlege es mir", meinte Spoon. "Jetzt fahr los." Sie lächelte. "Und sieh dabei bitte auf die Straße, okay."

Spoon machte das Fenster auf und lehnte sich im Sitz zurück. Sie schloss die Augen und neigte den Kopf nach links. Der warme Wind zerzauste ihre Haare und sie lächelte leicht und entspannt.

Weder sie noch Kepler sagten ein Wort, trotzdem war die Stille nicht bedrückend. Mit Budi konnte Kepler schweigen, und seltsamerweise funktionierte es auch beinahe genauso mit Spoon. Die Vertrautheit, die sich sofort zwischen ihnen eingestellt hatte, wurde allmählich größer.

Außerhalb von Durban waren die Strände nicht so voll, und je weiter nach Süden, desto leerer wurden sie. Nach dreißig Kilometern kamen Kepler und Spoon zu einer kleinen einsamen Bucht. Sie mussten den Wagen unweit der Straße abstellen und fast einen Kilometer zu Fuß gehen.

Auf den letzten zweihundert Metern, als der Ozean in Sicht kam, wurde Spoon ungeduldig. Sie ergriff Keplers Hand und zerrte ihn schnell hinter sich her. Am Strand ließ sie ihre Tasche fallen, warf die Sandalen von den Füßen, streifte die Jeans ab und zog das T-Shirt aus und ließ sie achtlos fallen. Sie hatte darunter einen knappen Bikini an und rannte ins Wasser.

Kepler setzte sich in den Sand. Er sah Spoon zu, die in den Wellen tollte, und hatte den Eindruck, es wäre für sie etwas Seltenes. Dieser Ausflug war für sie wohl ein kleines Fest, und sie genoss ausgelassen und ganz für sich allein die Sonne, den Ozean und die salzige Luft. Sie schien alles andere vollends auszublenden, um für einen Augenblick einfach nur ein menschliches Wesen zu sein.

Als sie aus dem Wasser kam, strahlten ihre Augen freudig. Sie berührte flüchtig Keplers Wange und dankte ihm flüsternd. Dann lachte sie, weil er nichts antwortete. Sie holte ein großes Handtuch aus der Tasche, breitete es aus und legte sich bäuchlings darauf. Kepler versuchte, das Gefühl ihrer kühlen Hand an seiner Haut aufrechtzuerhalten. Es gelang ihm einige Minuten lang, dann musste er sie wieder ansehen. Im selben Moment drehte sich Spoon auf den Rücken. Sie schob sich dabei näher an Kepler und lächelte, weil sein Blick unwillkürlich zu ihren Brüsten wanderte. Ihre Lippen spitzten sich leicht, bevor sie sich in einem fröhlichen Lächeln auseinanderzogen, und ihr Blick, als sie Kepler ansah, war warm. Dann schloss sie die Augen. Kepler sah sie weiterhin an.

Spoon war unkompliziert wie er nur selten eine Frau erlebt hatte. Er fühlte sich mit ihr so völlig frei wie mit Budi, und gleichzeitig elektrisiert.

Vom Wind sanft bewegt, raschelte um sie herum leise der Sand. Die Sonne überflutete sie mit strahlendem warmem Licht. In den salzigen Duft des Ozeans mischte sich der Geruch von Gras und Felsen. Die Welt schien inne zu halten.

Nur wenige Dinge vermochten es, Kepler in Staunen zu versetzen, aber nichts tat es so absolut wie die Perfektion des weiblichen Körpers. Er begriff nicht, wie etwas so vollendet schön und so zart sein konnte, und es faszinierte ihn umso mehr. Spoons Duft, vermischt mit dem salzigen Geruch des Meeres, versetzte ihn in eine andere, viel schönere Welt. Die Zeit hörte auf zu existieren.

Spoon schlief. Ihr Mund öffnete sich leicht, und ihr Gesicht sah dabei wie das eines Babys aus. Aber das dauerte nicht lange. Ihre Stirn begann sich zu runzeln, sie zuckte zusammen. Dann drehte sie sich auf die Seite und zog sich zusammen, ihre Hände ballten sich zu Fäusten. Kepler legte vorsichtig eine Hand auf ihre Schulter. Nach einigen Minuten entspannte sich Spoon allmählich und schlief wieder ruhig weiter. Aber wie ein Kind sah sie nicht mehr aus.

Die Sonne stand fast über dem Horizont und die Schatten waren lang geworden, als Spoon blinzelnd die Augen öffnete. Einige Sekunden lang blickte sie sich erstaunt um, dann sah sie zu Kepler hoch. Plötzlich lächelte sie.

"Du schaust beeindruckt aus. Sogar ehrfürchtig."

Kepler sah ihr in die Augen.

"Bin ich", antwortete er.

"Das bist du wirklich." Überrascht richtete sich Spoon halb auf, stützte sich am Ellenbogen ab und sah ihm forschend in die Augen. "Obwohl du so etwas bestimmt sehr oft gesehen hast. Was ist daran so faszinierend?"

"Es ist einfach schön", antwortete Kepler ratlos.

Spoon musterte ihn forschend.

"Ich wünschte, ich würde mich selbst auch so sehen können", sagte sie dann.

Kepler überlegte, dann deutete er auf die Wellen.

"Du bist wie das Meer."

"Wie meinst du das?", wollte Spoon stirnrunzelnd wissen.

"Eine Frau ist wie das Meer wechselhaft, sodass es nie langweilig wird, sie anzusehen", antwortete Kepler langsam, während er seine Gedanken in Worte zu fassen versuchte. "Ihr seid real und man kann euch berühren, aber gleichzeitig seid ihr irgendwie geheimnisvoll und weder zu erfassen noch zu begreifen."

Spoon blickte erstaunt auf.

"Dich fasziniert mehr an mir, als nur das, was sich hinter diesem", sie berührte leicht ihren knappen Bikini-BH, "Stück Stoff verbirgt."

"Es gibt eine deutsche Redewendung, die besagt, dass weniger mehr ist", erwiderte Kepler. "Der Volksmund hat völlig recht. Obwohl mir persönlich das Mehr, was du da anhast", er lächelte, "ein wenig zu viel ist."

"Aber du siehst mich auch darin gern an?", fragte Spoon.

"Ja."

Spoon schien unschlüssig zu zögern. Dann richtete sie sich auf, sodass ihre Augen nur wenige Zentimeter von Keplers Gesicht entfernt waren. Er lächelte sie an. Plötzlich verhärtete ihr Gesicht sich, und sie machte sich gerade.

"Lass uns fahren", bat sie.

Auf dem Weg zum Auto überlegte Kepler, ob Spoon genauso Angst vor menschlicher Nähe hatte, wie er. Er blickte zur Seite, während er neben ihr schritt. Plötzlich sah er eine kurze Bewegung im rechten Augenwinkel. Er drehte den Kopf. Spoon senkte gerade ihre Hand. Sie hatte wohl seine Hand nehmen wollen, aber er hatte es nicht mitbekommen. Sie sah ihn kurz mit schwerem Blick an und richtete die Augen nach vorn. Ihre Kiefer pressten sich zusammen.

"Willst du fahren?", fragte Kepler, als sie am MVR waren. "Wirkt manchmal aufmunternd, dieser Wagen."

Spoon nahm wortlos den Schlüssel. Mit abgehackten Bewegungen stellte sie den Sitz und die Spiegel ein, bevor sie den Motor startete.

Als sie losfuhr, zuckten ihre Lippen leicht. Sie jagte den MVR auf die Straße und trat das Gaspedal durch. Der V12 fauchte heiser auf und Spoon legte auch die linke Hand auf das Lenkrad. Ohne das irrsinnige Tempo zu drosseln, überholte sie mit einem Seitenabstand von wenigen Millimetern einen Lastwagen, scherte vor ihm auf die Einfädelungsspur ein, machte einen Schlenker um einen Minibus und jagte den MVR zwischen zwei Autos auf den rechten Fahrstreifen der N2, alles in einer einzigen fließenden Abfolge. Spoon schaltete einen Gang herunter und stemmte sich gegen die brachiale, vom Donnern des Motors untermalte Beschleunigung. Kepler sah skeptisch nach vorn, während er in den Sitz gepresst wurde. Die Autobahn war nicht gerade überfüllt, aber richtig leer war sie auch nicht. Spoon hielt das Gaspedal trotzdem weiterhin durchgetreten.

"Ana, ich hoffe, wir haben uns heute nicht zum letzten Mal gesehen", äußerte Kepler den Wunsch.

Spoon sah ihn schwer an und sank beinahe unmerklich in sich zusammen.

"Hoffe ich auch, du Idiot", murmelte sie leise und bedrückt.

Kepler legte seine Hand auf ihre, die auf dem Schalthebel lag. Spoon sah zu ihm und blinzelte zweifelnd. Er lächelte sie an.

"Schön", sagte er. "Wir müssen nur noch diese Fahrt überleben."

"Oh", machte Spoon und lächelte verlegen. "Diese Karre macht wirklich an."

"Gib Gas", sagte Kepler. "Vorsichtig."

Spoon schien sich schlagartig völlig entspannt zu haben.

"Du weißt, wie man einem Mädchen imponiert", bescheinigte sie Kepler.

Sie klang wirklich wieder völlig gelöst, nur noch eine kaum wahrnehmbare Spur von Reserviertheit war in ihrer Stimme und in ihrem Blick.

"Sogar einem so kessen wie dir", gab Kepler zurück. "Viel Spaß. Sachte bitte."

Spoon schaltete erneut einen Gang herunter, blickte Kepler amüsiert an und fuhr mit der Zunge über die Lippen. Dann trat sie das Gas wieder durch.

Ihre Freude hielt bis Umlazi an. Als die ersten Häuser von Durban in Sicht kamen, ging Spoon mit immer leerer werdendem Blick vom Gas. Ihre Schwermut schien zusammen mit der Dämmerung zuzunehmen.

"Und jetzt?", fragte sie vor der Ausfahrt, die in ihr Viertel führte.

"Was möchtest du noch machen?", erkundigte sich Kepler.

"Alles was du willst", murmelte Spoon leise, ohne ihn anzusehen.

"Ana", rief Kepler und wartete, bis sie ihn anblickte. "Was ich will, ist zwar klar, aber auch völlig egal. Ich fragte, was du willst."

Spoons Blick war undefinierbar. Sie sah wieder auf die Straße.

"Geht es zu schnell für dich?", wollte sie wissen.

"Nein", antwortete er ein wenig überrascht. "Für dich?"

"Hast du Kaffee zu Hause?", fragte sie.

"Davon mehr, als von jedem anderen Lebensmittel", behauptete Kepler.

Spoon lächelte leicht, aber zwei Sekunden später blickte sie wieder nur noch betrübt auf die Straße und folgte rein mechanisch Keplers Anweisungen.

In der Garage ließ der Anblick des schreiend gelben RAV4 sie dann wieder kurz schmunzeln. Sie stellte den Motor ab und warf Kepler den Schlüssel zu.

*****

Das Tor der Garage ging auf die Straße hinaus, die Tür hingegen in den Garten. Spoon verharrte an der Schwelle. Das Haus lag dunkel im Schatten der Bäume, nur das Küchenfenster von Budis Hälfte war erhellt. Das gelbliche Licht war warm und heimelig. Spoons Gesichtszüge glätteten sich ein wenig und sie straffte sich, bevor Kepler sie leicht berührte, damit sie weiter ging.

Budi saß auf der Terrasse, die Füße auf dem Tisch, und las eine Zeitschrift im Licht, das durch die Fenster nach draußen fiel. Er blinzelte überrascht, dann warf er die Zeitschrift auf den Tisch, schwang die Füße auf den Boden und erhob sich. Mit einem knappen Lächeln ging er zu Spoon und reichte ihr die Hand.

"Hoca", stellte er sich vor.

"Spoon. Äh – Ana."

168

"Löffel?", wiederholte Budi auf Afrikaans die englische Bedeutung ihres Namens und lächelte schelmisch. "Ich dachte vorgestern echt, Joe will mich verulken, als er es mir gesagte hatte." Er grinste. "Und dieser Name ist eine prima Überleitung." Er sah zu Kepler. "Wollen wir eine Münze werfen?", erkundigte er sich. "Uns vor ihr zu prügeln, würde wie Angeberei aussehen, finde ich."

"Dann gewinnst du", gab Kepler zurück. "Willst du ihr das wirklich antun?"

"Worum geht es?", interessierte sich Spoon lebhaft.

"Darum, wer das Essen kocht", antwortete Budi. "Joe behauptet, er könne nur Spiegeleier und Dosensuppe zubereiten."

"Ich könnte für uns kochen", bot Spoon an.

Budis offene Art hatte sie völlig gelöst, sie klang freudig und neugierig.

"Na herrlich!" Budi grinste sie breit und gutmütig unverschämt an. "Das erspart uns eine ellenlange Diskussion." Er zwinkerte Spoon zu. "Komm, ich zeige dir die Küche." Er seufzte bitter. "Ich kenne mich dort bestens aus, meistens verliere ich sowohl diese Debatten als auch die Prügeleien."

"Und – du kannst kochen", empörte sich Kepler. Er sah Spoon um Verständnis und Unterstützung bittend an. "Ehrlich, wenn ich koche, mault er nur rum."

"Ich helfe gern, wenn ich kann", meinte Spoon erheitert.

"Danke schön", gab Kepler inbrünstig zurück.

Wohl um Spoon mehr Zeit zum Akklimatisieren zu geben, hielt Budi sich nur kurz in der Küche auf. Drei Minuten später kam er auf die Terrasse, setzte sich Kepler gegenüber an den Tisch und sah ihn an.

"Colonel, nehmen wir Mädchen in unserem Klub auf?", fragte er auf Arabisch.

Er wirkte oft profan und einfach gestrickt, sodass man ihn zwar für einen netten Kerl hielt, aber auch für jemanden, der zu keinem komplizierten Gedanken fähig war. Dieser Eindruck täuschte gewaltig. Budi hatte eine gute Beobachtungsgabe und zog sehr schnell die richtigen Schlüsse. In Spoon sah er wohl keine Frau, für die er Blumen kaufen würde. Aber eine Gefährtin schon. Nur, dass er sich dessen bewusst war, dass *Gefährtin* denselben Wortstamm wie *Gefahr* hatte. Darum hatte er Kepler auch so angeredet.

"Meinst du, sie will das überhaupt?", fragte Kepler.

"Sie will unter ihresgleichen sein", antwortete Budi. "Und – sie steht auf dich."

"Sie ist fasziniert von mir", meinte Kepler sarkastisch. "Einfach hingerissen."

"Genau", bestätigte Budi.

"Ich meinte es ironisch", stellte Kepler klar.

"Ich nicht", gab sein Freund zurück.

Sie verstummten und sahen zum Himmel, an dem die ersten Sterne aufleuchteten. Kepler blickte entrückt hoch und versuchte an nichts zu denken.

Eine halbe Stunde später erschien Spoon in der Terrassentür. In der Hand hielt sie ein Küchenwerkzeug, dessen Zweck Kepler kannte, den Namen aber nicht.

"Das Essen ist gleich fertig, deck bitte den Tisch, Hoca", sagte sie. Es klang zwar wie eine Bitte, war jedoch gekonnt als unmissverständlicher Befehl formuliert. Kepler lächelte beifällig. Spoon warf einen Blick auf ihn. "Du – hilf ihm."

"Ana, in dem Ton kannst du uns nicht rumkommandieren", begehrte Kepler auf. "Du hast dich schließlich völlig freiwillig gemeldet."

"Das ist mir sowas von Latte...", begann Spoon warnend.

"Gebrauche bitte diese Formulierung nicht", unterbrach Kepler sie gequält.

"Warum das denn?", erkundigte sich Spoon angriffslustig.

"Du bist kein Kerl", belehrte Kepler sie.

Spoon lachte unbeschwert.

"Dann ist es mir – was?"

"Melone", schlug Kepler ungerührt vor.

"Die Antwort eines Früchtchens." Spoon seufzte heiter. "Ich kommandiere euch rum", fuhr sie unmissverständlich fort, "weil ich koche."

"Das ist mir völlig Latte", setzte Kepler sie trotzig in Kenntnis.

"Ach ja?" Spoon funkelte ihn überlegen und amüsiert an. "Sollen wir vergleichen, wer die längere hat?"

Kepler sah ein, dass er diese Diskussion nicht gewinnen konnte.

"Ich sage nichts mehr", entschied er. "Ich denke lieber nicht mal was."

"Besser ist es", bestätigte Spoon bissig.

Unter ihrem mahnenden Blick beeilten sich Kepler und Budi in die Küche.

Spoon hatte Spagetti gekocht. Budi goss das Wasser ab und stellte den Topf mit den Nudeln auf den Tisch, während Kepler das Besteck hinlegte. Spoon rührte indessen die Tomatensoße um und überlegte dabei skeptisch, ob sie noch eine Prise von irgendeinem Gewürz, das sie in der linken Hand hielt, hineintun sollte. Kepler fand, dass es nicht nötig war. Zumindest duftete die Soße so, dass ihm das Wasser im Mund zusammenlief. Zweifelnd, ob er ihr einen Rat geben sollte, stellte er sich neben sie und atmete tief ein. Dann sah er in Spoons Dekolleté. Das quittierte sie mit einem amüsierten Seitenblick.

"Ihr Kerle seid so primitiv", bescheinigte sie ihm sachlich.

"Darum braucht es nicht viel, um uns glücklich zu machen", meinte Kepler.

Spoon lachte silbern.

"Deine Augen fallen gleich raus."

"Ist das ein Wunder? Ich meine, das da ist eins, äh – zwei, aber..."

"Ja, ja. Probier mal." Spoon hob den Löffel an seinen Mund. "Und?"

"Sssehr heisss..."

"Tolle Antwort. Hättest pusten müssen."

Die lockere Unterhaltung wurde am Tisch stockend. Während Kepler und Budi die Spagetti verschlangen, stocherte Spoon in ihrem Teller herum. Als Kepler und Budi darüber staunten, wie köstlich die Soße war, sagte Spoon nichts, sie lächelte nur. Zwar aufrichtig erfreut, aber kurz darauf sah Kepler in ihren Augen keine Heiterkeit mehr, sondern nur noch dieselbe Leere, die er in sich spürte.

"Spoon, das war ein richtiges Festessen für uns, vielen Dank", sagte Budi und stand auf. "Und wir haben sogar noch was für morgen übrig, ich brauche nicht zu kochen", freute er sich. "Jetzt lasst uns auf der Terrasse ein Bier trinken."

Um keine Insekten anzulocken, löschte Budi das Licht im Haus, und die warme mondlose Nacht wurde nur noch durch das spärliche Licht funkelnder Sterne erhellt. Spoon saß im Liegestuhl zwischen Kepler und Budi, trank wie sie aus der Flasche, und schien sich in der Dunkelheit wieder wohler zu fühlen.

Einige Zeit verging in gelöstem Schweigen, dann spürte Kepler, wie seine Hand zögernd von zarten Fingern berührt wurde. Er umschloss sie vorsichtig.

Budi gähnte, stand auf und wünschte eine gute Nacht. Als er ins Haus ging, drückte er flüchtig Spoons Schulter. Die Berührung war beiläufig, aber in ihr lag all das an Anerkennung und Zuspruch, was solche wie sie mit Worten nie zustande bringen konnten. Spoon lächelte kurz.

*****

Sie und Kepler schwiegen. Er fragte sich, was die Frau, deren filigrane Finger er festhielt, ihm bedeutete. Dass sie ihm etwas bedeutete, stand völlig außer Frage, auch wenn er sie erst seit drei Tagen kannte.

Plötzlich klirrte eine Bierflasche auf den Platten der Terrasse. Spoon hatte sie fallen lassen. Sie drehte sich zu Kepler und sah ihn angespannt an.

"Ich habe Angst, Joe", flüsterte sie.

"Wovor?", fragte Kepler. Dann wusste er es. Er hatte dieselbe Angst – seit er einen Freund hatte. "Wen hast du verloren, Ana?"

"Meinen Mann." Spoon schluchzte. "Es ist lange her, aber..."

171

"Es tut weh", beendete Kepler den Satz. "Und du willst diesen Schmerz nie wieder spüren." Er atmete durch. "Die Angst, jemanden zu verlieren, zeigt einem, dass man glücklich ist, weil man ihn hat." Er sah in Spoons Augen, die leicht im Licht der Sterne glitzerten. "Ich will nicht, dass du gehst."

Spoon sagte nichts. Minuten verflossen und sie hielt schweigend Keplers Hand und sah ihn an. Dann atmete sie durch. Ohne seine Hand loszulassen, erhob sie sich und zog ihn hoch. Nachdem er aufgestanden war, trat sie zögernd an ihn heran. Kepler umarmte sie, dann spürte er ihre Lippen an seinen.

Er hatte das Gefühl, ein unendlich tief verletztes Wesen in den Armen zu halten, als er Spoon ins Haus trug. Sie klammerte sich an ihn, als er stehenblieb, als wenn sie Angst hätte, er würde die Umarmung lösen. Er ging weiter.

Im Schlafzimmer küsste Spoon ihn gierig. Ohne den Kuss zu lösen, wand sie sich aus seinen Armen und half ihm hastig, ihr die Jeans auszuziehen. Dann streiften ihre Hände seine Kleidung herunter, danach zog sie ihn aufs Bett. Sie drängte sich seinen Händen entgegen, als er sie berührte, aber nach einer Weile riss sie ihn an sich. Sie stöhnte auf und es war wie ein unterdrückter Schrei, obwohl Kepler sich sanft und behutsam bewegt hatte. Er hielt inne. Spoon drückte seinen Kopf auf ihre Brust, ihre andere Hand zog an ihm, damit er die Bewegungen wieder aufnahm. Er tat es und sie erwiderte mit einer beinahe verzweifelten Hingabe, es existierte nichts mehr für sie, und das Grauen, das über sie herrschte, schien sich aufzulösen. Dann stöhnte sie wieder, schluchzend, aber gleichzeitig erleichtert und befreit, sie erzitterte, umarmte ihn und drückte ihn fest an sich. Ihr Herz schlug rasend schnell. Dann wurde es langsamer.

Kepler spürte ihren weichen Körper und ihren Atem, der vertraulich seinen Hals kitzelte, als er mit dem Gefühl der Geborgenheit die Augen schloss.

50. Spoon schlief zusammengekauert auf der Seite, mit dem Gesicht zu Kepler und einen Arm auf ihn gelegt, ihr Kopf lag auf seinem rechten Arm. Er befreite sich vorsichtig, ohne sie zu wecken, und stand auf.

Budi wartete schon auf ihn. Schweigend verließen sie das Haus und liefen los.

*****

Kepler wollte Spoon nicht verlieren, aber ihre bedingungslose Zutraulichkeit machte ihm Angst. Es schien, als würde diese wunderschöne, vom Elend des Krieges gezeichnete Frau in ihm jemanden sehen, der die

Leere in ihrem Innern ausfüllen könnte. Aber Spoon war im Krieg nicht so verkommen geworden wie er, sie hatte noch eine Chance auf ein normales Leben. Kepler fragte sich, ob es das war, was er auch wollte. Ob er das überhaupt konnte.

Er hatte die Antwort nicht gefunden, als er und Budi zu Hause ankamen. Während sein Freund aufschloss, drehte er sich um. Er wollte Spoon nicht allein von Angesicht zu Angesicht begegnen, er wusste nicht, was er ihr sagen sollte.

"Ich laufe noch eine Runde", sagte er.

"Du solltest lieber eine Runde schlafen", meinte Budi.

"Wisch dir das Grinsen aus der Visage", empfahl Kepler brüsk.

"Richtig schlafen, mit Augen zu und so", führte Budi trotzdem aus. Kepler sagte nichts mehr, er schritt einfach den Aufgang hinab und lief los. "Und was soll ich machen?", rief Budi ihm nach.

"Brat dir ein Ei, Mann, was weiß ich", warf Kepler über die Schulter zurück.

*****

Sein Kalkül ging auf. Als er zurückkam, hörte er Budis und Spoons Stimmen durch die offene Tür, die seine Wohnung mit der seines Freundes verband. Erleichtert ging er erst unter die Dusche. Dort trockneten Spoons winziger Bikini und ihr T-Shirt. Gespannt, ging Kepler nach dem Duschen in Budis Haushälfte.

Sein Freund und Spoon waren mittlerweile in die Liegestühle auf der Terrasse umgezogen. Spoon saß entspannt zurückgelehnt auf den Beinen. Sie trug ihre Jeans und eines von Keplers Hemden. Dessen drei obere Knöpfe waren geöffnet, und Spoon sah verführerisch aus. Und gleichzeitig so selbstverständlich gelassen, als wenn sie und Budi Geschwister wären.

Kepler verharrte in der Tür, als er Spoon seinen Namen sagen hörte.

"Joe meinte, ich solle zur Entspannung etwas Sport machen", sagte sie.

"Der hat einen Tick damit", beschwerte sich Budi.

"Äh", Spoon zögerte, "hättest du was dagegen, wenn ich bei euch mitmache?"

"Ne." Jetzt grinste Budi fröhlich. "Es wäre für mich sogar von Vorteil."

"Warum?", interessierte sich Spoon sofort.

"Hast du Ahnung von Kampfsport?", fragte Budi vorsichtshalber nach.

"Ich kann sehr gut zuschlagen", erwiderte Spoon herausfordernd.

"Sicher, Ana", sagte Budi nachsichtig und lehnte sich zufrieden zurück. "Eigentlich haue ich keine Mädchen. Aber", er sah Spoon verschmitzt an, "wenn du mitmachst, kann ich auch mal jemanden besiegen."

"Joe schaffst du nicht?", fragte Spoon weniger zuversichtlich.

173

"Er kann mich im Schlaf verprügeln", würgte Budi. "Ohne sich anzustrengen."

"Ist er wirklich so gut?"

"Ana." Budi wurde ernst. "Wir waren zwar nur eine Miliz, aber dort eine Spezialeinheit. Dann tauchte Joe auf und zeigte uns, was Spezial ist."

"So." Spoon trank aus, dann sah sie Budi direkt an. "Und du hast wirklich nichts dagegen, wenn ein Mädchen bei euch mitmacht?", vergewisserte sie sich.

"Das ist noch etwas, was Joe uns beigebracht hat – nicht auf Geschlecht oder Rasse zu sehen", antwortete Budi nachdrücklich. "Außerdem passt du zu uns."

"Und es stört dich auch nicht persönlich?", fragte Spoon nach.

"Nein." Budi blickte belustigt in den Ausschnitt ihres Hemdes. "Bei den Argumenten bin ich eh chancenlos. Aber bei Joe und mir kann niemand zwischen funken", stellte er sofort geradeheraus klar. "Nicht einmal die beiden."

Spoon, die ohne sich zu genieren gelacht hatte, blickte bei diesen Worten ernst.

"Wieso?"

"Joe hat mir einige Male das Leben gerettet", antwortete Budi. "Er sagt zwar, ich hätte für ihn dasselbe getan, aber ich kann mich nicht daran erinnern. Auf jeden Fall gehören wir einfach zusammen." Er lächelte. "Du bist bei uns willkommen, Ana", sagte er deutlich. "Sowohl bei Joe, als auch bei mir."

"Danke, Hoca." Spoon atmete erleichtert aus. "Weißt du, es klingt bescheuert, ich kenne ihn eigentlich nicht, aber ich bin vertraut mit ihm", sagte sie trotzig.

"Pass bei ihm auf", warnte Budi ernst. "Joe ist ein richtiger Freund, er ist loyal und integer, aber sein Herz ist wie eine Hülse, kalt und leer."

Der Ton seiner Worte war hart gewesen, aber es entsprach wahrscheinlich völlig der Wahrheit. Spoon blickte schwer zurück.

"Was ist ihm passiert?", wollte sie wissen.

Es hatte ein wenig verbittert geklungen. Budi schwieg eine Weile.

"Irgendwann wird er dir seine Geschichte erzählen", antwortete er schließlich.

"Wann?", fragte Spoon sofort.

"Bei mir sind es einige Jahre gewesen", antwortete Budi. "Joe war schon im Sudan bereit, für mich zu sterben. Und ich für ihn genauso – aber bis er das angenommen hat, das hat sehr lange gedauert."

"Denkt er, er sei es nicht wert?"

"Ja", bestätigte Budi. "Bei dir wird es vielleicht anders – er wird dich als Frau begehren und in dir als Menschen einen Freund haben. Das erste wird ihm helfen, das zweite zu akzeptieren. Aber es könnte auch nicht klappen", warnte er.

Spoon nickte. Sie hatte das alles eigentlich schon selbst gewusst. Und sie hatte genügend Kraft, es zu akzeptieren.

Kepler trat auf die Terrasse hinaus. Spoon lächelte, als sie ihn sah, stand auf, ging zu ihm, schmiegte sich an ihn und küsste ihn auf den Mund.

51. Budi sah auf die Uhr und erhob sich.

"Ich muss gleich zu meinem privaten Geschichtsunterricht", sagte er. "Ich nehme den MVR." Er sah zu Kepler. "Ich war gestern kurz in der Savanne und dachte, wir fahren heute wieder hin." Das bedeutete, dass im RAV4 noch die Waffen lagen. Kepler nickte. "Joe, wenn du sie gehen lässt, bist du völlig bescheuert", stellte Budi auf Arabisch klar und lächelte Spoon an. "Bye, Ana", sagte er auf Afrikaans.

Sie winkte ihn zu sich, und als er sich zu ihr herunter beugte, küsste sie ihn auf die Wange. Dann ging Budi.

Allein fühlten sich sowohl Kepler als auch Spoon im ersten Moment unbehaglich. Sie sahen einander an und schwiegen. Dann lächelte Spoon leicht, als Keplers Blick über sie schweifte. Sie legte eine Hand in seinen Nacken.

Budi kam wieder herein. Er grinste, stellte Spoons Tasche auf den Boden, winkte und verschwand wieder. Einige Augenblicke später löste sich das röhrende Geräusch des MVR auf. Spoon sah Kepler an.

"Und was machen wir?", erkundigte sie sich.

Kepler überlegte. Plötzlich ertönte ein schrilles Klingeln. Spoon rollte die Augen hoch, ging aber zu ihrer Tasche und holte ein Handy daraus. Sie sah auf die Nummer auf dem Display und schnellte hoch. Sie nahm das Gespräch an. Irgendjemand sprach sofort drängend auf sie ein. Spoon klemmte das Handy mit der Schulter ans Ohr und stopfte Keplers Hemd in die Jeans.

"Ich beeile mich", sagte sie. Sie machte das Handy aus, warf es in die Tasche und sah zu Kepler. "Joe, kannst du mich nach Lemontville bringen?", bat sie.

"Klar", antwortete er und stand auf. "Was ist los?"

"Ein Notfall auf Arbeit", antwortete Spoon drängend.

Kepler holte den Autoschlüssel. Spoon wartete ungeduldig. Ihre Haare waren zerzaust, das kümmerte sie jedoch nicht.

Um schnell wegkommen zu können, parkten Kepler und Budi die Autos immer rückwärts. Sobald Spoon neben ihm saß, gab Kepler Vollgas.

"Was ist passiert?", wollte er wissen.

Spoon klammerte sich am Haltebügel fest, als er den RAV4 mit quietschenden Reifen aus der Sackgasse jagte, und sah nach unten. Dann hob sie den Blick.

"Ich bin Polizistin, Joe", sagte sie leise, aber fest. "Ich bin Detective und Unterhändlerin. Und es findet gerade eine Geiselnahme statt. Beeil dich bitte."

Als wenn es eine schreckliche Wahrheit wäre, sah Spoon ihn nicht mehr an.

*****

Es war viel Verkehr, sie brauchten fast zwanzig Minuten bis zum Southern Freeway. Kepler fuhr von ihm ab und raste über Leicester Road weiter, die zwischen dem Freeway und der N2 verlief. Dann bog er rechts in die Pendelbury Road ab und jagte noch einige Minuten durch die Straßen von Lemontville.

An der Grenze zur Township Chris Hani, krachte er fast in die Absperrung, als er abbiegen wollte. Der RAV4 hielt nur knapp vor einem Polizeiwagen an.

Spoon atmete gepresst aus und bedachte Kepler mit einem scharfen Blick, dann sprang sie aus dem Auto. Ein Mann in Zivil eilte ihr entgegen.

Kepler stieg aus und sah sich um. Neben der Straße befand sich eine brache, zugemüllte Fläche, der natürliche Dschungel einer afrikanischen Großstadt und der typische Spielplatz in einer Township. Ungefähr in der Mitte des Platzes befanden sich die Überreste von drei Autos. Neben den Wracks türmten sich alte Reifen, verrostete Tonnen, kaputte Möbel, Unrat und Schrott auf. Zwanzig Meter von den Müllbergen entfernt rostete ein einzelnes Auto vor sich hin. Die gesamte Brachfläche war von Polizeiautos und etwa zwanzig Polizisten umstellt.

Spoon und der Mann schienen die einzigen zu sein, die trotz der Aufregung ruhig blieben. Die anderen Polizisten waren alles junge Beamte, die ziemlich verwirrt wirkten, während ihre Hände nervös die Dienstpistolen hielten.

Einer von ihnen musterte Kepler zweifelnd, hinderte ihn aber nicht daran, zu Spoon zu gehen. Sie hatte schon eine Polizei-Jacke angezogen und hielt ein Megafon und ein Funkgerät in den Händen.

"Ein Drogendeal, den wir hochnehmen wollten", hörte Kepler den Mann ihr berichten, als er näher kam. "Sechs Männer, drei Weiße, drei Inder. Sie haben meinen V-Mann erschossen, als wir sie verhaften wollten, dann haben sie sich auf dem Platz da verschanzt." Sein Blick wurde wütend. "Dort haben Kinder in einem Autowrack gespielt, und die Typen haben sie jetzt. Vier von ihnen kauern in den Abfällen auf dieser Seite. Die Kinder sind in den Wracks und werden von einem Weißen und von

176

einem Inder bewacht. Diese beiden haben Maschinenpistolen, sie würden die Kinder töten, bevor wir auch nur die Hälfte der Entfernung zu ihnen geschafft haben würden. Verdammt, manchmal wünsche ich mir die Apartheid zurück", schloss der Polizist mit Gefühl. "Denn mittlerweile verbünden sich die Weißen sogar mit den Indern."

"Wo sind die Scharfschützen und die anderen alle, Jason?", fragte Spoon.

"Am Prince Mcwayizeni Drive läuft noch eine Geiselnahme, direkt gegenüber der Polizeistation", antwortete der Polizist und verzog das Gesicht.

Kepler sah über die Absperrung. Der Platz war einen halben Quadratkilometer groß und bot einen einfachen Zugang, eine halbwegs gute Deckung und noch bessere Fluchtmöglichkeiten – wenn er nicht von der Polizei umstellt war. Ungesehen an die Müllberge zu kommen war absolut unmöglich.

"Haben sie schon Forderungen gestellt?", fragte Spoon.

"Nur nach einem Unterhändler", antwortete Jason.

Spoon nickte und sah sich besorgt um.

"Die Presse wird bestimmt schneller da sein als unsere Strategen", vermutete sie entgeistert. "Und dann artet das hier in ein Medienspektakel aus."

Kepler verstand ihre Sorge. Wie in allen südafrikanischen Städten war es auch in Durban nicht ratsam, nach Sonnenuntergang einen Einkaufsbummel zu starten oder sich an abgelegenen Orten aufzuhalten. Aber Durban war eine Touristenmetropole. Und in letzter Zeit war die Gewalt in der Stadt eskaliert, und Touristen waren in belebten Gegenden mitten am Tag überfallen worden. Ein großer Urlaubsveranstalter bot keine Reisen mehr in die Stadt an. Das war Kepler nicht wichtig. Kinder, die von zugedröhnten Kriminellen bedroht und bald von sensationsgeilen Reportern an der Rettung gehindert wurden, schon.

"Ana", rief er. "Brauchst du Hilfe?"

Spoon und Jason sahen ihn erstaunt an. Die Augenbrauen des Polizisten schossen alarmiert hoch, seine Hand langte unwillkürlich zu der Pistole im Holster an seiner Hüfte. Die andere Hand hob er warnend Kepler entgegen.

"Stopp!", rief er. "Wer sind Sie?" er sah sich nach den Uniformierten um. "Warum ist dieser Mann hinter der Absperrung?", brüllte er wütend.

"Jason, er gehört zu mir", sagte Spoon, ohne Kepler anzusehen. Sie quittierte den erstaunten Blick des Polizisten mit einem beruhigenden Nicken, dann blickte sie Kepler sachlich an. Im Moment galt ihre Sorge nur den Kindern. "In welcher Form willst du helfen, Joe?", wollte sie wissen.

"Ich habe mein Gewehr dabei", antwortete Kepler. "Wenn es wirklich nur zwei Aufpasser sind, könnten wir die Kinder schnell aus dem Spiel bringen."

"Wer sind Sie?", verlangte Jason zu wissen.

"Er ist Scharfschütze", gab Spoon knapp zurück, während sie überlegte.

"Joe Luger", stellte Kepler sich ihm vor und streckte die Hand aus.

Immer noch misstrauisch, erwiderte Jason verwirrt die Geste. Sein Händedruck war kurz und stark, seine Handflächen waren nicht nass.

"Jason Cameron. Militär?", fragte er und sah Kepler in die Augen.

"Ja", antwortete Kepler. "Wie gut können die vier Kerle die beiden anderen durch die Wracks und den Müll sehen?"

"Keine Ahnung", antwortete Jason. "Nicht besonders, schätze ich, denn sie brüllen ziemlich, wenn sie sich unterhalten. Warum?"

"Wenn ihr die vier ablenkt, schalte ich die beiden aus. Dann bringt ihr die Kinder schnell raus, und dann wären wir ein Stück weiter", antwortete Kepler.

Jason nickte, sah aber zweifelnd zu Spoon.

"Was denkst du?"

"Die Medien sind bestimmt gleich da", überlegte sie laut. Dann sah sie Kepler in die Augen. "Bist du noch so gut wie damals, Joe?"

"Ich werde kein Kind treffen", versicherte Kepler ihr.

Spoon sah ihn überlegend an. Jason blickte ständig zwischen ihnen beiden hin und her. Sehr wohl fühlte er sich nicht, aber er wollte handeln.

"Spoon?", rief er drängend. "Wenn er wirklich gut ist..."

"Müssen wir die Kinder freibekommen... Okay, Joe", entschied sie.

"Ich hole mein Gewehr", sagte Kepler. "Wir müssen kommunizieren können."

Er rannte zum Toyota. Während er den Kofferraum öffnete, sah er kurz nach rechts. Spoon war schon auf dem Weg zu den Wracks, Jason lief zu einem Polizeiauto. Kepler holte die Erma heraus. Das Fernglas ließ er liegen und nahm nur die beiden geladenen Ersatzmagazine aus der Tasche. Seine Glock lag in ihrem Holster daneben. Kepler zog sie heraus und steckte sie in den Gürtel hinter dem Rücken. Er stülpte gerade das Hemd darüber, als Jason zu ihm kam. Er warf einen erstaunten Blick in den RAV4 und gab Kepler ein Funkgerät. Es war ein Interkomsystem, aber mit einem recht plumpen Headset aus einem Kopfhörer und einem großen Mikrofon. Kepler setzte es auf. Es war schon eingeschaltet.

"Seid ihr bald fertig?", fragte Spoon ungeduldig.

"Sogar jetzt schon", antwortete Kepler. "Fang an, Ana." Eine Sekunde später hörte er Spoon durch das Megafon sprechen. Ihn interessierte nicht, was sie sagte, sondern etwas anderes. "Jason, hat sie eine Waffe?", fragte er.

"Klar", antwortete der Polizist knapp. "Wollen wir?"

"Sag deinen Leuten Bescheid."

Während sie geduckt an den am Straßenrand abgestellten Autos vorbei liefen, gab Jason an die Beamten am Rand des Platzes die Anweisung, die Kinder zu holen, sobald die Geiselnehmer ausgeschaltet waren.

Ein Jetta und dahinter ein Nissan standen sehr nah beieinander in Höhe der Autowracks. Kepler ging hinter dem VW in Deckung und klappte das Zweibein auf. Jason kauerte sich rechts neben ihn hin.

"Warum hier?", verlangte er zu wissen.

"Ich will parallel zu den Wracks schießen, damit ich die Kinder nicht gefährde", antwortete Kepler, lud das Gewehr durch und entsicherte es.

Er nutzte die breite C-Säule des Jetta als Sichtschutz und blieb dahinter, als er die Erma auf dem Kofferraumdeckel des Wagens aufstellte. Seine Position war gut, er sah beide Männer, die die Kinder bedrohten, völlig frei. Einer blickte zum Rand des Platzes, der andere zielte auf die Kinder. Von ihnen sah Kepler nur den Fuß eines Jungen in einem alten zerrissenen Schuh.

Er konzentrierte sich auf die Umgebung. Es war nicht besonders windig, relativ warm und trocken. Kepler streckte den linken Arm voll aus, spreizte den Daumen ab und positionierte ihn so, dass sich der erste Geiselnehmer direkt darüber und am linken Rand des Fingernagels befand. Dann stellte Kepler sich vor, dass der Geiselnehmer ganz normal losging. Er brauchte sich nur noch vorzustellen, wie viele Schritte der Geiselnehmer brauchen würde, um die Nagelbreite zu überbrücken. Bei einem Schritt wäre der Mann fünfzig Meter entfernt, bei vier Schritten zweihundert. Bis zu dieser Entfernungen funktionierte diese Methode ganz gut, darüber hinaus musste man eine wirklich gute Vorstellungskraft haben und den eigenen Nagel exakt einteilen können. Bei fünfhundert Metern war mit dieser Entfernungsmessung definitiv Schluss.

Hier und jetzt musste Kepler nur über etwas mehr als dreihundert Meter schießen. Er stellte das Visier ein und legte an.

"Jason, schick deine Leute los", wies er an.

Kepler sah zu den Polizisten, die sofort vom Platzrand losliefen. Sie rannten aus aller Kraft über die offene Fläche auf die Wracks zu, würden aber einige Sekunden brauchen. Kepler konzentrierte sich auf den Geiselnehmer, der die Umgebung sicherte. Der Typ blickte verwirrt auf die rennenden Polizisten.

Bei zwölffacher Vergrößerung war Keplers Sichtfeld auf drei Meter auf hundert Meter eingeengt. Aber das war im Moment sekundär, denn dafür konnte er den Geiselnehmer deutlich sehen. Der Wind hatte sich nicht geändert, er blies immer noch leicht von rechts. Kepler drückte das Gewehr an sich. Der Geiselnehmer, der zu den Polizisten blickte, rief etwas zu dem zweiten, und der drehte sich von den Kindern weg. Kepler zog sanft den Abzug durch.

Spoons lautes Rufen durch das Megafon übertönte den vom Schalldämpfer abgeschwächten Schussknall. Das Gesicht des ersten Geiselnehmers nahm einen dümmlichen Ausdruck an, als sein Kumpan mit zerfetztem Kopf zu Boden stürzte. Die Starre des Kriminellen reichte Kepler aus, um durchzuladen und um sorgfältig zu zielen. Seine zweite Kugel schlug einen Augenblick später hinter dem Ohr des zweiten Geiselnehmers ein. Er brach sofort tot zusammen.

Kepler blickte auf. Die rennenden Polizisten winkten heftig. Die Kinder verstanden endlich die Situation. Einer nach dem anderen krabbelten drei Jungen und danach zwei Mädchen mit abstehenden Zöpfen aus den Wracks und rannten los. Plötzlich drehte sich das ältere Mädchen um. Ein winziger Junge schrie und zerrte panisch an seinem im Wrack eingeklemmten Bein. Das Mädchen rannte zurück und versuchte, den kleinen Jungen zu befreien. Der beruhigte sich erst, aber dann brüllte er so laut, dass Kepler ihn hören konnte. Das Mädchen verharrte und blickte hoch. Was die beiden Kinder hinter den Wracks sahen, konnte Kepler nicht erkennen. Aber das war auch nicht schwer zu erraten. Kepler schwenkte das Gewehr und beugte sich dabei ans Visier.

Die vier Drogendealer auf der anderen Seite der Wracks hatten den Ausbruch trotz der Ablenkung bemerkt. Kepler sah, dass einer der Weißen hinter einem Reifenstapel eine Pistole aus dem Hosenbund zog und sie auf das Wrack richtete. Kepler schoss. Die Kugel durchschlug den Reifen mühelos, er lenkte sie aber ab. Ihr Einschlag in eine Blechtonne erschreckte jedoch den Drogendealer und er ging in Deckung, ohne gefeuert zu haben. Kepler lud durch. Jason fluchte, als die heiße Hülse ihm ins Gesicht flog. Angespannt nach vorn blickend, wischte er geistesabwesend über die Wange.

"Nagele sie fest!", schrie er dann drängend.

Kepler konnte die Bewegungen im Müllhaufen nicht richtig verifizieren, er feuerte trotzdem zweimal. Seine Geschosse zeigten Wirkung. Fast unhörbar abgefeuert, schlugen sie ziemlich geräuschvoll in den Abfall ein und wirbelten ihn auf. Daraufhin hüllte eine gespenstische Stille den Platz ein.

Kepler wechselte das Magazin und legte an. Dann kamen die Drogendealer wieder zu sich. Einer rannte mit gezogener Waffe um die Wracks herum. Kepler musste feuern, solange er nicht in einer Schusslinie mit den Kindern war. Die Kugel traf den laufenden Mann in den Kopfansatz. Die Massenträgheit und die Wucht des Geschosses ließen den Körper sich weiter nach vorn bewegen, während sich blutiger Nebel für einen Augenblick in der Luft ausbreitete.

"Joe, drei Uhr!", schrie Jason.

Während er die Erma schwenkte, dachte Kepler kurz daran, dass Budi das ganz ruhig gesagt hätte. Aber jetzt musste er ohne seinen Freund zurechtkommen.

Er sah einen weißen Drogendealer, der sich entlang des Müllberges nach hinten schob. Kepler schoss, aber der Winkel war nicht gut, die Kugel streifte einen Reifen und wurde abgelenkt. Kepler lud durch und feuerte. Die zweite Kugel traf den Geiselnehmer rechts in den Rumpf und ließ ihn zur Seite torkeln. Kepler feuerte nochmal, und die dritte Kugel durchschlug seinen Schädel noch während er zu Boden stürzte. Damit gab es keine weiteren Ziele, die übriggebliebenen Drogendealer waren im Abfall unsichtbar.

Aber sie hatten etwas vor. Spoon sah wohl eine Bedrohung im Müll. Sie ließ das Megafon fallen und schoss auf den Müllberg. Dann rannte sie nach rechts und warf sich hinter den schäbigen rostigen Rest des Wagens, der sich vor den anderen Wracks befand.

Nur in Filmen schützten Autos vor Kugeln, im wirklichen Leben reichten schon einige Pistolenkaliber aus, um das Blech durchzuschlagen und zu töten.

"Spoon, bleib unten!", brüllte Jason.

Sie drückte sich in den Boden, während die austretenden Kugeln dicht über ihr das Blech aufschlitzten. Kepler riss das Magazin aus dem Gewehr und rammte das letzte hinein. Danach feuerte er auf den Müllberg, unpräzise und hastig, einfach nur, um die Drogendealer in Deckung zu zwingen. Sie hörten aber erst auf zu schießen, nachdem die Erma leer war, sie mussten nachladen.

Kepler hatte jedoch keine Munition mehr. Ohne weiter zu überlegen, rannte er hinter dem Auto hervor und dann auf die Wracks zu, um ihre Aufmerksamkeit auf sich zu lenken. Er war auf die Entfernung in Sicherheit. Spoon war es nicht.

Aber ihr Leben bedeutete nicht nur Kepler etwas. Die drei Polizisten hatten den kleinen Jungen befreit, und einer rannte mit dem Kind in den Armen seinen Kollegen hinterher, die die anderen Kinder weg trugen. Aber zwei Uniformierte waren bei den Wracks geblieben. Sie kletterten auf sie, zogen ihre Pistolen und feuerten nach unten in den Müllberg. Kepler blieb stehen und atmete durch.

Plötzlich hörten die beiden Beamten auf zu schießen und hoben die Hände. Ein Drogendealer kam zwischen den Müllbergen hinaus, einen Jungen vor der Brust haltend, dem er eine Waffe an den Kopf drückte. Spoon sprang auf, schrie und wedelte mit den Armen. Die beiden Uniformierten begannen rücklings von den Wracks zu kletterten. Spoon zerrte ein Magazin aus der Jackentasche und lud ihre Pistole nach, während sie zu dem Müllberg lief. Kepler zog die Glock aus dem Gürtel und rannte wieder los.

"Ma'am, der Typ sieht mich nicht", hörte er plötzlich eine hastig sprechende Stimme im Interkom. "Soll ich es versuchen?"

Es war wohl einer der Polizisten an den Wracks. Der Mann hörte sich zu eifrig an. Kepler schlug gegen den Kopfhörer, um die Verbindung zu aktivieren.

"Negativ, negativ", brüllte er. "Verschwindet dort, sofort!"

Plötzlich peitschten drei Schüsse, der letzte Drogendealer hatte auf die Wracks gefeuert. Kepler hatte jetzt einen anderen Sichtwinkel und sah, wie einer der Polizisten zusammenbrach. Sein Kollege schleifte ihn weg.

"Bekha hat eine Kugel in die Seite abgekriegt, neben der Weste", hörte Kepler ihn schreien. "Holt Sanitäter und Krankenwagen!"

Kepler hob die Glock mit beiden Händen an. Spoon stand schon fast direkt vor dem Drogendealer und zielte auf ihn. Als sie etwas sagte, drückte der Drogendealer dem Kind seine Waffe an den Kopf. Kepler lief weiter nach links.

"Ana, schieß ihm in den Kopf", rief er. Der Drogendealer sah ihn empört an, aber Spoon zögerte. "Genau zwischen die Augen, so trifft die Kugel das Stammhirn, er zuckt nicht mal", versuchte Kepler sie zu überzeugen. "Schieß endlich."

Abrupt wurde der Blick des Drogendealers wild und er drückte die Mündung seiner Pistole stärker an den Kopf des Jungen. Das Kind wimmerte. Spoon hob plötzlich beide Hände hoch und begann, beruhigend auf den Drogendealer einzureden. Der sah sie an, dann richtete er die Pistole auf sie und schoss.

Als Spoon umfiel, bewegte sich der Arm des Drogendealers, mit dem er den Jungen festhielt, zur Seite. Kepler korrigierte die Glock und feuerte. Seine beiden Kugeln schlugen neben dem Kopf des Jungen in die Stirn des Drogendealers ein. Das Kind schrie panisch auf, wand sich aber aus dem Griff des Toten und lief sofort winselnd weg. Kepler rannte die letzten zehn Meter vor, warf einen Blick auf Spoon, lief zu dem Drogendealer, trat die Pistole aus seiner Hand und schoss ihm nochmal in den Kopf.

Dann senkte er die Glock, drehte sich um und ging zurück. Neben Spoon blieb er stehen, dann setzte er sich hin, legte die Glock auf die Erde und hob Spoons Kopf vorsichtig an. Behutsam legte er ihn in seinen Schoss und streichelte leicht über Spoons erblasste Wangen.

"Tut es weh?", erkundigte er sich.

"Ja...", kam die leise, gequälte Antwort.

"Wieso hast du nicht geschossen?"

"Ich hatte Angst um das Kind", gab Spoon stöhnend zurück.

"Ich habe dir doch gesagt, wie du es machen sollst", rügte Kepler sie.

"Ich schieße nicht gern an Kindern vorbei."

Spoon klang genervt. Kepler schlug ihr auf die Brust, was sie sofort husten ließ. Kepler drehte ihren Kopf und sah ihr in die Augen.

"Du lässt lieber auf dich schießen, oder was?"

"Hat doch funktioniert, oder?", gab Spoon zurück.

"Ja. Obwohl es saudämlich war", erwiderte Kepler ätzend.

"Ich habe doch eine Weste unter der Jacke an", fuhr Spoon auf.

"Und wenn er dir in den Kopf geschossen hätte, du Genie?"

Spoon schien sich so über seine Empörung zu freuen, dass sie seinen beißenden Ton völlig ignorierte. Sie lächelte und wollte etwas sagen, aber in diesem Moment fiel ein Schatten auf ihn und Spoon. Sie sahen hoch. Jason stand vor ihnen und steckte gerade seine Pistole ein. Dann fingerte er eine Zigarette aus der Tasche, zündete sie an und grinste schief.

"Das war total dämlich, Spoon", sagte er.

"Hab ich ihr auch gesagt. Aber sie hat ja eine Weste an." Er schlug Spoon etwas kräftiger auf die Brust. Sie stöhnte auf und begann zu husten. Kepler sah zu Jason. "Hast du eine Zigarette für mich bitte?"

Jason hockte sich nieder, sah Spoon an und reichte Kepler über sie hinweg eine Zigarette. Kepler nahm sie und beugte sich über Spoon zu ihm, damit er ihm Feuer gab. Dabei stützte er sich mit dem Ellenbogen auf Spoons Brust ab. Sie stöhnte auf und wand sich unter ihm, aber er drückte sie nieder, bis er die Zigarette angeraucht hatte.

"Kriege ich auch eine?", jammerte Spoon, als Kepler sie freigab.

Jason langte wieder in die Tasche.

"Kannst du wenigstens das schon richtig?", erkundigte sich Kepler. "Das gelbe Ende gehört in den Mund. Hör wenigstens dieses Mal auf mich, Ana."

Sie sah ihn an und lächelte fröhlich. Dann zog sie ihn zu sich und küsste ihn.

52. Jason drehte sich plötzlich um, dann erhob er sich in einer schnellen Bewegung und warf dabei die Zigarette weg.

Vier Männer näherten sich ihnen. Einer war ein älterer Schwarzer im Anzug, die drei anderen hatten Kampfmonturen an und hielten MPs im Anschlag. Spoon keuchte, als sie sich zu erheben versuchte. Kepler stand auf und half ihr hoch.

"Wer ist das?", fragte er.

"Der Chief persönlich", antwortete Jason, weil Spoon wieder hustete.

Die vier Männer blieben stehen. Der Chief sah Spoon kurz an, dann bohrte er den Blick in Keplers Augen, während er ihm die Hand reichte.

"Ich bin Chief Edrusku", stellte er sich höflich vor. "Und Sie sind?"

"Joseph Luger", antwortete Kepler.

"Von welcher Behörde kommen Sie?"

"Äh...", machte Kepler. "Das war Privatvergnügen hier, Chief."

"Was?" Edrusku sah ihn erstaunt an. "Nochmal – Sie sind Zivilist?"

"Sozusagen", antwortete Kepler.

Der Chief musterte ihn, dann sah er auf die Glock.

"Festnehmen", befahl er über die Schulter.

Kepler atmete tief ein, als einer der Polizisten auf ihn anlegte und die beiden anderen zu ihm gingen. Im selben Moment stellte sich Spoon so vor ihn hin, dass er keine Möglichkeit auszuholen hatte.

"Chief – nein!", stammelte sie bettelnd.

Edrusku sah sie scharf an, während die Polizisten nach Keplers Armen griffen, sie hinter seinen Rücken drehten und ihm Handschellen anlegten.

"Spoon, Cameron, wir drei unterhalten uns noch", versprach Edrusku unheilvoll und sah Kepler an. "Und wir beide uns ebenso."

"Natürlich", erwiderte Kepler. "Aber zuerst will ich telefonieren."

"Auf dem Präsidium", entgegnete Edrusku endgültig.

"Nein – jetzt", widersprach Kepler. "Der Anruf steht mir zu."

"Richtig", bestätigte Edrusku. "Auf dem Präsidium."

Kepler sah zur Absperrung.

"Die Presse ist da und die Kameras werden schon aufgebaut. Sollen sie aufnehmen, wie ihr einen gefesselten Gefangenen erschießt?", erkundigte er sich.

"Mister...", begann der Chief drohend.

Kepler drehte sich leicht und schlug mit dem rechten Fuß über die linke Schulter. Der Polizist hinter ihm stöhnte auf und fasste sich an die Stirn. Sowohl sein Kollege, der rechts hinter Kepler stand, als auch der andere waren so überrascht, dass Kepler genug Zeit gehabt hätte, sie niederzuschlagen. Er tat es nicht, sondern sah Edrusku an, dem diese Tatsache ziemlich umgehend klar wurde. Bevor der Chief etwas sagte, kam der zweite Polizist zu sich. Er riss seine MP hoch und legte den Finger an den Abzug.

"Auf die Knie!", brüllte er.

Kepler ignorierte den Befehl und sah Edrusku in die Augen.

"Der nächste Schlag ist tödlich, Chief", warnte er. "Dieser Anruf ist lebenswichtig für mich, und wenn ihr mich nicht telefonieren lasst, werdet ihr mich töten müssen. Aber ihr werdet mindestens drei zu eins verlieren."

"Chief, er meint es ernst, Sir", sagte Spoon. "Lassen Sie ihn anrufen. Außerdem, ohne seine Hilfe wären wir noch morgen früh hier."

Edrusku sah sie an, dann Kepler, dann wieder sie.

"Na gut", entschied er unwillig. "Zwei Minuten."

"Ana, hol bitte mein Telefon aus der Tasche", bat Kepler.

Spoon zog sein Handy heraus und tippte die Nummer ein, die er ihr sagte, dann hielt sie ihm das Telefon ans Ohr. Ihre Hand zitterte.

"Jep", meldete sich Budi flapsig.

"Ich bin verhaftet worden", sagte Kepler auf Arabisch. "Verschwinde."

"Colonel...", begann Budi sofort in ablehnendem Ton.

"Verschwinde, habe ich gesagt", unterbrach Kepler ihn rigoros. "Sofort."

"Nein", sagte Budi ruhig und endgültig. "So war das nicht abgemacht."

"Ich ändere die Abmachung", fuhr Kepler ihn an. "Hau ab. Ich komme hier schon irgendwie raus. Wir treffen uns in Goldland." Dieses Codewort bezeichnete den Punt, das sagenumwobene reiche Land der Antike. Es hatte sich wahrscheinlich dort am Horn von Afrika befunden, wo jetzt Somalia lag. Im Fall der Strafverfolgung wollten Kepler und Budi zuerst dahin gehen. Sie hatten Somalia ausgewählt, weil es dort so gut wie keine staatlichen Strukturen mehr gab. Dort unterzutauchen war leichter als woanders. "Löffel ist Polizistin. Verlass sofort das Haus, entsorge das Handy und verschwinde", befahl Kepler und sah zu Spoon, die ihn schwer anblickte. "Leg auf." Sie gehorchte. Nachdem sie die Hand mit dem Handy heruntergenommen hatte, wandte sie sich ab und senkte den Kopf. "Danke sehr, Chief", sagte Kepler. "Jetzt können wir los."

"Was sind Sie eigentlich für ein Vogel?", interessierte sich Edrusku verwirrt.

"Gar keiner", antwortete Kepler. "Bin eine Ratte."

*****

Das Präsidium war modern, offen und hell eingerichtet und der Informationsstand im Eingangsbereich glich der Rezeption eines Hotels. Ähnlich hatte Kepler es in Los Angeles gesehen. Für Durban als Urlaubsort war es passend.

Das Verhörzimmer glich wahrscheinlich jedem anderen Raum auf der Welt, der zu diesem Zweck eingerichtet worden war, es war grau und kahl. In eine Wand war der obligatorische Beobachtungsspiegel eingelassen, in der Mitte standen ein Tisch und drei Stühle aus Metall. Kepler wurde an den einzelnen Stuhl gefesselt und dann allein gelassen.

Zwei Stunden vergingen, dann öffnete sich die Tür und Spoon trat ein. Sie war allein. Zögernd schloss sie die Tür hinter sich. Dann atmete sie durch und ging entschlossener zum Tisch. Nachdem sie sich hingesetzt hatte, sah sie Kepler in die Augen und lächelte zaghaft.

"Ich habe nichts von Hoca erzählt", sagte sie auf Arabisch.

Auch wenn sie diese Sprache nicht wirklich gut sprach, Kepler hätte klar sein müssen, dass sie sie zumindest ansatzweise beherrschte. Aber andererseits, er hatte ihr keine Hinweise darauf gegeben, was er und Budi tun wollten.

"Danke", erwiderte er nur.

"Es tut mir auch leid, dass ich dir nicht sofort gesagt habe, dass ich Polizistin bin." Spoon sah ihn bittend an. "Ich wollte dich nicht abschrecken."

"Es interessierte mich nicht, wer oder was du bist, sondern nur, wie du bist, Ana", erwiderte Kepler. "Sonst wäre ich nicht wiedergekommen."

"Es tut mir leid", flüsterte Spoon, "dass ich dir das alles eingebrockt habe."

Kepler musterte sie prüfend. Er hatte nicht den Eindruck, dass man sie zu ihm geschickt hatte, denn Spoon sah ihn mit Tränen in den Augen an.

Sie hatte aus demselben Grund wie er gehandelt, und sich genauso wenig wie er die möglichen Konsequenzen dessen überlegt.

"Du hast an die Kinder gedacht", sagte Kepler. Spoon nickte. Ihre Lippen zitterten, aber in ihrem Blick war jetzt etwas Erleichterung. Sie streckte eine Hand aus. Kepler bewegte die Arme und die Handschellen klirrten am Stuhl. Spoon zog die Hand zurück. "Was erwartet mich, Ana?", fragte Kepler.

"Illegaler Waffenbesitz", antwortete Spoon und senkte den Blick. "Und wenn Edrusku es ganz hart durchzieht, dann eine Anklage wegen Mordes dazu."

"An Drogendealern, die Kinder als Geiseln nehmen? Ist er ein ganz korrekter?"

"Das ist er", bestätigte Spoon verzweifelt.

Kepler überlegte. Er war überzeugt, dass sie ihm nichts vorspielte. Aber auch wenn, noch mehr konnte er seine Situation eigentlich nicht verschlimmern.

"Hilf mir hier raus, Ana", bat er. "Ich will bei der Flucht niemanden verletzen."

"Deswegen bin ich hier", antwortete Spoon hastig flüsternd. "Wenn du ins Provinzgefängnis verlegt wirst, hole ich dich raus."

Sie lächelte und wollte noch etwas sagen, aber in diesem Moment öffnete sich die Tür. Edrusku blieb erstaunt an der Schwelle stehen.

"Spoon, was machen Sie hier?", erkundigte er sich scharf.

"Chief... äh, Sir", stammelte Spoon, "ich... nun..."

"Ist im Moment egal", meinte Edrusku. "Nehmen Sie bitte Luger die Handschellen ab." Spoon sah ihn völlig verdattert an. Dass er einen Verstoß gegen die Vorschriften einfach durchgehen ließ, war bestimmt nicht seine Art. "Und Spoon", sprach er indessen mit strengem Blick, "Sie sollten nach Hause fahren, hatte ich gesagt. Sie sind angeschossen worden. Waren Sie schon beim Arzt?"

"Ja, Sir, ist alles gut", haspelte Spoon. "Ich bin fit, ehrlich."

"Machen Sie trotzdem heute und morgen frei", wies Edrusku sie an. Spoon erwiderte nichts. Kepler spürte, wie heftig ihre Hände zitterten, als sie die Handschellen öffnete. Dann streichelten ihre Finger über seine. "Wollen Sie was trinken, Luger?", erkundigte sich Edrusku indessen.

"Kaffee", brachte Kepler völlig perplex heraus.

"Ich kann ihn bringen", erbot sich Spoon sofort.

"Ja, danke", entschied Edrusku unwillig nach kurzem Zögern. "Für mich dann bitte auch", bat er. "Bringen Sie ihn uns in mein Büro."

"Gern, Sir", antwortete Spoon.

Mit einem zaghaften Lächeln auf den Lippen beeilte sie sich hinaus. Edrusku sah ihr nach, bis sich die Tür schloss, dann richtete er den Blick auf Kepler.

"Haben Sie es ihretwegen nicht gesagt?", verlangte er zu wissen.

"Was nicht gesagt, Chief?", fragte Kepler verständnislos zurück.

"Von welchem Ministerium Sie kommen."

Während Kepler hustete, dachte er hastig nach. Budi hatte sich also doch nicht an den Befehl gehalten. Aber anstatt mit der Glock im Anschlag im Präsidium aufzutauchen, hatte er kühl überlegt und Benjamin angerufen.

Kepler musterte den Polizeichief. Edrusku hatte auf ihn sofort einen ehrlichen und aufrichtigen Eindruck gemacht. Den Chief störte vermutlich nicht der Tod der Geiselnehmer, die hätte er wohl selbst eigenhändig erschossen. Aber er war anscheinend penibel bis ins Knochenmark. Er konnte einfach nicht dulden, dass ein Zivilist die Polizeiarbeit machte, und das auch noch mit nicht registrierten Waffen. Einem offiziellen Scharfschützen gegenüber war er sogar kollegial.

"Nein, nicht wegen Ana", antwortete Kepler. "Es waren noch andere da."

"Ah", verstand Edrusku und hielt ihm die Tür auf. Dann wurde sein Blick argwöhnisch. "Spoon dient Ihnen aber nicht als Tarnung?", fragte er wieder scharf.

Kepler ging ein wenig angespannt an Edrusku vorbei durch die Tür. Aber im Flur war niemand, und er löste sich.

"Sie ist der Teil meines Lebens, der nichts hiermit zu tun hat", antwortete er.

Edrusku bedachte ihn mit einem dankbaren Blick.

"Sie ist ein gutes Mädchen", meinte er mit väterlich anmutendem Stolz.

"Wenn sie sich nicht gerade erschießen lässt", ergänzte Kepler spöttisch. "So etwas Dummes habe ich selten gesehen."

"Sie wollte ein Kind retten", empörte sich Edrusku.

"Das war sehr edel", erwiderte Kepler. "Und dämlich ausgeführt."

"Inwiefern das denn?", interessierte sich der Chief nun fast erbost.

"Sie hätte den Typ sofort erschießen sollen", antwortete Kepler.

"Luger, Sie sind auch doof", bescheinigte Edrusku ihm rüde. "Spoon wollte den letzten lebend haben. Mister, ich habe kein Problem damit, dass die Kerle tot sind", erklärte er sogleich, "das habe ich auch den Reportern gesagt, die mich auf der Pressekonferenz vorhin an die Rechte der Geiselnehmer erinnert hatten."

"Ah ja", machte Kepler. "Und wie geht es dem angeschossenen Polizisten?"

"Er kommt durch, aber das meinte ich nicht", erwiderte Edrusku sachlich. "Ich will damit nicht sagen, dass Sie unter solchen Umständen an die Politik hätten denken sollen, aber etwas mehr polizeilichen Sachverstand hätte ich sehr wohl begrüßt. Den letzten hätten Sie nur verwunden dürfen. Unser Undercoveragent ist tot, damit haben wir nichts gegen die Bande in der Hand und müssen die Ermittlungen neu anfangen. Das musste Ihnen doch klar gewesen sein."

Edrusku konnte Kepler nicht einfach zurechtstutzen, der vermeintliche Mister Luger war nicht sein Untergebener, mehr als eine Rüge, um die Machtverhältnisse zu klären, war nicht drin. Kepler konnte aber nicht viel Reue zeigen, damit würde er seine Position schwächen. Edrusku wusste zwar, dass Kepler sich das nicht erlauben konnte, aber eine Entschuldigung erwartete er schon.

"Nein, war es nicht", stellte Kepler klar. "Wir standen unter Druck und außerdem waren dort nur junge Grünschnäbel unterwegs, von Jason und Ana abgesehen. Aber er hatte keine Details erzählt und sie war mächtig am Spinnen."

"Das stimmt", räumte Edrusku unwillig ein. Sie waren an einem Büro in der zweiten Ebene angelangt, und der Chief hielt Kepler die Tür auf. Drinnen wies er auf einen Stuhl und nahm selbst hinter einem großen Tisch Platz. Dort lag eine Mappe, auf der Kepler seinen Namen sah. "Luger, ich bin froh, dass ich Sie laufen lassen darf, aber ich will immer wissen, mit wem ich es zu tun habe", sagte Edrusku offen. "Ana hat mir einiges über Sie erzählt." Er schwieg kurz und sah Kepler direkt an. "Ich will trotzdem wissen, warum Sie sich exponiert haben, nur um ein paar schwarze Kinder aus dem Ghetto zu retten."

Der Polizeichef hatte zügig nachgeforscht und versuchte nun, die losen Enden zu verknüpfen. Als Angehöriger des ANC konnte Edrusku den Kämpfern des 32-Bataljons nichts Positives abgewinnen. Aber genau das schien dieser Mann zu wollen. Er war wohl jemand, der wirklich an die Versöhnung glaubte.

"Chief", Kepler sah ihm in die Augen, "reicht es Ihnen, wenn ich sage, dass ich nur Soldat bin, und manchmal farbenblind?"

"Ich wollte nur sichergehen." Edrusku lächelte entspannt. "Wissen Sie, Ana bedeutet mir wirklich sehr viel, und Sie sind der erste Mensch seit Jahren, der sie zum Lächeln gebracht hat." Er schniefte. "Geweint hat sie Ihretwegen auch."

"Was davon spricht für mich?", fragte Kepler vorsichtig nach.

"Beides", erwiderte der Chief. "Sie bettelte, dass ich Sie nicht anklage."

"Aha", sagte Kepler in Ermangelung einer anderen Antwort.

Er brauchte sich keine sinnvolle Entgegnung zu überlegen, die Tür öffnete sich und Spoon stürmte ins Büro. Am Tisch blieb sie stehen, stellte eilig zwei Kaffeebecher ab und pustete auf die Fingerspitzen. Edrusku lächelte.

"Danke, Spoon." Sein Ton änderte sich ins Rigorose. "Und jetzt gehen Sie nach Hause. Das ist ein Befehl, Detective."

"Chief... äh", begann Spoon bettelnd, aber ohne Kepler anzusehen, "ich schreibe lieber meinen Einsatzbericht fertig, ja?"

"Mensch, Spoon, der vorläufige reicht mir erstmal", fuhr Edrusku auf und deutete auf Kepler. "Luger geht es gut, das sehen Sie doch. Außerdem, er wird gleich von seinen Kollegen abgeholt. Er muss ja auch einen Bericht abgeben."

Kepler zog unwillkürlich die Augenbrauen hoch, dann, um seine Überraschung zu verbergen, rieb er sich die Nase, als wenn er niesen wollte.

"Ana, tu, was der Chief sagt." Er lächelte Spoon an, als sie einen fast ängstlichen Blick auf ihn warf. "Ich rufe dich sofort an, sobald ich kann."

"Er lädt Sie dann bestimmt gern zu einem Abendessen ein", meinte Edrusku.

"Danke sehr", sagte Kepler sofort. "Das mache ich hiermit."

Edrusku feixte und zwinkerte ihm verschwörerisch zu.

"Na gut." Spoon hatte das bemüht unwillig gesagt, aber ihr Lächeln hatte etwas von dem eines jungen Mädchens. "Trödle nicht", befahl sie dennoch streng.

Als sie hinausging, berührte ihre Hand zutraulich die von Kepler. Edrusku quittierte das mit zufriedenem Blick. Kepler entschied, dass er in Sicherheit war, und langte zu einem Kaffeebecher. Edrusku hob sofort warnend die Hand.

"Vorsicht, Luger", mahnte er. "Unser Automat brüht den Kaffee sehr heiß, passen Sie auf." Er seufzte. "Ich würde Ihnen ja eine Tasse anbieten, aber es gibt im ganzen Präsidium keine mehr. Meine wurde sogar aus diesem Büro geklaut."

"Danke für den Tipp, Sir", sagte Kepler. Er nahm einen Becher, der tatsächlich sehr heiß war, und führte ihn vorsichtig an die Lippen. "Äh, Chief", versuchte er es beiläufig klingen zu lassen, "meine Waffen, meine Weste und mein Auto..."

Den Verlust des RAV4 konnte Kepler verschmerzen, den der Glock zur Not auch. Seine Weste und die Erma wollte er auf keinen Fall verlieren.

"Bekommen Sie zurück, sobald Sie uns verlassen", versicherte Edrusku ihm sofort, dann lächelte er beim Blick in sein Gesicht verschmitzt. "Zucker?"

*****

Gesüßt schmeckte der Kaffee passabel, aber das interessierte Kepler überhaupt nicht mehr, er dachte angestrengt nach. Zum zweiten Mal hatte Benjamin einen Polizeichief davon abgehalten, ihn zu verhaften. Ob er jetzt in Durban bleiben konnte, bezweifelte Kepler. Auch das interessierte ihn nicht besonders. Zumindest im Vergleich zu der Frage, wie es mit Spoon weitergehen würde.

Er und der Chief hatten ihre Becher noch nicht ganz leer, als das große Telefon auf dem Tisch klingelte. Edrusku nahm den Hörer ab, hörte kurz hinein und legte wieder auf. Er nickte knapp und trank schnell aus. Kepler erhob sich.

Der erste Mensch, den er am Informationsstand wahrnahm, war Budi. Der Sudanese lehnte sich lässig an den Tresen, aber ein völlig beiläufiger Gesichtsausdruck gelang ihm nicht perfekt. Seine Augen waren vor fassungslosem Staunen noch immer ein wenig geweitet.

Wahrscheinlich wegen des Mannes neben ihm, der regungslos und mit einem absolut nichtssagenden Gesicht dastand. Er war schwarz und trug einen Anzug von durchschnittlicher Qualität, der ebenfalls keine Rückschlüsse auf die Funktion seines Trägers ermöglichte.

Unbeabsichtigt atmete Budi erleichtert aus, als er Kepler sah, und richtete sich auf. Edrusku runzelte bei seinem Anblick erstaunt die Stirn, und reichte erst dem Schwarzen im Anzug mit einem freundlichen Lächeln die Hand.

"Mister Sebuturo", grüßte er.

"Chief", erwiderte der Schwarze.

Der Polizeichef drehte sich zu Budi und streckte die Hand aus.

"Chief Edrusku", stellte er sich vor.

"Hoca... Aburni", gab Budi, etwas bemüht distanziert, zurück.

"Angenehm", meinte der Chief. Er beugte sich zu dem Constable hinter dem Tresen und sagte etwas. Der Mann stand auf und ging weg. Edrusku drehte sich zu Kepler. "Ihre Sachen werden sofort gebracht."

"Chief", meldete sich der Schwarze zu Wort, "Sie vergessen die aus seinen Waffen abgefeuerten Projektile und die Hülsen nicht? Und auch die Probeschüsse, falls Ihre Leute schon welche gemacht haben. Bitte."

"Natürlich, Mister Sebuturo", erwiderte Edrusku sachlich.

"Danke für die reibungslose Kooperation, Chief", sagte der Schwarze höflich.

190

"Gern", antwortete Edrusku. "Vergessen Sie die nicht, wenn ich mal etwas von Ihnen brauche", bat er subtil warnend.

Der Schwarze nickte nur. Im selben Moment kam der Constable mit einem Sack zurück, auf dem die Aufschrift *Evidence* prangte. Edrusku nahm den Sack und reichte ihn an Kepler weiter.

"Ihre Sachen, Luger, quittieren Sie bitte die Annahme", sagte er und reichte ihm eine Kladde, die der Constable ihm gegeben hatte. "Das Auto wird gleich zum Eingang gebracht."

Kepler sah auf den auf dem Brett geklemmten Zettel. Er bekam seine Weste zurück, das Gewehr und die Glock. Des Weiteren wurden auf dem Zettel sein Portmonee samt Inhalt, das Handy und einzeln die von ihm verschossenen Projektile und deren Hülsen aufgeführt. Er unterschrieb mit *J. Luger*.

"Danke für alles, Chief", sagte er anschließend und reichte Edrusku die Hand.

Der Polizeichef warf einen Blick auf die Unterschrift, dann hob er den Blick, ergriff Keplers Hand, drückte sie und lächelte.

"Entschuldigung für vorhin, Luger, aber die Vorschriften sind nun mal Vorschriften", sagte er fest und gleichzeitig bittend. "Und danke für die Unterstützung." Er sah Kepler an. "Und wenn Sie mal persönlich meine Hilfe brauchen..."

"Danke, Chief", erwiderte Kepler überrascht. "Für Sie gilt dasselbe."

Edrusku dankte auch, verabschiedete sich von dem Schwarzen und von Budi, wünschte alles Gute und ging.

Kepler schulterte den Sack und folgte dem Schwarzen, der sich wortlos in Bewegung setzte, hinaus. Budi flankierte ihn.

Nachdem der Schwarze die Eingangstür passiert hatte, ging er zielstrebig und ohne sich umzudrehen weiter zum schwarzen Chevrolet Captiva, der direkt gegenüber dem Präsidium an der Straße geparkt war. Am Wagen blieb er stehen.

"Macht es gut, bis dann", sagte er distanziert freundlich.

Kepler war für eine Erwiderung zu verdattert, Budi schaffte es lediglich, kurz zu winken, während der Schwarze einstieg und dann wegfuhr. Kepler richtete den Blick auf seinen Freund, der ihn jetzt verständnislos angrinste.

"Sind wir schon da?", erkundigte er sich.

"Wo?", fragte Budi baff zurück.

"Im Punt", präzisierte Kepler.

"Hör zu, Colonel", begann Budi mit einem scharfen Blick. "Erteile mir nie wieder bescheuerte Befehle. Dann kannst du dir auch den Sarkasmus sparen."

"Entschuldige", bat Kepler. "Ich bin eigentlich sehr froh, dass du nicht auf mich gehört hast." Er atmete durch. "Jetzt bin ich es. Danke, Budi." Sein Freund lächelte ihn nur kurz an und nickte. "Klärst du mich jetzt auf?", bat Kepler.

"Du zuerst", forderte Budi ihn auf. "Was ist mit Spoon?"

"Alles okay. Du hast dich in ihr nicht getäuscht."

Kepler wollte eigentlich so schnell wie möglich weg, aber ihr Wagen war immer noch nicht da, deswegen schilderte er schnell die Ereignisse.

"Ich wusste, dass sie eine Gute ist", sagte Budi erleichtert. "Aber im ersten Moment wollte ich sie mir schnappen und dich so frei bekommen", gestand er reumütig. "Ich fuhr also zum Präsidium, aber es könnte Tage dauern, bis ich sie erwischt hätte. Ich wollte keine Zeit verlieren, also rief ich Ben an. Der musste erst den Grund deiner Verhaftung klären, darum hat es länger gedauert. Irgendwann rief Ben zurück und sagte mir, ich solle mich am Präsidium mit diesem Sebuturo treffen. Der tauchte auf, gab mir zwei Tickets und befahl, dass sobald du raus bist, wir zum Flughafen fahren und die erste Maschine, die nach Joburg fliegt oder dort eine Zwischenlandung macht, nehmen sollen." Er sah Kepler zweifelnd an. "Sollen wir das tatsächlich tun, Colonel?"

"Ja", antwortete Kepler. "Nicht, dass Ben sonst Schwierigkeiten bekommt."

Er überlegte, ob diese Entscheidung tatsächlich die richtige war. Sie musste es sein, er und Budi hatten eigentlich keine Alternativen.

*****

Die letzten Strahlen der untergehenden Sonne ließen den RAV4 kurz funkeln, als er um die Ecke fuhr. Der Wagen hielt neben Kepler und Budi an, und ein behäbiger älterer Polizist stieg aus. Er verlangte von Kepler eine Unterschrift, dass er den Toyota zurückbekommen hatte, und watschelte dann zum Präsidium.

Kepler stieg in den MVR ein, Budi in den RAV4. Sie wagten es nicht, eines der Autos nach Hause zu bringen, sondern fuhren sofort zum Flughafen.

Dort deponierten sie die Glocks und die Tasche mit der Erma in drei Schließfächern. Danach zeigten sie ihre Tickets am Schalter von South African Airways vor. Was auch immer es für seltsame Flugscheine waren, eine energische Frau kümmerte sich sofort um Kepler und Budi. Sie fragte, ob sie ihre Waffen dabei hätten. Budi bejahte zögernd. Die Frau wollte sie an den Kontrollen vorbeiführen. Budi bat um zehn Minuten. Kepler und er liefen zurück zu den Schließfächern, holten die Glocks heraus und steckten sie wieder ein.

Zwanzig Minuten später saßen sie in einem Flugzeug der Fluggesellschaft Airlink, mit der South African kooperierte. Die kleine, aber geräumige Avro RJ85 zeichnete sich trotz der vier Düsentriebwerke durch einen niedrigen Lärmpegel aus und trug darum den Beinahmen *Flüsterjet*. Kepler und Budi ließen sich im Gegensatz zu den meisten anderen Passagieren nicht in den Schlaf säuseln.

Nach siebzig Minuten Flug landete die Maschine in Johannesburg. Ein Weißer, der von seinem Verhalten her Sebuturo glich, wartete auf Kepler und Budi auf dem Vorfeld neben einem schwarzen Captiva.

Bis zu den Vororten der Hauptstadt dauerte es weitere dreißig Minuten. Unzählige Lichter hellten den nächtlichen Himmel über Pretoria zu einem gelblichen Dunst auf. Der Verkehr in der Hauptstadt war auch jetzt noch relativ dicht, sie brauchten zwanzig Minuten bis in die Stadt.

Der Fahrer hatte nach einer höflich distanzierten Begrüßung während der ganzen Fahrt geschwiegen, jetzt zeigte er lediglich auf den hell erleuchteten Eingang eines Gebäudes, in dem nur noch in wenigen Fenstern das Licht brannte.

Kepler und Budi stiegen aus. Dass sie sich in der Pretorius Street im Zentrum der Hauptstadt befanden, das hatten sie mitbekommen. Was der umzäunte Komplex aus rechteckigen Gebäuden für eine Einrichtung war, wussten sie nicht. Sie sahen zum Eingang. Hinter der Tür standen zwei Wachleute in weißen Hemden mit Emblemen darauf und blickten zu ihnen. Ihre Hände lagen auf den Pistolen in den Holstern an ihren Gürteln.

"Wie das Außenministerium sieht das aber nicht aus", meinte Budi.

"Liegt wohl daran, dass es das auch nicht ist", erwiderte Kepler angespannt.

"Jep", stimmte Budi ihm zu.

Sie gingen los. Nach einigen Metern konnten sie die Aufschrift auf der unaufdringlich grauen Tafel entziffern, die neben dem Eingang angebracht war.

Über den Öffnungszeiten stand in recht kleinen Buchstaben der Name dieser Einrichtung – Ministry of Security and Safety.

53. Ein Wachmann öffnete einen Flügel der Glastür, der andere beobachtete Kepler und Budi weiterhin aufmerksam und mit der Hand an der Waffe.

"Mister Luger, Mister Aburni", grüßte der Wachmann in der Tür so höflich, wie der Captiva-Fahrer es getan hatte. "Direktor Grady wartet auf Sie."

Als Kepler und Budi durch die Tür gingen, nahm der zweite Wachmann, ohne den Blick von ihnen zu wenden, mit der freien Hand einen Telefonhörer ab, drückte einen Knopf und meldete knapp ihre Ankunft.

"Warten Sie bitte hier", bat er, nachdem er aufgelegt hatte.

Eine Minute später erschien ein Mann im Anzug und Krawatte. Er ging durch den Metalldetektor, der stumm blieb. Er musterte Kepler und Budi schnell, aber gründlich. Ihre Glocks waren durch die Kleidung verdeckt, für einen geübten Blick gab es dennoch keinen Zweifel daran, dass sie bewaffnet waren.

"Mister Luger, Mister Aburni, ich bringe Sie zum Direktor", sagte der Mann ebenfalls sehr höflich und ohne sich vorzustellen. "Sind Ihre Waffen gesichert?"

"Automatisch, wie das bei Glocks üblich ist", erwiderte Kepler.

Der Mann deutete ihnen um den Detektor zu gehen, während ein Wachmann auf seine Geste hin das Schloss für den Durchgang betätigte. Es summte leise und Kepler schob die Schranke zur Seite. Sie fühlte sich viel massiver und stabiler an als sie aussah. Budi folgte ihm. Der Mann wartete, bis sie auf seiner Seite des Raumes waren, dann setzte er sich ohne ein Wort in Bewegung. Er führte Kepler und Budi zu einem Fahrstuhl, dessen Türen sich öffneten, sobald er mit einer Chipkarte ein elektronisches Schloss betätigt hatte. Die Kabine setzte sich sanft in Bewegung und der Mann drehte sich mit dem Rücken zu ihnen. Diese Geste, wie der ganze Empfang, suggerierte, dass es keine Falle war.

Im Flur, in den Kepler und Budi aus dem Fahrstuhl hinausgingen, gab es großflächige Fenster. Allerdings drang der Straßenlärm nicht durch sie hindurch, die Scheiben hielten bestimmt dem Beschuss mit Kaliber .50BMG und Mörsergeschossen stand. So fröhlich schimmernd wie sich die Lampen im Glas spiegelten, war es durch feine Goldbeschichtung auch gegen elektromagnetische Wellen geschützt. Wahrscheinlich war das ganze Gebäude wie ein Faradayscher Käfig gegen jegliche Abhör- und Störungsversuche abgesichert. Und bestimmt gegen direkte Treffer mit einer nuklearen Waffe, zumindest einer taktischen. Der Flur war alle zehn Meter durch Schleusen aus dickem Panzerglas gesichert, die der Mann mit der Karte öffnete. Zum einen war das ein Schutz gegen die Druckwelle einer Explosion. Zum anderen stellten die Schleusen Hindernisse für Angreifer dar – oder für Flüchtige. Ohne einen Leopard II konnte man hier nicht heraus. Es sei denn, man hatte so ein Kärtchen.

*****

Kepler und Budi wurden in ein Vorzimmer geführt, in dem eine müde, adrett gekleidete junge Frau an einem Tisch vor einem Monitor saß. Sie sah auf und nickte wortlos. Der Mann, der Kepler und Budi geleitete, öffnete eine breite Tür, ließ sie eintreten und schloss sie hinter ihnen.

Das Büro, in das sie eintraten, erinnerte an das von Abudi, nur war es doppelt so groß. Weitere Unterschiede bestanden in der südafrikanischen Fahne und dem Portrait des Präsidenten an der Wand. Quer vor dem

194

Fenster stand ein großer schnörkelloser Arbeitstisch, an den sich ein weiterer Tisch für Besucher anschloss, an den Wänden reihten sich Regalschränke. Im hinteren Teil gab es eine schmale Tür. Ihr gegenüber befand sich ein gemauerter Kamin. Der Raum war effizient, kalt und nichtssagend eingerichtet. Über seinen Benutzer verriet er höchstens, dass ihm der Gedanke, ihn für etwas anderes als für die Arbeit zu benutzen, fremd war. Und dass er eine unnachgiebige, zielgerichtete und kanalisierte Entschlossenheit besaß, das zu erreichen, was er sich vorgenommen hatte.

Dieser Mann könnte Abudis Zwillingsbruder sein, wenn er nicht weiß wäre. Er machte den Anschein, wie ihn gesetzte Lehrer hatten, keine auffallende Erscheinung, sondern eine, an die man sich nicht erinnerte. Er war mittelgroß, hatte kurze graue Haare, die sehr einfach frisiert waren, und eine hohe Stirn. Auf seiner Nase saß eine runde Lesebrille in dünnem Nickelrahmen. Er trug kein Jackett, die Ärmel seines blütenweißen Hemdes waren hochgekrempelt, die Seidenkrawatte steckte im Hemd, das schlicht, sehr hochwertig und teuer war. Der massive Siegelring und die feine, aber nicht minder hochwertig wirkende goldene Krawattennadel waren die einzigen Schmuckstücke, die der Mann trug.

Als Kepler und Budi hereinkamen, warf der Mann einen Blick auf sie und wies ihnen mit einer knappen Geste, auf den Stühlen vor ihm Platz zu nehmen. Seine Augen blickten abwartend und ruhig, ansonsten drückte sein Blick überhaupt nichts aus. Dennoch sah Kepler in seinen Augen eine immense, absolut gnadenlose Willenskraft, eine grenzenlose Selbstüberzeugung und einen sehr scharfen, forschenden Verstand, die das Wesen dieses Menschen ausmachten.

Der Direktor des MSS sagte kein Wort und machte auch keine Anstalten, die Hand zu Begrüßung zu reichen, sondern nahm die Brille ab und blickte Kepler und Budi nur abwartend an.

Kepler sah gelassen zurück. Aber Oma hatte Jahre damit zugebracht, ihm Moral und Ethik einzubläuen, darum setzte er sich nicht hin, sondern ging zu Grady. Er blieb vor ihm stehen und streckte die Hand aus.

"Sir, ich danke Ihnen", sagte er.

"Für?", interessierte sich Grady mit kalter, ausdrucksloser Stimme, in der es keinerlei Regung oder Emotion gab.

"Sie haben mir zweimal wirklich sehr geholfen", erläuterte Kepler.

Der Direktor lächelte kurz und dünn. Dann erhob er sich und drückte mit einem knappen und starken Griff seine Hand.

"Nein, Herr Kepler", widersprach er in fast akzentfreiem Deutsch. "Ich habe Ihren sturen Hals weit öfter als nur zweimal gerettet."

Jetzt konnte Kepler in seinem Ton eine Spur einer Emotion ausmachen. Es war grenzenloser, selbstüberzeugter, amüsierter Zynismus.

"Wann alles?", erkundigte sich Kepler.

"Mein Lieber, haben Sie sich nie gefragt, warum Sie immer noch am Leben sind?" Grady sah ihn spöttisch fragend an. "Obwohl Sie wie eine Naturkatastrophe durch die halbe Welt stampfen, ständig von einer Bredouille in die nächste geraten und dennoch stets heile herauskommen?"

"Ich hatte manchmal mehr Glück als Verstand", antwortete Kepler. "Aber ich bin davon überzeugt, das Letztgenannte stets benutzt zu haben."

"Zweifelsohne", stimmte Grady zu. "Und – Sie hatten Hilfe", ergänzte er. "Soll ich es Ihnen erklären?"

"Bitte", erwiderte Kepler skeptisch.

"Gern. Aber setzen Sie sich doch zuerst bitte", schlug Grady wieder auf Englisch vor. "Möchten Sie etwas trinken?"

"Kaffee wäre gut", antwortete Kepler, als er sah, dass der Direktor tatsächlich auf seine Antwort wartete.

Grady drückte einen Knopf am Telefon und verlangte knapp nach Kaffee. Anschließend richtete er seinen Blick direkt auf Kepler.

"Also", begann er, "betrachtet man Ihre Prügelei, dann hatten Sie Glück, weil Sie nach Afrika gegangen sind. Ihr Werdegang bei Abudi ist dagegen der Beweis Ihres Verstandes. Sicherlich war es auch mit etwas Glück verbunden, doch das meiste war Ihr eigener Verdienst. Sie hatten viel bei Abudi erreicht, aber dann killten Sie ihn." Er machte eine Pause. "Haben Sie sich je gefragt, warum Sie in Deutschland unbehelligt geblieben sind?"

"Dank Ihnen oder was?", fragte Kepler zweifelnd.

"Zum Teil zumindest", antwortete der Direktor. "Ich habe es mich einiges kosten lassen, die Sudanesen davon abzuhalten, Sie zu verfolgen. Die legten zwar auch nicht besonders viel Wert darauf, von einigen wenigen abgesehen, aber allein aus Gründen des Ansehens wollte man Sie zur Rechenschaft ziehen."

"Und wie genau haben Sie es verhindert?", hakte Kepler nach.

"Ich habe ihnen gesagt, Sie hätten für mich gearbeitet."

"Wieso?", fragte Kepler baff.

"Ich beobachte Sie seit zweitausendvier", begann Grady. "In Ihnen schlummern einige Gaben, Herr Kepler, und die stellen einen gewissen Wert für mich dar. Zweitausendfünf wollte ich Sie von Abudi abwerben." Er lächelte. "Ihre jetzige Identität wartet schon seit damals auf Sie, ich brauchte vor einigen Wochen nur den Namen einzusetzen, den Sie Smith genannt haben. Ich habe Geld dafür genommen, damit Sie nicht misstrauisch wurden", fügte er als Erklärung am Rande hinzu und machte eine Pause. "Aber als damals alles vorbereitet war, verschwanden Sie. Ich habe Sie trotzdem vor den Sudanesen beschützt, obwohl sogar wir etwas Zeit gebraucht haben, um Sie aufzuspüren. Allein bis wir diesen Kapitän gefunden haben, den Sie vor den Piraten gerettet hatten, verging einige Zeit." Grady sah Kepler in die Augen. "Ich habe Sie gedeckt, weil Sie entdeckt werden wollten. Warum sonst hatten Sie die Glock nicht zusammen mit dem Gewehr versenkt. Sie haben einen gewissen Drang in sich, und er bestimmt Ihr Handeln." Kepler erwiderte nichts und Grady sprach weiter. "Wir hatten Sie irgendwann gefunden und überlegten uns, wie wir Sie rekrutieren konnten. Dass Sie zurück nach Afrika wollten, stand außer Frage, dieser Kontinent lässt niemanden los. Wir brauchten nur einen Vorwand, etwas, das Sie berührte." Grady schwieg kurz. "Aber Dinge, die zusammen gehören, fügen sich letztendlich zusammen. Bald hatte Benjamin erwähnt, dass sein Bruder Ihre Männer eingestellt hat. Danach war es nicht schwierig, Mauto dazu zu bringen, auch Sie herzuholen." Grady zuckte die Schultern. "Und prompt bewiesen Sie, wie recht ich hatte. Sie machen es einem aber nicht leicht", rügte er. "Das mit dem Mädchen in der Township und die drei Leichen in der Wüste ist eine Sache, aber was meinen Sie, was es gekostet hatte, das Massaker auf der Ranch zu vertuschen?" Er sah Kepler schief an. "Wenigstens waren Sie so clever, diese Festplatte abzuliefern, das machte es einfacher, aber meine Güte, Mann."

"Das war Hocas Idee, nicht meine", stellte Kepler richtig. "Und wenn das alles Sie so sehr stört, was wollen Sie dann von uns?", fragte er.

"Es stört mich nicht", erwiderte Grady. "Ich habe bewundernd gesprochen."

"Dann müssen Sie an Ihrer Artikulation arbeiten", merkte Kepler an.

"Ich bewundere Sie wirklich", stellte der Direktor klar. "Wollen Sie wissen, warum?", fragte er. "Sie sind nicht von Macht besessen", beantwortete er die Frage. "Sie haben zwar gern welche, aber es genügt Ihnen, wenn sie dazu ausreicht, dass Sie das tun können, was Sie sich vorgenommen haben."

Es klopfte an der Tür und die Sekretärin trug ein Tablett mit Kaffeegeschirr herein. Kepler sah zu ihr. Er könnte Gradys Blick auch länger standhalten, aber er war froh, einen Vorwand zu haben, woanders hinsehen zu können. Dem Direktor schien es allerdings genauso zu gehen.

Nachdem die Frau gegangen war, beugte sich Kepler vor und füllte drei Tassen. Eine schob er Budi zu, die andere zu Grady, die dritte nahm er selbst. Er trank einen Schluck, lehnte sich zurück und blickte fragend zum Direktor.

"Schmeckt Ihnen der Kaffee?", erkundigte der sich höflich.

"Vorzüglich", antwortete Kepler ebenso.

"Es ist ein besonderer Kaffee. Schmeckt er Ihnen auch, Mister Hassim?"

"Sehr gut", antwortete Budi, nahm einen Schluck und gurgelte. "Ein unvergleichlich volles Aroma", resümierte er besinnlich, "der Geschmack ist siruparig, nach Schokolade und Karamell, aber ein wenig muffig." Er sah Grady arglos an. "Kopi Luwak des letzten Jahrgangs?", schätze er. "Oder des vorletzten?"

Von dem teuersten Kaffee der Welt wurden pro Jahr etwa dreihundert Kilogramm produziert. Die Menge hing vom Appetit indonesischer Zibetkatzen ab, die Kaffeebohnen fraßen und unverdaut, aber fermentiert ausschieden, was ihren Geschmack nachhaltig verbesserte.

Kepler konnte sich das Lächeln verkneifen, den Direktor hatte Budi völlig unvorbereitet erwischt, Kopi Luwak konnte er eher unwahrscheinlich am Geschmack erkennen. Dass er sich alles schnell zusammengereimt und die richtigen Schlüsse gezogen hatte, war so unerwartet und beeindruckend, dass Grady eine Sekunde lang verblüfft dreinschaute, bevor er sich gefangen hatte.

"Sehr gut, Budi", sagte er anerkennend, wobei er den Namen betonte. "Kompliment, Herr Kepler, Sie sind ein fähiger Lehrer", gratulierte er anschließend.

Kepler nickte mit der gleichen, sparsam reservierten Geste zurück, und nahm einen Schluck. Dass der Inhalt der kleinen Tasse in seiner Hand zehn Dollar kostete, half ihm nicht darüber hinweg, woher der Kaffee kam, aber letztendlich war es doch alles Natur. Budi leerte schnell seine Tasse und bediente sich enthusiastisch erneut aus der filigranen Kanne, die bestimmt einige tausend Jahre alt und wahrscheinlich ein Geschenk des chinesischen Botschafters war. Budi klimperte lässig mit dem Porzellan, bevor er sich ebenso wie Kepler zurücklehnte und den Direktor unschuldig fragend ansah, während er einen Schluck nahm.

"Sie beide sind schwer zu beeindrucken", meinte der Chef des Geheimdienstes.

Ein Punkt für uns, dachte Kepler.

"Wenn Sie eine junge schlanke vollbusige Frau wären", meinte er, "dann wären wir glatt aus dem Häuschen."

"So eine wie Ihre neue Freundin?", fragte Grady annähernd interessiert.

"Ich habe keine", gab Kepler ruhig zurück.

Über den Punkt in diesem seltsamen Spiel machte er sich keine Illusionen mehr. Der Direktor war sich dessen völlig bewusst.

"Ach nein?", fragte er spöttisch.

"Zeitvertrieb", erwiderte Kepler beiläufig und fragte sich, wie viel Wahrheit in dieser Antwort steckte.

"Das sagen Sie nur, um sie zu beschützen", behauptete Grady ruhig.

"Lassen Sie Spoon da raus", sagte Kepler, während er ihm warnend in die Augen blickte. "Und spielen Sie nicht mit mir. Bitte."

"Das war kein Spiel, sondern eine sachliche Überlegung." Grady gestattete sich ein amüsiertes Lächeln. "In manchen Dingen verstehen Sie keinen Spaß, und ich hege keine Todessehnsucht."

"Sie bekleiden Ihre Position nicht umsonst", lobte Kepler ihn. "Sie sind sehr klug und umsichtig. Bravo."

"Danke", meinte Grady trocken. Er lehnte sich in seinem Sessel zurück, ohne Kepler aus den Augen zu lassen, und klemmte die Daumen hinter die Hosenträger. "Wie gefällt Ihnen Ihr neues Dasein, Mister Luger?", erkundigte er sich.

Der Wechsel der Anrede hatte wohl mehr als nur eine Bedeutung, aber welche es war, verstand Kepler nicht. Er konnte Grady nicht richtig einschätzen. Nicht, weil der Direktor aalglatt war, sondern weil er in Dimensionen dachte, die Kepler nur ansatzweise begriff. Doch er hatte den Eindruck gewonnen, dass der Direktor – bis zu einem gewissen Grad – ziemlich ehrlich war.

"War in letzter Zeit verhältnismäßig angenehm", antwortete er.

"Bis Sie idiotischerweise beschlossen hatten, an dieser Geiselbefreiung mitzuwirken", ergänzte Grady. "Ich meine – für mich ist das nur gut." Er sah Kepler in die Augen. "Aber Sie haben jetzt nur noch zwei Alternativen." Er schwieg kurz. "Entweder Sie nehmen mein Angebot an. Oder Sie verlassen Afrika."

"Was haben Sie mir wann angeboten?", fragte Kepler erstaunt.

Der Direktor griff in eine Schublade, dann warf er zuerst ihm, dann Budi schwarze Gegenstände zu. Kepler fing das für ihn bestimmte auf. Es war ein Dokumentenetui aus Büffelleder. Kepler öffnete es. In die linke Seite war eine goldene Kokarde eingearbeitet, auf der ein Adler die Schwingen ausbreitete. Die aufgehende Sonne hinter ihm bildete zugleich eine Krone. Das entsprach insoweit dem Wappen von Südafrika. Der Rest war jedoch anders. Statt der stilisierten Menschen unter dem Adler, die sich an den Händen hielten, hielt der Vogel im Abzeichen des MSS eine *4* in den Krallen. Hinter der Klarsichtfolie der rechten Seite sah Kepler sein Bild, den Namen Luger und eine Inschrift, die besagte, dass er ein Mitarbeiter des Ministeriums für Sicherheit sei.

"Ich denke, Sie haben mittlerweile akzeptiert, dass Sie sich nur für eine ganz bestimmte Art von Tätigkeiten richtig eignen, nicht wahr?", fragte Grady. Es war keine Frage, der Direktor wollte nur sichergehen, dass Kepler sich dieser Tatsache bewusst war. "Joe, Hoca", fuhr Grady dann fort, "ich möchte, dass Sie beide für mich arbeiten. Das impliziert zwar mehr oder weniger regelmäßige Arbeitszeiten, manchmal ein enormes Risiko für Leib und Leben, und eine im Verhältnis dazu miserable Bezahlung." Er machte eine Pause. "Aber auch die Möglichkeit, Ihr Können für einen sinnvollen Zweck einzusetzen."

"Wissen Sie, woran mich dieser Satz erinnert?", fragte Kepler sofort.

"An Ihr erstes Gespräch mit Abudi", erriet Grady augenblicklich.

"Ich hatte bei ihm eine Chance gehabt, etwas Gutes zu tun. Und auch bei Galema, aber ich ziehe nur das Unheil an", erwiderte Kepler. "Ich möchte denselben Fehler nicht zum dritten Mal begehen."

"Ich hatte nichts von Gutem gesagt", erinnerte Grady ihn kalt, "sondern von Sinnvollem gesprochen. Meistens deckt es sich, aber nicht immer." Er machte eine Pause. "Das wäre in etwa das Leben, das Sie führen wollen, denke ich."

"Diese Behauptung könnte zu einer Grundsatzdiskussion führen", wehrte Kepler sofort ab. "Und ich glaube, Sie würden mich dabei in Grund und Boden reden, Mister Grady. Also, beantworten Sie mir bitte stattdessen ehrlich folgende Frage – führen Sie immer solch umfangreiche Einstellungstests durch?"

"Bei Kandidaten für eine bestimmte Ebene – ja", antwortete der Direktor ohne jeglichen Anflug von Heuchelei. "Wissen Sie, die israelische Luftwaffe sucht ihre Kampfpiloten aus, wenn die noch im Sandkasten spielen. Ich habe zwar nicht so viel Zeit, aber bei Ihnen habe ich auch nicht solange gebraucht, um zu erkennen, dass ich Ihr Potential früher oder später brauchen würde. Seit Sie wieder in Afrika sind, haben Sie es wiederholt bewiesen." Er machte eine Pause und sah Kepler nachdrücklich an. "Jetzt ist es an der Zeit, dass Sie das tun, was Ihrer Natur entspricht. Und meine Investitionen müssen sich allmählich auszahlen."

"Was ist denn so wichtig, dass Sie etliche Jahre warten und viel Geld ausgeben, nur damit ich diese Aufgabe übernehme?", wollte Kepler wissen.

"Nichts", antwortete der Direktor. "Nichts ist so wichtig, dass es nur von einem einzigen Menschen gemacht werden könnte. Das, wofür ich Sie vor vier Jahren gebraucht hätte, oder vor drei, oder letztes Jahr, das ist alles schon erledigt."

"Was soll ich dann für Sie tun?", erkundigte sich Kepler ratlos.

"Das weiß ich noch nicht", antwortete Grady offen. "Halt Dinge erledigen. Als ein Agent, und gemäß dem geltenden Recht. Halbwegs zumindest." Der Direktor stellte seine Tasse ab, beugte sich zu Kepler vor und sah ihn mit zusammengezogenen Augenbrauen nachdrücklich an. "Wenn Sie ablehnen, werden Sie Afrika verlassen müssen. Es war eine Anstrengung gewesen, Sie unter Ihrem eigenen Namen her kommen zu lassen, in gewissen Kreisen sind Sie ziemlich bekannt. Aber Ben Galema ist sehr einflussreich und den Rest habe ich übernommen. Sie haben sich in der kurzen Zeit einiges geleistet, und ohne unseren Schutz sind Sie aufgeschmissen", stellte Grady klar und machte eine kurze Pause. "Also, nehmen Sie mein Angebot an, dann gewinnen Sie einen Freund. Sie haben nicht besonders viele."

"Das liegt daran, dass ich meine Freunde nicht kaufe", gab Kepler kalt zurück.

"Ich meinte nicht so einen Freund wie Budi, der bedingungslos für Sie sterben würde, sondern etwa in Richtung Mauto Galema", präzisierte Grady.

Seine distanziert-kühle Anerkennung war sachlich, professionell und sogar kollegial. Er bot das an, wonach Kepler und Budi sich gesehnt hatten. Zu leben, ohne ständig über die Schulter blicken zu müssen. Und womöglich könnten sie als Polizisten etwas Sinnvolles tun. Kepler sah zu Budi. Sein Freund nickte.

"Als ich dieses Gespräch mit Abudi hatte, habe ich ihm versprochen, ihn umzubringen, sollte er auch nur einmal falsch spielen", sagte Kepler zu Grady.

"Ich fasse es als deutlichen Standpunkt auf", erwiderte der Direktor. "Nehmen Sie als Beweis meiner Aufrichtigkeit die Tatsache, dass ich Sie beide mit geladenen Waffen hereingelassen habe."

"Nehmen Sie es auch als Beweis."

Einen Wimpernschlag lang sahen sich er und Grady direkt in die Augen. Der Direktor verengte dabei seine Augen und bewegte den Kopf nach vorn. Kepler blieb regungslos. Schließlich lehnte sich der Direktor in seinem Sessel zurück und lächelte knapp, ohne ihn aus den Augen zu lassen. Kepler nickte. Dann schafften sie beide es irgendwie, ohne dass einer von ihnen aufgegeben hätte, einander nicht mehr in die Augen zu blicken.

"Warum haben Sie uns so lange zappeln lassen?", fragte Kepler. "Wir hätten den Job angenommen, sofort nachdem wir Galema verlassen hatten."

"Sie haben dieses Gespräch in die Länge gezogen, um zu sehen, wie ernst ich es meine", begann Grady sachlich. "Genau aus demselben Grund mussten Sie zappeln – damit Sie sich sicher werden konnten, was Sie wollen und wohin Sie gehören", erklärte er. "Ohne Ihre Eskapaden hätte dieses Gespräch in drei Wochen stattgefunden, am achtundzwanzigsten." Er machte eine Pause. "Weil am Montag darauf auf unserer Akademie der nächste Vorbereitungskurs für Agentenanwärter anfängt, und Sie beide zuerst in die Schule müssen."

"Bitte?", machte Kepler.

"Als Scharfschütze sind Sie ein Ausnahmetalent, Sie haben eine angeborene und in jahrelanger Übung perfektionierte Gabe. Richtiges Gewehr und Munition vorausgesetzt", sagte Grady. "Sinngemäß gebe ich Ihnen das Gleiche – damit Sie ein guter Agent werden. Denn Sie haben eine

seltsam krumme Art zu denken", erklärte er. "Bei dem Video haben Sie
mit einem Blick das begriffen, wofür die Experten bei der Polizei zwei
Tage länger gebraucht hatten, Sie haben sofort die Zusammenhänge des
Überfalls nachvollzogen. Aber Sie waren so geistlos, sich keine Gedanken über den braunen Koffer zu machen. Als Schütze beachten Sie jede
Einzelheit, aber dass sich der Aktenkoffer in einem Banktresor befunden
hatte, das juckte Sie nicht. Sie haben Buyten bestimmt nicht mal danach
gefragt, oder, Sie Genie?" Er machte eine Pause. "Sie müssen lernen, auf
Kleinigkeiten zu achten, sie zu interpretieren und die Erkenntnisse richtig
umzusetzen – als Agent. Dazu müssen Sie über das entsprechende Basis-
wissen verfügen. Denn Sie verschwanden in Brasilien eigentlich sehr
clever von der Bildfläche, aber Sie brauchten Smith dazu, weil Ihnen die
Informationen und die Erfahrung fehlten, wo und wie Sie sich einen anderen Pass besorgen könnten."

"Woher wissen Sie das alles?"

"Das mit Kwo haben wir auch sofort verstanden, aber dann sagte Ben,
Sie würden seinen Bruder rächen, und so ließ ich Sie machen", antwortete
Grady schulterzuckend. "Wir schnappten uns den Bankier gleich nachdem Sie mit ihm fertig waren. Und Smith arbeitet für mich. Ach ja, noch
etwas. Sie haben nicht einmal bemerkt, wie meine Leute von der Durba-
ner Direktion Sie observiert haben. Sebuturo war auch darunter." Grady
lächelte dünn. "Genug Gründe?"

"Und sie sind einleuchtend", sagte Kepler. "Sir – wissen Sie, wie alt ich
bin?"

"Auf die Minute genau", antwortete Grady. "Aber Sie müssen noch sehr
viel lernen, Joe. Und das wissen Sie doch selbst nur zu gut."

"Mir geht es um...", begann Kepler. "Schaffe ich das?", fragte er zweifelnd.

"Klar", antwortete Grady. "Sonst würde ich nicht meine Zeit mit Ihnen
vergeuden." Er lächelte leicht. "Mir hat es gefallen, wie Sie mit der
'Ndrangheta umgegangen sind, das hat die Mafia bis ins Mark erschüttert.
Ihr Vorgehen mit Kwo beweist, dass Sie auch außerhalb eines Schlacht-
feldes richtig agieren können, dass Sie Ihre Fähigkeiten in mancher Hinsicht sogar besser als früher einsetzen können. Und beides zeigt auch,
dass Sie dafür noch Schulung brauchen, Joe, und zwar dringend. Sie wissen, wie Sie nach einem Kampf unauffällig verschwinden können – wie
Sie es in anderen Situationen machen sollen, ist Ihnen schleierhaft. Und
Sie müssen lernen, im gesetzlichen Rahmen zu agieren. Ein Glück, dass
Sie sich bei dieser Geiselnahme an einige Ihnen nicht bekannte Vorschriften gehalten haben." Grady brachte sein Missfallen nur durch eine leichte
Tonänderung zum Ausdruck, aber es war sehr deutlich. "Sonst hätte E-
drusku schon eine Anklageschrift gegen Sie fertig, obwohl seine Nachfor-

schungen ergeben haben, dass Sie beim MSS sind." Sein kurzes Lächeln könnte möglicherweise etwas Wohlwollen signalisieren. "Na, andererseits hatte er ein schnelles und gutes Ergebnis bekommen und konnte die Schuld an dem Massaker uns zuschieben. Er hat das MSS so deutlich nicht genannt, dass unser böser Ruf noch böser geworden ist." Er sah Kepler schief an. "Aber ich weiß noch nicht, ob ich Ihnen dafür einen Orden geben, oder einen Verweis in Ihre Akte schreiben soll."

"Klopfen Sie mir auf die Schulter, sagen Sie *danke* und drohen Sie mit dem Zeigefinger, das wäre ein guter Mittelweg", schlug Kepler vor. "Oder war das keine Frage, sondern ein Dilemma?"

Seine Kaltschnäuzigkeit schien Gradys Anerkennung zu finden, er schmunzelte auf die ihm eigene arrogante Art.

"Eine Floskel", antwortete er. "Ich hoffe, Sie haben mich verstanden."

"Ich habe es kapiert und sehe es ein", bestätigte Kepler. "Schon längst."

"Gut." Grady schien sich zu freuen. "Organisieren Sie in Durban Ihr Privatleben. Am Montag den fünften melden Sie sich um sieben wieder hier." Er sah zu Budi. "Haben Sie etwas auf dem Herzen?"

"Ich habe zugehört", erwiderte der. "Die Rede galt doch für uns beide, oder?"

"Richtig."

"Und?", wollte Budi wissen.

"Was?", fragte Grady verständnislos zurück.

"Wo soll ich unterschreiben?"

"Was wollen Sie unterschreiben?"

"Meine Einschulung", erklärte Budi. "Der Arbeitsvertrag, Sir."

"Ah." Der Direktor lächelte. "Später, Hoca. Wenn Sie beide wieder da sind."

54. Derselbe Mitarbeiter, der sie einige Stunden zuvor in Gradys Büro gebracht hatte, führte sie aus dem Gebäude und verabschiedete sich knapp und höflich. Ein Captiva stand schon mit laufendem Motor vor dem Eingang.

*****

Dreieinhalb Stunden darauf, als die 1time-Maschine in Durban landete, dämmerte der Morgen. Kepler und Budi verließen das Terminal und gingen zum Parkplatz. Es war kühl, ein ungemütlicher Wind jagte eine Wolkenbank nach der anderen über den grauen Himmel. Kepler blickte sich unschlüssig und nachdenklich um. Budi, der bis jetzt geschwiegen hatte, stupste ihn leicht an.

"Was hast du?", wollte er wissen.

"Ich bin erschüttert", gestand Kepler und sah ihn zerknirscht an. "Grady weiß einfach alles. Dabei dachte ich, ich hätte alles ganz gut hingekriegt." Er schüttelte fassungslos den Kopf. "Unser Direktor kann uns beide mit Leichtigkeit an unserem Allerwertesten aufhängen. Im Sudan war es einfacher."

"Bereust du jetzt alles?", wollte Budi wissen.

"Nein", antwortete Kepler. "Weißt du", begann er zögernd nach einigen Augenblicken, "Grady hat schon recht, es ist mir ziemlich egal, ob ich lebe. Aber im Moment..." Er schwieg kurz. "So richtig will ich doch noch nicht sterben."

"Dann ruf Spoon an."

"Es ist nicht ihretwegen", gab Kepler unwillig zurück.

Er wollte nicht spekulieren, ob und wenn ja – was Spoon für ihn war. Er wollte sie zwar nicht verlieren, doch er würde damit zurechtkommen. Auch damit, Afrika verlassen zu müssen. Das, was ihm neuen Lebensmut gab, war die Freundschaft mit Budi. Deswegen war ihm sein Leben nicht mehr gleichgültig.

"Mach es trotzdem sofort", beharrte sein Freund währenddessen.

"Wieso?", murrte Kepler unwillig.

"Bedeutet sie dir etwas?"

"Ja", antwortete Kepler abgehackt.

Budi sah ihm in die Augen.

"Du willst weder dich noch sie belügen", verstand er, dann schwieg er nachdenklich. "Spoon hat genauso Angst vor dir, wie du vor ihr. Sie ist momentan eine gute Freundin, nur dass ihr beide ein breiteres Spektrum habt, euch eure Zuneigung zu zeigen." Er zwinkerte Kepler zu und lächelte breit. "Sie ist verrückt, weil sie dich mag. Also ruf sie an, bevor sie völlig bekloppt wird."

Kepler antwortete nicht. Stattdessen zog er unter dem fordernden Blick seines Freundes das Handy aus der Tasche und wählte. Nach dem dritten Rufzeichen legte er wieder auf. Es war noch früh und Spoon schlief bestimmt noch.

*****

Sie tat es tatsächlich – auf den Stufen vor Keplers Haustür sitzend. Die Beine angezogen, den Kopf auf den Knien, kauerte sie im Türrahmen, um sich vor dem Wind zu schützen. Anscheinend hatte sie versucht, wach zu bleiben, aber irgendwann hatte die Müdigkeit sie übermannt, jetzt wachte sie nicht einmal vom Röhren des MVR auf, sie zuckte nur zusammen. Kepler und Budi fuhren den MVR und den Toyota in die Garage. Der Sudanese stieg mit einem triumphierenden Lächeln aus dem RAV4. Kepler ignorierte es, ließ ihn sich um die Erma kümmern und lief zum Haus.

Spoon versuchte im Schlaf, seine Hand von ihrer Schulter abzuwerfen. Er rüttelte kräftiger. Nach einigen Sekunden machte Spoon die Augen auf und blinzelte ihn verdutzt an. Dann kam sie zu sich. Sie sprang auf und warf sich Kepler stumm an den Hals. Ihre Lippen waren völlig kalt, und er beeilte sich, sie ins Haus zu bringen. Spoon ließ ihn nicht los, während er sie hinein trug, sie schmiegte sich an ihn. Die kalte Spitze ihrer Nase drückte in seine Wange, aber er zweifelte, dass sie es war, die seine Gänsehaut verursachte.

Er brachte Spoon ins Bad. In der Wärme begann sie zu zittern. Sie war durchgefroren und bebte förmlich, während Kepler ihr die Jacke, die Bluse und die Jeans auszog. Sie war bestimmt kurz davor, eine Lungenentzündung zu bekommen. Kepler streifte ihr die Unterwäsche ab und schob sie in die Dusche.

"Halbe Stunde lang, Ana", befahl er. "Abwechselnd kalt und warm."

"Okay", stammelte Spoon.

"Was sollte das, bist du völlig bescheuert?", fragte Kepler.

"Ich hatte Angst... dass du... wegen...", brachte Spoon heraus.

Ihre Hand drückte unwillkürlich seinen Oberarm zusammen, ihre Augen blickten ihn beinahe flehend an.

"Du bist bescheuert", sagte Kepler. Er beugte sich vor und küsste sie. "Mach jetzt hin, bevor du krank wirst." Er lächelte sie an. "Lass dir Zeit. Hoca und ich werden etwa zwei Stunden lang Sport machen."

"Ich will auch", stotterte Spoon. "Und du kannst ja mit mir duschen."

Eigentlich wollte Kepler erwidern, dass sie die Dusche aus rein medizinisch-prophylaktischen Gründen brauchte. Dann sah er sie an. Und nickte.

*****

Budi wartete mit einem verdrießlichen Gesichtsausdruck. Aber den hatte er vor dem Laufen immer, mehr aus Gewohnheit denn aus Unwillen. Sobald er Spoon sah, lächelte er. Eine Sekunde lang sahen sie einander an. Dann umarmten sie sich umstandslos und ohne Worte.

Sie trugen alle normale Kleidung. Kepler und Budi machten es immer so, und Spoon hatte keinen Sportanzug dabei. Sie lief sehr konzentriert, aber mit befreit erhobenem Kopf, und hin und wieder huschte ein kurzes verstohlenes Lächeln über ihre Lippen. Als sie zu Budi blickte, grinste er sie sofort an. Sie erwiderte und sah zu Kepler. Er nickte ihr zu. Plötzlich versteckte Spoon ihre Freude nicht mehr. Sie lächelte offen, als würde sie die ganze Welt umarmen wollen.

Nach dem fünften Kilometer begann Spoon, zurück zu fallen. Irgendwann schrie sie empört auf. Kepler und Budi blieben stehen und drehten sich betont wehleidig um. Spoon ließ sich nicht irritieren, ihr Gesichts-

205

ausdruck warnte unmissverständlich davor, sie wieder allein zu lassen. Aber obwohl sie mittlerweile mehr taumelte als lief, lächelte sie wieder.

"Wenn sie nicht verbissen auf hart tut, ist sie richtig süß", meinte Budi und stupste Kepler, weil er nicht antwortete. "Und das gefällt dir. Oder? Oder?"

"Schon gut", brummte Kepler. "Das tut es."

"Habe ich doch gesagt", meinte Budi selbstzufrieden.

"Das Leben stinkt", behauptete Kepler resigniert dahin.

"Weil?"

"Weil ich bis in die Haarspitzen deutsch bin, ich habe mittlerweile sogar ein deutsches Gewehr." Kepler seufzte. "Aber ich heiße wie ein Österreicher und ich mag eine österreichische Pistole", sprach er unter Budis erheitertem Blick weiter. "Und als wäre das zu wenig, entpuppst du dich auch noch als die Reinkarnation von Sigmund Freud. Und dieser Psychoguru war auch Österreicher."

Budi lachte schallend auf. Spoon stolperte herbei, klammerte sich an Keplers Arm fest und sah Budi argwöhnisch an.

"Was... ist?", hechelte sie.

"Dieser Ratten-Colonel hatte recht, was dich und den Sport angeht, was?", stichelte Budi gutmütig. "Aber dafür darfst du nachher mit mir den Garten dekorieren." Er zwinkerte ihr verschwörerisch zu. "Es wird toll", versprach er.

"Okay", keuchte Spoon und brachte ein Lächeln zustande.

Sie fragte nicht weiter nach, um ihre Neugier zu befriedigen reichte ihr Atem noch nicht. Aber nach zwei tiefen Atemzügen war sie fähig so zu tun, als liefe sie weiter. Kepler trabte nun neben ihr her. Budi sah ihn immer wieder arglistig an, und Spoon schien einiges an Kraft aus diesen Blicken zu schöpfen. Kepler bereute seine unbedachte Äußerung von vorhin und ahnte Fürchterliches. Budi wollte nach dem Training bestimmt losziehen, um eine gigantische rotweißrote Fahne zu besorgen. Und sie dann im Garten aufspannen.

Darum ignorierte Kepler die Aufforderung in Spoons Augen, als sie nach der Rückkehr unter die Dusche wollte. Er folgte Budi in den Garten. Er sah sich dort um, er schien sich die Sache mit der österreichischen Fahne fest vorgenommen zu haben. Kepler nahm sich vor, diese Idee aus seinem Kopf zu prügeln.

Er war so damit beschäftigt, dass er Spoon nicht hörte, als sie auf die Terrasse herauskam. Aber Budi bemerkte sie und deutete auf sie. Kepler drehte den Kopf und Spoons Anblick ließ ihn kurz stocken. Sie hatte zwar Unterwäsche an, aber keine Jeans, nur sein Hemd. Es war zwar zu lang für sie, dafür halb offen. Budi trat Kepler in die Brust. Das zerstörte den Zauber sofort. Mit wenigen Hieben überwand er Budis hastige Abwehr, schlug sein rechtes Bein weg und schickte ihn mit einem Schlag zu Boden. Anschließend zerrte er ihn hoch und wiederholte das Ganze so schnell, dass Budi nicht einen Schlag abblocken konnte.

"Hab ich doch gesagt", sagte er am Boden liegend wehleidig zu Spoon.

"Wolltest du mich damit beeindrucken?", erkundigte sie sich bei Kepler.

"Muss ich das?", knurrte er zurück. "Ich kann dir eine scheuern, wenn es hilft."

"Nein, danke", lehnte Spoon ab. "Kommt frühstücken, Jungs."

Kepler reichte Budi die Hand und half ihm hoch. Auf dem Weg ins Haus blieb er neben Spoon stehen und sah sie von oben bis unten an.

"Willst du mich beeindrucken?", erkundigte er sich.

Spoon lächelte.

"Vielleicht."

"Ist dir gelungen."

Der Tisch war schon gedeckt, und Spoon goss den Kaffee ein. Budi blickte dabei zum Fenster hinaus, Kepler in Spoon offenes Hemd. Sie setzte sich neben ihn als wenn nichts wäre und sah ihm zu, wie er den ersten Schluck nahm.

"Der Kaffee tut dir gut", meinte sie ernst, aber mit belustigt funkelnden Augen.

"Es ist nicht der Kaffee", murmelte Kepler.

*****

Budi schlang sein Essen herunter und meinte, unbedingt die Geschichtslehrerin besuchen zu müssen, um seinen Kenntnisstand im Bereich der Antike zu vervollkommnen, wie er es formuliert hatte. Spoon wünschte ihm viel Spaß dabei.

"Und nur dabei", ergänzte Kepler warnend.

Spoon lachte.

"Wovor hast du solche Angst?", wollte sie wissen.

"Dass er wirklich den Garten dekoriert", brummte Kepler.

"Wieso?"

"Frag nicht", bat Kepler. Und sprach gleich weiter, weil er sah, dass Spoon die Bitte nicht zu befolgen gedachte. "Ana, hör mal. Hoca und ich werden in drei Wochen versetzt", begann er und staunte, wie sehr Spoons Augen sich verdunkelten. "Würdest du bitte in unser Haus einziehen? So sparst du Miete, und ich muss nicht stundenlang putzen, wenn ich herkomme und du mich besuchst."

Spoon atmete erleichtert durch, aber ihr Blick war perplex. Kepler zog den Hausschlüssel heraus und reichte ihn ihr.

"Der Code für die Alarmanlage ist 20-02-78."

"Ich dachte, du wärst älter", sagte Spoon überrascht.

"Bin ich. Das ist der Todestag meiner Eltern", antwortete Kepler knapp.

Spoon schob seine Hand mit dem Schlüssel bedauernd zurück.

"Ich mag Hoca wie einen Bruder und dich noch mehr, aber das ist eigentlich kein Grund für sowas", sagte sie leise. "Ihr kennt mich doch gar nicht."

"Genug", widersprach Kepler.

Spoon atmete tief durch. Dann lächelte sie zaghaft.

"Du bist nicht ganz bei Trost, Joe."

Kepler drückte ihr den Schlüssel in die Hand.

"Ich kenne dich schon. Und nehme dich so wie du bist, und..."

"Sag das nochmal", unterbrach Spoon ihn sofort sehnsüchtig.

Kepler sah ihr schweigend in die Augen. Sie stand auf und ging um den Tisch herum. Kepler sah sie unschlüssig an. Mit einer fließenden Bewegung zwängte Spoon sich zwischen ihn und den Tisch und setzte sich auf seinen Schoss. Sie sahen einander an. Dann lächelte Spoon leicht, schlang die Arme um seinen Hals, legte den Kopf auf seine Schulter und schloss die Augen.

55. Früh am nächsten Morgen musste Spoon wieder zur Arbeit. Kepler und Budi verabschiedeten sie und wollten gleich loslaufen, als sie das Handy mit der SIM von Smith klingeln hörten. Erstaunt gingen sie zurück ins Haus.

"Luger", meldete sich Kepler.

"Grady." Der Direktor klang übermüdet. "Joe, die Schonzeit ist gestrichen. Es steht eine heikle Sache an und Sie und Hoca müssen sie für mich erledigen."

Kepler drehte sich zu Budi, der ihn fragend ansah.

"Es geht wieder los", sagte er.

"War wohl an der Zeit", erwiderte Budi lakonisch.

Kepler schaltete das Handy auf Lautsprecher.

"Was liegt an, Direktor?"

"Sie müssen nach Kivu", antwortete Grady.

Seit neunzehnhundertsechsundneunzig tobte in den östlichen Provinzen der Demokratischen Republik Kongo der Bürgerkrieg. Ein General – in Afrika wieder einmal sehr originell – kämpfte gegen die Regierung. Was auch immer er als Grund dafür vorschob, es ging um Bodenschätze. Die Afrikanische Union, als Versuch gegründet, eine Institution ähnlich der EU auf dem gesamten Kontinent zu etablieren, bemühte sich um die Beilegung des Konflikts. Alle afrikanischen Länder, außer Marokko und einiger wegen Militärputsche suspendierten Staaten, gehörten der Afrikanischen Union an, aber die Organisation war nicht wirklich machtvoll.

Auch die MONUC-Mission der UNO, Mission de l'Organisation des Nations Unies en République Démocratique du Congo, verlief wie auch andere solche Einsätze so gut wie ergebnislos. Uganda, Ruanda und Burundi hatten die Kivu-Provinzen besetzt und heizten den Konflikt bei Waffenstillständen neu an, indem sie den Rebellen schwere Waffen und sogar Panzer lieferten. Die Rebellenpartei hatte sich gespalten, ein Teil war zur Regierung übergelaufen. Mai-Mai-Milizen werkelten dazwischen, kämpften gegen die Rebellen, gegen die Regierung, gegen die MONUC und gegeneinander, plünderten, vergewaltigten und warfen gleiche Gräueltaten den Gegnern vor. Womit sie auch nicht falsch lagen. Nebenbei mischten Geschäftemacher aus aller Welt mit. Es war das übliche heillose afrikanische Durcheinander. Die politische Seite des Konflikts beschäftigte auch Pretoria, aber davon hatte Kepler nicht den Hauch einer Ahnung.

"Was da?", fragte er.

"Unsere Regierung hat zwei Geologen nach Kivu geschickt, um bestimmte Informationen zu sammeln", begann Grady. "Diese Geologen sind in Schwierigkeiten geraten, und ich wurde beauftragt, sie nach Hause zu holen. Das Heikle an der Geschichte ist, dass diese Männer dort eigentlich nicht sein dürfen." Seine anschließende Ergänzung war mürrisch. "Mehr über die Hintergründe weiß ich im Moment selbst nicht. Noch nicht."

"Eine Rettungsmission?", hakte Kepler nach.

"Nicht nur", stellte Grady klar. "Also, Sie beide gehen nach Bukavu, die Hauptstadt von Südkivu. Dort haust ein gewisser Tomani Kobala, ein Milizführer der RCD-Goma. Das war eine Vereinigung der Rebellenparteien, ist heute Teil der Übergangsregierung. Kobala ist mittlerweile Provinzgouverneur und will noch mehr sein. Ihm unterstehen Verbände aus Mai-Mai- und Interahamwe-Milizen, er kämpft gegen Ruander, gegen andere Milizen und gegen die Regierung. Er hat unsere Geologen", erläuterte er. "Kobala verhandelt mit uns, er will einen fetten Anteil an der Ausbeutung der Mine. Aber das eigentliche Problem ist – obwohl die Sache mit der Mine strikter Geheimhaltung unterlag, haben die Chinesen von ihr erfahren. Sie wissen jedoch nicht, wo sie sich befindet, dazu brauchen sie unsere Geologen, die sie gefunden haben. Wenn die Chinesen erfahren, wo sich die Mine befindet, können sie direkt mit Kobala über die Schürfung verhandeln, ohne uns bezahlen zu müssen." Gradys sachlicher Ton wurde nachdrücklich. "Ihre Aufgabe – befreien Sie die Geologen. Wenn Kobala nicht sofort und uneingeschränkt kooperiert, eliminieren Sie ihn. Sollten die Chinesen die Geologen zuerst kriegen, stellen Sie sie, eliminieren sie und befreien die Geologen." Er machte eine kurze

Pause. "Im äußersten Notfall – töten Sie sie ebenfalls. Es ist immens wichtig, dass die Information über die Mine geschützt ist."

"Das ist keine Rettungsmission, sondern ein Mordauftrag."

"Was Kobala betrifft – eigentlich ja", bestätigte Grady. "Und solche wie ihn haben Sie schon zuhauf getötet. Er ist von der Sorte, die einen Bürgerkrieg des Profits wegen anfängt, und Pretoria wünscht keinen Krieg mehr in Südkivu." Er schwieg kurz. "Sonst ist die Gewalt nur einzusetzen, wenn es nicht anders geht."

"Wir sind keine Meuchelmörder", sagte Budi dazwischen.

"Seit vorgestern schon – im Auftrag der Regierung", widersprach Grady entschieden. "Zumal Sie es auch schon vorher waren, denn Mauto Galema hat Ihnen im Prinzip ein Vermögen für die Tötung von Roy Buyten bezahlt."

"Es steckt mehr dahinter", erwiderte Budi abweisend.

"Unbestreitbar", stimmte der Direktor ihm bereitwillig zu. "Was Sie von anderen Profikillern unterscheidet, ist der Grund, warum Sie beide töten. Dass Sie es nicht für Geld oder Sex tun, ändert nichts an der Tatsache, wer Sie sind. Weil keiner von Ihnen weder das eine noch das andere abweist."

Er hatte völlig recht, Kepler und Budi wussten das. Sie hatten nur sichergehen wollen, wo die Prioritäten der Mission lagen.

"Das wäre geklärt. Warum mischen die Chinesen mit?", fragte Kepler.

"Das habe ich auch gefragt", gab Grady finster zurück. "Ich bekam eine Gegenfrage – was hat China mit nur wenigen anderen Staaten gemeinsam?"

"Nuklearwaffen?", riet Kepler.

"Das war auch meine Vermutung der Antwort", brummte Grady.

"Ah ja", machte Kepler ätzend. "Und?"

"Das wüsste ich auch gern", murrte Grady. "Im Kongo gibt es Uran. Und die Chinesen wollen ihr Kernwaffenarsenal angeblich vergrößern." Er hörte sich verwirrt an. "Aber irgendetwas ist da oberfaul, Joe. Ich bin völlig ratlos."

Wo bin ich hier eigentlich, fragte sich Kepler. Kolumbien, Balkan, Hindukusch, UNO, Bürgerkrieg, Erpresser, Vergewaltiger, Mafia und jetzt auch noch das? Wie schafft man das alles innerhalb eines Lebens? Wer ist hier verstrahlt?

Bis vor einer Minute hatte er sich Gedanken über den Ablauf dieses Einsatzes gemacht. Jetzt hatte er wieder Angst, betrogen zu werden. Im Kongo gab es kein Plutonium, das in Kernwaffen eingesetzt werden konnte, es gab dort keine natürlichen Kernreaktoren, nur in Oklo in Gabun hatte man welche gefunden. Das Einzige, was Kepler davon abhielt, sofort aufzulegen, war Gradys Verstörtheit.

"Weil", sprach der Direktor weiter, "die Chinesen haben die Technologie für die Herstellung von Plutonium und den Zugang zu spaltbarem Material, sie kaufen es einfach. Und wir brauchen kein Uran, wir haben es selbst, wir hatten sogar zusammen mit den Deutschen und den Juden Atomwaffen gebaut. Als der ANC an die Macht kam, traten wir dem Atomwaffensperrvertrag bei und unsere sechs Bomben und die Waffenanlagen wurden vernichtet. Die Israelis haben ihr Arsenal ohne uns fertig gestellt, die Deutschen wollten keins mehr haben."

Seine Verärgerung war aufrichtig. Kepler wurde es leichter ums Herz, sein erster Eindruck von diesem Mann war nicht der falsche gewesen. Grady versuchte nicht, ihn zu betrügen. Jemand anderer tat das. So wie es im Moment schien.

"Das ist Dreck", sagte Kepler.

"Weiß ich." Für eine Sekunde klang Grady fast menschlich hilflos. "Ich habe den Auftrag gerade bekommen, und er ist sehr eilig. Ich hätte auch gern mehr Zeit, um diese Mission gründlich vorzubereiten, aber die habe ich nicht." Die Pause wirkte wie eine reservierte Entschuldigung. "Darum schicke ich Sie hin."

"Was befürchten Sie denn?", fragte Kepler.

"Ich weiß einfach zu wenig über die wahren Hintergründe des Ganzen", antwortete der Direktor ehrlich. "Es kann vieles schiefgehen."

"Also opfern Sie ein paar Auszubildende", meinte Budi ruhig.

"Eben nicht", widersprach Grady. "Würde ich meine Agenten hinschicken, gerade dann würde ich opfern. Bei Ihnen gibt es eine Chance auf Erfolg."

"Sie haben viel Zuversicht in den eigenen Verein", kommentierte Budi boshaft.

"Auf dem Gebiet der Geheimdiensttätigkeit können uns nicht viele etwas vormachen", gab der Direktor ruhig zurück. "Wir sind Ermittler und Polizisten, und darin unterscheidet sich mein Geheimdienst nicht von anderen, auch wenn wir einen gewissen Ruf haben. Wie bei jeder Polizei auf der Welt sind auch meine Männer Präzisionsschützen – keine Scharfschützen wie die bei einer Armee. Ich habe Sondereinsatzkommandos – keine Elitekampftruppen. Meine Leute sind ganz gut für einen Zugriff ausgebildet – nicht für Gefechte im Feld. Weder haben sie für ein Kommandounternehmen trainiert, noch sind sie dafür gedacht."

"Und dann sollen Sie als Stadtkrieger es machen?", fragte Kepler skeptisch nach. "Warum nicht die Spezialeinheit der SANDF?"

"Ich habe es jedem, der was zu sagen hat, weit und breit erklärt", knurrte Grady. "Aber es ist inoffiziell, darum muss ich es machen. Darum schicke ich Sie beide hin – weil Sie zurückkommen, und zwar auf den eigenen Beinen."

"Sie müssen ziemlich von uns überzeugt sein", meinte Kepler belustigt.

"Bin geradezu zuversichtlich", gab Grady zurück.

"Für mich stellt es sich so dar, dass man Ihnen an den Kragen will", mutmaßte Kepler. "Und dass Sie uns vorschieben. Dafür halte ich meinen Kopf nicht hin."

"Nein, es liegt daran, dass ich die effizienteste Behörde des ganzen Landes leite", widersprach Grady ohne falsche Bescheidenheit. "Und nochmal – ich will Sie beide nicht opfern. Ich will niemanden opfern. Sie können diesen Auftrag schaffen, aber meine Agenten nicht. Denn Sie sind Militär, können Französisch und Sie sind ein Meister darin, zu verschwinden ohne Spuren zu hinterlassen."

"Wie genau nicht offiziell ist das Ganze?", wollte Kepler wissen.

"Sie werden kein Agent im Objekt sein, sondern Agent Provocateur", antwortete der Direktor. "Und weil Sie keine Uniform tragen werden, haben Sie auch keinen Kombattantenstatus. Das heißt, erwischt man Sie, kennt Sie niemand."

Damit gingen Kepler und Budi illegal nach Kongo, und im Falle einer Gefangennahme würden sie nicht als Kriegsgefangene gelten.

"Ganz ohne Papiere kommen wir nicht weit", gab Kepler zu bedenken.

"Sie bekommen namibische Scheinidentitäten. Nur werden diese Dokumente grauenhaft schlecht sein", erwiderte Grady. "Aber ich hatte nicht viel Zeit", entschuldigte er sich. "Sie müssen Ihre sämtlichen Papiere hier lassen."

"Damit wir nicht heimlich abhauen können?", fragte Kepler.

"Das ist eine grundsätzliche Regel", behauptete Grady. "Damit Sie nicht versehentlich Spuren hinterlassen. Geben Sie Smith die Papiere, wenn er Sie abholt."

"Smith?", fragte Kepler nach.

"Ja, Ihr Waffenhändler", bestätigte Grady geschäftig. "Er holt Sie innerhalb der nächsten vierzehn Stunden ab. Er wird Sie unauffällig nach Kongo reinbringen und auch wieder raus. Er bringt die Scheinidentitäten mit."

"Ich nehme an, Sie vertrauen ihm?", vergewisserte sich Kepler.

"Tue ich", antwortete Grady knapp und sachlich. "Reicht Ihnen die Zeit, um sich in Form zu bringen?"

"Wir sind in Form", gab Kepler zurück.

"Freut mich."

"Ich hätte trotzdem gern etwas Zeit für die Vorbereitung."

"Weil?", erkundigte sich Grady mehr abwartend als überrascht.

"Damit ich etwas die Sprache lernen kann, die dort gesprochen wird, ich glaube nicht, dass Französisch ausreichen wird", erwiderte Kepler. "Und bevor ich damals nach Sudan ging, hatte World Vision mich mit tausend Medikamentensorten vollgepumpt, damit mein zartes europäisches Gemüt nicht am schlechten Wasser oder an einem Schnupfen stürbe."

"Das ist es, Joe", sagte Grady zufrieden. "Sie bedenken jeden Aspekt einer solchen Mission." Er seufzte. "Sie bekommen leider trotzdem nur die vierzehn Stunden – mit etwas Glück", stellte er zwar bedauernd, aber unumstößlich klar.

"Wie sicher ist die Information über Kobala?", fragte Kepler.

"Zu fünfundneunzig Prozent", antwortete der Direktor.

"Verbindung zu Ihnen?"

"Smith wird Ihnen ein Satellitentelefon geben", antwortete Grady. "Meine Nummer ist in der Schnellvorwahl auf Eins gespeichert."

"Wir werden einige Waffen brauchen", sagte Kepler. "Und eine beschusshemmende Weste und eine KMW."

"Smith wird genügend Ausrüstung dabeihaben und vielleicht weitere Informationen", antwortete Grady. "Sonst noch etwas?"

"Nein."

"Viel Erfolg", wünschte Grady. "Und auch viel Glück."

Er legte auf. Kepler und Budi sahen einander an. Dann gingen sie hinaus.

56. Keplers selbstgemachte Kampfmittelweste ging in der Zivilisation als extravagantes Kleidungsstück durch – sofern sie leer war. Mit der Glock darin würde ihn niemand für einen Touristen halten, weder hier und schon gar nicht im Kongo. Für Budi hatte er eben eine KMW angefordert, und die musste ebenfalls verborgen werden. Darum kauften er und Budi in einer Shopping Mall zwei weite Jacken, die gut über die Kampfmittelwesten passten. Außerdem waren sie hellgrau und hatten Manschetten an den Ärmeln, am Kragen und am Bund. Beide Merkmale waren in den Gegenden, in denen Anophelesmücken die Malaria tropica übertrugen, ein besserer Schutz gegen die Insekten als jedes Spray.

In der Apotheke in der ersten Ebene des Kaufhauses kauften sie Tabletten gegen Malaria, Ruhr und Meningokokken-Krankheit.

"Kondome, mein paarungsfreudiger Colonel?", erkundigte sich Budi auf dem Weg zur Kasse und deutete auf das entsprechend bestückte Regal.

Kepler bedachte ihn nur mit einem unheilvollen Blick. Budi erwiderte ihn ungerührt. Anscheinend hatte er Kepler nur von dem verbissenen Nachdenken über den Einsatz ablenken wollen. Kepler versuchte zu lächeln.

Die ersten Tabletten für die Prophylaxe schluckten er und Budi, nachdem sie die Apotheke verlassen hatten. Das Malarone gegen Malaria verursachte bei ihnen eine Magenverstimmung. Sie schafften es gerade noch bis zur Buchhandlung in der zweiten Ebene, rannten auf die Toilette und mussten sich übergeben.

Anschließend kaufte Kepler zwei Sprachführer. Es gab nur Bücher für Touristen, aber Suaheli und Lingala, die in Kongo neben Französisch gesprochen wurden, waren wie iXhosa Bantusprachen. Kepler hoffte, dass ihm das helfen würde, ein Gefühl für die Grammatik zu bekommen. Sehr zuversichtlich war er trotz seiner Sprachbegabung nicht. Auch wenn er sich schnell einen großen Wortschatz aneignen konnte, solange er nicht wusste wie die Laute ausgesprochen wurden, würde er nicht weit damit kommen. Und Tonträger gab es für die beiden Sprachen leider nicht zu kaufen.

Danach ging Budi in die Apotheke, um ein anderes Malariamedikament zu besorgen. Kepler versuchte währenddessen, Spoon anzurufen. Sie nahm nicht ab.

Darum fuhren Kepler und Budi zum Polizeipräsidium.

*****

Die MSS-Marke wirkte auf zweierlei Art. Niemand mochte Geheimdienstagenten, und der Polizist an der Information blickte gallig auf den Adler. Aber er erklärte Kepler dennoch ziemlich respektvoll, wo er Spoon finden konnte.

Sie saß gebeugt an einem Tisch vor einer aufgeschlagenen Akte und stützte den Kopf mit beiden Händen. Spoon machte einen konzentrierten Eindruck und sie hatte ihre geschlossenen Augen gut mit den Händen abgeschirmt. Kepler sah dennoch, dass sich ihre Wimpern nicht bewegten. Spoon schlief. Kepler ließ sich auf den Stuhl vor ihrem Tisch fallen. Sie schreckte auf, dann lächelte sie verlegen, fing sich aber schnell.

"Was tust du hier?", fragte sie dennoch erstaunt.

"Dir einen Kaffee ausgeben", antwortete Kepler. "Mach eine Pause, wir haben etwas zu besprechen, dann kannst du wieder schlafen."

Spoon lachte und ging zur Einsatzzentrale, um sich abzumelden.

Gleich gegenüber dem Präsidium gab es ein Café. Budi holte drei doppelte Espresso. Nach zwei großen Schlucken blickte Spoon fast munter.

"Oh je, war das eben peinlich", meinte sie schuldhaft.

"Hat niemand mitgekriegt", beruhigte Kepler sie.

"Von wegen. Der Sarge in der Zentrale hat ziemlich fies gegrinst."

"Vielleicht, weil es beweist, dass du tatsächlich ein Mensch bist."

"Du verstehst es, ein Mädchen aufzumuntern", entgegnete Spoon sarkastisch und sah an sich herunter. "Wie sehe ich überhaupt aus?"

Kepler musterte sie. Sie trug wieder eine Stoffhose und ein Jackett, mit einem weißen Hemd darunter. Sogar in dieser Kleidung, die sie nur nüchtern korrekt wirken ließ, sah sie sehr weiblich aus, nicht einmal die Polizeimarke und die RAP-401 an ihrem Gürtel minderten diesen Eindruck.

"Toll", antwortete Kepler.

Spoon bedachte ihn mit einem undefinierten Blick.

"Was gibt es, dass du mich so bald wiedersehen willst?", fragte sie leicht dahin, aber ihre Augen sahen Kepler aufmerksam an. "Sehnsucht?"

"Eine Planänderung", antwortete er. "Wir haben einen neuen Auftrag."

Spoon versuchte nicht einmal, ihre Enttäuschung zu verbergen.

"Das heißt?", wollte sie bedrückt wissen.

"Spätestens in zwölf Stunden sind wir weg", erwiderte Kepler.

"Er wollte dich vorher unbedingt nochmal gern sehen", ergänzte Budi.

Spoon schenkte ihm ein strahlendes Lächeln.

"Wann kommt ihr zurück?", fragte sie etwas weniger niedergeschlagen.

"In einigen Wochen", schätzte Kepler.

Danach sprachen sie nicht mehr, sondern tranken nur schweigend weiter.

Bevor Spoon ging, umarmte sie Kepler und küsste ihn, danach drückte sie sich an Budi und hauchte ihm einen Kuss auf die Wange.

*****

Zu Hause brauchten Kepler und Budi keine zehn Minuten, um zu packen. Danach widmete sich Budi der Waffenpflege, Kepler setzte sich an seinen Laptop.

Die Sprache war nur ein Aspekt. Erfolgsentscheidend waren bei jedem Einsatz in erster Linie die Informationen, und Kepler wollte wie immer eine möglichst umfassende Wissensbasis haben. Es waren stets die nebensächlich scheinenden Dinge, die einem die Möglichkeit und die Sicherheit gaben, richtig zu handeln.

Über Google Earth sah sich Kepler weiträumig die Gegend um Bukavu an, dann sammelte er Informationen über die Stadt. In Bukavu gab es ausländische Unternehmen, zu denen er und Budi Zugehörigkeit vortäuschen konnten, um nicht aufzufallen. Es gab die Tochterfirma des holländischen Bierbrauers Heineken, Bralima, die das Bier Primus braute. Dann die Minengesellschaft SOZAMI, Société Zairoise des Mines. Die handelte mit Kassiterit und seinen Derivaten, vor allem Coltan, das in der Gegend um Bukavu in großen Mengen gefördert wurde. Dieses Erz enthielt Tantal, das breite Verwendung in der Elektronik fand. Aber der Coltanhandel in Südkivu war fest in der Hand ruandischer Staatsbürger, Zivilisten wie Militärs, während im Nordkivu die Ugander dasselbe machten. Damit schied der Rohstoffhandel aus.

Aber die Firma Pharmakina, die einem Deutschen gehörte, beschäftigte zweitausend hiesige Mitarbeiter in einer Arzneimittelfabrik, die Medikamente gegen Malaria und AIDS herstellte. Die Fabrik befand sich in Bukavu, und Kepler entschied sich für die Pharmaindustrie, obwohl er von Chemie nur wenig Ahnung hatte. Dafür konnten sich er und Budi auf Deutsch unterhalten, wenn jemand zugegen war. Das passte auch zu namibischen Pässen. Kepler bekam zwar nicht heraus, ob auch Deutsche in der Fabrik arbeiteten, aber das war anzunehmen.

Anschließend nahm sich Kepler die Sprachführer vor. Er murmelte die Vokabeln vor sich hin, während er geistesabwesend mit der Glock hantierte.

Plötzlich klingelte es. Es war sein eigenes Handy. Kepler nahm ab.

"Was treibst du so?", wollte Spoon wissen.

"Lesen, was soll ich sonst tun?", antwortete Kepler. "Du bist ja nicht da."

"In Gedanken bin ich bei dir", meinte sie.

"Kannst du mit Gedankenkraft die Zeit beschleunigen?", fragte Kepler.

"Bitte?", fragte Spoon erstaunt zurück.

"Damit der Einsatz um ist und du leibhaftig hier bist."

"Ich sehe mal zu, was ich machen kann", antwortete Spoon erheitert.

Es klingelte an der Tür. Die vierzehn Stunden waren zwar noch nicht um, aber in diesem Geschäft war nichts so alt wie die Überlegung von heute morgen. Das störte Kepler nicht, der Abschied am Telefon machte einiges einfacher. Und er konnte ihn sogar knapp halten, er musste noch Budi anrufen.

"Jemand anderer spielt schon mit der Zeit, ich muss los", sagte er auf dem Weg zur Tür. "Ich melde mich, sobald ich kann."

"Okay", erwiderte Spoon, seltsamerweise überhaupt nicht erbost.

"Bis dann, Ana", verabschiedete sich Kepler erleichtert.

"Okay."

Kepler legte auf und steckte das Handy ein. Erst als er die Hand auf die Klinke legte, merkte er, dass er in der anderen Hand immer noch die Glock hielt. Auch Misstrauen war in diesem Geschäft obligatorisch. Es war jedoch unhöflich, einen neutralen Boten mit einer Pistole in der Hand zu empfangen. Kepler wollte die Glock in den Gürtel hinter dem Rücken einstecken, als das Schloss plötzlich leise klackte und die Tür sich öffnete.

Smith hatte sie nicht aufgebrochen. Statt des Waffenhändlers stand Spoon da, umrandet von Sonnenstrahlen. Sie hielt das Handy in einer Hand, den Schlüssel in der anderen. Sie lächelte, als sie Keplers Gesichtsausdruck sah.

"Leg endlich die Knarre weg, Joe", flüsterte sie, "und komm her."

Sie zog ihn zu sich. Ihre Lippen waren fordernd, gierig und unendlich zärtlich.

57. Spoon schlief zusammengekauert und die Stirn krausgezogen. Kepler nahm ihre schmalen, leicht kühlen Hände auf seiner Haut wahr, spürte ihren weichen Körper, ihre Haut an seiner und ihren Atem an seiner Brust. Es mutete ihn surreal an. Er stieg leise aus dem Bett und bewunderte Spoons Körper, der im Licht der Sterne weich silbrig schimmerte. In diesem Moment klingelte das Arbeitshandy. Kepler ging sofort dran, aber Spoon wachte auf und sah ihn an.

"In einer Stunde hole ich Sie ab", gab Smith durch und legte sofort auf.

Kepler ging zur Verbindungstür, öffnete sie und rief Budi. Anschließend kehrte er ins Schlafzimmer zurück und zog sich an. Spoon kauerte auf dem Bett und hatte wieder eines von seinen Hemden an. Kepler lächelte. Spoon wirkte für einen Augenblick verlegen, dann sah sie ihn an.

"Ich nehme noch ein paar davon, okay?", bat sie.

"Klar. Wenn sie dir so gefallen, kaufe ich noch welche, wenn ich zurück bin."

"Nein, ich will nur solche, die du schon getragen hast", sagte Spoon.

"Wieso das?", fragte Kepler stutzig.

"Es ist...", Spoon zögerte, "...als wärst du bei mir."

Als Kepler den Rucksack nahm, legte sie die Arme um seinen Hals.

"Versprich mir", sie sah ihn bittend an, "dass du nicht sterben wirst."

"Ich werde es versuchen, Ana."

"Nein – du wirst es schaffen", sagte Spoon. "Komm bloß zurück, Joe."

VII.

58. Kurz vor halb fünf trafen sich Kepler und Budi draußen. Sie stellten sich in den Schatten, den die Garage im fahlen Licht der Dämmerung warf.

Es war frisch und Kepler fröstelte für einige Momente. Dann hatte seine Haut Spoons Wärme vergessen und sich an die kühle Luft der Nacht gewöhnt. Weder er noch Budi sagten etwas. Kepler zündete eine Zigarette an und zog daran, während er sie so hielt, dass die Glut von seiner Hand verdeckt wurde.

Als er Budi die Zigarette gab, hörten sie leichte Schritte hinter sich. Spoon kam heran und blieb neben ihnen stehen. Sie hielt wegen der Kälte die Arme um sich geschlungen. Sie sagte nichts und rührte sich nicht, solange Kepler und Budi rauchten. Sie verstand das Ritual nicht, nur dass es ihnen wichtig war. Erst als die Zigarette fast aufgeraucht war, rührte Spoon sich. Ihre Finger entwanden den nun kurzen Stängel aus Keplers Hand. Sie zog einmal, dann gab sie die Zigarette Budi und drückte sich an Kepler. Er umarmte sie. Dann schob er sie sachte von sich, die Weichheit und die Wärme ihres Körpers brachten ihn durcheinander.

Scheinwerfer erhellten die Gasse. Ein Cherokee fuhr vorbei, wendete, hielt an und die Kofferraumklappe öffnete sich. Kepler und Budi nahmen ihre Rucksäcke und gingen zum SUV. Kepler wusste, dass Spoon ihm nachblickte, drehte sich aber nicht um. Er legte die Tasche in den Kofferraum und stieg hinten ein.

Der Waffenhändler hatte dieses Mal nur einen Bodyguard dabei. Der saß am Steuer, Smith vorne links. Er drehte sich um, als Kepler und Budi einstiegen, und streckte die Hand aus. Der Bodyguard nickte ihnen nur zu.

"Hallo, Joe, Hoca", grüßte Smith knapp.

Er klang trotzdem nicht bedächtig wie andere Menschen am frühen Morgen, sondern konzentriert und munter.

"Morgen, Smith", gab Kepler zurück.

Nach der Begrüßung blieb Smiths Hand auffordernd ausgestreckt. Kepler und Budi reichten ihm ihre Pässe, Führerscheine und MSS-Ausweise. Smith steckte sie ein und nickte. Der Bodyguard fuhr los. Kepler sah aus dem Fenster.

Spoon stand immer noch da, einsam und bewegungslos. Dann bog der Wagen ab und sie war nicht mehr zu sehen.

*****

Durbans Straßen waren noch beinahe leer, die Autobahn zum Flughafen ebenfalls. Aber am International staubte es schon von der Baustelle, die Stadt bereitete sich auf die Fußball-WM vor, und dafür wurde ununterbrochen gearbeitet.

Der Jeep fuhr durch eine dichte Staubwolke und hielt an einem Tor an, an dem ein Wachmann stand. Er ließ den Wagen nach kurzem leisem Wortwechsel mit Smith passieren. Einige Minuten später stand der Cherokee vor einem Hangar.

Das Flugzeug darin war die gleiche G550, wie Galema sie hatte. Kepler setzte sich an den Tisch backbords, Budi auf der anderen Seite des Gangs. Smith besprach sich mit den Piloten, dann nahm er Kepler gegenüber Platz. Im selben Moment begannen die Triebwerke zu laufen, wenig später rollte das Flugzeug aus dem Hangar. Über dem Durchgang leuchtete das Anschnallzeichen auf. Die G550 wendete am Ende der Startbahn, dann musste sie warten, bis eine Boeing von AeroAfrica gestartet war. Danach beschleunigte die Gulfstream und hob ab.

59. Hinter den Fenstern wurde es immer heller, bald war das Licht draußen genauso intensiv wie die indirekte Kabinenbeleuchtung. Das Anschnallzeichen erlosch und Smith löste seinen Gurt. Er öffnete die kleine Bar, die sich neben seinem Sitz befand, und holte eine Flasche Scotch heraus. Er goss ein Glas ein, machte es sich in seinem Sessel gemütlich und blickte Kepler abwartend an.

In diesem Moment verstand Kepler, wie wenig hier von ihm selbst abhing und wie viel von anderen. Er war auf den Direktor und auf den Mann ihm gegenüber angewiesen, wollte er das hier überleben. Bis zu dem denkwürdigen Gespräch beim MSS hatte er wirklich geglaubt, er hätte sein Leben größtenteils selbst im Griff. Dass das Glück dabei ein entscheidender Faktor gewesen war, wusste er, und er akzeptierte das. Dass allerdings sehr viel von anderen Menschen abhing, von Dingen, von denen er nicht einmal ansatzweise eine Ahnung hatte, ließ ihn zweifeln. Nicht an sich oder seinen Fähigkeiten, sondern an den eigenen Möglichkeiten. Und auf jemanden angewiesen zu sein, das hatte er noch nie gemocht. Dennoch war es wieder einmal so.

"Der Direktor hat uns Infos versprochen", sagte er.

"Er hat sich darum bemüht", versicherte Smith ihm. "Aber er kann Ihnen nicht mehr sagen, als er es schon getan hat."

"Weil ihm nur die Geheimhaltung wichtig ist?"

"Die ist sehr wichtig", erwiderte Smith nachdrücklich. "Aber sollte er neue Erkenntnisse bekommen, wird er sie euch zukommen lassen, direkt oder über mich." Der Waffenhändler schwieg kurz. "Joe, er tut wirklich alles, damit ihr gute Chancen habt, am Leben zu bleiben."

"Meinst du?"

Im Niederländischen ging man zum *du* über, wenn eine gewisse Vertrautheit da war, im Afrikaans geschah es noch schneller. Und Smith schien aufrichtig zu sein, soweit das bei einem Waffenhändler möglich war. Kepler lächelte in sich hinein. Er als Killer frage sich, ob er einem waffenhandelnden Geheimdiensthandlanger vertrauen konnte. So weit war es mit dieser Welt gekommen.

"Ja, das tue ich", antwortete Smith und sah ihn an, während er die Reste seines Drinks mit einer geistesabwesenden Bewegung im Glas schwenkte.

Kepler sah ihm in die Augen, dann nickte er.

"Wie genau kommen wir rein und raus?"

"Wir fliegen nach Kinshasa", begann Smith. "Dort wird das Flugzeug aufgetankt und wir fliegen nach Kalemie in der Provinz Katanga. Ihr geht nach Bukavu und führt den Auftrag aus. Dann kommt ihr zurück und wir fliegen heim."

"Es sind dreihundert Kilometer zwischen Kalemie und Bukavu", sagte Kepler erbost. "Warum landen wir nicht in Kavumu? Von dort bis Bukavu sind es fünfzig Kilometer, die wir mit dem Blick über die Schulter schaffen müssen."

"Schon", gab Smith ruhig zu. "Aber man kennt mich dort. Was meinst du, was passiert, wenn mein Flugzeug da landet, die Geologen kurz darauf befreit werden, und ich wieder abhaue? Die Geheimhaltung wäre hin. Südafrika darf nicht in Verbindung mit der Aktion gebracht werden, und wir exponieren uns so schon zu viel." Er schwieg und sah Kepler bittend und versöhnlich, aber entschlossen an. "Und wegen der Coltan-Minen sind die Kontrollen dort viel schärfer als sogar in Kinshasa. Wenn man euch schnappt..." Er beendete den Satz nicht. "Kalemie liegt in einer anderen Provinz, und ich habe Vorkehrungen getroffen, damit unsere Landung dort einen legitimen Anschein hat. In fünf Tagen komme ich wieder dorthin und werde durch Suff und sexuelle Zügellosigkeit Zeit schinden, um auf euch zu warten. Aber ich kann nur nach Kalemie, auf keinen Fall woanders hin", stellte er nachdrücklich und endgültig klar. "Und ihr beeilt euch. Erstens wegen der Chinesen, zweitens, damit wir ungestört abhauen können. Wenn ihr den Rückweg antretet, ruft an. Und nochmal, wenn ihr fünf Stunden vor Kalemie seid. Dann kann das Flugzeug starten, sobald ihr da seid."

"Okay. Hast du eine Karte von der Gegend?"

Nachdem der Waffenhändler ihm eine gereicht hatte, studierte Kepler sie eingehend eine halbe Stunde lang. Dann hob er den Blick.

"Wie sind die Straßen?"

"Bleibt auf Nebenstrecken", riet Smith. "In der Gegend wimmelt es von Bewaffneten und die müsst ihr meiden. Wenn es brenzlig wird, schießt, das aber endgültig. Tut es jedoch nicht, wenn ihr auf reguläre kongolesische Truppen trefft. Vermeidet vor allem Begegnungen mit dem Militär und anderen Sicherheitskräften, am besten durch unauffälliges Verhalten. Für Reisen in die Minengebiete ist eine Sondergenehmigung vom Innenministerium erforderlich und man muss bei jedem Ortswechsel zwecks Registrierung zur Direction Générale de Migration rennen. Die Laissez-Passer-Special für Ausländer, die die Provinz Kinshasa verlassen, ist zwar abgeschafft, aber es kann sein, dass irgendjemand sie sehen will. Ihr habt keine. Hier, eure Scheinidentitäten." Er reichte Kepler und Budi zwei Pässe und mehrere gefaltete Zettel. "Aber diese Papiere sind miserabel. Besser, ihr benutzt sie gar nicht." Die namibischen Pässe und die Ordres de mission, die Reiseerlaubnisse, sahen zwar gut aus, aber sie hielten wohl nur einer flüchtigen Kontrolle auf der Straße stand. "Es gibt keinen Hintergrund für diese Papiere", erklärte Smith verlegen. "Ein Computer wird das ganz schnell zeigen." Er fühlte sich sichtlich unbehaglich, obwohl er nur auf Anweisung von Anderen handelte, die keine Spur zu Südafrika hinterlassen wollten. "Mit anderen Worten – ihr seid nackt", sagte er ehrlich. "Also haltet euch bedeckt. Wenn das nicht klappt, bestecht die Kontrolleure, das funktioniert meistens."

"Hast du eine Kamera?", fragte Kepler. "Falls wir auf Touristen machen."

"Keine Fotos", erwiderte Smith rigoros. "Kameras machen die Kongolesen sehr argwöhnisch, sie wollen alle Bilder sehen und kontrollieren schärfer. Fotografen müssen dort eine Erlaubnis vom Informationsministerium haben, und Fotografieren von Flughäfen, militärischen Einrichtungen oder auch nur uniformierten Personen ist nicht erlaubt. Es gibt eine Vielzahl von Verboten, die mit der Sicherheitslage begründet und kurzfristig geändert werden. Die Trennlinie zwischen Verbotenem und Erlaubtem ist nicht klar, zudem setzen nicht alle Kontrollstellen die Rechtslage um." Smith machte eine kurze Pause. "Zum Geld", sprach er dann weiter. "In der DRK wird mit Franc Congolais oder in Devisen bezahlt. Kongos Geschäftsleben ist dollarisiert, Besitz von Dollar ist frei. Ihr bekommt von beiden Währungen genug."

"War's das?", fragte Kepler. "Es wird sowieso anders kommen als geplant."

"Das ist wohl wahr", sagte Smith. "Behalte die Infos trotzdem im Kopf."

"Klar."

Kepler hatte keine Lust mehr, sich weitere Sorgen über die anstehende Aufgabe zu machen. Er legte die Lehne seines Sessels um und schloss die Augen.

*****

Als er sie wieder öffnete, schwenkte die G550 in den Landeanflug auf den Flughafen der Hauptstadt der Demokratischen Republik Kongo ein.

60. Der Aéroport International de Ndjili in Kinshasa entsprach nicht im Entferntesten den internationalen Sicherheitsvorschriften. Die Landebahn war in einem sehr mäßigen Zustand, auf dem Gelände standen Flugzeugwracks herum, Menschen, die nicht als Mitarbeiter des Flughafens erkennbar waren, liefen scheinbar ziellos hin und her. Lediglich der an die UNO vermietete Teil des Flughafens schien mit einem Anflug von Ordnung betrieben zu werden.

221

Die G550 hielt zum Parken an einem Taxiway an. Die Triebwerke wurden abgestellt, dafür die Hilfsturbine gestartet, um die Stromversorgung und die Funktion der Klimaanlage aufrecht zu erhalten. Smith und sein Bodyguard verließen das Flugzeug, die Piloten stiegen aus, um es zu inspizieren.

Nach einer Stunde kehrte Smith mit einem uralten russischen Tanklaster zurück, auf dem fünf mit AKs bewaffnete Männer in einer Kleidung saßen, die nur entfernt an Uniformen erinnerte. Unter der Aufsicht beider Piloten wurde das Flugzeug betankt. Sobald der Tankschlauch ab war, setzte zwischen Smith und dem LKW-Fahrer eine langwierige Diskussion ein. Schließlich bezahlte der Waffenhändler mit mehreren Dollarbündeln. Jeder der bis dahin gelangweilt herumstehenden Bewaffneten regte sich. Smith verteilte einige Scheine an die Männer, und die Kongolesen zogen endlich ab.

Obwohl Kepler keinen Pfifferling auf ihren Schutz gegeben hätte, wirkte die Gulfstream nach ihrem Abzug erstaunlicherweise so exponiert, als wenn sie ein schutzlos ausgeliefertes Ziel für Heckenschützen wäre.

Smiths Gesicht war angespannt, als er einstieg. Sein Bodyguard schloss umgehend die Tür, anschließend verteilte er traditionelles kongolesisches Huhn mit Pfeffer. Zum Piri-Piri gab es Maniokblätter im Palmöl und Bier, das an Merisa erinnerte. Die Piloten aßen im Cockpit, Kepler, Budi, Smith und der Bodyguard schweigend in der Kabine, wobei jeder ständig aus den Fenstern blickte.

Nach dem Essen sah Smith besorgt auf die Uhr und ging ins Cockpit. Seine Stimme drang brüllend durch die Tür hindurch, als er über Funk mit jemandem über die Starterlaubnis diskutierte.

Etwa eine halbe Stunde später mischte sich in das Summen der APU das hohe Pfeifen der Triebwerke, das bald in ein beständiges Brausen überging. Die G550 rollte zur Startbahn und beschleunigte, ohne vorher angehalten zu haben.

Erleichtert sah Kepler aus dem Fenster. Der Position der fast untergegangenen Sonne nach flogen sie nach Osten.

"Wir haben noch über drei Stunden Flug", sagte Smith, sobald das Grummeln des Fahrwerks aufgehört hatte. "In Kalemie ist es noch eine Stunde später, was uns gelegen kommt." Er lächelte kurz. "Dann wollen wir mal", sagte er geschäftig, nickte Kepler und Budi mitzukommen und rief seinen Bodyguard.

Der löste die fünf im hinteren Teil der Kabine mit Gurten am Boden festgezurrten Kisten und stellte sie nebeneinander auf die Sitze. Smith nickte und der Bodyguard ging zurück in den vorderen Teil der Maschine.

Der Waffenhändler öffnete die Aluminiumkisten, die mit elektronischen Schlössern gesichert waren, und lud Kepler und Budi mit einer Handbewegung ein, näher zu treten. Dabei sah er wie ein Zauberer aus, der einen ganzen Kindergeburtstag glücklich macht.

Grady schien tatsächlich zu wollen, dass sie die Mission überlebten, entschied Kepler. Und grinste leicht, auf seine geistigen Fähigkeiten vertraute der Direktor hierbei nicht besonders. Auf seine Fähigkeiten als Soldat – schon. Und dafür stellte Grady ihm genügend Waffen zur Verfügung.

In einer Kiste lag ein MSG90 mit Schalldämpfer. Das Gewehr hatte nicht nur ein Zielfernrohr, sondern auch einen Diopter als sekundäre Visierung, es war die A1-Ausführung. Kepler öffnete den Verschluss. Ein schwacher Pulvergeruch war da, aber die Kammer und der Lauf waren sauber. Man hat nur wenige Male geschossen, um das Gewehr einzuschießen.

"Dreihundert Meter", nannte Smith die entsprechende Angabe.

Kepler legte kurz an, betätigte den Verschluss und den Abzug. Das Gewehr war in Ordnung. Kepler verstaute es zurück in die Tasche.

Budi hatte indessen vier MP5-Maschinenpistolen ausgepackt. Zwei davon waren SD3-Versionen mit integrierten Schalldämpfern. Sie verwendeten Standardmunition, die Geschosse wurden durch die Abzweigung der Pulvergase über dreißig Bohrungen vor dem Patronenlager auf Unterschallgeschwindigkeit abgebremst. Die Leistung der Unterschallmunition, die in Waffen mit aufgeschraubten Schalldämpfern verwendet wurde, nahm bei der SD3 rapide ab. Die beiden anderen MP5 waren Kurzversionen A5 mit normalen Läufen. Um leise zu schießen, mussten diese Maschinenpistolen mit Schalldämpfern verwendet werden. Die verlängerten die Waffe und machten sie unhandlicher. Dafür konnte die Unterschallmunition ohne Leistungseinbußen eingesetzt werden. Dieser Punkt war entscheidend. Mit diesen MPs brauchten Kepler und Budi nicht zwei Sorten von Parabellummunition mitzuschleppen, denn sie sollten in den Glocks ebenfalls Unterschallgeschosse verwenden. Das machte viel mehr Sinn, als mit normaler Munition zu operieren, weil der Überschallknall des Projektils nicht vom Schalldämpfer eliminiert werden konnte. Zudem hatten die A5 ausziehbare Schulterstützen, was die Waffen im zusammengeschobenen Zustand sehr kompakt machte. Ausgezogene Schulterstütze und das offene Drehvisier erlaubten ein präziseres Schießen von der Schulter. Budi holte zwanzig Bananenmagazine aus der Kiste und legte sie neben die beiden MP5A5.

In der Kiste daneben lagen fünfzig Magazine für die Glocks, zehn davon für zwei Glock26, die ebenfalls dort lagen. Des Weiteren lagen darin zwanzig Magazine für das MSG und zehn für die SR-100. Und zwanzig

Handgranaten. Daran hatte Kepler nicht gedacht. Handgranaten hatte er nur für den Häuserkampf benutzt. Er mochte die Dinger nie leiden, weil sie unabwendbar explodierten, sobald der Zeitzünder ablief. Ihm persönlich wären Aufschlagzünder lieber, aber solche Handgranaten wurden kaum noch hergestellt. Smith hatte sich Mühe gegeben und jeweils zehn deutsche DM51 und DM51A1 besorgt. Die erste war eine reine Sprengladung, bei der A1 handelte es sich um dieselbe Granate, wobei die Sprengkapsel in einem tonnenförmigen Behälter mit sechseinhalbtausend Stahlkugeln steckte. Damit hatte man eine im Radius von zehn Metern tödliche Splittergranate. Schlecht war es nicht, Handgranaten dabei zu haben, aber es war zusätzliches Gewicht von vierhundertfünfzig Gramm pro Splitter- und hundertfünfzig pro Sprenggranate. Zusätzlich lagen in der Kiste vier Nebeltöpfe, ebenfalls Bundeswehrstandard von Comet.

In der nächsten Kiste lagen Kabelbinder, sie waren besser als jedes Seil, wenn es darum ging, kleinere Dinge zu verzurren oder jemanden zu fesseln. Daneben lagen zwei Klappmesser, denn ein normales Kampfmesser wie das Feldmesser-78 von Glock, das Kepler sonst benutzt hatte, konnte nicht in der Tasche getragen werden und würde am Gürtel auffallen. Es gab noch Feldrationen, ein Verbandkasten, zwei Rücksäcke und zwei Gewehrtaschen, eine Kampfmittelweste und zwei schusshemmende. Daneben lagen zwei dicke Geldbündel, kongolesische Franken und US-Dollar. Des Weiteren ein Interkomsystem mit kleinen Ohrhörern und Kehlkopfmikrophonen, und das von Grady versprochene Satellitentelefon samt vier Ersatz-Akkus und Ladegerät. Sonst lag nur noch ein AN/PVS-22-Nachtsichtvisier, das an MSG90 und Erma montiert werden konnte.

Kepler wollte noch zwei Nachtoptiken mit Kopftragegeschirr haben. Aber er war selbst schuld, er hatte keine klaren Forderungen gestellt. Und Grady hatte ihm erklärt, dass weder er selbst, noch seine Untergebenen genau wussten, was alles in einem Feldeinsatz nützlich sein könnte. Doch im Sudan war Kepler sehr lange auch ohne solche Nachtoptiken ganz gut zurechtgekommen.

Die letzte Kiste enthielt nur Munition für alle Waffen.

Budi zog die schusshemmende Weste an, dann die KMW. Die Schutzweste zog er aber gleich wieder aus, und zog nur die Kampfmittelweste wieder an.

"Sehr freundlich von dir, Smith", sagte Kepler.

"Das alles wird fürstlich bezahlt, es kostet mich nichts, nett zu sein", antwortete der Waffenhändler. Sein Lächeln war verschwunden, sein Ton sachlich geworden. "Wir haben ein paar Stunden, bis wir da sind, lasst uns fertig werden."

Kepler setzte sich in den Sessel vor der Kiste mit der Munition und fing an, die Glockmagazine zu bestücken. Budi machte sich an die Magazine für die Maschinenpistolen, Smith nahm ein MSG-Magazin in die Hand.

Die nächsten zwei Stunden arbeiteten sie sich schweigend durch die Kiste. Anschließend taten ihnen trotz der Ladehilfen die Fingerkuppen weh. Dafür lagen auf der Couch volle Magazine für die Glocks, die MPs und die beiden Gewehre.

Kepler sah sich die langen Reihen an. Budi hatte die Magazine für die MPs paarweise miteinander verbunden, das erlaubte ein schnelleres Wechseln. Am Gewicht und Volumen änderte es nichts. Und von allein konnte sich die Ausrüstung auch nicht von einer zur anderen Stelle bewegen.

"Einen Panzer brauchen wir auch, um das ganze Zeug transportieren zu können", wandte sich Kepler an Smith und schüttelte den Kopf. "Will Grady, dass wir den nächsten Weltkrieg beginnen, oder was?"

"Nein." Der Waffenhändler lächelte leicht belustigt, mittlerweile schien ihn der Anblick des Waffenlagers ebenfalls an der Richtigkeit des Umfanges der Vorbereitung zweifeln lassen. "Der Direktor wollte euch nur nicht mit leeren Händen in den Dschungel schicken", sagte er. "Panzer nicht, aber ein Auto kriegt ihr."

"Gut. Es ist trotzdem zu viel." Kepler sah nachdenklich auf die Couch. "Nicht mehr als dreißig Kilo pro Mann", entschied er. "Und das ist schon eine Menge."

Er steckte seine Glock ins Holster, den Schalldämpfer und sechs Magazine verstaute er in den Laschen seiner Weste. Die Holster für die Glock26 und das für ihre zwei Ersatzmagazine befestigte er an seinen Knöcheln. Das Kampfmesser steckte er in die Hosenbeintasche. In den anderen Taschen seiner Kleidung brachte er das Satellitentelefon, Ersatzbatterien und das Verbandzeug unter. Danach verstaute er in einem Rucksack vier Granaten, zwei Nebeltöpfe, drei Schachteln Paramunition und die Verpflegung. Er hängte den Rucksack um und die Tasche mit dem MSG und zehn Magazinen, und ging durch die Kabine. Es war nicht zu schwer, für einen Nahkampf war er jedoch zu unbeweglich. Aber er konnte sich des Rucksacks und der Tasche schnell entledigen.

"Smith, ich lasse die Erma hier", sagte Kepler schweren Herzens.

Der Waffenhändler nickte mit erstaunt hochgezogenen Augenbrauen. Aber dieser Einsatz würde nicht aus einem genauen Schuss auf große Entfernung bestehen. Darum wollte Kepler statt des kapriziösen Präzisionsgewehrs schnellere und robustere Waffen mitnehmen und möglichst viel Munition.

Budi nahm die Glock26 nicht, dafür stopfte er seine KMW und die Taschen mit Glock17- und MP5-Magazinen voll. Bei diesem Einsatz würde er Keplers Einweiser und Beschützer sein, dafür schien ihm kein Magazin groß genug und keine Kadenz zu schnell zu sein. Er steckte das Zweibein des MSG und eine Schachtel mit 7,62-mm-Patronen in seinen Rucksack. Damit hatten sie insgesamt zweihundert Schuss für das MSG. Von der Paramunition nahm Budi einhundert weitere Schuss mit. Enttäuscht besah er die restliche Munition, bevor er ein Moskitonetz, die Tabletten für die Wasserprophylaxe, Desinfektionstücher, Fernglas und Spaten in seinem Rucksack verstaute.

Kepler lief durch die Kabine, um die Sachen in seiner Weste passend zu rücken, damit er beweglich blieb. Dann sah er nachdenklich auf die Dinge, die sie zurückließen. Aber im Sudan waren sie oft viel schlechter ausgerüstet gewesen, und hatten es trotzdem geschafft. Bloß, wenn Grady sich solche Mühe machte, war es mehr als nur eine simple Evakuierung.

Während er den Rucksack abnahm, goss Smith sich einen Scotch ein. Er trank das Glas in einem Zug aus. Dann betrachtete er es nachdenklich. Schließlich entscheid er sich dagegen, es noch einmal zu füllen, und stellte es mit leichtem Bedauern ab. Im selben Moment leuchtete das Anschnallzeichen auf.

Die anderthalbtausend Kilometer Entfernung zwischen Kinshasa und Kalemie waren zurückgelegt. Die G550 befand sich im Anflug auf das Endziel der Reise.

61. Die Piste des Flughafens von Kalemie war erheblich schlechter, als die Landebahn in Kinshasa. Die Gulfstream wurde beim Ausrollen dermaßen heftig durchgerüttelt, dass Smith sichtbar um das Fahrwerk bangte.

Sobald das Flugzeug stand, erhob Kepler sich und hängte den Rucksack und dahinter die Tasche mit dem MSG um. Budi wuchtete seinen Rucksack auf die Schultern, dann waren sie fertig. Smiths Bodyguard öffnete die Tür.

Kepler und Budi drückten ihm und Smith die Hände und stiegen in die kongolesische Nacht hinaus. Sogleich huschte eine Gestalt an ihnen vorbei ins Flugzeug, wahrscheinlich Smiths Legitimationsgrund für die Landung. Die Tür schloss sich sofort und die Gulfstream wendete. Ihre Triebwerke heulten auf und sie holperte davon. Am Ende der Bahn erhob sie sich schwerfällig in die Luft und nach wenigen Augenblicken verschwanden das Positionslicht und die Antikollisionsleuchte in der Dunkelheit zwischen den Sternen.

*****

Die Luft roch stechend nach Kerosinabgasen und würzig nach Afrika. Anders als in Durban, sondern so wie im Sudan – nach Gefahr.

Keplers Sinne schärften sich, er nahm die Umgebung intensiver, detailreicher und klarer wahr. Die unterschwellige Bedrohung um ihn herum ließ sein Nebennierenmark kleine Mengen Adrenalin ins Blut ausschütten. Er atmete ruhig weiter, aber innerlich erfüllte ihn eine seltsame, angespannte und grimmige Ruhe.

Es war das einzige Gefühl, das er richtig spüren konnte, der Zustand, der ihn eins mit seinem Körper und mit seiner Waffe werden ließ, es waren seine wahre Natur und sein verus ego, es war das, was ihn definierte und das, was er Zeit seines Erwachsenenlebens immer war. Ein Soldat und – ein Krieger.

*****

Für einen kongolesischen Flughafen verfügte der von Kalemie über außergewöhnlich viel Ausstattung, es gab sogar eine Abfertigungshalle.

"Wenn Fliegen so sicher ist – warum wird die Ankunftshalle dann eigentlich Terminal genannt?", fragte Budi philosophisch dahin. "Wahrscheinlich aus demselben Grund, warum Kamikaze-Piloten Helme tragen."

Kepler grinste daraufhin gelöst und ein wenig entspannter. Sie gingen zu dem Gebäude, das sich unweit der Landebahn befand. Als sie fünf Antonow An-10 passierten, recht große viermotorige Turboprop-Flugzeuge aus der ehemaligen Sowjetunion, hörten sie das Rauschen des Lake Tanganyika. Das Ufer des zweittiefsten Sees der Welt lag rechts direkt hinter dem Flughafengelände.

Niemand von den wenigen Menschen auf dem Vorfeld schien sich für Kepler und Budi zu interessieren, obschon man sie musterte, soweit es in der Dunkelheit möglich war. Aber die Leute wirkten gleichzeitig völlig entspannt, vielleicht war es hier alltäglich, dass irgendwer kam und ging, der eindeutig nicht zu der einheimischen Bevölkerung gehörte. Smith hätte diesen Weg auch nicht gewählt, wenn er nicht halbwegs sicher gewesen wäre – wahrscheinlich. Aber er war nicht ausgestiegen, darum machte sich Kepler einige Sorgen, ob der arrangierte Wagen wirklich auf sie wartete. Doch Smiths Anwesenheit hätte nichts ändern können, wenn dem nicht so war. Lediglich den Weg zum nächsten Händler hätte der Waffenhändler weisen können, falls es hier so jemanden gab.

Plötzlich sah Kepler einen Mann entgegenkommen. Er war zwar schwarz, aber er war weder so traditionell oder so schäbig gekleidet wie die anderen Menschen, die hier unterwegs waren. Kepler und Budi blieben stehen, während der Schwarze seine Schritte beschleunigte.

"Schickt Monsieur Smith euch?", fragte er misstrauisch auf Französisch.

"Und Sie sind?", wollte Kepler wissen.

227

"Magnus Qudrux", antwortete der Mann. Es war Smiths Kontaktmann, und Kepler nickte. "Dann habe ich einen Wagen für euch", sagte der Kongolese.

"Gut", gab Kepler vorsichtig zurück.

Qudrux ließ den Blick über ihn und Budi schweifen. Kepler war sich sicher, dass der Mann keine Zweifel hatte, welche Art Gepäck sie hatten, aber er enthielt sich jeglichen Kommentars, außer der Aufforderung, ihm zu folgen.

Das so gut wie gänzlich fehlende Staatswesen hatte seine Vorteile. Kepler und Budi brauchten den Zoll nicht passieren. Sie betraten die Abfertigungshalle nicht einmal, der Schwarze führte sie schnurstracks daran vorbei, und dann hatten sie auch schon den Flughafen verlassen. Hinter den Resten von dessen Umzäunung blieb Qudrux stehen und zeigte mit einer Hand in Richtung des Äquivalents einer Straße, das trotzdem den Namen Avenue Tanganyika trug. Kepler sah einen am Rand abgestellten Geländewagen.

"Ich kriege noch die zweite Hälfte des Geldes", forderte Qudrux ihn auf.

Smith war ein Idiot, entschied Kepler lautlos. Er hatte ihm detailliert die Reisebestimmungen erklärt, aber solche Dinge nicht erwähnt.

"Waren es Dollar oder Franken?", fragte Kepler.

"Dollar", antwortete Qudrux. Er sah nach oben rechts. "Dreitausend."

"Wirklich?", hakte Kepler sarkastisch nach.

Die Blickrichtung von Qudrux deutete darauf, dass er log.

"Ich meinte zweitausend", korrigierte sich der Kongolese, weil Kepler sich nicht rührte, sondern ihn nur schweigend und amüsiert anblickte.

"Sagen wir, eintausend", schlug Kepler vor.

"Monsieur..."

"Und fünfzig von mir persönlich", fügte Kepler hinzu. "Als Zeichen meiner Wertschätzung Ihrer Zuverlässigkeit."

"Danke", würgte Qudrux, nachdem er einsah, dass alles andere zwecklos war.

Kepler zählte ihm einundzwanzig Fünfzigdollarscheine ab und bekam den Schlüssel. Der Afrikaner wünschte einen angenehmen Aufenthalt und ging. Als er einige Schritte entfernt war, drehte er sich um, lächelte schief und eilte davon.

"Habe ich einen Fehler gemacht?", murmelte Kepler, ihm nachblickend.

"Möglich. Warum hast du gehandelt?", fragte Budi, als sie sich in Bewegung in Richtung des Autos setzten. "Ist doch nicht unser Geld."

"Hätte ich es nicht getan, würde er damit prahlen, wie er einen Weißen abgezogen hat, der sich hier überhaupt nicht ausgekannt hat. Wer weiß, wer das mitbekommt", antwortete Kepler. "So bleibt das hier für Qudrux nur ein weiterer Auftrag, den er für Smith erledigt hat – hoffentlich. Dem drehe ich allerdings den Hals um", beschloss er im selben Atemzug.

Budi lachte kurz und schüttelte ächzend den Rucksack auf seinen Schultern.

"Ich habe dich schon im Sudan abgrundtief gehasst, Colonel", sagte er. "Wegen der ganzen Übungen, des ganzen Trainings und so", führte er aus.

"Und?", fragte Kepler belustigt.

"Jetzt hasse ich dich noch mehr", eröffnete Budi ihm.

"Weil?", staunte Kepler.

"Weil du recht hattest", gab Budi zurück. "Wie immer. Zum kotzen das."

Kepler entspannte sich. Sein Freund hatte auch kein gutes Gefühl. Sie waren in einem ihnen völlig fremden Land in einem Auftrag unterwegs, von dem sie nichts Genaues wussten. Bei so etwas kamen einem die Zweifel, ob man fähig und imstande war, die Mission auszuführen und zu überleben. Aber Budi vertraute ihm. Nicht nur als einem Freund. Sondern auch als seinem Kommandeur.

Konzentrierte Leichtigkeit breitete sich in Kepler aus. Sich Sorgen zu machen, war kontraproduktiv. Und wenn sie es nicht schaffen würden, was soll's. Hauptsache, es würde schnell und schmerzlos gehen.

62. Der Wagen war ein verschlissener Suzuki Vitara aus den frühen Neunzigern mit zwei Türen und Stahldach. Kepler sah den langen Riss in der Windschutzscheibe und beschloss, den Wagen nicht zu inspizieren, mit Sicherheit war die Ungewissheit viel besser als die genaue Kenntnis des Zustandes dieses Wracks. Das Einzige, was er überprüfte, war der Ersatzreifen, der mit Draht am Heck des Wagens festgebunden war. Wenigstens schien der Reifen so weit in Ordnung zu sein, aber Kepler schüttelte dennoch fassungslos den Kopf.

"Wir haben eine Schaufel zum Austreten und Tabletten, um das Wasser aufzubereiten. Aber Zeug zum Flicken von Reifen – nicht."

"Und kaum Sprit", ergänzte Budi, der einen verrosteten Blechkanister schüttelte, in dem sich etwa zweihundert Milliliter von etwas Flüssigem befanden.

"Ich habe doch einen Fehler mit Qudrux gemacht", konstatierte Kepler. "Deshalb hat der Typ so hinterhältig gegrinst."

"Lass uns fahren", sagte Budi und wischte mit der Hand über die Stirn.

Es war nur an die zwanzig Grad warm, aber trotz der nächtlichen Zeit betrug die Luftfeuchtigkeit über sechzig Prozent.

Kepler legte seinen Rucksack ab und klemmte die Tasche mit dem MSG an der Rückbank fest. Budi kletterte auf den Beifahrersitz und beugte sich über die Karte, die er mit seiner Taschenlampe beleuchtete. Kepler drehte den Zündschlüssel um. Nur die Ladekontrollleuchte leuchtete auf. Der Motor sprang beim fünften Versuch an und lief stotternd auf drei Zylindern. Kepler spielte mit dem Gas, bis sich der vierte Zylinder endlich dazuschaltete. Der kaum vorhandene Auspuff trug die Kunde davon über die leere Gegend, die in Diesigkeit lag.

"Klasse", kommentierte Kepler entgeistert. Das Armaturenbrett blieb dunkel, nachdem er das Licht eingeschaltet hatte, und es leuchtete lediglich der rechte Scheinwerfer. Ob hinten irgendwelche Lichter brannten, wollte Kepler nicht herausfinden. "Weißt du, was diesem Land ganz eindeutig fehlt?", fragte er.

"Mh?", machte Budi, der sich wieder in die Karte vertiefte.

"Der TÜV. Hätte nie gedacht, dass ich das je sagen würde."

Kepler legte den ersten Gang ein, was die Synchronringe fast genauso laut wie der Auspuff quittierten, und ließ die Kupplung kommen. Der Suzuki holperte los. Budi sah zu Kepler und grinste, es war nicht die Art der Fortbewegung, die sie in letzter Zeit gewohnt waren. Aber es war wie im Sudan, und Budi fand es amüsant. Kepler freute das. Sie beide entspannten sich allmählich.

Sie fuhren auf der Avenue Tanganyika nach Süden. Nach einigen Kilometern kam rechts eine ziemlich ordentlich angelegte Siedlung. Sobald sie sie passiert hatten, deutete Budi nach rechts. Kepler bog ab.

*****

Kongos wenige Straßen außerhalb großer Städte waren in einem desolaten Zustand und während der Regenzeit in weiten Teilen schlicht unpassierbar. Allenfalls mit allradgetriebenen Fahrzeugen kam man weiter. Der Suzuki war so ein Wunder japanischer Ingenieurskunst, aber die Fahrt querfeldein verlangte ihm einfach alles ab. Kepler versuchte, wenigstens nicht in die gröbsten Löcher zu krachen, und schätzte den Kraftstoffverbrauch. Wenn Qudrux die Karre nicht vollgetankt hatte, würde er die Fahrt unterbrechen und dem Typen einige Prinzipien des geschäftlichen Miteinanders beibringen, schwor er sich.

Aber unter harten Stößen und Ächzen des Fahrwerks brachte der Suzuki ihn und Budi immer weiter nach Westen, bis sie an einer halbwegs befestigten Piste angelangten, die gemäß der Karte parallel zur Nationalstraße Nummer Fünf verlief und nach Norden führte. Auf dieser Straße schien Fahren möglich zu sein.

Es graute, als Kepler anhielt und den Motor abstellte. Der Flughafen war jetzt vierzig Kilometer entfernt. Dafür hatten sie mehr als vier Stunden gebraucht.

230

Kepler und Budi aßen die Kekse aus den Essensrationen und inspizierten danach im heller werdenden Licht den Wagen. Der Suzuki war doch gar nicht so schlecht, sah man von seinem desolaten Äußeren ab. Erfreulich war, dass irgendein Genie einen Zusatztank in den Wagen eingebaut hatte. Der Tank selbst und sein Einbau entsprachen keiner auch noch so laschen Sicherheitsvorschrift, aber dafür war er voll. Weniger erfreulich war der Zustand der Reifen. Es war nur eine Frage der Zeit, bis sie kaputtgingen. Hoffentlich nur einer auf einmal, wünschte sich Kepler im Stillen.

Das nächste Stück fuhr Budi. Je heller es wurde, desto mehr Verkehr gab es, einige Fahrzeuge und viele Menschen, die zu Fuß unterwegs waren. Sie blickten neugierig durch die Scheiben des Suzuki, aber niemand versuchte, sie anzuhalten, auch die Bewaffneten nicht. Kepler schätzte, dass es keine Milizionäre waren, sondern Bauern mit Gewehren, die sich selbst schützen wollten. Womit sie mindestens einer der vielen kämpfenden Parteien in die Hände spielten.

Ansonsten war es hier sogar eigentlich schön. Der Zauber Afrikas wirkte, sobald man keine Schüsse hörte. Nicht nur die Natur, auch Menschen strahlten diesen Zauber aus. Einige winkten ihnen, wohl um sie einzuladen, etwas bei ihnen zu kaufen. Kepler und Budi winkten zurück, hielten aber nicht an.

Die Landschaft veränderte sich. Statt grünlich, wurde sie allmählich immer brauner. Die Straße blieb gleichmäßig grausam.

*****

Am späten Nachmittag hatten Kepler und Budi etwa ein Drittel der Strecke zurückgelegt und kamen an einer Ortschaft aus Lehmhütten an. Sie lag an einem Wald aus Bäumen, deren grüne Kronen irgendwie kugelförmig anmuteten.

Mit Erleichterung sah Kepler vor dem Dorf einige Kinder am Straßenrand sitzen, vor denen etliche Plastikflaschen verschiedener Größen und Formen standen. Jede von ihnen war mit einer gelblichen Flüssigkeit gefüllt. Kepler schätzte sie auf sechsundsiebzig Oktan. Budi lenkte nach rechts. Laut quietschend hielt der Suzuki vor den Kindern an. Sie betrachteten den Wagen abfällig und ohne sich vom Fleck zu rühren. Kepler schob den Bund der Jacke so, dass er die Glock mit einer Bewegung ziehen konnte, und stieg aus. Er schweifte mit dem Blick über die Kinder, die ihn schweigend und abwartend ansahen. Etwas weiter hinten saß ein älterer Junge. Er trug ein leuchtendblaues Shirt mit einem bunten Bild auf der Brust, saß gelassen da und kaute erhaben schmatzend ein Kaugummi. Eine AK lag gut sichtbar in seiner Reichweite.

231

"Sprichst du Französisch?", fragte Kepler ihn. Der Junge schüttelte nur den Kopf. "Suaheli?" Der Junge verneinte erneut. Allmählich gingen Kepler die Sprachen aus. "Lingala?", versuchte er die letzte.

"Was willst du?", erkundigte sich der Junge in dieser Sprache.

"Benzin", gab Kepler zurück. "Wie viel?", brachte er die Frage zustande.

"Für wie viel?", fragte der Junge etwas lebhafter.

"Für alles."

Der Junge blickte ihn überrascht an, dann legte sich seine Stirn in Falten er und grübelte einige Augenblicke lang nach. Oder er tat nur so.

"Hunderttausend", verlangte er schließlich.

Kepler hatte nicht die geringste Ahnung, was Bleifrei mieser Qualität in diesem Teil der Welt wert war, aber einhundertdreißig Dollar waren zu happig.

"Hälfte, aber in Dollar", schlug er ungerührt vor.

"Dann hundert Dollar", konterte der Junge sofort.

"Siebzig", erwiderte Kepler genauso schnell.

"Achtzig", forderte der Junge.

"Dafür tankt ihr aber den Wagen auf."

Der Junge lachte, wahrscheinlich wegen seiner Redeweise, und redete schnell zu den Kindern. Budi stieg aus, um den Tankvorgang zu überwachen und damit die Kinder nicht auf die Idee zu klauen kamen. Diese Vorsichtsmaßnahme war wohl angebracht, der junge Anführer der Arbeitskolonne verzog das Gesicht. Er wandte sich dennoch zu Kepler und streckte verlangend die Hand aus. Kepler zählte die Geldscheine ab und reichte sie ihm. Der Junge nahm die achtzig Dollar würdevoll entgegen, steckte sie dann aber mit einer betont lässigen Bewegung ein. Danach pfiff er. Die Kinder bildeten eine Schlange zum Auto und begannen, einander die Flaschen zu reichen. Ein größerer Junge leerte sie zuerst in den normalen Tank aus. Sobald der voll war, füllte der Junge den Zusatztank.

"Wo fahrt ihr hin?", fragte der junge Anführer im Plauderton.

"Norden", erwiderte Kepler das Offensichtliche.

Nachdem die etwa siebzig Liter getankt waren, reichte er dem Jungen die Hand. Dessen Händedruck gefiel ihm nicht, der Junge drückte seine Hand halbherzig und schlaff, während seine Augen beständig hin und her huschten.

Sobald sie losgefahren waren, sah Kepler im Spiegel, wie der Junge ein Handy aus der Tasche zog, während er dem Wagen nachsah.

"Lass uns lieber neben der Straße weiterfahren", entschied Kepler. Budi lenkte nach links. Sie hoppelten einen Kilometer lang, dann erreichten sie einen Weg, der in etwa parallel zur Nummer Fünf verlief. Kepler hörte ins Jaulen des Motors, der nur ab viertausend Umdrehungen auf allen Zylindern lief. "Wie viel Sprit ist im Zusatztank?", wollte er wissen.

"Fast dreiviertel voll", antwortete Budi.

"Bis Bukavu schaffen wir es damit nicht, so wie der Wagen säuft", überlegte Kepler laut. "Der hat sich dreißig Liter reingepfiffen – für knapp hundertzwanzig Kilometer. Die Karre ist fertig, die Straßen sind fertig und der Sprit auch fertig." Es begann langsam zu dämmern und in der Dunkelheit würde der Verbrauch noch weiter steigen, weil sie dann noch langsamer fahren mussten. "Such eine Stelle zum Anhalten, Hoca", wies Kepler an.

In diesem Moment knallte es und der Wagen brach nach links aus. Budi kurbelte mit zusammengebissenen Zähnen am Lenkrad. Sobald er den Suzuki wieder unter Kontrolle hatte, bremste er ihn vorsichtig ab. Kepler riss die Tür auf und sprang mit der Glock in der Hand hinaus, Budi ebenfalls.

Doch alles war friedlich und ruhig, sah man von entfernten Rufen irgendwelcher Tiere und Vögel ab. Trotzdem überprüften Kepler und Budi die Umgebung genau, bevor sie, immer noch leicht gebeugt und die Pistolen in den Händen, zu dem hinteren linken Rad gingen. Der Reifen war aufgerissen, aber er sah nicht durchschossen aus. Kepler steckte die Glock ein und sah zu seinem Freund.

"Wann hast du zuletzt einen Reifen gewechselt?", erkundigte er sich.

"Im Sudan", antwortete Budi. "Weißt du noch, unser Jeep?", fragte er angesäuert. "War genauso so ein störrisches Kamel wie diese Karre hier."

Kepler ging zum Kofferraum. Wenn da jetzt kein Werkzeug drin war, saßen sie in der Bredouille, aufschießen konnte man die Radmuttern nicht. Nach einigem Wühlen fand Kepler einen Schraubenschlüssel, dessen Zustand sich nicht von dem des Wagens unterschied. Das Werkzeug war völlig verrostet.

Einen Radbolzen rissen sie ab, für die vier anderen Muttern brauchten sie eine Stunde, um sie mit vorsichtigem Vor- und Zurückdrehen zu lösen. Die Radbolzen putzte Kepler so gut es ging mit der Waffenbürste und schmierte sie großzügig mit Waffenöl ein, um beim Festziehen nicht noch weitere abzureißen.

Trotzdem wurden drei der vier Muttern verdächtig warm, als sie festgezogen wurden. Nochmal würde so eine Aktion nicht glücken, ganz abgesehen davon, dass das einzige Reserverad keines mehr war.

Plötzlich wurde die einsetzende Dunkelheit noch dunkler. Kepler sah in den Himmel. Jetzt wurde ihm klar, warum der Schweiß in Bächen an ihm herunterlief. Die drückende Schwüle würde sich gleich in einem Regenguss entladen.

Das hieß, ungewiss lange zu warten, bis die Straße wieder halbwegs trocken war. Sie war nicht befestigt, der Wagen könnte im Schlamm stecken bleiben. In Bewegung und ohne anzuhalten, könnte er durchkommen. Dass der Benzinverbrauch auf das Niveau eines Panzers steigen und die Geschwindigkeit in etwa der einer Schubkarre gleichen würde, stand in dem Fall außer Frage.

Kepler überlegte, wo sie tanken konnten. Sie hatten zu wenig Zeit, sie mussten unter allen Umständen so schnell so weit wie möglich weiterkommen. Dafür mussten sie es riskieren, weiter zu Fuß gehen zu müssen.

*****

Das einzig Gute an der Dunkelheit war die Tatsache, dass der Wagen, der sich ihnen näherte, die Scheinwerfer eingeschaltet hatte. Wäre es nicht so dunkel geworden, hätten Kepler und Budi gar keine Vorwarnzeit gehabt.

Der Wagen war noch dreihundert Meter entfernt, als Budi um das Heck des Suzuki kam, die Hände an der Hose abwischend. Er zuckte im selben Moment zurück, als Kepler ihm ein Zeichen mit der Hand machte. Er lud sofort die MP5 durch, während Kepler rückwärts zu ihm ging und dabei die Jacke zumachte.

"Lauf in einer Linie mit dem Suzuki zurück", sagte er und deutete knapp auf mehrere Büsche, die weiter vorn zwanzig Meter rechts neben der Straße wuchsen. "Dann rechts herum, zu dem Gebüsch da."

Budi lief ohne sich umzusehen los, die MP in der rechten Hand. Mit der linken steckte er dabei den Interkom-Kopfhörer ins Ohr.

"Kannst du mich hören?", kam zwei Sekunden später seine Frage.

Er konnte Budi fast nicht mehr ausmachen, nur eine verschwommene Bewegung am Rande seines Sichtfeldes. Die ersten großen Tropfen klatschten auf die Straße und wirbelten kleine Staubfontänchen auf. Auf dem Dach des Suzuki klangen sie so, als wenn jemand Stahlkugeln darauf werfen würde.

"Ja", antwortete Kepler.

Ein weit entfernter Blitz hellte in diesem Moment die Umgebung auf und im Kopfhörer knisterte die statische Entladung. Im Aufleuchten des gleißenden Lichts sah Kepler, dass der Wagen, nun konnte er ihn als das alte G-Modell mit langem Radstand identifizieren, nur noch wenige Meter entfernt war.

Im nächsten Moment begann es wie aus Eimern zu gießen. Kepler hob die Hand vor die Augen, um nicht von den Scheinwerfern des Mercedes geblendet zu werden, während er mit der rechten Hand die Jacke am Holster passend positionierte. Der G hielt an. Alle Türen, außer der des Fahrers, gingen auf und mehrere Männer stiegen aus. Kepler stand voll im blendenden Scheinwerferlicht, dennoch konnte er erkennen, dass die Kongolesen bewaffnet waren.

"Vier auf dieser Seite", flüsterte Budi. "Ich habe sie."

Seine Worte waren durch das statische Knistern stark verzerrt, aber der Klang seiner Stimme war ruhig. Sein Freund hatte eine Flanke unter Kontrolle und Kepler machte einen Schritt nach links.

Auf der rechten Seite des G waren drei Männer. Einer von ihnen ging mit einer AK in der Hand gemächlich auf ihn zu. Kepler blinzelte, der Regen vernebelte seine Sicht. Das warme Wasser hatte ihn in der kurzen Zeit völlig durchnässt, die Kleidung lag schwer auf ihm. Wenigstens hatte der Regen ihn etwas belebt.

Der Kongolese hängte die AK über die rechte Schulter. In seiner Geste war auf den ersten Blick keine böse Absicht zu erkennen, dennoch hatte sie bedrohlich gewirkt. Er blieb einen Meter vor Kepler stehen und sagte etwas.

"Sprich Französisch", bat Kepler.

"Wer du bist und wo du hinwillst", verlangte der Kongolese zu wissen, der ihn nun überheblich und überlegen ansah.

Er rief etwas, das Kepler nicht verstand. Begriffen hatte er es, er hörte, dass Gewehre durchgeladen wurden. Er wischte sich das Wasser aus dem Gesicht.

"Verkaufst du mir Benzin und Reifen?", fragte er anstatt zu antworten.

Der Blick des Kongolesen zeigte ihm deutlich, dass der Mann so etwas nicht einmal ansatzweise erwog. Also galt es, Smiths Rat zu befolgen. Kepler sah an dem Mann vorbei zum Mercedes. Die beiden anderen Männer kamen nun langsam hinzu, und sie brachten ihre Waffen in Anschlag. An der anderen Seite des Wagens sah Kepler verschwommen ebenfalls eine Bewegung.

"Colonel!", raunte Budi alarmiert.

"Feuer."

Im selben Augenblick kamen aus Budis Richtung vom Regen gedämpfte Schüsse. Von der Fahrerseite des Mercedes hörte Kepler erstickte Aufschreie und das Splittern von Glas.

Die Sekunde der Ablenkung reichte ihm, um die Glock zu ziehen. Der Kongolese vor ihm schaffte es noch, seine AK richtig zu fassen, aber nicht mehr, zu entsichern. Kepler jagte ihm zwei Kugeln in die Brust und eine in den Kopf. Als er zur Seite sprang, rutschte er auf dem glitschigen Boden aus. Er fiel hin. Auf dem Rücken liegend feuerte er in Richtung der beiden anderen Männer. In diesem Augenblick heulte der Motor des Mercedes laut auf. Kepler schoss blindlings auf die Fahrerseite. Der Wagen, der gerade angefahren hatte, blieb stehen, und Kepler richtete die Pistole wieder nach links. Er sah einen Mann am Boden liegen, der andere lief in die offene Savanne. Von der linken Seite des Wagens hallten zwei Schüsse einer AK. Budi lud wohl nach, erst eine Sekunde später hörte Kepler das Husten der MP5. Er überließ Budi die linke Wagenseite und kämpfte sich auf die Füße. Der Flüchtende war in den Wasserstreifen kaum noch zu erkennen. Kepler schoss dreimal, dann war seine Glock leer. Der Mann verschwand im Dunkeln. Kepler rannte ihm nach, während er das Magazin auswarf. Dann rutschte er wieder aus.

"Verflucht nochmal."

Er sprang auf, während er den Reißverschluss der Jacke aufriss und ein Magazin aus der Weste zog. Er hatte die Glock nicht losgelassen und ihr Verschluss hatte sich beim Sturz geschlossen. Kepler riss ihn zurück und hielt die Waffe kurz in den Regen, um den Dreck aus der Kammer auszuwaschen. Allerdings war Wasser nicht minder kritisch, es konnte zur Aufweitung oder zum Bersten des Laufs führen. Kepler steckte das Magazin ein und pustete in die Mündung, aber er hatte keine Zeit mehr und musste das Risiko eingehen. Er spannte die Glock, richtete sie in etwa dahin, wo er den Flüchtenden vermutete, und beruhigte seinen Atem. Er konnte den Mann in der Gischt nicht mehr sehen und feuerte zweimal blind. Der gleißende Widerschein des Mündungsfeuers, das sich in Myriaden zur Erde rasender Wassertropfen spiegelte, blendete ihn. Kepler kniff die Augen fast zu und gab die restlichen fünfzehn Schuss in schneller Folge ab, wobei er das Schussfeld streute. Als der nächste Blitz den Himmel erhellte, sah Kepler, dass der Mann zu Boden gegangen war. Kepler munitionierte die Glock neu auf. Die Pistole vor sich haltend, lief er auf dem Schlamm ausrutschend im weiten Bogen um den Mercedes herum, und aktivierte das Mikrofon.

"Hoca?"

"Erledigt, Colonel", antwortete Budi.

Im selben Moment sah Kepler ihn wie einen Schatten zwischen den Büschen und dem Mercedes. Geduckt ging Budi langsam und mit der MP im Anschlag vor. Kepler lief um das Heck des G herum. Die vier Männer auf der Fahrerseite lagen am Boden. Kepler vergewisserte sich, dass Budi auf sie zielte, und richtete die Glock auf die schemenhaften Umrisse des Fahrers hinter dem zersplitterten Glas. Ein neuer Blitz erhellte die Umgebung. Kepler sah die blutbespritzte Windschutzscheibe und den reglosen Körper des Fahrers. Zugleich hörte er hinter sich einen Schuss und zusammen mit ihm ein kurzes ersticktes Aufstöhnen.

"Alle tot", meldete Budi sofort darauf.

"Kontrollier den Fahrer", wies Kepler ihn an und rannte zum Suzuki.

Er brauchte vierzig Sekunden, um das MSG loszubinden und feuerbereit zu machen. Aber durch die Dunkelheit zu stolpern würde viel mehr Zeit kosten. Er legte an. In fahlem monochromem Licht des Nachtsichtvisiers fand Kepler bald den Mann, der weggelaufen war. Er lag reglos auf der Erde. Kepler schoss trotzdem zweimal in seinen Kopf.

"Gesichert", meldete er über Interkom.

"Gesichert", kam sofort Budis Antwort.

Zurück am Suzuki, wischte Kepler im Schutz des Wagendaches das MSG sorgfältig ab und verstaute es zurück in die Tasche.

"Wir wurden gelinkt", meinte Budi.

Ein Blitz flammte auf. In seinem Licht sahen Kepler und Budi sich an. Sie waren mit Dreck und Blut beschmiert und völlig durchnässt. Sie grinsten sich an.

"Ja, wir müssen zusehen, dass wir hier verschwinden", erwiderte Kepler.

"Mit dem Suzuki können wir nicht weiter, wer weiß, wie viele noch von uns wissen", gab Budi zu bedenken.

"Eben", erwiderte Kepler. "Darum verstecken wir ihn weiter weg von hier." Er runzelte zweifelnd die Stirn. "Vielleicht müssen wir beim Rückzug auf ihn zurückgreifen. Nach Bukavu fahren wir mit dem Daimler."

"Colonel, den kennt man zumindest in dieser Gegend hier wahrscheinlich ziemlich gut", wandte Budi mit einem befremdeten Blick ein.

"Ja, das stimmt, aber wir haben keine Zeit, und mit dem G kommen wir bestimmt schneller voran", begründete Kepler seine Entscheidung. "Und wir schrauben die Kennzeichen um. Wundert mich, dass sie hier überhaupt welche haben. Lass uns die Leichen verstecken, vielleicht bringt das auch was ein."

Sie trugen die sechs Toten hinter die Büsche, in denen Budi sich versteckt hatte. Die siebte Leiche holte Budi allein, Kepler inspizierte währenddessen den G.

Budi war gründlich wie ein Preuße, keine einzige Scheibe des Wagens war heile. Das war nicht schlimm, es war nicht kalt, aber der Regen war genauso gründlich wie Budi, das Wageninnere war völlig nass. Dafür entdeckte Kepler vier volle Zwanzigliterkanister und zwei Ersatzräder. Erstaunlicherweise waren die Kanister und die Reifen von keiner einzigen Kugel getroffen worden.

Der nächste Blitz erhellte die Umgebung. Er war nah und schlug in den einzelnen Baum ein, der dreihundert Meter hinter dem Suzuki stand. Der Donnerknall war ohrenbetäubend. Der Baum wurde gespalten und fing Feuer, aber der Regen erstickte die Flammen sogleich.

Kepler rannte zum Heck des Suzuki und riss am Kennzeichen. Das blaue Metallschild mit leuchtendgelben Buchstaben und Zahlen wirkte unnatürlich majestätisch an dem verbrauchten Auto. Aber auch wenn das Blech der Heckklappe sich verbog, das Schild saß fest. Kepler gab es auf.

"In den Wagen, Hoca", brüllte er und rannte zum G.

Faradayscher Käfig schön und gut, schoss ihm durch den Kopf, als er in den durchnässten Sitz klatschte, aber die ganze Karre steht unter Wasser, ob die Blitzableitung so auch funktioniert? Er hatte keine Lust, es experimentell herauszufinden, sondern startete den Motor und wendete.

Die Seitenscheibe war überhaupt nicht mehr vorhanden, der Regen peitschte ins Auto. Die Löcher in der Windschutzscheibe raubten das letzte bisschen an Sicht, für das sich die Scheibenwischer abmühten. Trotz Allradantrieb rutschte der Mercedes heftig. Kepler blieb dennoch voll am Gas, kurbelte unentwegt das Lenkrad hin und her und wischte sich immer wieder mit dem durchnässten Ärmel das Wasser aus dem Gesicht. Obwohl das wild schlingernde Auto sich mit vielleicht dreißig Kilometern pro Stunde bewegte, kamen sie Kepler wie zweihundert vor. Die Straße konnte er nicht mehr erkennen, nur erahnen. Im Spiegel sah er den wild hüpfenden Strahl des einzigen Scheinwerfers des Suzuki. Kepler fühlte sich lebendig und stark, und darum hatten er und Budi vorhin gegrinst.

Er feixte, als er das fröhliche Jauchzen seines Freundes hörte. Wie weit waren sie denn verkommen, dass ihnen so etwas Spaß machte und sie sich erst dabei lebendig fühlten? War das überhaupt noch menschlich?

Kepler war es egal.

63. Der Regen wanderte als eine ellenlange, aber nur fünfhundert Meter breite, dunkle Wand südwärts durch die Savanne. Hinter der Wasserfront war der Boden auch sehr rutschig, aber jetzt konnte Kepler besser sehen. Er gab Gas, sie mussten sich schnell und weit vom Ort des Überfalls entfernen.

Und auch, damit seine Hochstimmung weiter anhielt. Er sah den tänzelnden Scheinwerfer des Suzukis und grinste. Hier, irgendwo am Ende der Welt, waren sie in eine Situation geraten, die tödlich enden konnte, aber im Moment hatte er einfach nur Lust dazu, dieses irrsinnige Rennen weiterzufahren und sich dabei wie ein Junge zu fühlen, der mit seinem Freund spielte.

*****

Irgendwann begann der Morgen zu grauen. Bald brauchte Kepler die Straße nicht mehr voll konzentriert zu beobachten. Die Armaturenbrettbeleuchtung des Mercedes funktionierte, und in ihrem grünlichen Licht sah er, dass es nach sechs Uhr früh war. Er gab Budi durch, dass sie anhalten sollten.

Einen Kilometer weiter sah Kepler in einer Kurve eine Stelle, deren Boden fest anmutete. Er hielt dort an und stieg aus. In diesem Moment benutzte Budi den G als abrupte Begrenzung des Bremsweges des Vitara.

238

Während Kepler kopfschüttelnd die Kaltverformungen an beiden Autos betrachtete, kam Budi mit Karte, Kompass und Taschenlampe zu ihm. Er grinste zähnefletschend. Kepler musste es dann ebenso tun. Von einem bis zum anderen Ohr lächelnd, breitete Budi die Karte auf der Haube des G aus. Kepler betrachtete darauf die Gegend, dann den nun freien, nach dem Regen wie ausgewaschenen Himmel, und rechnete nach.

"Wir sind vorhin durch eine Ortschaft durchgerast, das muss die hier gewesen sein", entschied Kepler und berührte mit dem Finger einen winzigen Punkt auf der Karte. "Damit dürften wir nach dem Tanken etwa hundert Kilometer geschafft haben." Er gähnte. "Als ich aus Sudan abgehauen bin, war ich erst nur nachts gefahren, tagsüber hatte ich mich ausgeruht. So machen wir es jetzt auch." Er bewegte den Finger über die Karte. "Wir überqueren die Fünf und fahren tiefer ins Landesinnere hinein. Dort lassen wir den Suzuki irgendwo stehen und fahren mit dem G weiter, noch weiter links, damit wir dieses Tal hier umfahren, es wird bewohnt sein. Die Topografie scheint auf dieser Karte sehr exakt abgebildet zu sein und dieses Gelände schafft der G." Sein Finger war bei den Ausläufern des Sees angelangt, der auf der Karte wie der Kopf eines Seepferdchens aussah. "Hier kommen wir raus – wenn der Sprit reicht." Er gähnte wieder. "In dreißig Stunden müssten wir es nach Bukavu schaffen."

"Ein bisschen dünn das Ganze", meinte Budi. "Spätestens bei Uvira werden wir tanken müssen. Hoffentlich ist die Kunde von uns zu diesem Zeitpunkt noch nicht bis dahin durchgedrungen", wünschte er.

"Alles ist dünn", warf Kepler zurück. "Auch die Fäden, an denen wir beide zappeln, darum müssen wir Kompromisse eingehen. Lass uns weitermachen."

*****

Es war vielleicht Glück, dass der G einen Ottomotor hatte, denn dank der vollen Reservekanister konnten Kepler und Budi den Suzuki mitnehmen. Nur hätten die achtzig Liter bei einem Diesel bis nach Bukavu gereicht.

Die Nacht war zwar nicht kalt, die nasse Kleidung schon. Vorhin hatte das Adrenalin in seinen Adern ihn erhitzt, jetzt fröstelte Kepler. Er wärmte sich nur ein wenig auf, als er und Budi in die Tanks vom Suzuki und vom Mercedes jeweils einen Kanister einflößten. Währenddessen wog Kepler die Vor- und Nachteile des Schalldämpfers gegeneinander ab. Vorhin hätte er ihn nötig gehabt. Nicht wegen des Lärms, sondern wegen der Mündungsflammen. Durch die Regentropfen verstärkt, hatten sie ihn massiv geblendet. Aber der Schalldämpfer machte die Pistole unhandlicher und das Herausziehen dauerte länger. Doch die linke Brustlasche an seiner Weste war eben dafür gedacht, die Glock so mitführen zu können.

239

Kepler warf den leeren Kanister in den Kofferraum und schraubte den Schalldämpfer an die Glock. Das Holster schnallte er ab und steckte es in den Rucksack. Dann stieg er ein. Budi war auch soweit. Sie fuhren los.

Nach einigen Kilometern wurde die Straße etwas besser, zumindest schüttelte sich der Wagen merklich weniger. Kepler erhöhte die Geschwindigkeit. Aber es wurde schnell heller, es war Zeit, von der Straße zu verschwinden. Kepler blickte in den Himmel, um sich der Richtung zu vergewissern, und fuhr nach links.

64. Der Sonnenaufgang wurde immer farbenprächtiger, als Kepler endlich eine passable Stelle zum Rasten fand. Sie lag am Fuß einer steinigen Geländeerhöhung, umgeben von einigen Bäumen. Für Keplers Geschmack waren es nicht genug Bäume, aber dafür stand zwischen ihnen eine verfallene Hütte. Hinter ihr stellten Kepler und Budi die Autos ab. Um die Fahrzeuge noch besser zu tarnen, legten sie die großen Pflanzenbündel darauf, die der Hütte als Dach dienten.

Der Ort, bei all seinen Annehmlichkeiten, sagte weder Kepler noch Budi richtig zu. Die Hütte war nicht friedlich verlassen worden, die Spuren eines Massakers waren noch deutlich sichtbar. Aber insgesamt bot dieser Platz eine gute Möglichkeit, halbwegs für den Tag unterzukommen, und Kepler war einfach zu erschöpft, um noch weiter zu suchen. Außerdem, langsam gewöhnte er sich wieder an den Krieg, die Erinnerungen aus Sudan halfen dabei.

Wenigstens waren die Rucksäcke innen trocken geblieben. Kepler und Budi zogen frische Unterwäsche und Socken an, in nassen Sachen war an Schlaf nicht zu denken. Dann übernahm Budi als der Jüngere die erste Wache.

Er hielt zwei Stunden durch. Kepler musste sich zusammenreißen, als Budi ihn wachrüttelte, um nicht um noch fünf Minuten zu betteln. Es hätte nichts genutzt, kaum dass seine Augen halboffen waren, fiel Budi um und schlief sofort ein.

Kepler schleppte sich zum G und tankte ihn. Er dachte daran, den letzten Kanister in den Suzuki zu leeren, aber es war ungewiss, ob sie je wieder herkommen würden, und sie brauchten das Benzin, um weiter zu kommen. Auf der anderen Seite, sollten sie auf den Vitara zurückgreifen müssen, würden sie das Benzin auch nicht weniger nötig haben. So oder so, jede mögliche Entscheidung war gleichzeitig richtig und falsch. Kepler tankte den Suzuki nicht, er wollte in Bukavu alles daran setzten, für den Rückweg einen guten Wagen zu besorgen.

Er breitete seine nasse Kleidung in der Sonne aus. Aber sie trocknete bei der immensen Luftfeuchtigkeit nicht gut. Kepler hatte genug Unterwäsche mit, und um sich nicht mit dem unnötigen Ballast zu quälen, hob er hinter der Hütte ein Loch aus, in das er seine nasse Unterwäsche legte. Budi sollte nachher dasselbe tun, darum ließ Kepler die Grube offen. Mit dem Gewehr in der Hand und mit der Sonnenbrille auf begab er sich an den Rand der Bäume. Budi war auch hier gewesen, fiel ihm sofort auf, als er hinter einem Busch in Deckung ging. Im feinen Geäst des Strauchs hatte sich die Verpackung eines Schokoriegels verfangen. Kepler nahm sich vor, seinem Freund den Hals umzudrehen.

Dann sah er sich um. Der kleine Hain lag auf einem Hügel zweieinhalb Kilometer westlich der Straße, auf der sie einige Stunden zuvor unterwegs gewesen waren. Soweit Kepler sehen konnte, verlief die Straße weiterhin parallel zu der Fünf. Sie war nicht sonderlich frequentiert, es waren wenige Fahrzeuge, Gespanne und Menschen, die die Straße passierten, und niemand schien sich für die Umgebung zu interessieren. Vielmehr hatte es den Anschein, dass sie möglichst schnell weiterkommen und aus der Sonne verschwinden wollten. Das konnte Kepler nachvollziehen, er schwitzte in der drückenden Schwüle und hatte Durst.

Er hielt eine weitere Stunde auf seinem Posten aus. Dann ging er zurück, zu dehydrieren hatte er keine Lust.

Seine Erwartung erfüllte sich, im Mercedes fand Kepler zwei Flaschen mit Wasser. Allerdings machten weder die Flaschen selbst noch die Flüssigkeit darin einen vertrauenserweckenden Eindruck. Aber als Mann von Welt hatte er Tabletten für Wasserprophylaxe dabei. Noch besser wäre es, das Wasser abzukochen, und eine warme Mahlzeit und Tee würden seine und Budis Verfassung stärken. Kepler ging in die Hütte. Dort lag Reisig, nicht viel, aber genug, um ein Süppchen zu kochen. Mit dem Holz in einem Arm und dem Gewehr im anderen ging Kepler zu einer Stelle, wohin die Sonne noch mindestens zwei Stunden lang scheinen würde. Er entfachte ein Feuer und beobachtete kritisch den aufsteigenden Rauch, bereit, die Flammen sofort zu löschen. Aber das Reisig war trocken und der wenige Rauch war in den Sonnenstrahlen kaum sichtbar. Trotzdem beeilte sich Kepler, das Kochgeschirr zu holen. Als er das heiße Wasser auf die Suppenmischung aus dem Verpflegungspacket goss und der Geruch der Suppe sich sogleich ausbreitete, spürte er, wie richtig hungrig er war.

Er wollte Budi rufen, aber sein Freund war schon von der Verlockung in der Nase geweckt worden. Er sah Kepler dankend und anerkennend an, gleichzeitig schaffte er es, breit zu grinsen.

"Spoon würde ihre helle Freude an dir haben", meinte er belustigt.

Die Erinnerung an die schöne Polizistin löste ein kurzes, aber warmes Flackern irgendwo tief in Keplers Innern aus.

"Spoon", echote er. "Ja. Und jetzt komm essen, Hoca."

"Du bist mein Held, Colonel", sagte Budi und beeilte sich hochzukommen.

Während sie aßen, fragte Kepler seinen Freund kalt, was er denn vorhin die ganze Zeit so getan hätte. Budi sah ihn befremdet an und antwortete in beleidigtem Ton, er hätte Wache gehalten. Daraufhin hielt Kepler ihm die Verpackung von der Schokolade unter die Nase. Er bezichtigte Budi der Nachlässigkeit und der fehlenden Voraussicht, berichtete, was er alles gemacht hatte und merkte an, dass er Budi vier Stunden lang hatte schlafen lassen.

Als er sich nach dem Essen hinlegte, wusste er, dass er sich ausschlafen konnte. Und dass es keine Spur vom Feuer geben wird und dass die Waffen geputzt und die beim Überfall leergeschossenen Magazine gefüllt sein werden. Und dass, wenn sie Schuhcreme dabei hätten, seine Stiefel makellos glänzen würden.

Es traf alles genauso ein, als er Stunden später aufwachte. Der Platz sah unbenutzt aus, die Rucksäcke lagen ordentlich vor der Hütte. Budi schlich nur in Unterhose und Stiefeln mit dem MSG feuerbereit geduckt umher.

Kurz bevor es dunkel wurde, zogen sich Kepler und Budi an, tranken den Rest des kalten Tees aus, schaufelten die Grube hinter der Hütte zu und fuhren los.

65. Sie wechselten sich beim Fahren ab und machten keine Pausen. Sie nutzten nur die Augenblicke, in denen sie beim Wechsel um das Auto herumgingen, um sich die Beine zu vertreten.

Bald wurde die Gegend bergiger und sie kamen nicht mehr so gut voran. Als die Morgendämmerung einsetze, leerten sie den letzten Kanister in den Tank des Mercedes. Erst als es hell wurde, erreichten sie die Umgebung von Uvira.

Hier gab es kaum Vegetation und die vorhandene war recht kümmerlich. Zum Glück setzte erneut Regen ein, sodass Kepler und Budi nicht befürchten mussten, von irgendeinem Müßiggänger entdeckt zu werden. Sie fanden unter einem gedrungenen Baum sogar einen halbwegs passablen Schutz vor dem Regen.

Nachdem sie die zerschossenen Scheiben mit abgebrochenen Zweigen so abgedeckt hatten, dass der größte Teil des Wassers an den Blättern ablief anstatt in den Wagen zu gelangen, und obwohl sie den Erdboden dem Auto vorgezogen hätten, konnten sie in den Sitzen sogar passabel schlafen. Sie wechselten sich mit den Wachen ab und waren ausgeruht, als die Abenddämmerung einsetzte.

*****

Schweigend warteten sie, bis es ganz dunkel wurde. Budi holte den Kompass und die Karte hervor, Kepler starrte durch die Zweige in den Himmel. Der Regen war weniger geworden, aber ganz hörte er nicht auf. Das würde er wohl erst in ein paar Tagen. Oder Wochen, es herrschte gerade Regenzeit.

Kepler startete den Motor und fuhr los. Die ersten Kilometer waren grausam, der Mercedes schaukelte so stark, dass Kepler schwindlig wurde. Er sah immer wieder in den Himmel, aber die Wolken schirmten die Sterne völlig ab.

Nach zwei Stunden wurde die Straße besser, die gigantischen Schlaglöcher klafften nicht mehr unmittelbar hintereinander, sondern in Abständen von einigen Metern, und Kepler konnte die meisten umfahren. Er entschied, dass die Gefahr, sich die Zunge abzubeißen, nun gering war.

"Kontrollier die Richtung, Hoca", bat er.

Budi, der sich im Beifahrersitz kleinmachte, um dem Regen so weit wie möglich zu entgehen, holte den Kompass heraus.

"Passt", meinte er. "Solange wir so hoppeln, sind wir auf der Straße."

"Ich wollte nur sichergehen", erwiderte Kepler. "Ich sehe keine Sterne."

"Colonel, du warst doch bei der Luftwaffe", begann Budi. "Warum orientierst du dich dann wie ein Matrose? Ist es mit dem Kompass nicht einfacher, als sich für jede Halbkugel und Jahreszeit eine Sternenkarte zu merken? Findest du den Glanz der Sterne so wunderschön oder hattest du zu viel Platz im Kopf?"

"Kompasse können kaputtgehen", antwortete Kepler und ging in sich. "Ansonsten habe ich keine Ahnung, was der Grund war, Hoca. Ist wohl wie die Frage, ob das Huhn zuerst da war oder das Ei."

"Für dich das Huhn, du glaubst ja an die Schöpfung", erwiderte Budi. Dann blitzte der Schalk in seinen Augen. "Dann sag mir mal, ob Gott, da er allmächtig ist, einen Stein schaffen kann, den er selbst nicht heben kann."

"Klar kann er das, er ist allmächtig", antwortete Kepler "Und er kann ihn auch heben, er ist ja allmächtig. Er legt die Rahmenbedienungen fest, sie zwängen ihn nicht ein." Er sah zu seinem Freund. "Ist dir langweilig?"

"Nc", meinte Budi. "Aber du machst dir zu viele Sorgen um diese Mission. Es ist zu früh dafür, also wollte ich ein bisschen philosophieren."

"Sag mal, willst du nicht lieber produktiv ein deutsches Auto fahren?"

"Teils aus deutschen Waffen zerschossen, mit Geschossen deutschen Ursprungs, von einem Deutschen auch noch. Na ja, dafür wird es mit afrikanischem Sprit befeuert." Budi seufzte wehleidig. "Los, gib her die Nudel."

"Nudel?", fragte Kepler mild nach.

Während er den Wagen vorsichtig abbremste, funkelte Budi ihn an.

"Das Lenkrad ist doch glitschig, oder nicht?", erkundigte er sich beißend.

"Hätte ich mich überfahren lassen sollen?", fragte Kepler,

"Ne", erwiderte Budi ätzend. "Aber musst du deswegen gleich ein ganzes Magazin auf den Fahrer verschießen, Herr Eulenspiegel?"

"Fürs Protokoll – das halbe. Und das schien mir zu dem Zeitpunkt angebracht."

Sie stiegen aus und machten schnell ein paar Dehnübungen. Nachdem Budi den Motor gestartet hatte, warf er einen Blick auf die Tankanzeige.

"Wir brauchen mehr Sprit", sagte er. "Wir müssen nach Uvira."

Kepler sah auf den Kompass und deutete nach vorn rechts.

"Dahin", sagte er.

"Ich bleibe auf der Straße", meinte Budi. "Wenn du nichts dagegen hast."

"Aber bitte."

"Sehr gerne."

Budi fuhr los und begann, ein endloses Lied fast verständlich vor sich hin zu summen. Er war aber nicht halbwegs imstande, richtige Töne zu treffen. Kepler grinste erst. Dann nervte die Kakophonie ihn nur noch. Er bat um Ruhe. Budi ignorierte es und malträtierte ihn weiter mit schiefen Tönen, die er hin und wieder mit kurzem kreischendem Aufjaulen unterbrach. Dann quäkte er weiter. In dem Moment, als Kepler fast explodierte, verstummte Budi abrupt, und wohltuende Stille breitete sich aus. Und eine seltsame, entspannte Gelöstheit.

*****

Uvira lag am Nordufer des Tanganjikasees. Es war eine recht große Stadt mit über einhundertfünfzigtausend Einwohnern. Sie bestand aber zum größten Teil aus kleinen Häusern, die meisten davon waren aus Lehm oder Lehmziegeln. Die Straßen waren nicht anders als die im Umland, einfach festgefahrene Rinnen im Boden. Lediglich die Nummer Fünf wies die Reste einer Befestigung auf.

Kurz bevor Kepler und Budi auf dem Überbleibsel dieser Schotterpiste die Stadt erreichten, erblickten sie das Glück, das sich in Form einer im Wind schaukelnden Laterne manifestierte. Ihr schwaches Licht erhellte sporadisch das Logo von Burren Energy an einem großen gelben Tank.

Es dauerte eine halbe Stunde, den Tankwart zu wecken, der in einer Hütte direkt neben seiner explosiven Ware hauste. Keplers linguistischem Talent zum Trotz behauptete der Tankwart, lediglich zehn Liter Benzin pro Fahrzeug verkaufen zu dürfen. Der Anblick des grünbedruckten Papiers im Wert von zwanzig Dollar unterband seine Frage nach dem Zustand des G, aber über die späte Stunde schwadronierte er lange. Erst ein Bildnis von Benjamin Franklin überzeugte den Tankwart davon, dass eine ganze Fahrzeugkolonne vor seinem kümmerlichen Anwesen angehalten hatte. Er füllte den Tank des G für die Summe, die für andere Menschen in dieser Stadt vermutlich das Jahreseinkommen bedeutete. Für einen weiteren Hunderter plus zwei Dollar pro Liter füllte er die Ersatzkanister auf. Kepler handelte nur solange, dass es nicht zu offensichtlich wirkte, dass er und Budi schnellstmöglich weg wollten. Dass sie überhaupt tanken konnten, das war schon ein Wunder. Der Regen war es auch, weil er die Milizionäre und die Soldaten der regulären Armee im Warmen zurückhielt. Zumindest hatte Kepler den Eindruck, dass der selig lächelnde Tankwart genau aus diesem Grund sowohl Zeit als auch Lust zum Handeln hatte. Aber nachdem sie damit fertig waren, gab er Kepler zwei Flaschen Wasser und geräuchertes Fleisch von sich aus und umsonst dazu. Afrikaner waren seltsame Menschen.

Die Durchfahrt durch die Stadt dauerte lange, Uvira erstreckte sich entlang des ganzen langen Westufers von Lac Tanganyika. Als sie endlich das obere Ufer des Sees erreicht hatten, folgte Budi der Bebauung nach Osten, bemerkte seinen Irrtum aber, als Kepler protestierend eingreifen wollte. Er wendete, fand die Nummer Fünf wieder und fuhr auf ihr nach Norden in Richtung Bukavu.

Soldaten auf der ganzen Welt waren grundsätzlich faul. Bei schlechtem Wetter suchten sie verstärkt nach Möglichkeiten für Beschäftigungen innerhalb ihrer Unterkunft. Für irreguläre Truppen galt das in noch höherem Maß. Da es immer noch regnete, blieben Kepler und Budi wagemutig auf der Fünf, nachdem sie Uvira verlassen hatten.

*****

Die Straße schlängelte sich entlang der Grenze zu Burundi nach Norden. Trotz der späten Stunde gab es noch Verkehr, Laster und Eselgespanne. Das machte die Fahrt nicht minder gefährlich, als zwei Nächte zuvor durch den Schlamm. Es ging trotzdem recht gut, der G kam halbwegs zügig voran.

"Der Regen hat ja fast aufgehört", meinte Budi, nachdem er sich zum wiederholten Mal mit dem Ärmel über das Gesicht gewischt hatte.

"Ja", bestätigte Kepler. "Schon kurz nachdem wir diesen unsäglichen Abzocker von Brennstoffvertreiber verlassen hatten." Er lächelte. "Warum meinst du, kannst du mit achtzig durch die Gegend kacheln?"

"Oh."

Kepler hörte irgendwas im Reifenabrollgeräusch.

"Mach langsamer", sagte er unschlüssig. "Irgendwas gefällt mir nicht."

"Ist mir gerade auch so", meinte Budi und trat auf die Bremse.

Sie hatten Glück. Sie waren langsamer geworden, als der hintere rechte Reifen platzte, trotzdem konnte Budi den Wagen nicht mehr abfangen. Die tiefe Spurrille zog den G zur Seite, und ihr Rand wirkte als Sprung-

245

schanze. Kepler schaffte es noch, sich im Geiste bei Volvo für die Erfindung des Dreipunktgurtes zu bedanken, dann segelte die schwere Karosse schon durch die Luft, während der Motor in den Drehzahlbegrenzer heulte. Die Straße war ungefähr einen Meter hoch aufgeschüttet, der G schaffte es zehn Meter weit in die Savanne, bevor er mit der linken Frontecke auf der Erde aufkam. Er überschlug sich scheppernd und krachte zurück auf die Räder. Die Wucht des Aufpralls war fast ungemildert durch die Federung durchgeschlagen und klang in Keplers Schädel aus, während der Mercedes noch kurz wackelte. Kepler schüttelte sich.

"Budi!", schrie er dann.

Er riss sich nach links, wurde aber vom Gurt zurückgehalten.

"Wundervolles deutsches Auto", hörte er seinen Freund krächzen.

"Gut, ne." Kepler lächelte erleichtert. "Du blutest."

Budi blinzelte ihn an.

"Du auch", gab er zurück.

Kepler wischte sich das Blut von der Stirn, aber es kam sofort frisches nach.

"Bist du okay?", fragte er. "Hast du Schmerzen?"

"Ganz bisschen irgendwo im linken Auge", antwortete Budi nachdenklich. "Im rechten auch. Und im Fuß. Kann noch nicht definieren, in welchem."

"Mach das Licht aus, dann raus hier."

Die Türen waren verzogen, aber Kepler konnte seine auftreten. Budi hielt sich damit nicht auf und krabbelte durch das Fenster hinaus. Kaum, dass sie draußen waren, richteten sie sich sofort auf und zogen die Glocks.

Zu ihrem Glück war der Wagen weit genug abseits der Straße gelandet. Kepler und Budi konnten schemenhaft Bewegung auf der Fünf wahrnehmen, aber von dort aus konnte man sie ohne Licht nicht sehen. Sie steckten die Glocks dennoch nicht ein, als sie sich umdrehten, um sich die Ruine des G anzusehen.

Wahrscheinlich war es besser, dass sie nicht viel sehen konnten, allein die Karosserie war grausam genug verformt. Aber technisch schien der G den Unfall halbwegs gut überstanden zu haben, zumindest hing er nirgendwo durch. Budi beugte sich durchs Fenster und versuchte zu starten. Der Anlasser ächzte einmal, dann sprang der Motor an. Budi grinste. Dann drehte er den Schlüssel mit einer hastigen Bewegung wieder um — aus Richtung Bukavu fuhren auf der Fünf ein Geländewagen und ein Militär-LKW mit Planengestell vorbei.

Kepler und Budi versorgten zuerst ihre Blessuren. Und wenn es nur Abschürfungen waren, eine Infektion wollten sie nicht riskieren. Kepler hatte zudem eine angeknackste Rippe, was er seiner Glock zu verdanken hatte. Danach mussten sie nur noch den Reifen wechseln.

"Als ich aus Sudan weglief, ist mir das nie passiert", maulte Kepler, während er im Kofferraum nach Werkzeug suchte. "Hier schon zum zweiten Mal."

"Dafür haben wir sogar zwei Ersatzreifen", entgegnete Budi gelassen.

"Hoffentlich sind die Achsen okay", dämpfte Kepler seinen Optimismus.

Solange Budi das Rad wechselte, inspizierte er die Rucksäcke. Sie und die Gewehrtasche hatten sich von den Gurten gelöst, Budis Rucksack war sogar aus dem Fenster herausgeschleudert worden.

Der Spaten hatte beim Aufprall auf die Erde eine Stütze vom MSG-Zweibein amputiert und den Schalldämpfer eingedrückt. Das Nachtsichtvisier war ebenfalls kaputtgegangen, es ließ sich nicht einschalten. Das MSG selbst war so robust, dass auch wenn es feuerbereit aus zwei Metern Höhe fiel, sich beim Aufschlag kein Schuss löste. Kepler konnte aber nicht anders, er überprüfte das Gewehr. Es war in Ordnung. Die Delle am Schalldämpfer war nicht groß, der Schusskanal hatte sich nicht verzogen. Etwas klapperte im Innern des Dämpfers, wahrscheinlich hatte sich ein Prallblech gelöst. Das MSG konnte mit einer anderen Abzugsgruppe vollautomatisch schießen, aber Keplers Waffe war kein Sturmgewehr, sondern ein Präzisionsinstrument. Solange er nicht in Garben schießen würde, musste der Schalldämpfer halten. Und zur Not konnte Kepler ihn auch abnehmen. Was ihm mehr Sorgen bereitete, war das Zielfernrohr. Er schraubte den Schalldämpfer auf, zielte auf den Baum, der dreißig Meter entfernt stand, und feuerte. Die Kugel traf exakt den anvisierten Punkt. Die Optik war in Ordnung. Beruhigt verstaute Kepler das MSG in der Tasche. Ansonsten hatte sich der Entfernungsmesser im Fernglas verabschiedet und das Magazin in der MP5 hatte sich verbogen. Kepler wechselte das Magazin in der MP5 und schoss es leer. Die Maschinenpistole funktionierte ebenfalls einwandfrei.

Die Achsen waren nicht gebrochen, aber verbogen war daran wohl alles, was es dort gab, der G fuhr nicht, er eierte. Und zwar maximal fünfundvierzig, darüber hinaus schlug es Budi das Lenkrad aus den Händen. Zudem stieß er ständig am eingedrückten Dach mit dem Kopf an. Er sah Kepler entgeistert an.

Und dann lachten sie beide, auch wenn Kepler sich dabei an die Rippen hielt.

*****

Kurz vor Sonnenaufgang erreichten sie Nya-Ngezi, eine kleine Siedlung direkt an der Fünf. Als sie die ersten Häuser sahen, verließen sie die Straße und fuhren nach Westen. Doch hier war die ganze Umgebung mit

247

Häusern geradezu übersät, sodass sie ans Verstecken gar nicht zu denken brauchten. Budi klammerte sich ans Lenkrad und erhöhte die Geschwindigkeit.

Der Kongo war mit ihnen jedoch noch nicht fertig. Plötzlich kroch die Nadel der Temperaturanzeige in den roten Bereich und unter der Haube stieg Dampf hervor. Budi hielt an. Der G war stärker lädiert, als es den Anschein gehabt hatte. Der obere Schlauchanschluss des Kühlers war im Zuge stumpfer Krafteinwirkung beschädigt worden. Nun hatte sich ein Riss in ihm geöffnet. Kepler und Budi schnitten einen Streifen aus dem hinteren Sitz heraus und wickelten ihn um den Schlauchanschluss. Ganz dicht war die Reparatur nicht, aber jetzt sickerte das Wasser nur tropfenweise durch das Leder durch. Zuvor war jedoch schon zu viel verlorengegangen, weiterzufahren würde unausweichlich einen Motorschaden nach sich ziehen. Kepler und Budi hatten aber kein Wasser mehr. Sie könnten zu Fuß weiter, aber dadurch würden sie Zeit verlieren.

Sie ließen den Motor etwas abkühlen, danach fuhren sie zum einzelnen Gehöft, das einen Kilometer weiter nordöstlich lag.

Sie wurden mit typisch afrikanischem Misstrauen empfangen, das der ebenfalls typischen Gastfreundschaft wich, nachdem die Bewohner des Gehöfts sahen, dass sie keine Soldaten oder Milizionäre waren. Eine Rolle spielte sicherlich das Geld, das Kepler den Bauern zeigte, noch bevor er ein Wort gesagt hatte. Der jämmerliche Zustand sowohl ihrer selbst als auch ihres malträtierten Fortbewegungsmittels machte das Übrige. Kepler und Budi bekamen nicht nur genügend Wasser für den Mercedes, sondern auch welches zu trinken und ein großes gebratenes Huhn. Danach legte eine alte Frau ihnen Kräuterkompressen an die Köpfe und anschließend ließ man sie im Schatten eines Stalles schlafen.

Budi übernahm die erste Wache. Als Kepler mit der Hand an die Glock einschlief, war sein letzter Gedanke, dass sie heute viel weiter hätten kommen müssen. Aber wenigstens waren sie am Leben. Und beweglich. Noch.

66. Budi hatte Kepler sechs Stunden schlafen lassen, obwohl es ihm einiges abverlangt hatte. Aber es war besser, als den Körper alle zwei Stunden zum Aufwachen zu zwingen, Kepler war nun gut ausgeruht und Budi konnte bis zum Abend schlafen. Vorausgesetzt, es passierte nichts.

Kepler saß neben Budi mit dem Rücken an die Wand der Scheune gelehnt, schnippte Fleischstückchen vom Huhn ab und kaute sie langsam durch. In seinem Kopf formten und verwarfen sich Ideen, wie sie die Geologen finden könnten. Trotz des Grübelns brachte er keinen gescheiten Plan zustande. Aber er hatte darauf auch nicht spekuliert. Erstmal in Bukavu angekommen, würde sich zwangsläufig etwas ergeben – müssen.

Kepler stand auf und ging um die Scheune herum. Auf dem Hof droschen zwei junge Frauen irgendeine Pflanze, während um sie herum zwei kleine Jungen tollten. Drei Männer saßen gemütlich im Schatten der Wohnhütte bei einem Getränk. Kepler warf einen Blick auf die Einfahrt zum Gehöft und ging zu den Männern. Im Vorbeigehen nickte er den beiden Frauen zu. Sie lächelten zurückhaltend. Die Unterhaltung der Männer erstarb und sie sahen ihn abwartend an.

"Guten Tag", grüßte Kepler respektvoll auf Lingala.

Zwei der Männer waren in seinem Alter, der dritte viel älter. Er machte eine einladende Geste, und Kepler hockte sich neben die Männer hin. Auf das Nicken des Alten füllte einer der Jüngeren eine Kalebasse mit Flüssigkeit aus einem samowarähnlichen Bottich und reichte sie Kepler. Er blickte fragend den Alten an.

"Tee", erklärte der.

Viel mehr als drei verfaulte Zähne gab es in seinem Mund nicht. Bei den Jüngeren sah es nicht besser aus. Kepler widerstand dem Drang, eine Tablette in den Tee zu werfen, obwohl das Wasser abgekocht war. Er nahm die phialeartige Kalebasse und trank einen Schluck. Der Tee schmeckte ungewohnt würzig, hatte aber eine belebende Wirkung. Er war aus Maniok. Diese Pflanze diente ähnlich wie Sorghum im Sudan für alles Mögliche, nur Hütten wurden daraus nicht gebaut. Der erquickende Effekt basierte auf der Blausäure. Darum lehnte Kepler das Bibolo ab, eine Speise aus Maniokstangen, die in Palmenblätter eingewickelt waren. Die Knollen enthielten den größten Anteil der Blausäure im Gewächs. Zu viel davon konnte eine Cyanidvergiftung verursachen.

"Danke", wies Kepler höflich ab, "ich bin noch vom Huhn satt."

Die Männer amüsierten sich wegen seines Lingala und lächelten wissend. Für nichtafrikanische Gaumen war Bibolo eine sehr gewöhnungsbedürftige Speise.

"Wie ist der Weg nach Bukavu?", fragte Kepler.

"Halbwegs", meinte der Alte phlegmatisch. "Seid trotzdem vorsichtig", riet er und sah sich instinktiv um. "Wenn Milizionäre euch anhalten, gebt ihnen Geld."

"Hilft das was?"

"Könnte", antwortete der Alte knapp. "Wenn sie nicht zu besoffen sind."

Plötzlich kam einer der kleinen Jungen, die vorhin neben den Frauen gespielt hatten und dann weggelaufen waren, aufgeregt schreiend in die Einfahrt des Hofes. Seine Stimme war piepsig, Kepler verstand kein

Wort, aber so wie die Männer sich anspannten, war Gefahr im Verzug. Kepler stellte die Kalebasse ab.

"Was ist los?", fragte er angespannt und stand auf.

"Es kommt jemand her", warf der Alte zurück. "Geh weg."

Ohne weitere Erklärungen stand er auf und schubste Kepler zur Scheune.

Sobald Kepler um die Ecke war, zog er die Glock, stupste Budi an und lugte hinaus. Budi hatte noch Schlaf in den Augen, aber die Glock schon in der Hand.

"Was geht?", fragte er gähnend.

"Das Glück der Tüchtigen ereilt uns wieder, nehme ich an", antwortete Kepler.

Budi schüttelte den Kopf, sein Blick wurde klar.

"Greifen wir an?" fragte er.

"Nur wenn es hässlich wird", entschied Kepler.

Er ging in die Hocke und spähte hinaus, während Budi den Schalldämpfer auf seine Glock aufschraubte.

Einige Momente später fuhr ein Auto auf den Hof. Es hielt an, und drei Männer in etwas, das entfernt an Uniformen erinnerte, sprangen hinaus. Sie waren fast noch Kinder, gaben sich aber abgebrüht. Zwei hatten AKs, der letzte trug nur eine Pistole in einem urtümlichen Holster. Er ging zu den drei Bauern, die demütig stehend auf ihn warteten. Der Milizionär sprach den Alten von oben herab an, die beiden jüngeren ignorierte er, als wenn sie nicht da wären. Währenddessen lehnten sich seine Untergebenen lässig an den Wagen und betrachteten anzüglich die beiden Frauen, die sich vor ihren Blicken schützend zusammenbeugten. Der Alte warf einen Blick zur Scheune. Dann sah er den Milizionär an, der ihn völlig respektlos anblickte. Kepler zögerte zu schießen, so kurz vor dem Ziel wollte er keinen Aufruhr riskieren. Einer der jungen Bauern ging plötzlich in Richtung des Stalles. Als er hineinging, presste Kepler das linke Ohr gegen die Wand. Er hörte nichts außer dem hysterischen Gegackere von Hühnern. Er lugte wieder um die Ecke. Der Bauer kam hinaus, in der Hand hielt er zwei an den Beinen zusammengebundene Hennen, die nun ruhig waren und nur mit den Flügeln flatterten. Der Bauer gab das Federvieh einem Milizionär. Der beäugte die Vögel skeptisch, dann sah er den Bauern abwertend an. Der senkte den Kopf und ging zur Seite. Der Milizionär warf die Hühner verächtlich hinten in den offenen Wagen und stieg ein. Der andere konnte es sich nicht verkneifen, er ging zu den beiden Frauen und sprach zu ihnen. Die Frauen drehten sich verlegen weg und der Milizionär warf einen triumphierenden Blick auf die Bauern, die zwar immer noch wie erstarrt dastanden, aber die jüngeren hatten die Hände in hilfloser Wut zu Fäusten geballt. Der Milizionär stieg ein, sein Kommandeur sagte etwas zu den Bauern und ging schmutzig lächelnd zum Wagen. Der Motor heulte auf und das Auto wendete driftend. Seine Hinterräder schleuderten Steine und Staub herum. Dann fuhr es mit Vollgas weg.

"Kommt mir bekannt vor", zischte Budi angewidert.

Kepler nickte und steckte die Glock ein. Er wartete eine Minute, dann ging er zu den Männern. Seine Frage, ob die Milizionäre nach ihnen gesucht hätten, verneinten sie zwar, aber Kepler sah ihnen an, dass sie ihn loswerden wollten.

"Wo können wir bis zur Nacht warten?", fragte er.

"Da hinten." Der Alte wies auf die Geländeerhebungen hinter dem Hof. "Fahrt zwischen den Feldern, etwa zwei Kilometer, dann kommen ein paar Bäume."

"Danke."

Kepler holte einen Packen kongolesischer Franken heraus und gab ihn dem Alten, Dollar würden bei einem Bauern bestimmt zu viel Aufsehen erregen. Es war wohl eine für hiesige Verhältnisse fürstliche Summe. Wenn auch mehr pro forma, aber der Alte versuchte das Geld abzuweisen. Kepler verstand das. Bei aller Armut, die Afrikaner waren stolz. Aber bei allem Stolz, sie hatten Familien zu ernähren. Und mit dem Geld konnte der Alte die von den Milizionären geklauten Hühner verschmerzen, und zumindest einige seiner Enkel zur Schule schicken, sofern es in der Gegend eine gab. Kepler wehrte die halbherzigen Versuche ab, ihm wenigstens einen Teil des Geldes zurück zu geben.

Zwei Minuten später humpelte der Mercedes den unebenen Pfad in Richtung der Berge. Im Rückspiegel sah Kepler die Bauern, die ihnen noch etwas Huhn und eine Flasche mit kaltem Manioktee gegeben hatten. Sie winkten ihnen nach, dann machten sie sich mit Rechen daran, ihre Spuren zu beseitigen.

*****

Nach einer halben Stunde fanden Kepler und Budi die Bäume, von denen der Alte gesprochen hatte. Sie beide waren angespannt, weil es hell war und weil es in der Umgebung sehr viele Häuser gab, zwei Gehöfte hatten sie auf ihrer wackeligen Fahrt in Sichtweise passiert. Doch eine Wahl hatten sie nicht, darum blieben sie bei den wilden, nicht kultivierten Ölpalmen, die die Fauna dieser Gegend dominierten. Der karge Boden der Ausläufer im Norden des Ruwenzori-Gebirges ließ die Pflanzen nicht besonders prächtig gedeihen, ihr Schutz war mickrig. Aber besser als gar keiner. *Ruwenzori* hieß in der Sprache des am Gebirge ansässigen Batoro-Volkes *Regenmacher*. Und über den Gipfeln türmten sich neue Regenwolken auf, wie Kepler mit einer Mischung aus Freude und Unwillen feststellte. Eigentlich bot der Regen einen besseren Schutz als die Bäume hier. Aber wieder nass zu werden, kam Kepler einfach nur noch widerlich

251

vor. Darum schwor er sich, dass er und Budi die nächste Nacht, sofern sie sie erlebten, in trockenen Betten eines Hotels verbringen würden. Von allem anderen hatte er genug. Vorerst. Aber – wohl fühlte er sich trotzdem. Irgendwie.

67. Der Regen ließ auf sich warten, anscheinend schwoll er immer noch irgendwo an. Kepler und Budi hatten keine Lust, in ihrem Trümmerhaufen länger als nötig auf rutschigen Pfaden durch die Gegend zu schlittern. Noch vor Einbruch der Dunkelheit machten sie sich auf den Weg.

Sie fuhren so schnell wie möglich nach Norden und erreichten bald ihr nächstes Etappenziel. Es war zwar eine Straße, und sie war sogar auf der Karte verzeichnet. Auf solchen Gebilden hatte Kepler beim KSK das Durchkommen in unpassierbarem Gelände geübt. Hier und jetzt war es der gehobene Standard.

Als sie nach zwanzig Kilometern auf die Straße Nummer Zwei wechselten, war es fast der pure Luxus. Kepler wunderte sich eine Zeitlang darüber, dass es auf dieser Quasiautobahn so gut wie keinen Verkehr gab, auf der Fünf waren auch nachts Autos unterwegs gewesen.

Sein Unverständnis wurde eine halbe Stunde von einer massiven Wassermenge weggespült. Weder er noch Budi waren wasserscheu, im Sudan waren sie etliche Kilometer durch Dutzende Flüsse gewatet und geschwommen. Doch wenn der Regen in der Nähe von Kalemie ihnen sintflutartig vorgekommen war, dann war das hier definitiv das Ende allen Lebens. Kepler hatte das Gefühl, dass sogar seine Gedanken innerhalb einer Minute nass geworden waren.

Nachdem er und Budi ihre Situation zwangsläufig akzeptiert hatten, fuhren sie einfach weiter. Unter anderen Umständen hätte ein Kleinkind im leichten Laufschritt sie überholt, aber im Moment kam es ihnen wie eine Wanderung auf der Schneide eines Rasiermessers vor. Die Sicht war Null. Sie konnten nichts hören, außer dem Geräusch des Wassers, das aus allen Richtungen zu kommen schien, und sie spürten nichts, außer eben diesem Wasser. Und einer Spur krankhafter Belustigung. Und dem unbändigen Wunsch nach einer Taucherbrille.

*****

Von den einhundertzwanzig Kilometern Entfernung zwischen Uvira und Bukavu hatten sie bis zum Regen etwa achtzig geschafft. Im Regen legten sie innerhalb von vier Stunden weitere zwanzig zurück.

Die restlichen zwanzig kamen ihnen wie ein Kinderspiel vor, weil die Straße besser wurde und der Regen nachließ. Kurz vor Bukavu hörte er

252

sogar fast ganz auf, als hätte der bevorstehende Sonnenaufgang die Wolken aufgelöst.

In Panzi, einem Vorort von Bukavu, verließen Kepler und Budi die Hauptstraße und fuhren nach Osten, bis sie am Ufer des Flusses Ruzizi ankamen, der den Kivusee mit dem Tanganyikasee verband. Mit dem G weiter zu fahren, machte in etwa so viel Sinn, wie sich eine Zielscheibe auf die Brust zu malen. Kepler und Budi fuhren den Wagen in einen kleinen Hain, entfernten die Kennzeichen und deckten ihn so gut es ging mit Ästen zu. Kepler hoffte, dass sie den G und den Suzuki nie wieder brauchen würden.

Aufgrund des monumentalen Regens waren weit und breit immer noch keine Menschen zu sehen, und Kepler fragte sich, was das zu bedeuten hatte. Entweder würde der Regen gleich in die zweite Runde gehen oder die Kongolesen hatten auf den Straßen nachts einfach nichts zu tun. Was immer der Grund auch war, er und Budi beeilten sich, wegzukommen.

Nach einem Kilometer Fußmarsch in Richtung Norden erreichten sie die Avenue De L'abattoire. Die war sogar asphaltiert. Sie folgten ihr in Richtung des Stadtzentrums. Die Avenue wand sich zwischen scheinbar leblosen Häusern.

Erst als Kepler und Budi an einem riesigen Kreisverkehr ankamen, sahen sie erste Anzeichen für Leben. Zum Glück auch ein Taxi. Ein gelbblau lackierter Renault19 mit kaputten Rücklichtern, dafür mit einem Heckspoiler, stand einladend vor dem Eingang einer Einrichtung, der nach einer Kneipe aussah.

Kepler und Budi marschierten hinein und fanden sich einigen Bukaviten gegenüber, die sie maßlos überrascht anblickten, darunter zwei Milizionäre.

Nach einer überschwänglichen Begrüßung brachte Kepler seine Erleichterung zum Ausdruck, endlich wieder unter Menschen zu sein. Bevor er gefragt wurde, erklärte er, Budi und er seien angelnde Touristen. Dabei zeigte er die Tasche mit dem MSG und hoffte, sie könnte im trüben Licht der Taverne als eine für Angelruten durchgehen. Die Anwesenden lachten daraufhin gutmütig und fragten ihn, was denn passiert sei, während der Wirt ihn und Budi zu einem Tisch einlud und ihnen Handtücher reichte. Kepler wischte sich gründlich ab und erzählte dabei, er und sein Freund hätten am Ruzizi angeln wollen und seien vom Regen überrascht worden. Solchen hätten sie noch nie erlebt. Ihr Auto hätten sie in einen Graben gefahren. Fangen hatten sie Tilapia wollen, von dem sie gehört hätten, hier gäbe es besonders große Exemplare.

Das erheiterte alle noch mehr. Der Wirt erklärte Kepler, der Fisch würde ausschließlich im Kivusee gefangen, nicht in den Flüssen. Anschließend folgte die Frage, wie lange sie schon angelten. Kepler gab freimütig zu, so gesehen sei das ihr erster richtiger Versuch. Man lachte wieder.

Kepler atmete durch. Er hatte die Sympathie der Anwesenden gewonnen, und niemand stellte weitere Fragen zu seiner Herkunft, nicht einmal die Milizionäre.

Indessen servierte der Wirt ihm und Budi den Petrus-Fisch, den Kepler angeblich so sehnsüchtig hatte fangen wollen. Die Zubereitung des Fisches erschöpfte sich darin, ihn zu salzen. Als Beilage gab es Gemüse. Kepler wies es höflich zurück, mit der Anmerkung über seinen in letzter Zeit heftig empfindlichen Magen. Man lachte wieder und ließ ihn und Budi den Zuk O'Lye, *steh auf und geh essen*, wie der Name der Speise lautete, genießen.

Der Fisch schmeckte delikat, wenn auch ungewöhnlich. Kepler und Budi wurden bei ihrem Schlemmen in Ruhe gelassen, aber Kepler spürte die Neugier bei allen Anwesenden. Früher oder später würden sie reden wollen, und sei es, um die Nacht zu verkürzen. Bevor es dazu kam, spendierte er eine Ladenrunde und erkundigte sich nach einem Hotel.

Die Geste wurde mit Begeisterung angenommen, und der Wirt verteilte Einhundertmillilitergläser mit klarer Flüssigkeit. Kepler hatte über dieses Getränk gelesen. Es hieß *Kanyanga* und war fast reiner Ethanolalkohol. Kepler persönlich würde ein Schluck genügen, um das Gleichgewicht zu verlieren, nach dreien würde er bestimmt blind werden, und ein volles Glas zu trinken wäre glatter Selbstmord. Er bat um Bier. Er hörte erheiterte Zustimmung seiner und Budis Weitsicht und freundlichen Hohn ihrer männlichen Standhaftigkeit wegen. Mit dem Hinweis, es würde hier gebraut und hätte Weltklasse, brachte der Wirt ihnen das Bier. Kepler kostete es, während sich die Kongolesen begeistert mit dem Kanyanga vergifteten. Das Bier schmeckte tatsächlich gut.

Kepler erwähnte es, bevor er die Frage nach dem Hotel wiederholte. Er und Budi mussten hier weg, bevor jemand seine Ausrüstung sehen wollte, um sie zu beraten, wie sie den Barsch fangen konnten. Obwohl er hellwach und angespannt war, wirkte seine vorgetäuschte übermannende Müdigkeit natürlich.

Wie erhofft, bot der Taxifahrer an, ihn und seinen schweigsamen Freund zu einem Hotel zu bringen. Der Mann rechnete natürlich mit seiner anhaltenden Spendierlaune. Kepler stand auf und taumelte zum Tresen. Seine Dankbarkeit dem Taxifahrer gegenüber war dagegen echt. Er bezahlte in Franken, ohne zu handeln, und ließ Geld für eine weitere Runde mit dem mörderischen Kanyanga da. Der Fahrer trank zum Glück nicht mit, aber er beeilte sich, um schnell wieder zurück zu sein und seinen Anteil zu bekommen. Kepler und Budi verabschiedeten sich und folgten ihm in die Morgendämmerung hinaus.

Trotz des lauten – weil völlig maroden – Auspuffs, taten Kepler und Budi, als würden sie sich fast in der Tiefschlafphase befinden, um einem Gespräch mit dem Fahrer zu entgehen. Nichtsdestotrotz sahen sie sich unauffällig um.

Das Taxi brachte sie zu einer der Landzungen, die in den Kivusee ragten. Die Bucht links davon hieß Baie de Nya, wie der Fahrer sagte. Er merkte an, dort ließe sich gut der Tilapia fangen. Kepler dankte und bezahlte, ohne zu handeln.

*****

Das Hotel lag in einem großen tropischen Garten. Nebelschwaden wogten über den erwachenden See, die ersten Vögel zwitscherten, aber noch herrschte die Stille, wie sie es nur an sehr frühen Morgen und nur in Afrika gab. Kepler und Budi standen einige Sekunden lang reglos da, bevor sie sich strafften, ihre Taschen nahmen und zum Hoteleingang gingen.

68. Das Hotel war gut, der Concierge freundlich und zuvorkommend. Damit er nicht zu genau auf die Pässe achtete, erzählte Kepler ihm ausführlich, er und Budi hätten vorhin im Regen einen Unfall gehabt und wären weit zu Fuß gegangen. Das erklärte auch den Zustand ihrer Kleidung. Kepler bat darum, sie zu waschen und zu bügeln. Der Concierge versprach, dass es innerhalb von drei Stunden erledigt sein würde. Er rief einen Pagen, der Kepler und Budi auf ihre Zimmer bringen sollte, und wies ihn an, die Kleidung gleich mitzunehmen.

*****

In seinem Zimmer klemmte Kepler einen Stuhl unter die Türklinke und ging duschen. Er machte es schnell, nicht nur sein Körper brauchte Pflege.

Der Bundeswehrrucksack war gut, aber dem Regen von letzter Nacht war er nicht gewachsen. Doch immerhin hatte er die Dinge in seinem Innern vor vollständigem Auflösen bewahrt. Kepler putzte sie trocken. Anschließend legte er die Granaten, die Munition und alles, was er nicht umgehend brauchte, in den Safe, der sich im Kleiderschrank befand. Das MSG passte nicht hinein. Kepler verfrachtete das Gewehr auf den Schrank und zwängte seine Weste in den Safe.

Danach legte er sich mit der Glock in der Hand auf das Bett. Wahrscheinlich war es zu weich und zu bequem, es kam ihm unnatürlich vor. Aber er konnte nicht deswegen nicht sofort einschlafen. In seinem Kopf rumorte es.

Sein Plan hatte mehr oder minder gut funktioniert, er und Budi waren in Bukavu angekommen. Über die weitere Vorgehensweise schwieg sich der Plan mangels Existenz aus. Es war an der Zeit, diese Vorgehensweise

255

festzulegen. Zweitens mussten sie die Geologen finden. Gedanken über den Rückweg mussten sie sich machen, noch bevor sie wussten, wie es um die Geologen stand.

Es gab zu viele Aspekte, die Kepler nicht kannte. Den Drogenhändler in Al Muglad, den Ingenieur in al-Ubayyid und den Minister in Obdurman zu eliminieren, war einfach gewesen. Auch bei anderen ähnlichen Einsätzen hatte sich Kepler zwar ebenfalls auf feindlichem Territorium befunden, aber darauf war er spezialisiert – solange seine Ziele klar definiert waren. Jetzt war alles vage, und er und Budi waren weit vom sicheren Rückzugsraum entfernt. Bei der Bundeswehr hatte sich Kepler nie hochdienen wollen, ebensowenig bei Abudi. Nicht, weil er sich das nicht zutraute. Der Grund war viel profaner, er scheute jegliche Verantwortung. In Deutschland war ihm das Drücken davor halbwegs gelungen, im Sudan weniger. Aber dort waren es wenigstens Soldaten gewesen, auf hilflose Zivilisten aufzupassen hatte Kepler seit Katrin gänzlich und überhaupt keine Lust. Er war diesem Vorsatz mit Galema ein einziges Mal untreu geworden, und das war auch in einer Katastrophe geendet. Innerlich hoffte Kepler, die Geologen wären tot, sodass er und Budi leise verschwinden konnten.

Solange das nicht geklärt war, mussten sie weitermachen. Aber als Angler konnten sie keinen zweiten Auftritt wagen, es musste eine andere Tarnung her.

69. Der Orchids Safari Club bot einen exzellenten Service. Pünktlich zum versprochenen Zeitpunkt brachte ein Zimmermädchen die vorzüglich gereinigte Kleidung und die geputzten Stiefel. Bei einhundert Dollar pro Nacht war auch nichts anderes zu erwarten. Für dieses Geld mussten die meisten Kongolesen zwei bis drei Monate lang schuften.

Die adrett gekleidete junge Schwarze blinzelte überrascht, als Kepler ihr nur mit der Unterhose bekleidet die Tür öffnete. Vom kurzen Schlaf mehr demoliert als erfrischt, war er nur froh, dass er daran gedacht hatte, die Glock unter das Kissen zu stecken. Die Frau zwängte sich an ihm vorbei, legte seine Kleidung ordentlich auf das Bett und stellte die Schuhe davor. Sie richtete sie exakt aus, bevor sie aufstand und einen vollendeten Knicks machte. Kepler war trotz seiner Benommenheit beeindruckt. Er machte der Frau ein Zeichen, damit sie wartete, holte aus dem Schrank einen Geldschein und reichte ihn ihr. Sie lächelte ihn kokett an, dankte und ging.

Kepler rieb über seine Wangen. Sie waren borstig. Er warf einen Blick auf das Bett, seufzte und ging ins Badezimmer. Nach dem Duschen klopfte Kepler an die Verbindungstür zu Budis Zimmer.

Der hatte sich wohl wieder hingelegt, nachdem er seine Kleidung in Empfang genommen hatte, er öffnete trotz des nachdrücklichen Klopfens nicht. Nach zwei Minuten war Kepler im Begriff, die Tür mit dem Fuß zu öffnen, da ging sie auf und Budi grinste ihn munter an. Er hatte sich nicht einfach nur rasiert, seine Wangen glänzten geradezu. Kepler unterließ die Mutmaßungen darüber, warum wohl. Er fühlte sich noch zu schlaff, um über das Zimmermädchen zu reden.

Es war schon kurz vor zehn, trotzdem frühstückten noch viele gutsituiert aussehende Geschäftsleute auf der Hotelterrasse. Sie sahen Kepler und Budi nur beiläufig an. Das Hotelpersonal widmete sich ihnen dagegen sehr aufmerksam.

Obwohl Huhn ihm schon quer im Hals steckte, wählte Kepler wieder Piri-Piri, er kannte die anderen Gerichte auf der reichhaltigen Speisekarte nicht. Auf Exotik hatte er keine Lust, er wollte einfach nur schnell satt werden. Er bestellte das Huhn möglichst knusprig und bat um Kaffee.

Sowohl die Qualität des Essens, als auch die schnelle und zuvorkommende Bedienung und der leckere Kaffee machten dem Hotel alle Ehre.

Aber einen Mietwagen zu besorgen lag außerhalb der Möglichkeiten des Hauses. Man klärte Kepler auf, dass Verleihfirmen nur in Kinshasa ihre Dienste anboten, wo es Touristen gab. In Bukavu gab es lediglich Taxis, aber es würde sehr lange dauern, eines zu bekommen, und den Preis musste man selbst aushandeln und in Dollar bezahlen. Kepler und Budi zogen zu Fuß los.

*****

Sie konnten niemanden danach fragen, was sie wissen wollten, sie mussten es indirekt in Erfahrung bringen. Aus diesem Grund durften sie nicht auffallen, während sie nach den nötigen Informationen suchten.

Aber wie eine Fliegenart, die sich nicht versteckte, sondern wie Wespen aussah, um Fressfeinde zu verschrecken, mussten sich Kepler und Budi anders präsentieren. Das war keine Tarnung, sondern Mimikry. Und wie die besagten Fliegen sich bescheiden nicht gleich für Drachen ausgaben, verzichtete auch Kepler bewusst auf Anzüge. Zu suggerieren, er und Budi seien Geschäftsleute, könnte dazu führen, dass jemand sie darauf ansprach. Sich für Einheimische auszugeben, war allein aufgrund von Keplers Hautfarbe und Budis nicht vorhandenen Sprachkenntnissen unmöglich. Also zeigten sie völlig offen, dass sie hier fremd waren. Mit ihren hochwertigen Jacken, Hosen und Stiefeln sahen sie wie gut bezahlte technische Mitarbeiter einer ausländischen Firma aus. Solche gab es in jeder wirtschaftlich bedeutenden Stadt in Afrika, und sie fielen nicht auf. Kepler und Budi tauchten in den Wirrwarr von Bukavu ein.

Zuerst gingen sie zur President-Mabuto-Avenue. Dort hatte Kobala in einer luxuriösen Villa sein Hauptquartier eingerichtet. Kepler und Budi

257

umrundeten das Gebäude mehrmals und gingen, bevor sie den Wachen auffielen.

Sie zogen in Spiralen durch Bukavu und prägten sich die Gegebenheiten der Straßen ein, um zu wissen, wohin sie rannten, sollten sie es hier müssen. Sie sahen hin und hörten zu. Es war eine ziemlich mühsame Weise, Informationen zu sammeln. Aber auch wenn es nicht die effizienteste Art war, sie ermöglichte das, was für einen Scharfschützen das Wichtigste war – das richtige Gefühl für seine direkte Umgebung zu bekommen.

*****

Zweitausendvier hatte Laurent Nkunda, natürlich ein aufständischer General, Bukavu nach langen blutigen Auseinandersetzungen mit Regierungstruppen seinen Freischärlern für drei Tage zum Plündern überlassen. Zehntausende Frauen waren damals vergewaltigt, und ein Teil der Bevölkerung war massakriert worden. Nkunda wurde seitdem zwar von der UNO als Kriegsverbrecher gesucht, aber so wirklich unternahm niemand den Versuch, ihn zu fassen.

Die Wunden dieser Grausamkeit schienen mittlerweile halbwegs verheilt zu sein, aber es fielen oft Banden in die Vororte ein, raubten Hab und Gut und verschleppten Frauen, die nicht oder halb zu Tode vergewaltigt zurückkehrten.

In anderen Stadtteilen sah man vom Krieg überhaupt nichts. Hier standen exzellent restaurierte Behausungen belgischer Kolonialherren. Das Strahlen ihrer Fassaden mischte sich mit dem Glanz neuester Geländewagen.

Wie überall in Afrika grassierte direkt neben der unermesslichen Pracht das Elend. Einfache Menschen litten an Unterernährung, Malaria und Pest. Wenn sie kein Geld hatten, mussten sie im Krankenhaus die Nähmaschine der Familie abgeben, um behandelt zu werden. Sehr viele starben, weil sie kein Geld hatten, und auch keine Nähmaschine. In der kongolesischen Verfassung gab es vierzehn Grundartikel, aber für die Menschen war nur der Artikel 15 von Bedeutung, der nicht geschriebene, aber der in der Realität einzig wirkliche – sieh selbst zu, wie du zurechtkommst. Doch sehr viele kamen damit nicht zurecht.

Kepler und Budi passierten einen der vielen Bettler auf einem Markt, als das Satellitentelefon klingelte.

"Hallo, Joe", grüßte Grady ihn knapp. "Alles klar?"

"So weit."

"Schön", meinte Grady. "Ich habe eine Information für Sie."

"Endlich", brummte Kepler, aber erfreut.

"Es ist jetzt zu fast einhundert Prozent sicher, dass Kobala die Geologen hat."

258

"Das ist nicht viel", entgegnete Kepler.

"Tut mir leid", bedauerte Grady. "Die Sache ist extrem geheim..."

"Direktor", unterbrach Kepler ihn. "Wir sind erst vor acht Stunden in Bukavu angekommen – wegen der Geheimhaltung. Wegen ihr sind wir fast erschossen worden, dann sind wir fast ersoffen, und haben dann einen Unfall gehabt. Und ich kann zwar an meinem Finger saugen, Sir, aber wenn dabei etwas Vernünftiges herauskommen soll, brauche ich Informationen. Solch präzise wie möglich."

"Ich wollte Ihnen gerade eine solche geben", erwiderte Grady, ohne erbost zu klingen. "Sie haben noch höchstens vier Tage, um die Geologen zu befreien."

"Worauf beruht diese Schätzung?", fragte Kepler, das letzte Wort betonend.

"Sie stammt von Ben Galema", antwortete Grady. "Er verhandelt mit den Chinesen über die Mine. Zugleich verhandeln sie, wahrscheinlich, richtig mit Kobala. Um dafür Zeit zu haben, führen sie die Verhandlungen mit uns weiter – um uns abzulenken. Würden sie die Verhandlungen mit uns abbrechen, würde es uns zeigen, dass sie uns hintergehen. Aber bald werden die Chinesen merken, dass wir sie ebenfalls hinhalten. Daraufhin werden sie die Verhandlungen mit uns abbrechen und trotz all der Risiken, mit einem durchgeknallten Rebellenführer zusammenarbeiten zu müssen, werden sie sich mit Kobala einigen – auch wenn sie ihn fürstlich bezahlen, wird es sie erheblich weniger kosten, als das Geschäft mit uns. Ben Galema schätzt, dass sie noch höchstens vier Tage weitermachen. Diesen Tag miteingeschlossen."

"Okay", erwiderte Kepler. "Wie gewaltbereit sind die Chinesen?"

"Nicht weniger als wir", antwortete der Direktor des MSS ehrlich.

"Wir werden Geld für die dreihundert Kilometer brauchen", warnte Kepler.

"Anruf genügt", versicherte Grady ihm.

"Gut."

"Viel Erfolg."

Kepler legte auf und er gab Budi das Gespräch mit Grady wieder.

Währenddessen sah er zum Stand, neben dem sie stehengeblieben waren. Das Essen, das dort angeboten wurde, schien mehr die Gefahr zu fördern, krank zu werden, als den Hunger stillen zu können. Kepler und Budi kauften trotzdem zwei halbherzig gebratene Hühner. Einfach, damit die erschöpfte Frau am grob aus alten Brettern gezimmerten Stand wenigstens etwas verdiente.

Kepler und Budi gingen weiter, um Bukavu genauer kennenzulernen.

*****

Es waren auch hier wieder einmal die Frauen, die Familien ernährten. Sie kauften Ware auf Kredit bei Großhändlern und veräußerten sie am Markt zu gerade so knapp kalkulierten Preisen, dass sie das Abendessen bezahlen konnten. Denn Arbeit für Männer gab es fast nur in den Minen. Die Besitzer bestimmten den Lohn je nach dem, was sie selbst verdienen wollten. Und in letzter Zeit war der Preis für Coltan gefallen. Früher wurde ein Kilo für 145 Dollar verkauft, jetzt unter fünf. In den Dörfern, in denen nach Gold gegraben wurde, arbeiteten alle zwischen zehn und vierzig in den Minen, um zu überleben. Viele der Männer, die keine Arbeit hatten, lebten völlig passiv dahin, ohne etwas für das eigene Überleben zu tun. Solche wurden warum auch immer wie die Fischspeise Zuk O'lye genannt, und lauerten vor Läden auf kaufkräftige Kunden, um von ihnen Alkohol zu erbetteln. Viele von ihnen kamen so auf mehrere Gläser Kanyanga pro Tag. Und lebten im Vergessen. Dass sie nichts für ihre Familien taten. Dass niemand etwas für sie tat. Dass um sie herum nebenbei der Krieg tobte.

Die Kämpfe zwischen den vielen Rebellengruppierungen hielten an. Um sich vor Plünderungen zu schützen, lebten die Bauern auf den Feldern. Aber auch dort wurden sie überfallen. Frauen wurden oft am Leben gelassen, aber nur, um sie zu vergewaltigen. Männer brachte man meist sofort um, wenn sie kein Geld hatten. Außerdem kassierten die Bewaffneten enorme Wegzölle auf den sowieso fast unpassierbaren Straßen, auf denen sporadisch die absolut notwendigen Güter in die Dörfer durchkamen. Als Folge herrschte Landflucht, fruchtbare Äcker wurden verlassen, Tiere geschlachtet. Daraus resultierten Hungersnöte. In den Städten stieg die Arbeitslosenzahl, und die Armut der Flüchtenden und die der Städter verschmolzen miteinander.

Kepler und Budi schenkten ihre Hühner gerade einem bettelnden Kind, als sie jemanden Deutsch sprechen hörten. Ein erschöpft wirkender Mann redete verbittert auf einen anderen Mann ein, der allem Anschein nach erst vor kurzem in Bukavu angekommen war. Kepler und Budi folgten den beiden unauffällig. Der vergrämte Mann arbeitete als Ingenieur bei der Gesellschaft für technische Zusammenarbeit und zeigte seinem neuen Kollegen die Stadt. Dabei erging er sich in Verwünschungen seines Arbeitgebers, den er als *Gesellschaft für totalen Zusammenbruch* betitelte. In gehetzter Wut schimpfte er darüber, dass das meiste von den jährlichen zehn Millionen der Bundesregierung in der Verwaltung hängen blieb. Seine Aufgabe war der Ausbau des Flughafens von Kavumu, aber die GTZ kümmerte sich nach seinen Worten einen Dreck darum. Und so stapelten sich im Flughafen unzählige Flugzeuge aus allen Herrenländern, die von zwielichtigen Piloten geflogen wurden, die sich bei den Minengesellschaften verdingten. Dabei sei der Luftverkehr, obwohl er keinen Sicherheitsstandards entsprach, die einzige Möglichkeit, schnell, relativ sicher und günstig zu reisen. Die meisten kongolesischen Eisenbahnlinien wären unterbrochen, ständig gäbe es Zugunglücke, und das Straßennetz sei einfach marode.

In dem recht schäbigen Lokal, in das Kepler und Budi den Deutschen gefolgt waren, hörten sie Ähnliches. Die Einheimischen schimpften über die UNO. Wie die GTZ sei der Laden zu nichts gut. Die UNO-Mitarbeiter würden die Preise verderben, sie hätten die Mieten für ein Haus am Kivusee auf 3000 Dollar pro Monat steigen lassen, weil sie genug Geld hatten. Die MONUC beobachte nur, obwohl sie für die Sicherheit verantwortlich sei. Nkunda hatte in Nordkivu unter ihren Augen eine Kaserne der kongolesischen Regierungsarmee erobert, um sich mit Waffen einzudecken, und die MONUC hatte nichts dagegen getan, obwohl sie Soldaten hatte. Nur die unbewaffnete World Vision hatte aufgemuckt.

War klar, dachte Kepler, jene, die helfen wollen, waren auch noch böse. Natürlich machten alle Fehler. Aber den Krieg, die Korruption und das allgemeine kongolesische Prinzip *debrouillez-vous* – bedient euch – das hatte nicht die UNO verursacht. Sie erzielte nur keine Resultate dagegen.

Und nach und nach erfuhren Kepler und Budi mehr über Kobala. De facto regierte er Bukavu. Er bereicherte sich, wie er nur konnte, aber wenigstens streunten nicht sehr viele seiner Milizionäre durch Bukavu. Die hielt Kobala auf einem Stützpunkt in der Nähe des Flughafens damit fest, dass er ihnen erlaubte, dort die Umgebung zu terrorisieren. Was sie auch mit Hingabe machten. Nur einige von ihnen übernahmen in Bukavu die Aufgaben der Polizei.

*****

Am Abend verließen Kepler und Budi das Lokal. Auf dem Weg zum Hotel wurden sie, offiziell oder nicht, zweimal von Uniformierten angehalten, die ihre Ordres de mission sehen wollten.

Der erste Kontrolleur studierte lange die vom Regen verwaschenen Papiere und allmählich wurde sein Blick misstrauisch. Kepler beeilte sich zu sagen, er und Budi wären unterwegs, um sich neue Dokumente ausstellen zu lassen, und fragte, wie hoch die Strafe sei. Der Milizionär gab sich mit zehn Dollar zufrieden und erklärte dafür auch noch den Weg zur Behörde.

Bei der zweiten Kontrolle behauptete Kepler von vorne herein, er und Budi seien eben angekommen und hätten die Papiere unwissentlich im Hotel gelassen. Anschließend wollte er erschrocken die Höhe der Strafe wissen. Der Kontrolleur akzeptierte sofort die Äquivalenzen der Genehmigungen, die die US-Notenbank produziert hatte. Er mahnte jedoch nachdrücklich die Registrierung bei der Direction Générale de Migration an. Kepler versprach es. Weil der Milizionär weiter die Wichtigkeit der

261

Sache predigte, gab Kepler ihm noch einen grünen Schein. Damit sah der Milizionär seine Pflicht erfüllt und ließ sie ziehen.

*****

Zurück im Hotel zeichnete Kepler in einen Stadtplan aus dem Gedächtnis taktisch wichtige Punkte ein. Er maß Wege ab und setzte die Entfernungen in Verhältnis zu Zeiten und besprach mit Budi mögliche Fluchtrouten und Verstecke.

Als sie drei Stunden später schlafen gingen, taten sie es in der Gewissheit, in Bukavu zurechtkommen zu können. Aber das war nur ein Teil des Ganzen.

70. Es gab nur zwei Optionen, wo sich die Geologen befinden konnten.

In seiner Residenz hätte Kobala sie in direktem Zugriff. Aber in keinem Gespräch, das er belauscht hatte, hatte Kepler etwas über Geiseln gehört, dabei war es einfach unmöglich, solche Dinge völlig geheim zu halten.

Die Geologen auf dem Stützpunkt unterzubringen, gab Kobala die Möglichkeit, sich von ihnen zu distanzieren, falls das erforderlich werden sollte. So konnte er behaupten, jemand von seinen Untergebenen hätte sie entführt. Das erschien idiotisch, doch in dieser Sache gab es auch politische Aspekte. Und wenn Kepler die meisten Vorgänge im Innern eines Sternes begreifen konnte, Zusammenhänge in der Politik zu verstehen, maß er sich nicht an.

Die Geologen wollte er auf eine simple und direkte Weise finden. Sie beinhaltete sogar die von Grady erwähnte Möglichkeit einer gütlichen Einigung. Kepler glaubte zwar nicht an eine solche, aber seine Vorgehensweise würde trotzdem funktionieren. Einfach, weil Kobala auf Geld aus war.

*****

Die Geologen zu befreien war zwar das Ziel der Mission. Doch sie erfolgreich zu beenden – das gewährleistete nur der sichere Rückzug. Und der hing, mehr als von allem anderen, von einem Auto ab.

Wenn schon ein Milizionär bei einem verwaschenen Dokument ins Grübeln kam, dann hatten Grady und Smith völlig recht, die Scheinidentitäten waren bei einer Computerüberprüfung absolut wertlos. Aber Geld war es nicht.

Eigentlich hatte sich Kepler diese Sache einfach vorgestellt. Am nächsten Morgen verließen er und Budi das Hotel und fragten in der erstbesten Werkstatt nach einem Auto. Man präsentierte ihnen einen schrottreifen Peugeot.

Den halben Tag besuchten Kepler und Budi Läden, wo man ihnen Autos anbot, die nichts taugten. Ein wirklich gutes Auto war illegal auch unter Androhung einer saftigen Provision nicht zu bekommen.

Offiziell konnte man fast alles bekommen. Und Kepler hatte noch dreißigtausend Dollar, und jemanden zu überzeugen, ein Auto, das zwanzigtausend wert war, gegen fünfundzwanzigtausend einzutauschen, musste sich eigentlich leicht bewerkstelligen lassen.

Kepler machte einem Toyota-Händler die entsprechende Andeutung und bekam die Antwort, dass er in der Preisklasse die Farbe nicht aussuchen könne. Er erwiderte, überlegen zu müssen, ob er mit Grün leben könnte, und verließ das Geschäft. Den Kauf wollte er im letzten Moment abwickeln, nachdem alles andere feststand. Sonst könnte es passieren, dass jemand auch sein restliches Geld haben wollte. Und er würde es und die Munition noch dringend brauchen.

Ein Wagen war – wahrscheinlich – organisiert. Damit waren Kepler und Budi etwas flexibler in Bezug auf ihre Fluchtmöglichkeiten geworden. Aber eigentlich war das eine Illusion. Nur für sie beide Bukavu zu kommen, war eine Sache gewesen. Mit Zivilisten, die einen enormen Wert darstellten, konnten Kepler und Budi auf dem Rückweg nicht einfach durchschlüpfen, und sie konnten sich nirgends verstecken. Kobalas ganze Miliz würde sie verfolgen. Und wahrscheinlich eine Spezialeinheit der Chinesen. Die dreihundert Kilometer bis Kalemie bedeuteten das Scheitern der Mission.

Kepler hatte nicht den Eindruck, dass Grady und Smith falsch spielten, nur würde die Geheimhaltung sich ins Gegenteil umkehren, wenn die Chinesen oder die Miliz ihn und Budi auf dem Rückweg erwischten. Dass das so geplant war, glaubte Kepler nicht, denn das stellte überhaupt nicht sicher, dass die Geiseln ihr Wissen mit ins Grab nehmen würden.

Und genau diese Tatsache bewies, wie überstürzt die Prioritäten dieser Mission gesetzt waren. Gradys Improvisationstalent konnte nicht so miserabel sein, und nach den Worten des Direktors war er in dieser Sache nur ein Handlanger. Wer immer den Rahmen der Mission festgelegt hatte, opferte Gradys verzweifelte Bemühungen rücksichtslos der Geheimhaltung.

Kepler und Budi mussten die Folgen dieser Tatsache nicht nur tragen, sie mussten dieses Desaster in einen Erfolg verwandeln.

Der einzige Garant dafür war ein schneller Rückzug. Vorausgesetzt, sie fanden die Geologen vor den Chinesen – und konnten sie befreien – war eine erfolgversprechende Flucht nur über die Luft direkt von Bukavu möglich.

Zu viele Länder lagen zwischen der DRK und der Republik Südafrika für einen Landweg, auch wenn es gelang, die Verfolger zu täuschen und über Umwege zu fahren. Ebenso schwierig war es, zu einem Ozean zu kommen, um es auf dem Seeweg zu versuchen. Zumal Kepler auf keinen Fall nach Norden wollte, auch nicht, um die Verfolger zu täuschen. Im Norden lag der Sudan.

Dass Smith nicht nach Kavumu kommen konnte, bedeutete nicht, dass Kepler diesen Flughafen nicht benutzen durfte. Er brauchte nur ein Flugzeug und einen Piloten. Dann war es nicht nötig, die zumindest enorme Aufregung versprechende Automobilreise anzutreten, um die Verabredung mit Smith einzuhalten.

Die Schwierigkeit hierbei war die fast sichere Tatsache, dass keine der hiesigen Gesellschaften es sich mit Kobala verderben wollen würde. Erschwerend kam hinzu, dass Kepler ohne anständige Papiere gar nichts offiziell oder auch nur legal machen konnte.

Aber er hatte Geld. Beziehungsweise der Chef des MSS verfügte über Unmengen davon. Damit ließ sich ein Waghals oder ein Idiot anheuern.

Diese Überlegungen, die schwüle Luft, die Hitze und der Hunger brachten Keplers Kopf allmählich zum Dröhnen. Budi, der ihn schon seit zehn Minuten besorgt ansah, deutete auf ein Café. Kepler nickte dankbar.

Der Kaffee, den sie in dem kleinen Lokal bekamen, konnte nicht ansatzweise mit dem im Hotel konkurrieren, aber er war wenigstens stark.

Budi stimmte Keplers Überlegungen zu und ging zur Theke. Während Kepler weiter seinen Blutdruck steigerte, bezahlte Budi, dann sprach er einen weißen Geschäftsmann an, der an der Theke ein Bier trank. Nach drei Minuten kam er zurück. Von dem Weißen hatte er den Namen eines Lokals erfahren, in dem sich Piloten und Manager der zahlreichen Fluglinien, die rund um Bukavu ihre Geschäfte betrieben, mit ihren ausländischen und kongolesischen Kunden trafen.

*****

Kaum, dass er aus dem Café trat, stolperte Kepler über einen etwa achtjährigen Jungen, der sich ihm bettelnd in den Weg warf. Er unterbrach dessen Redefluss mit einer Handbewegung und der Junge verstummte ergeben. Kepler sah in den kleinen Augen die Hoffnung sterben und zog das Geldbündel heraus. Der Junge bekam runde Augen beim Anblick der vielen Dollars. Kepler gab ihm einen Fünfziger, hörte dem stotternden Dank nicht zu, sondern ging weiter.

Aber nach einiger Zeit bemerkte er, dass der Junge ihm und Budi in einiger Entfernung folgte. Der Kleine schien dabei mit einem Handy zu telefonieren.

Status zählte überall auf der Welt, unabhängig von der Lebenslage. Zudem war Mobilfunk in Afrika um einiges billiger als Brot, und in Bezug auf das Handynetz war Afrika weiterentwickelter, als viele Industrieländer. Dafür gab es auf diesem Kontinent so gut wie kein Festnetz.

Plötzlich war der Junge verschwunden. Kepler sah zu der école, die er und Budi gerade passierten. Die alten Gebäude der Schule erinnerten mehr an Scheunen oder an Container, und waren dunkel, dorthin konnte der Junge nicht hingegangen sein. Wahrscheinlich bettelte er jetzt in der Umgebung der sichtbar liebevoll in Form eines Kreuzes errichteten und mit grünem Dach versehenen Kathedrale Notre-Dame-de-la-Paix, die als krasser Gegensatz zu der maroden Schule in Sicht kam. Kepler und Budi gingen am Gotteshaus vorbei und überquerten die Avenue Mbaki. Fast jede größere Straße in Bukavu war eine Avenue, auch wenn sie die Bezeichnung Prachtstraße überhaupt nicht verdiente. Die nächste war nach jemandem namens M. Hansen benannt. Zwischen den Häusern an dieser Straße gab es winzige freie Flächen, die von Bäumen umrahmt wurden.

Kepler und Budi waren Kommandosoldaten und bei der leichten Bewegung im Schatten vor ihnen reagierten sie intuitiv und reflexartig. Noch bevor sie wussten, ob es eine Bedrohung war, griffen ihre Hände in die Jacken und legten sich um die Griffe der Glocks. Erst dann sahen sie vier Jugendliche. Es war wohl eine shégués, eine Straßenbande. Kepler und Budi blieben stehen. Von hinten näherten sich ebenfalls einige Jugendliche. Der Junge, dem Kepler vorhin Geld gegeben hatte, versuchte, sich im Schatten eines Baumes zu halten.

"Gibt es ein Problem?", richtete Kepler die Frage an die Jugendlichen.

Einer trat vor. Die anderen kamen etwa acht bis zehn Meter an Kepler und Budi heran und blieben abwartend, aber kampfbereit stehen.

"Nein", log der Anführer unverblümt drohend. "Wir wollen das Geld, das du bei dir hast", verlangte er. "Gibst du es uns, gibt es kein Problem."

Kepler zog die Glock heraus. Budi machte dasselbe, während er sich zu den Jungen umdrehte, die in ihrem Rücken waren. Diese Wendung war für die jungen Räuber überraschend. Sie verloren sich komplett, als sie Pistolen mit Schalldämpfern sahen. Dann machte einer einen Satz zur Seite. Kepler schoss sofort in den Baum vor ihm, und der Junge blieb wie angewurzelt stehen. Kepler richtete die Waffe auf den Kleinen, der ihn nun furchterfüllt anblickte.

"Ich gebe dir Geld und du überfällst mich?", fragte Kepler eisig.

Der Kleine antwortete nicht, er zitterte nur. Kepler hörte zu seiner Rechten ein leises Rascheln und richtete die Glock sofort dahin. Es war eine ausgemergelte Katze, die zwischen den Bäumen schlich. Es war wie bestellt. Kepler feuerte drei Schüsse in schneller Folge ab, die die Katze regelrecht zerrissen. Die Wirkung dieser Handlung war auf den Gesichtern der Jugendlichen deutlich abzulesen, obwohl diese Kinder eigentlich nichts anderes als Gewalt in ihrem Leben kannten. Es war Furcht, verstärkt dadurch, dass sie sich verrechnet hatten.

"Du willst also mein Geld", sagte Kepler und richtete die Glock auf den Anführer. Der versuchte zu verneinen, während er aus aufgerissenen Augen in die Mündung blickte. Von seiner selbstgefälligen Lässigkeit war nichts mehr übriggeblieben. Kepler ging zu ihm und drückte den Schalldämpfer an seine Stirn. Er wartete einige Augenblicke, dann nahm er die Waffe langsam herunter. "Wenn ich von dir das kriege, was ich brauche, gebe ich euch Geld."

"Und was", stotterte der Junge, "willst du?"

"Ein Auto mit Allradantrieb. Kannst du mir schnell ein solches besorgen?"

"Ja", antwortete der Junge erleichtert. "Ganz schnell, ganz bestimmt."

"Du bleibst am Leben", beglückwünschte Kepler ihn. Er steckte die Glock ein und holte das Geldbündel hervor. Deutlich, damit der Anführer es sehen konnte, hielt er es vor sich, während er bedächtig die Fingerkuppen seiner linken Hand benetzte und einen Fünfziger abstreifte. "Das Auto brauche ich morgen früh."

"Kriegst du", versprach der Junge, ohne die Augen vom Fünfziger zu wenden.

Kepler reichte ihm die Banknote.

"Anzahlung", sagte er. "Wenn das Auto gut ist, gebe ich dir tausend Dollar."

"Tausend Dollar", echote der Junge mit Verträumtheit in den Augen.

"Tausend Dollar", bestätigte Kepler deutlich und hielt den Geldschein fest, als der Junge danach griff. "Wenn du mich aufs Kreuz zu legen versuchst, töte ich jeden von euch. Mit dir und mit ihm", er deutete auf den Kleinen, "lasse ich mir viel Zeit." Er fragte nicht mehr, ob alles klar war, er sah in den Augen des Jungen, dass dem so war. Er ließ den Fünfziger los. "Hast du ein Handy?"

"Ja", antwortete der Junge ratlos. "Warum?"

"Gib her", befahl Kepler. "Wenn du das Auto hast, rufst du mich an." Der Junge sagte etwas zu einem anderen. Der reichte Kepler daraufhin ängstlich ein Mobiltelefon. Kepler steckte es ein. "Mein Angebot gilt bis elf Uhr", sagte er.

"Ich melde mich um acht", versprach der Junge. "Spätestens."

"Fantastisch", meinte Kepler. "Und jetzt verpisst euch."

Die jungen Räuber verschwanden zügig zwischen den Bäumen. Budi steckte seine Glock ein, dann gingen Kepler und er schweigend weiter.

71. Das Restaurant, das quasi als Börse im Luftfrachtgeschäft fungierte, lag hinter einem Park am Ufer der Baie De Nyofu. So idyllisch schön der Blick auf die Bucht war, so schlicht und ergreifend widerlich offenbarte sich das Lokal.

Draußen lag das nackte Leben in den letzten Zügen und kämpfte verzweifelt um die Existenz. Drinnen war die Atmosphäre so, wie Kepler sie sich in der Kolonialzeit vorstellte. Schnörkellos und adrett gekleidete Schwarze bedienten Gäste, die sich frivol und arrogant benahmen. Die kongolesischen und ruandischen Geschäftsleute trieben es noch dekadenter als die Weißen, und blickten von oben herab auf ihre weniger privilegierten Mitmenschen.

Was Kepler verwunderte, war, dass die Angestellten dieses Verhalten förmlich erwarteten. Er bat einen Kellner höflich um einen Rat bei der Wahl des Essens, sah ihn an, als der Mann die Gerichte erläuterte, bedankte sich und bestellte das Empfohlene. Der Kellner sah ihn dabei perplex an und tuschelte mit einem anderen, als er zur Küche ging. Beide sahen abschätzend zu Kepler und Budi. Als der Kellner die Getränke brachte, tat Kepler wie andere Gäste, wie ein typischer *mzungu*, ein weißer Mann, als wäre der Kellner eine niedere Kreatur. Daraufhin zog der Kellner zufrieden von dannen.

Nach dem Essen gingen die meisten Gäste in den Salon. Anstatt dort wie zu Kolonialzeiten nur Zigarren zu rauchen, machten sie emsig Geschäfte.

Und nutzten die Prostitution nicht so verlogen heimlich wie früher.

Eigentlich waren es noch Mädchen, die sich hier völlig offen verkauften. Die Selbstverständlichkeit, mit der die Männer damit umgingen, machte Kepler rasend. Die Mädchen waren jung, vierzehn bis siebzehn Jahre alt. Kepler roch den eklig-süßlichen Geruch von Haschisch, das diese Kinder hemmungslos mit den Erwachsenen zusammen rauchten. Sie tranken Alkohol mit Männern, die ihre Väter sein könnten. Die meisten dieser Kinder trugen dünne, aufreizende Kleider, die ihre noch unreifen Körper hemmungslos enthüllten. Das Rinderfilet hatte vorzüglich geschmeckt, steckte Kepler und Budi aber jetzt quer im Hals. Mit der Qualität der Speise hatte das nichts zu tun.

Kepler und Budi wollten nur noch weg hier, aber sie mussten ihre Mission erfolgreich zu Ende bringen. Sie gingen an die Bar.

*****

Kepler brauchte einen bestimmten Menschentyp, und obwohl an der Bar nur wenige Männer waren, sah er zwei, die seinen Kriterien entsprachen. Er und Budi stellten sich an die Theke, bestellten Bier und tranken es gemächlich.

Nach einigen Minuten beachteten die anderen Besucher sie nicht mehr. Kepler sagte Budi, er solle zur Toilette gehen. Sobald sein Freund weg war, ging er zu dem Weißen, der völlig in sein Bier vertieft dasaß. Der

Mann trug zwar eine Krawatte, sein Anzug hatte jedoch den Schnitt einer Uniform und neben seinem Arm lag eine Schirmmütze mit goldener Kokarde, die stilisierte Schwingen darstellte. Der Mann sah slawisch aus und war etwas älter. Mehr Sinn, als Pilot zu sein, hatte er in seinem Leben nicht. Genau das hatte Kepler gesucht – absolute Gleichgültigkeit und Verachtung sich selbst und der Welt gegenüber. Solche ermatteten Glücksritter traf man immer in Häfen und an Orten wie dem hier.

Oder die Typen waren auf seltsamen Missionen quer durch Afrika unterwegs.

Als Kepler sich auf den Hocker neben dem Piloten setzte, sah der Mann ihn mürrisch an und schüttelte abweisend den Kopf.

"Ich warte auf jemanden", sagte er auf Englisch.

Sein Akzent und der Satzaufbau waren unverwechselbar.

"Ich will dir einen Vorschlag machen, Kolja", erwiderte Kepler auf Russisch.

Der Mann stierte ihn verdutzt an. Er war beim Militär gewesen, und in der sowjetischen Armee war es eine Zeitlang üblich gewesen, sich den eigenen Namen auf die Hand zu tätowieren. Bei dem Piloten standen die Buchstaben der Kurzform seines Namens auf den Fingern der rechten Hand. Er hatte mal versucht, sie zu entfernen, aber die Tinte war noch da, wenn auch blass. Die Tätowierung war ein Teil dieses Mannes, er hatte sie vergessen. Kepler zwinkerte ihm zu und deutete mit den Augen auf seine Finger. Der Russe sah hin und lächelte verlegen. Dann wurde sein Blick misstrauisch.

"Klassen, Iwan Egorowitsch", stellte sich Kepler daraufhin vor.

Seinen Akzent hörte jeder russische Muttersprachler sofort und ganz klar. Um ihn zu erklären, erfand sich Kepler zügig eine neue Identität. Als Grundlage benutzte er das Wissen über einen Kameraden bei der Bundeswehr. Sehr viele Aussiedler hatten in Russland das Plautdietsch gesprochen, Russisch hatten sie erst gelernt, als sie in die Schule gekommen waren. Wenn sie in Russland nicht gerade in einer großen Stadt gelebt hatten, hörte man ihnen den ostniederdeutschen Dialekt deutlich an.

"Deutscher", sagte der Russe entspannt. "Aus Kasachstan?"

"Kirgisien", antwortete Kepler. "Dorf Tellmann, sagt dir das etwas?"

"Nein."

"Ist auch ganz klein."

"Skalkin Nikolai Petrowitsch", erinnerte sich der Pilot an die Höflichkeit und reichte Kepler die Hand. "Arbeitest du für die GTZ?"

"Nein, ich bin nicht nach Deutschland ausgewandert", antwortete Kepler leichthin. "Meine Arbeit gefällt mir, dort würde ich eine solche nie kriegen."

Die Skepsis des Russen kehrte augenblicklich zurück.

"Welche Arbeit soll das denn sein?", erkundigte er sich argwöhnisch.

Wie es jetzt war, wusste Kepler nicht genau, aber zu Sowjetzeiten hatten die Russlanddeutschen es ziemlich schwer gehabt, sich in der Gesellschaft zu etablieren. Aber manche, trotz ihres Akzents und obwohl sie ihre deutschen Namen nicht gegen russische getauscht hatten, waren Chefs von großen Zeitungen und Rüstungsfabriken geworden. Und Testpiloten bei der Luftwaffe.

"Dinge in Erfahrung bringen", antwortete Kepler.

Der Russe überlegte nur kurz. Ein Berufsmilitär erkannte einen anderen meist sehr schnell. Der Pilot blickte ihm in die Augen. Der Mann war nicht erschrocken, aber er wusste nicht, woran er war, und er konnte die Situation nicht einschätzen. Er dachte wohl, Kepler würde für einen russischen Großindustriellen arbeiten, damit eigentlich für die Mafia. Aber so etwas fragte man nicht geradeheraus. Das erfuhr man über Antworten auf andere Fragen.

"Bist du beim FSB?", fragte der Pilot angespannt.

Der Nachfolger des KGB löste bei ehemaligen Sowjetbürgern immer Unbehagen aus. Eigentlich war es nicht verwunderlich. Geheimdienst war Geheimdienst, und nur wenigen war bewusst, dass der FSB nur im Inland tätig war.

"GRU", antwortete Kepler sachlich knapp.

"Welche Abteilung?", wollte der Pilot sofort wissen.

"Hauptdirektorat, Kolja", korrigierte Kepler nachdrücklich. Dann amüsierte ihn die Parallele zum MSS. "Das vierte."

Diese Abteilung des russischen Militärnachrichtendienstes war für militärische Aufklärung in Afrika zuständig. Der Blick des Russen wurde durchdringlich.

"Was treibst du hier?", verlangte er zu wissen.

Kepler wusste nicht, welche Fabel er nun auftischen sollte oder konnte. Gemäß dem Leitsatz, dass Lügen immer simpel bleiben sollten, mussten sie auch einiges an Wahrheit enthalten. Im Groben stimmte seine Lügengeschichte. Russisch hatte er wirklich nicht als Kind gelernt. Und mittlerweile war er tatsächlich ein Geheimdienstler. Daher schadete es in diesem Fall nicht, weiterhin fast gänzlich bei der Wahrheit zu bleiben. Es war sogar nützlich.

"Ich muss zwei Leute evakuieren, die für uns Geschäfte mit Kobala machen."

Der Name des Gouverneurs löste beim Russen keine ängstliche Reaktion aus, sondern eher das Gegenteil davon.

"Was habt ihr mit dem zu schaffen?", fragte er abschätzig.

"Das, Kolja, darf ich dir nicht sagen." Kepler hatte es so ausgesprochen, dass es nicht beleidigend oder von oben herab klang, sondern bedauernd, weil er den Sachverhalt nicht einmal seinem Landsmann erzählen durfte. Und dass er ihn damit auch schützen wollte. Das verstand der ehemalige Militärflieger gut. Seine Anspannung verschwand, sein Blick wurde fast kollegial. "Na, Landsmann, trinken wir einen zusammen?", fragte Kepler.

Gewisse Rituale mussten einfach eingehalten werden. Und als Bittsteller musste Kepler auf eine bestimmte Weise vorgehen. Er winkte dem Barkeeper und bestellte zwei Wodka und zwei Flaschen Bier.

"Bist du Freiberufler?", fragte er, nachdem der Barmann gegangen war.

"Schon", antwortete Nikolai. "Aber im Moment fliege ich als Subunternehmer nur für eine bestimmte Coltanminengesellschaft."

"Kann man dein Flugzeug trotzdem chartern?", wollte Kepler wissen.

"Das Flugzeug gehört nicht mir, sondern einem Ruander."

"Die alten Zeiten sind vorbei, Kolja", sagte Kepler. "Unsere Regierung enteignet die Bürger nicht mehr einfach so. Ich habe nicht einmal meinen Dienstausweis mitgenommen", fügte er ausdrücklich hinzu, "sondern nur eine Platin-Kreditkarte. Ich möchte dein Flugzeug wirklich nur chartern."

"Wo willst du hin?", erkundigte sich Nikolai nach einigen Augenblicken.

"Nach Namibia." Das war ein friedliches Land, groß, mit wenigen Menschen, es lag neben Südafrika, ließ aber nicht unbedingt sofort darauf schließen. Und er und Budi hatten namibische Pässe. "Also?", fragte Kepler nach. "Möglich?"

"Möglich ist alles", gab der Russe philosophisch zurück. "Ich könnte mich im Prinzip erkundigen", sagte er unbestimmt und abwartend.

"Mach dir bitte die Mühe, Kolja", bat Kepler mit leichtem Nachdruck. Die Getränke wurden gebracht. Er nahm einen Schluck Bier aus der Flasche, hob sein Glas mit dem Wodka und sah zum Russen. "Na sdorowje", wünschte er. Sie stießen an. Nikolai öffnete weit den Mund und stürzte den Wodka in einem Zug herunter. Kepler trank ebenfalls in einem Zug aus. Er behielt den Schnaps aber im Mund, nahm seine Bierflasche, setzte sie an die Lippen, als wenn er nachtrinken wollte, und spuckte den Wodka in die Flasche. "Poidöt", sagte er anschließend unbestimmten Tones.

Das Wort konnte sowohl *gut*, als auch *gerade soeben annehmbar* bedeuten, und Kepler hatte keine Ahnung, ob dieser Wodka einem russischen Gaumen schmeckte. Nikolai nickte ein wenig entspannter. Dann sah er zum Barmann. Es machte den Eindruck, als wenn er die Flasche am liebsten gleich dabehalten würde. Kepler winkte dem Barmann, das Glas des Russen zu füllen.

"Und wann willst du fliegen?", fragte Nikolai, nachdem er ausgetrunken hatte.

Kepler überdachte schnell seine Optionen.

"Morgen oder übermorgen. Spätestens überübermorgen", antwortete er.

"Wie viele Personen insgesamt?"

"Vier mit Handgepäck."

"Bestell noch was", schlug der Pilot vor.

Wird klappen, das klang durch.

Kepler winkte dem Barmann. Russen waren im Grunde ihres Herzens Hasardeure, die auch mal was wagten. Zum Beispiel das Experiment mit der kommunistischen Gesellschaftsordnung, das die Menschheit neunzig Millionen Leben gekostet hatte und noch immer nachwirkte. Oder den Flug ins All mit einem kaum erprobten Feuerstuhl. Die Deutschen hatten damit zwar gute Vorarbeit geleistet, wirklich sicher war es trotzdem nicht gewesen. Aber gerissen. Und der Wodka fungierte öfters als der Treibstoff für diese Gerissenheit.

Der Pilot nahm das Glas. Kepler trank mit, wie es sich für einen anständigen russischen Mann gehörte. Während der Russe sein Glas ehrlich leerte, putzte sich Kepler mit dem Feuerwasser nur die Zähne und beförderte es anschließend in die Bierflasche. Russisch konnte er fast perfekt, aber nur nüchtern, und sein Magen war mit Sicherheit nicht die stählerne russische Ausführung.

In diesem Moment kam Budi. Er nickte dem Piloten zu und setzte sich neben Kepler hin. Nikolai blickte ihn an und richtete den Blick fragend auf Kepler.

"Was ist das für ein Neger?"

"Mein Helfer", beantwortete Kepler seine eigentliche unausgesprochene Frage.

"Hiesiger?"

"Namibier."

Das stellte den Piloten anscheinend zufrieden.

"Nikolai?", sagte plötzlich eine misstrauische Stimme alarmiert. Ein Mann trat zu ihnen. Er war so wie der Russe gekleidet und im selben Alter, aber seiner Sprache und seinem Aussehen nach war er eindeutig Westeuropäer. "Alles in Ordnung?", fragte er auf Englisch mit französischem Akzent.

Der Russe bejahte. Kepler begrüßte den Mann zurückhaltend mit einem Kopfnicken. Nikolai blickte Kepler an und überlegte etwas.

"Komm morgen abends ins Maman Kinja", sagte er leise auf Russisch. "Ich kläre bis dahin die Sache und sage dir dort Bescheid, gut?"

"Ja", antwortete Kepler. "Welche Uhrzeit?"

"So wie jetzt."

Der Russe stand auf und sah ihn an. Kepler nickte, dass er die Getränke übernehmen würde, und der Pilot ging mit dem Westeuropäer in den hinteren Bereich des Raumes.

Kepler sah ihm nach. Er hatte schon angefangen, den Russen zu mögen. Aber beim Westeuropäer waren zwei Mädchen gewesen. Kepler hatte nichts gegen käuflichen Sex, es war besser, als wenn Frauen vergewaltigt wurden. Nicht viele Frauen prostituierten sich aus reiner Freude. Die Welt war nun mal so. Aber kleine Mädchen, das dürfte nicht einmal hier sein.

"Widerlich", knurrte Budi. Dann riss er sich zusammen. "Hat es geklappt?"

"Scheint so."

Kepler gab das Gespräch mit dem russischen Piloten wieder, als ihn jemand an der Schulter berührte. Er drehte sich um und verharrte. Eine billig aufgetakelte Kongolesin von etwa fünfzehn Jahren lächelte ihn unnatürlich breit an.

"Nikolai schickt mich zu dir", sagte sie in schlechtem Französisch.

"Setz dich hin", lud Kepler brüsk ein.

"Ich hole meine Schwester, okay?", fragte das Mädchen unaufrichtig lächelnd.

"Ja", antwortete Kepler, und als das Mädchen wegging, drehte er sich zu Budi um, der ihn missmutig ansah. "Tarnung."

Budi nickte langsam. Sie warteten einige Minuten, dann kam das Mädchen in Begleitung eines anderen zurück. Das zweite schien noch jünger zu sein, höchstens dreizehn. Kepler nickte Budi zu, und der Sudanese setzte sich zwei Hocker weiter, sodass die Mädchen sich zwischen ihn und Kepler setzen konnten.

"Kennt ihr meinen Freund gut?", fragte Kepler.

"Jeder kennt den Piloten Nikolai aus Sibirien", gab das ältere Mädchen zurück.

"Schön", meinte Kepler. "Wer ist sein Freund?"

"Julien", antwortete das Mädchen. "Er ist auch Pilot, aber er kommt aus Belgien", fügte sie hinzu, überrascht, dass Kepler das nicht wusste.

"Ich bin neu hier", sagte er. "Wohnt Julien auch in der Nähe?"

"Ja, im Nyagongo-Viertel, im selben Haus wie Nikolai." Das Mädchen sah Kepler auffordernd an. "Du solltest uns langsam einen Drink ausgeben."

Kepler winkte dem Barmann. Beide Mädchen bestellten Alkohol und bekamen ihn auch. Kepler sah die Ältere genauer an. Sie war höchstens auf den ersten Blick und vielleicht auf dem Papier fünfzehn. Ihr Körper war sehr viel verbrauchter, ihre Seele war anscheinend noch mehr malträtiert.

"Erzähl weiter", bat er.

"Ich weiß nicht viel", gab das Mädchen zurück. "Sie mögen viele von uns. Sie bezahlen nicht schlecht, wenn wir Stewardessen spielen."

Die Jüngere versuchte, mit Budi zu sprechen, aber er machte ihr deutlich, dass er sie nicht verstand. Die Ältere wandte sich zu Kepler.

"Wollen wir hier noch weiterreden oder wollt ihr ein wenig Spaß?", fragte sie.

Kepler bezahlte die Drinks und führte die beiden Kinder nach draußen. Als sie weit genug von den Fenstern waren, gab er jedem Mädchen fünfzig Dollar.

"Geht nach Hause", bat er. "Bleibt dort."

"Ich schlafe mit euch Weißen, um Hefte für die Schule kaufen zu können", erwiderte die Ältere herausfordernd und steckte den Fünfziger ein. "Das hier reicht nicht mal für eine Woche, wir haben sieben Geschwister. Und dann?"

Kepler zog noch einige Banknoten heraus und gab sie dem Mädchen.

"Dann passiert das, was du daraus machst", antwortete er. "Mach wenigstens ein paar Tage frei. Reicht es dafür?"

Er wünschte es diesen Kindern. Und er wollte nicht, dass sie Nikolai über den Weg liefen und ihm erzählten, er hätte nicht gewollt.

Das Mädchen blickte ihn verdutzt an. Auch die Jüngere sah ihm an, dass er um sie trauerte. Aber beide Schwestern waren nicht mehr imstande, ihre Dankbarkeit auch nur zu zeigen, wenn sie sie überhaupt noch empfanden. Sie gingen wortlos davon. Sie schienen tatsächlich nach Hause zu wollen. Zumindest gingen sie nicht zurück ins Lokal.

"Gehen wir", würgte Budi. "Ich muss gleich kotzen."

Sie gingen zum Hotel. Auf das Nachtleben von Bukavu hatten sie keine Lust.

72. Kepler rechnete nicht damit, dass der junge Räuber sich am Morgen des nächsten Tages melden würde. Er hatte damit recht, das billige alte Nokia-Handy klingelte kurz vor elf. Der Junge behauptete sofort, er hätte, was Kepler brauchte. Das war bestimmt übertrieben, aber ein Anfang. Kepler verabredete sich mit ihm an der Stelle, wo sie sich kennengelernt hatten.

Eine Stunde später waren er und Budi auf der Lichtung. Es war sehr heiß, trotzdem trugen sie ihre Jacken, um die Pistolen zu verbergen. Der Leitsatz, dass man niemandem trauen sollte, galt auf der ganzen Welt und in Afrika besonders.

Aber zumindest heute schien es, dass ihr Misstrauen unbegründet war. Der Junge wartete deutlich sichtbar auf der Lichtung. Allerdings war er nicht allein, ein älterer Mann war bei ihm. Der machte einen ruhigen, aber nicht besonders seligen Eindruck. Kepler ging zu ihm, Budi blieb stehen, um ihn zu decken.

"Sie brauchen einen Wagen", sagte der Erwachsene ohne Einleitung.

"Korrekt", bestätigte Kepler.

"Kostet Sie zehntausend Dollar."

"Wenn er gut ist, okay."

Der Mann ging an die Seite und telefonierte, dann blickte er Kepler an.

"Die fünfhundert Dollar, die Sie Nubo versprochen haben", verlangte er.

Kepler warf einen Blick auf den Jungen, der ihn angespannt ansah. Der Mann sah anders als er aus, er war niemand aus der Familie, sondern eher sein Boss.

"Ich sagte, wenn der Wagen so ist, wie ich ihn haben will", erwiderte Kepler ruhig. "Im Moment habe ich nicht einmal das Bild eines Autos."

"Dann warten wir", sagte der Kongolese gelassen, was Kepler überraschte.

Er fragte nicht, worauf, sondern ging in den Schatten eines Baumes und wischte den Schweiß von der Stirn. Der Kongolese sah ihn an.

"Was haben Sie da unter der Jacke?"

"Eine Knarre", erwiderte Kepler.

Der Kongolese sagte nichts mehr. Nach einigen Minuten klingelte sein Telefon. Kepler verstand ihn nicht, sein Lingala war ein örtlicher Dialekt. Kepler war sich jedoch sicher, dass er etwas von zwanzig Minuten wiederholt hatte.

"Ihr Auto kommt in zwanzig Minuten", setzte der Kongolese ihn nach dem Gespräch auf Französisch in Kenntnis. "Haben Sie das Geld dabei?"

"Natürlich nicht", antwortete Kepler und sah ihn übertrieben mitleidig an, wieso er solch elementare Dinge fragte. "Ich sehe mir das Auto erst an und mache eine Probefahrt. Dann erst gibt es Geld – wenn alles okay ist."

Gefallen tat es dem Kongolesen sichtlich nicht, aber er nickte. Kepler ging zu Budi und erläuterte ihm die Situation. Budi war skeptisch, aber sie hatten kaum andere Chancen, unauffällig ein Auto zu bekommen.

Zehn Minuten später hörten sie einen Motor. Dann fuhr ein weißer Toyota Land Cruiser vom Typ J7 auf die Lichtung. Bei seinem Anblick wurde Kepler von Erinnerungen an Sudan überflutet – an der Tür des Wagens prangte das Wappen von World Vision. Ein mittelgroßer Weißer stieg aus. Er war ein durchschnittlicher Europäer, das einzig Auffallende an ihm waren die blonden Haare, die Kepler bei einem Mann so hell nie gesehen hatte. Er ging lächelnd und tänzelnd zum Kongolesen, nachdem er einen Blick auf Kepler und Budi geworfen hatte. Der Kongolese winkte Kepler, zu kommen. Er stellte den Weißen knapp als *Marcel* vor. Der streckte Kepler sofort freudig die Hand entgegen.

"Sie wollen ein Auto?" Marcels Stimme war fröhlich, in ihr klang die Lust am Leben durch und eine Sorglosigkeit, die Kepler verwunderte.

Gleichzeitig klang sie arrogant von oben herab. Seine Aussprache wies Marcel als Franzosen oder Belgier aus, jemand, der Französisch als Muttersprache beherrschte. Er deutete auf den Toyota. "Wie wär's damit?"

"Ich will ihn Probe fahren", stellte Kepler die Bedingung.

"Na klar", erwiderte Marcel und machte eine großmütig einladende Geste.

Kepler stieg ans Steuer, Marcel neben ihn, der Kongolese und Budi kletterten auf die hinteren Sitze. Kepler öffnete ein wenig die Jacke, im Auto war es sehr heiß. Marcel sah den Griff der Glock und blickte dann sorglos ins Fenster.

Kepler fuhr auf der Zwei nach Norden aus der Stadt. In dieser Richtung lag der Flughafen. Die Straße hatte den besten Asphaltbelag, den Kepler in diesem Land erlebte. Er beschleunigte den Wagen und konzentrierte sich. Der Toyota machte einen guten Eindruck, nur die Räder hatten Unwucht, ab sechzig Kilometern pro Stunde flatterte das Lenkrad leicht. Marcel deutete nach vorn.

"In ein paar Kilometern kommt ein Mautposten", setzte er Kepler in Kenntnis.

Es schien ihm völlig gleichgültig zu sein, er zog lediglich einen World-Vision-Ausweis aus der Hemdtasche. Und steckte ihn genauso teilnahmslos wieder ein, als Kepler die Straße nach Westen verließ. Nach einem Kilometer hielt er an und wechselte mit Budi, damit er über unbefestigtes Gelände zurückfuhr. Der Kongolese und Marcel hüllten sich in Schweigen.

Als sie zurück auf die Lichtung unweit der Kathedrale kamen, stieg Marcel als erster aus, atmete laut durch und wedelte mit der Hand vor dem Gesicht.

"Heiß. Und, überzeugt?", erkundigte er sich munter.

"Die Räder haben Unwucht und er hat keine Klimaanlage", begann Kepler.

"Der Wagen ist toll", unterbrach Marcel ihn recht freudig, aber gelassen. "Und er kostet zehntausend Dollar."

"Voller Tank versteht sich von selbst", verlangte Kepler trotzdem. "Und ich brauche noch zwei Ersatzräder und drei Tankfüllungen als Reserve."

Marcel zuckte gleichgültig die Schultern.

"Kostet tausend Dollar mehr", erwiderte er ungebrochen fröhlich.

Es war deutlich, dass er nicht handeln würde. Entweder vertraute er darauf, dass Kepler das Auto wirklich brauchte, oder dass der Kongolese ihn überzeugen würde, nicht vom Geschäft zurückzutreten. Und er kannte genau die Lage auf dem hiesigen Gebrauchtwagenmarkt. Oder es war ihm einfach egal.

"Wird er nicht vermisst?", erkundigte sich Kepler.

"Von wem denn?", bekam er die erheiterte Antwort. "WV hat genug."

"Was ist mit der Zulassung?"

"Es wird keine Probleme geben", versicherte Marcel.

"Machen Sie alles sofort fertig. Ich rufe Nubo an, sobald ich ihn brauche", bestimmte Kepler. "Dann bezahle ich alles komplett."

Er erwartete, dass Marcel eine Anzahlung verlangen würde. Aber der verabschiedete sich völlig unbekümmert. Dieser Mann vergeudete bei einer humanitären Hilfsorganisation eindeutig seine Talente. Er hätte bei jedem kommerziellen Unternehmen einen hervorragenden Verkäufer abgegeben. Aber anscheinend machte er auch nicht viel anderes als das. Er stieg in den Toyota genauso heiter wie er gekommen war, winkte fröhlich und fuhr davon.

Kepler ging zum Kongolesen und reichte ihm zweihundertfünfzig Dollar.

"Anzahlung auf Ihre Provision. Rest bei Lieferung." Der Kongolese wirkte sofort fröhlicher, wenn auch nicht so überschäumend wie Marcel. Er steckte das Geld ein und ging. Kepler winkte Nubo zu sich. "Wer ist der Weiße?", fragte er.

"Einer von World Vision", antwortete Nubo. "Der verscheuert alles, was man haben will, er kann wirklich alles besorgen, sogar weiße Mädchen."

"Und der Schwarze?"

"Mein Chef", gab Nubo weniger freizügig preis. "Er sorgt für uns, weil wir keine Familien haben. Dafür müssen wir für ihn arbeiten."

"Darum betrügst du ihn."

"Ich teile mit ihm, das ist nur gerecht", berichtigte Nubo abwehrend. "Schließlich habe ich mein Leben riskiert."

"Dafür weiß er nicht, dass du genauso viel bekommst." Kepler reichte dem Jungen fünfhundert Dollar, dann sah er sich um. "Hey, Kleiner, muss ich auf dem Weg zurück irgendjemanden töten?"

"Wenn wir Geschäfte machen", sagte der Junge ernst, "dann immer ehrlich."

"Erstaunlich in diesem Teil der Welt", sagte Kepler erheitert. "Eigentlich überhaupt. Steh auf Abruf bereit", befahl er unmissverständlich.

*****

Kepler und Budi gingen ins Hotel. Wenn das mit dem Auto und dem Flugzeug sicher war, konnten sie sich weitere Gedanken machen, jetzt lohnte es sich noch nicht. Die Vorarbeit war getan, mehr war im Moment nicht möglich.

Budi wollte noch etwas essen, Kepler ging gleich auf sein Zimmer und legte sich aufs Bett. Bis zum Treffen mit dem russischen Piloten waren es noch einige Stunden, und er hatte in den letzten drei Tagen kaum geschlafen.

Eine alte Soldatenweisheit riet, immer auf Vorrat zu schlafen, niemand wusste, wann man das nächste Mal eine Gelegenheit dazu bekam. Oder ob je wieder.

73. Das Maman Kinja lag an der Avenue Präsident Mutabu. Das Gebäude des Restaurants stammte aus der Zeit, als Bukavu noch Costermansville geheißen und den belgischen Kolonialherren als Verwaltungszentrum gedient hatte.

Als Kepler und Budi hinkamen, war das Restaurant brechend voll. Es war noch nobler, arroganter und abgehobener als das Lokal, in dem sie Nikolai kennengelernt hatten. Die Kellner trugen sogar Fracks und es gab einen weißen Ober, der Aufsicht führte. Sah man von der Steigerung des Mondänen ab, unterschied sich dieses Restaurant von dem anderen nur dadurch, dass es hier eine weibliche Gesellschaft aus Nichtprostituierten gab.

Der Oberkellner, der am Empfang mit Argusaugen über den Zutritt wachte, begrüßte Kepler und Budi überheblich, weil sie im Vergleich zu den anderen Gästen geradezu schäbig aussahen, verhielt sich erhaben, aber halbwegs freundlich. Er wurde augenblicklich abfällig und abweisend, sobald er begriff, dass sie keine Reservierung hatten. Kepler teilte ihm mit, sie seien mit Nikolai verabredet. Daraufhin änderte sich das Verhalten des Obers sofort. Er holte mit einem Fingerschnippen einen Kellner niedrigeren Ranges herbei, und wies ihn an, sie zum Tisch von Nikolai zu führen.

Während sie zwischen den besetzten Tischen lavierten, war das Einzige, was Keplers Unmut milderte, die Glock, die er unter seiner Jacke deutlich spürte.

Nikolai und sein Partner trugen nun dunkle maßgeschneiderte Anzüge aus teurer Seide. Der Russe sah Kepler und Budi zuerst und erhob sich, um sie zu begrüßen. Bei Budi fiel sein Händedruck recht unwillig aus, bei Kepler dagegen ziemlich herzlich. Mit einer gönnerhaften Geste deutete er ihnen, Platz zu nehmen. Der belgische Pilot erhob sich etwas von seinem Stuhl und drückte ihnen steif die Fingerspitzen, danach setzte er sich schweigend wieder hin. Kepler blickte über den Tisch. Die Piloten aßen schon, auf dem Tisch standen eine Weinflasche und eine mit Wodka. Nikolai hatte dem russischen Nationalgetränk schon ausgiebig zugesprochen, die Flasche war halb leer. Sein Verhalten deutete allerdings nicht im Geringsten darauf, dass er heiter wäre. Er goss Kepler geschäftig ein Glas zur Hälfte ein, für sich ebenso, und wollte mit ihm anstoßen.

"Zuerst das Geschäft", sagte Kepler auf Russisch.

"Okay." Nikolai stellte sein Glas ab. "Wir fliegen dich."

"Gut."

"Nachdem du uns komplett im Voraus bezahlt hast", ergänzte Nikolai. "Wenn du dann doch nicht kannst, gehört das Geld auf jeden Fall uns."

"In Ordnung", sagte Kepler, er hatte keine Lust zu handeln. "Wie viel?"

"Halbe Million." Nikolai sah ihn nachdrücklich an. "Euro."

Kepler bedachte ihn mit einem eisigen Blick, bis der Pilot unbehaglich zur Seite sah. Kepler lächelte so dünn, wie er es beim Direktor des MSS gesehen hatte.

"Gut. Weil du ein Landsmann bist", sagte er und machte damit es dem Piloten unmöglich, einen Rückzieher zu machen. "Hast du ein Konto?", fragte er ungerührt. "Ich habe nicht so viel in bar mit."

Der Pilot warf einen triumphierenden Blick auf den Belgier, der das Gespräch aufmerksam verfolgt hatte, obwohl er so tat, als interessierte es ihn überhaupt nicht. Die Worte hatte er nicht verstanden, den Sinn schon. Nikolai holte aus der Tasche einen kleinen Zettel und gab ihn Kepler. Darauf standen die Zahlen eines Nummernkontos und das Wort *Soloweji* – Nachtigall – als Passwort.

Kepler ging auf die Toilette, vergewisserte sich, dass niemand da war, und betrat die letzte Kabine. Mit einer halben Million hatte er zwar nicht gerechnet, aber die Summe war so groß, dass Nikolai kaum von ihrem Geschäft zurücktreten konnte, sollte er Zweifel bekommen. Kepler drückte die Eins. Nach dem vierten Klingeln wurde am anderen Ende abgenommen.

"Na endlich, Joe."

Gradys Stimme war ausdruckslos. Aber nur fast, eine kaum bemerkbare Erleichterung hatte durchgeklungen.

"Noch nicht", erwiderte Kepler auf Afrikaans, während er aus der Kabine hinausblickte. "Ich brauche Geld."

"Wie viel?", erkundigte sich der Direktor.

"Fünfhunderttausend Euro."

"Nur?", wunderte sich Grady.

"Fürs erste."

"Oh... Ich denke, Sie wissen, was Sie tun", stellte Grady die Behauptung auf.

"Tue ich", übertrieb Kepler unverblümt.

Er gab die Daten für die Überweisung durch und merkte an, das Geld sollte nach Möglichkeit den Anschein erwecken, aus Russland zu kommen. Grady behauptete, das sei gar kein Problem. Auf die Frage nach der Dauer der Transaktion versprach der Direktor zehn Stunden.

"Habe ich die zwei Tage noch, Sir?", wollte Kepler wissen.

"Das wird knapp, Joe", antwortete Grady ablehnend.

"Ich brauche sie aber."

"Wir versuchen es. Geht was schief, rufe ich sofort an", versprach Grady.

"Bis dann, Direktor."

Kepler legte auf und ging zurück in den Speisesaal. Nikolai wartete sichtlich aufgeregt. Der Belgier auch, obschon er auch das zu unterdrücken versuchte.

"In spätestens zehn Stunden ist das Geld auf deinem Konto", sagte Kepler, als er sich hinsetzte. Dann schrieb er auf Nikolais Zettel die Nummer seines Sattelitentelefons auf. "Sobald du es hast, ruf mich an."

"In Ordnung", erwiderte der Russe ziemlich breit grinsend.

"Was für ein Zeitfenster habe ich danach?", wollte Kepler wissen.

"Zehn Stunden brauchen wir für die Vorbereitungen", gab der Pilot geschäftig zurück. "Danach können wir nach Minimum zwei Stunden starten." Er machte eine Pause und sah den Belgier an, der ihm zunickte. "Dieses Angebot halten wir für vierundzwanzig Stunden aufrecht."

"Achtundvierzig Stunden, Kolja", verlangte Kepler sofort und entschieden, und sah ihm warnend in die Augen. "Sollte ich länger als dreißig Stunden brauchen, nachdem du den Eingang des Geldes bestätigt hast, bezahle ich den Aufschlag für die Charter", versprach Kepler. "Läuft alles gut, gibt es eine Prämie von mindestens zehntausend für jeden von euch."

"Abgemacht", akzeptierte Nikolai die zusätzlichen Stunden. Er streckte die Hand aus. Kepler drückte sie. Der Pilot lehnte sich zufrieden in seinem Stuhl zurück und blickte ihn gutgelaunt an. "Dann lass uns einen darauf als anständige Russen trinken." Er lächelte. "Die beiden da", er sah leicht abfällig auf Budi und den Belgier, "haben von so etwas keine Ahnung."

Das musste sein, und Kepler kippte den Wodka herunter. Es kostete ihn eine enorme Anstrengung, das Gesicht nicht zu verziehen und ganz normal weiter zu atmen. Genau wie Nikolai schnippte er ein Stück vom Brot ab, das im Korb auf dem Tisch lag, roch daran und aß es. Nikolai goss die nächste Runde ein.

"Ich muss einen klaren Kopf bewahren, Kolja", wehrte Kepler entschieden ab.

"Du Armer", gab der Pilot überraschenderweise gleich nach, ohne ihn überreden zu wollen. "Hat dir das Mädchen wenigstens gefallen?"

Kepler widerstand dem Verlangen, ihm alle Zähne herauszuschlagen.

"Nein. Kaum Titten."

Er wollte nicht direkt sagen, dass er das Kind weggeschickt hatte. Wusste der Russe es, lieferte er ihm damit eine Erklärung dafür. Der sah ihn verwundert an.

"Das ist doch das Schönste", meinte er.

"Kolja, ich muss los." Kepler sah auf die Uhr und erhob sich. "Je reibungsloser ich nach Namibia komme, desto größer wird deine Prämie sein."

Der Pilot feixte breit und drückte ihm und Budi die Hände. Der Belgier machte es ihm nach, allerdings mit nach wie vor misstrauischem Gesicht.

*****

Auf dem Weg zum Hotel erklärte Kepler Budi den Stand der Dinge. Sein Freund sagte nichts, aber er schien sich etwas vorzunehmen. Genau wie Kepler.

74. Der Anruf des russischen Piloten kam sieben Stunden später. Kepler und Budi waren schon wach und hatten gefrühstückt. Sie saßen in Keplers Zimmer und kontrollierten ihre Ausrüstung.

"Alö?", meldete sich Kepler auf russische Weise.

"Hier Kolja", sagte der Pilot. "Das Geld ist da."

Kepler nickte Budi zu.

"Gut", sagte er. "Dann diese Nacht noch. Oder eher morgen früh."

"Gut, aber..."

"Kein aber, Nikolai", warnte Kepler brüsk.

"Hör zu, Iwan", begann der Pilot zögernd.

Diese Übersetzung von *Joe* war falsch, aber der Name war in Russland so häufig wie *Hans* in Deutschland, darum hatte Kepler sich Nikolai mit diesem Vornamen vorgestellt, so war es viel einfacher.

"Ich suche mir einen anderen", unterbrach er den Russen. "Überweise das Geld sofort zurück und vergiss das Ganze. Aber – komm nie wieder nach Hause."

"Wanja", benutzte Nikolai nun auch rigoros die Kurzform von Keplers falsch übersetztem Namen, "ich fliege dich ja, aber ich kann das nicht allein tun, deswegen muss mein Partner mit. Julien ist nicht erfreut über die Sache", erklärte er beschwichtigend. Dann wurde sein Ton fest. "Es geht uns nichts an, was du tust, aber wir müssen noch länger hier arbeiten – weil ich gar nicht zurück nach Hause will. Und hast du eine Ahnung, wie viel ein Haus auf den Kanaren kostet?"

"Rede nicht drum herum, Nikolai."

"Wir werden nicht von Kavumu fliegen, sondern von Kamembe."

"Das liegt aber in Ruanda", wandte Kepler ein.

"Entweder das, oder du musst wirklich jemand anderen suchen", sagte Nikolai.

"Du bist doch Patriot", appellierte Kepler an die Vaterlandliebe jedes Russen.

"Ja, aber gern ein lebender", gab Nikolai endgültig zurück.

"Ich gebe euch hunderttausend dazu, wenn wir von Kavumu fliegen."

"Nichts zu machen, Wanja."

Wenn Kepler die Rahmenbedingungen einer Mission kannte, war er imstande, einen sehr umfassenden Plan für ihre Durchführung auszuarbeiten. Allerdings legte er nur grobe Schritte fest und führte sie einen nach dem anderen aus. Dafür konnte er flexibler auf Veränderungen reagieren. Jede Eventualität für das gesamte Vorhaben vorauszusehen, dazu war er nicht nur nicht fähig, so etwas funktionierte nur theoretisch und in Filmen.

Die Notwendigkeit, nach Ruanda zu müssen, hatte er nicht ansatzweise einkalkuliert. Er rief sich schnell die geografischen Gegebenheiten von Kamembe ins Gedächtnis. Der ruandische Flughafen lag nahe der Stadt Cyangugu am südlichen Ende des Kivusees, kurz hinter der Grenze zu Kongo. Bukavu lag quasi direkt daneben, sodass es nach Kamembe eigentlich näher war, als nach Kavumu. Der Irrsinn an der Situation war nur, dass wenn die Geologen außerhalb Bukavus gefangen gehalten wurden, Kepler und Budi mit ihnen nach der Befreiung, sofern diese gelingen sollte, unter Umständen wieder durch Bukavu mussten, um so schnell wie möglich nach Ruanda zu kommen. Dazu kam noch der Grenzübertritt. Mit völlig dilettantisch fingierten Papieren.

"Zweihunderttausend zusätzlich", bot Kepler an.

Jetzt war er es, der sich bittend anhörte.

"Nein." Nikolai klang bedauernd, aber nur wegen des Geldes, ansonsten war er alarmiert. "Und wenn du nochmal erhöhst, fliegen wir dich gar nicht", drohte er unwirsch und machte eine Pause. "Ist das überhaupt legal, was du vorhast?"

Kepler war versucht, ihm mit Waffengewalt zu drohen. Aber das würde ganz sicher nicht funktionieren. Russen waren stur bis zum Erbrechen, und oft sehr auf Prinzipien fixiert. Zudem war Nikolai beim Militär gewesen, er hatte genug Schneid, Kepler auch unter vorgehaltener Waffe über den Wolken zurück nach Bukavu zu fliegen und ihn an die Kongolesen auszuliefern.

"Wie soll es denn legal sein, ich bin doch ein Spion", erinnerte er Nikolai.

Er hatte es so gesagt, als würde es alles erklären. Und es funktionierte tatsächlich. Der Russe fragte nicht einmal nach den anderen Passagieren, ihm war jetzt klar, dass er wirklich nichts über Keplers Belange wissen sollte. Und daran, dass er zwar die Bedingungen festlegte, Kepler aber, obwohl verdeckt, für eine Behörde arbeitete, die die bezahlte Summe rigoros zurückfordern würde.

"Dann bist du mit allen Bedingungen einverstanden?", hakte Nikolai nach.

"Ja. Erreiche ich dich unter der Nummer in meinem Display?", fragte Kepler.

"Jederzeit", versicherte Nikolai ihm etwas entspannter. "Do swidanja."

"Do swidanja", verabschiedete sich Kepler.

*****

Es gab etwas, womit Kepler gut vorankam. Und das war Zeit seines Lebens die Dreistigkeit. Eine Idee formte sich in seinem Kopf. Sie könnte funktionieren, und dieses Mal konnte er vielleicht zwei Fliegen mit einer Klappe schlagen.

Kaum, dass Kepler ein Problem löste, präsentierte das Schicksal ihm sofort ein neues. Immerhin beinhaltete jede Aufgabe auch einen Lösungsansatz. Seine Interpretationen dieser Möglichkeiten waren allerdings oft gelinde gesagt fraglich.

Er berichtete Budi in abgehackten Worten von dem neuen Problem, von seiner Lösung dessen, und fragte seinen Freund, ob sie nicht vielleicht doch den ursprünglichen Plan verfolgen sollten. Budi dachte kurz nach.

"Uns nach Kalemie durchschlagen zu müssen, ist ein enormes Risiko", schätze er die Situation ein. "Was du da vorhast, ist geisteskrank." Er grinste. "Liefert aber schnellere Ergebnisse." Er wurde wieder ernst. "Grady hat sofort und ohne eine Erklärung haben zu wollen die halbe Million bezahlt. Er will diese Geologen wirklich nach Hause holen. Er vertraut uns." Budi schwieg kurz. "Es ist zwar vage", sagte er offen, "aber dir vertraue ich mehr als ihm, Colonel."

"Was war es im Sudan herrlich unkompliziert", sinnierte Kepler. "Abudi hat sich um so etwas gekümmert, die Feinde waren klar definiert."

Er holte das Handy des shégué heraus. Der Akku des Nokia war fast leer.

Man konnte geniale Pläne entwerfen und sich für die allerschlimmsten Schlachten rüsten. Und ein lumpiger Akku für fünf Euro inklusive Versand konnte es zunichtemachen.

Die Batterieanzeige begann zu blinken, als Nubo endlich abnahm. Kepler verabredete schnell den Autokauf, und schon schaltete sich das Handy ab.

Kepler sah wieder auf die Karte. Er legte die Route und die Ausweichwege fest. Dann war es Zeit, die letzten Vorbereitungen zu erledigen. Und herauszufinden, wie wohlgesonnen das Schicksal ihm und Budi dieses Mal war.

75. Kepler schickte Budi sich fertig machen. Sobald sein Freund weg war, holte er das Wundendesinfektionsmittel aus dem Verbandkasten.

Im Bad wickelte er sich ein Handtuch um den Hals, danach goss er das Wasserstoffperoxid über seine Haare. Dessen dreiprozentige Lösung desinfizierte nicht nur Wunden ganz gut, sie reichte, um die Haare zu bleichen, auch von der Menge her, Kepler trug sein Haar immer sehr kurz. Er verrieb die Flüssigkeit auf dem Kopf und wusch die Hände. Die Indolenz ließ ihn nur ein leichtes Kribbeln in der Kopfhaut spüren. Er nahm den Fön und stellte ihn auf die höchste Stufe. Der heiße Luftstrom beschleunigte die chemische Reaktion, nach dreißig Minuten war Kepler ziemlich blond.

Er rasierte sich, wusch die Chemie von seinem Kopf und sah danach in den Spiegel. Einige Minuten lang übte er den richtigen Gesichtsausdruck. Bald konnte er schmierig und verschlagen wirken.

Zufrieden, ging er zurück ins Zimmer. Er zog seine übliche Kleidung an, nur die Weste nicht. Danach leerte er den Safe und legte alles weg, was er nicht mehr gebrauchen konnte, um das Gewicht und das Volumen dessen, was er zu schleppen hatte, zu reduzieren. Das MSG, die Magazine dafür und die lose Munition verstaute er im Rucksack. Seine beiden Granaten hängte er an die Weste, und steckte Magazine für die Glock in den Laschen. In die Taschen hinten am Bund steckte Kepler fünf Kabelbinder, Verbandzeug und das Messer. Er kontrollierte die Glock17 und ihren Schalldämpfer, steckte sie zusammen mit der Weste und der Glock26 in den Rucksack und verstaute ihn im Schrank. Anschließend machte er das Funkgerät bereit. Es war klein genug, um am Gürtel nicht aufzufallen. Damit war er fertig. Seine Fingerabdrücke brauchte er nicht abzuwischen, weil seine Fingerkuppen verätzt waren, niemand würde durch das neue Muster auf seine wahre Identität kommen.

Das Ganze hatte anderthalb Stunden in Anspruch genommen. Fünf Minuten später kam Budi. Er hatte seine Kampfmontur schon an, der Kopfhörer steckte schon in seinem Ohr. Er musterte Kepler sachlich, dann grinste er schief.

"Und?", fragte Kepler.

"Ja, du siehst anders aus", bestätigte Budi. "Schlechter", präzisierte er deutlich.

"Aber nicht wie ein realitätsfremder Künstler, oder?", fragte Kepler besorgt.

"Ne", gab Budi erheitert zurück.

"Ich meine es ernst", sagte Kepler unwirsch.

"Colonel, du siehst wirklich anders aus, auf den ersten Blick zumindest", antwortete Budi ernst. "Eklig, aber nicht realitätsfremd", fasste er zusammen.

"Ich bin eklig", sagte Kepler. Dann sah er, dass sein Freund nur die aufmunitionierte KMW unter der Jacke trug. "Wo ist die Schutzweste?", fragte er scharf.

"Die hindert mich in der Bewegung", gab Budi zurück.

"Zieh sie an", befahl Kepler.

"Ziehe ich nicht an", setzte Budi ihn trotzig in Kenntnis. "Lass es gut sein."

Kepler stellte mit einem Blick fest, dass eine Unterhaltung darüber zwecklos war. Eine Schutzweste schränkte nun mal die Bewegungsfreiheit ein. Und im entscheidenden Augenblick wollte Budi auf keinen Fall behindert werden.

*****

Kepler und er bestellten zu essen. Sie ließen sich dabei viel Zeit, um die ganze Energie, die im Essen steckte, zu speichern.

Kurz vor sechs zogen sie ihre Jacken an und Budi ging hinaus, um den Toyota in Empfang zu nehmen. Marcel kam mit nur zehnminütiger Verspätung für afrikanische Verhältnisse pünktlich. Budi überzeugte sich, dass der Toyota vollgetankt war, und im Kofferraum zwei Ersatzräder und sechs Kanister mit Diesel waren. Kepler verfolgte die Prozedur über Funk, während er sich das Kopftuch umband, damit Marcel seine veränderte Haarfarbe nicht auffiel. Budi bat den Franzosen mitzukommen, um das Finanzielle zu erledigen. Marcels Zustimmung hörte sich entspannt an, so etwas machte man nicht auf offener Straße.

Der kleine Bandit Nubo war bei Marcel, um den Anteil seines Bosses zu kassieren. Nachdem beide Platz genommen hatten, gab Kepler Marcel elftausend Dollar und Nubo die restlichen zweihundertfünfzig für seinen Boss. Während der Franzose nachzählte, gab Kepler dem Jungen das Handy zurück. Sobald Marcel fertig war, reichte er Nubo zweitausend Dollar und steckte den Rest ein.

"Dann bring Mansunzu sein Geld", sagte er.

"Bis dann", verabschiedete sich der Junge.

Marcel lehnte sich entspannt und fröhlich zurück, breitete die Arme über die Lehne des Sessels aus, und wartete, bis Nubo gegangen war. Sein Blick war listig und verschlagen. Er wollte anscheinend noch von sich aus etwas besprechen, dabei hatte sich Kepler eine Ausrede überlegt, um ihn zurückzuhalten.

"Nett, mit Ihnen Geschäfte zu machen, Monsieur", sagte Marcel gutgelaunt, kaum, dass sich die Tür hinter Nubo schloss. "Wollen Sie noch etwas haben?"

"Was hätten Sie denn anzubieten?", erkundigte sich Kepler.

"Medikamente, Ausrüstung, was immer Sie wollen."

"Alles von World Vision?"

"Klar."

"Ich war auch mal dabei, aber im Sudan", sagte Kepler. "Ich heiße Dirk Kepler, sagt Ihnen der Name vielleicht etwas?"

"Sekunde mal..." Marcel grübelte nach und sah ihn überlegend aus leicht verengten Augen an. Dann leuchteten sie auf. "Natürlich! Sie sind dann zu so einem General übergelaufen. Jeder wusste von Ihnen. Nett, Sie kennenzulernen!"

Er lächelte, erhob sich halb und streckte die Hand über den Tisch aus. Kepler ignorierte die Geste und sah ihn schwer an. Marcel blickte perplex zurück, dann setzte er sich wieder hin. Seine Lässigkeit wich der Anspannung.

"Wissen Sie, warum ich zu Abudi gegangen bin?", fragte Kepler. "Weil unsere Arbeit nichts gebracht hat. Die Menschen litten weiter, egal was wir taten. Ich hatte gedacht, bei Abudi wäre es anders." Er machte eine Pause. "Ich dachte damals, unser Misserfolg liegt an den Afrikanern. Und daran, dass wir so wenige waren. Nun weiß ich, dass solche Leute wie Sie großen Anteil daran hatten."

Es klang wie ein Vorwurf und es war einer. Marcel sah ihn erschrocken an.

"Ich töte aber niemanden", sagte er stotternd. "Und sagen Sie bloß, Sie haben es nicht für Geld gemacht."

"Ich habe es nicht wegen des Geldes getan", erwiderte Kepler. "Dennoch haben wir beide den Gedanken des Helfens verraten." Er sah dem Franzosen in die Augen. "Und Sie töten doch, sogar hinterhältiger als ich."

"Aber...", fing Marcel an.

"Schluss damit", unterbrach Kepler ihn und sah zu Budi. Der Sudanese gab ihm seine Glock und er richtete die Pistole direkt in Marcels erschrockenes Gesicht. "Ich komme bald nach, aber Sie gehen zuerst", sagte er und schoss.

Marcel sackte mit einem erstickten Aufschrei auf dem Sofa zusammen. Kepler stand auf, ging weiter weg und schoss ihm noch einige Male in den Kopf, bis sein Gesicht nur noch eine undefinierbare Masse war. Kepler durchsuchte die Leiche. Er fand den World-Vision-Ausweis und sah das Foto prüfend an. Bei flüchtiger Betrachtung und schlechtem Licht könnte es für seines durchgehen.

Während Budi die überzähligen Sachen in die Tasche vom MSG stopfte, verstreute Kepler einige Geldscheine im Zimmer, dann sah er sich um. Lange würde die Täuschung nicht halten, aber einige Zeit schon.

Bis hierhin hatte sein Vorhaben funktioniert, und er und Budi setzten sich an den Tisch und schlugen die Karte auf, um ihre Vorgehensweise nun bis ins Kleinste detailliert durchzusprechen.

Dreistigkeit war schön und gut, aber Keplers Plan war mehr als waghalsig.

"Wenn was ist, brichst du sofort ab", befahl er Budi rigoros.

Sein Freund verengte erbost die Augen.

"Während du Kobala besuchst, werde ich auf dein östliches Ende aufpassen, solange du gen Westen ziehst, und wenn du nordwärts wanderst, dann dementsprechend", stellte er nachdrücklich klar. "Und wenn wir aus irgendwelchen Gründen nach Goldland müssen, dann machen wir es gemeinsam."

"Ich will nur nicht, dass wir unser Leben für eine gescheiterte Mission riskieren, ist dir das klar?", erkundigte sich Kepler. "Oder habe ich mit deiner Ausbildung etwa die besten Jahre meiner Jugend vergeudet?"

"Ach was, Colonel. Lieber Hydrokultur als überhaupt keine Bildung", erwiderte Budi gelassen. "Wollte nur ganz sichergehen, dass du nicht völlig spinnst."

Das löste die Anspannung. Budi konnte so etwas.

*****

Um acht, als es draußen dunkel wurde, waren sie fertig. Kepler steckte die Karte ein, Budi nahm den Rucksack und die MSG-Tasche. Sie löschten das Licht, nickten einander zu, schlugen mit einer knappen Bewegung ihre Fäuste aufeinander, dann gingen sie wortlos hinaus.

76. Kepler ging zur Lobby, Budi zum Notausgang. Ohne jemanden anzublicken, marschierte Kepler nach draußen. Der J7 stand weit vom Eingang, das Licht, das aus dem Hotel fiel, reichte soeben bis dahin. Während er zum Auto ging, schielte Kepler zu den Seiten, sah aber niemanden.

Eine Minute nachdem er eingestiegen war, kam Budi. Die Gewehrtasche hatte er irgendwo entsorgt. Er band den Rucksack wegen des MSG fest mit dem Gurt auf dem hinteren Sitz an. Er sah sich um und stieg auf der Fahrerseite ein.

*****

Die Fahrt zu Kobalas Haus dauerte nur wenige Minuten, das Hotel lag nicht weit davon entfernt. Sobald das Haus in Sichtweite kam, parkte Budi hinter der Ecke eines Hauses schräg gegenüber. Kepler und er stiegen aus.

An Kobalas Residenz angekommen, drehte Kepler den Kopf leicht über die rechte Schulter. Budi lehnte sich an die Ecke eines Hauses. Er war kaum zu erkennen. Nicht nur wegen der einsetzenden Dunkelheit und seiner Hautfarbe, sondern vor allem, weil er sich nicht bewegte, denn das menschliche Auge reagierte auf Bewegung. Kepler wusste, dass sein

Freund trotz seiner Reglosigkeit jederzeit bereit war, ihm zur Hilfe zu kommen. So etwas konnte Budi auch gut.

Zwei Männer blickten Kepler grimmig an, als er an den Aufgang trat. Er sah den beiden an, dass sie wie er gewohnt waren, Uniform zu tragen, keine Anzüge. Dass sie mit Uzis bewaffnet waren, versuchten sie gar nicht zu verbergen.

"Ich muss mit Monsieur Kobala sprechen", sagte Kepler dem rechten Mann und reichte ihm den Ausweis von Marcel.

Er hatte richtig vermutet, der Mann war derjenige von den beiden, der das Sagen hatte. Er wies den anderen an, aufzupassen, und ging ins Haus. Kepler sah sich ruhig um, steckte eine Zigarette an und bot dem Milizionär eine an. Der schüttelte den Kopf und ließ Kepler nicht für einen Moment aus den Augen.

Eine Minute später erschien der andere Milizionär in Begleitung eines weiteren Mannes, der im Umgang mit einem Anzug sehr viel geübter zu sein schien. Er hielt den Ausweis in den Händen.

"Das ist nicht Ihr Ausweis", behauptete er. "Sondern von Monsieur de Roché."

"Offensichtlich", erwiderte Kepler kalt. "Meiner würde Ihnen auch überhaupt nichts sagen." Er entwendete den Ausweis aus den Händen des Mannes und steckte ihn ein. "So wissen Sie, dass Marcel mich schickt."

"Um was geht es?", fragte der Anzugträger etwas gelassener.

"Um Geld. Der Rest geht nur Kobala etwas an", setzte Kepler ihn in Kenntnis.

Der Mann überlegte und warf einen Blick auf ihn.

"Sind Sie bewaffnet?"

"Nein."

Der Mann nickte einem Wachposten auffordernd zu. Der tastete Kepler ab, dann ließ man ihn eintreten. Der Anzugträger winkte ihm, mitzukommen. Sie gingen in den ersten Stock, in einen Raum, der eindeutig kein Arbeitszimmer war. Der Mann deutete Kepler, Platz auf dem großen Ledersofa zu nehmen, und ging hinter ihn, bereit, bei der allerkleinsten Bewegung einzuschreiten.

Kepler sah sich um. Das Zimmer reichte nicht ansatzweise an die Atmosphäre von Abudis einfachem Büro in behelfsmäßigen Stab in Weriang heran. Dort war alles schlicht gewesen, aber solide. Hier nur schreiend pompös.

Ein grobschlächtiger Schwarzer betrat das Zimmer. Er setzte sich wortlos Kepler gegenüber in den Sessel und sah ihn schweigend an. Kobala trug keine Uniform, aber sein Anzug hatte einen militärähnlichen Schnitt, es fehlten eigentlich nur die Schulterklappen und das Fleckmuster. Kobala war aber bemüht, weltmännisch und freundlich auszusehen. Können tat er nichts davon besonders gut, er strahlte geradezu unbeherrschte, derbe Arroganz aus.

"Wer sind Sie?", fragte er schließlich herrisch.

"Das ist völlig egal", antwortete Kepler. "Wichtig ist, was ich zu sagen habe."

"Und das ist?", wollte Kobala wissen.

"Ich habe in der Stadt auf einem Plakat gelesen, dass Sie ein Krankenhaus für die Armen bauen wollen. Brauchen Sie Geld dafür?", erkundigte sich Kepler.

"Ja", antwortete Kobala, dann sprach er wie ein Automat. "Es wurde mehr als genug Blut vergossen. Ich werde alles daran setzen, so wie ich mein Blut eingesetzt habe, um die Menschen..."

Kepler wollte sich keine pathetischen Floskeln um die Ohren schlagen lassen.

"Monsieur", unterbrach er den Rebellenführer. "Verkaufen Sie mir die zwei südafrikanischen Geologen. Dann können Sie Ihre Wohltätigkeit, oder was das sein soll, locker finanzieren." Er verstummte. Kobala brauchte eine Sekunde, um sich zu fangen. Sein Untergebener zuckte angespannt. Kepler wollte jedoch eine noch deutlichere Reaktion sehen. "Wie viel wollen Sie haben?", fragte er. "Sind zehn Millionen Dollar und die Beteiligung an den Folgegeschäften genug?"

Bei der gigantischen Summe blitzten Kobalas Augen triumphierend auf. Er unterdrückte diese Regung mühsam und schüttelte den Kopf. Er wollte wohl erst herausfinden, wie viel die Chinesen zu bezahlen bereit waren. In dieser Hinsicht hatte Kepler sich also verrechnet. Doch obwohl die Mission nicht besonders gut vorbereitet worden war, in einem Aspekt hatte Grady völlig recht gehabt. Kobala hatte die Geologen. Und wie Abudi zum Schluss keine Skrupel mehr gehabt hatte, war auch dieser Mann rücksichtslos darauf aus, seine Gier mit allen Mitteln zu befriedigen. Eine sofortige Einigung war mit ihm nicht möglich.

Kobala dachte krampfhaft nach. Es war zu lange, als dass die Antwort spontan, und zu kurz, als dass sie gut überlegt wäre.

"Tut mir leid, Monsieur, ich habe diese Männer nicht", bedauerte er unaufrichtig. "Aber ich könnte mich für Sie umhören", bot er im nächsten Atemzug an.

Er wollte sich für den Fall absichern, dass Chinesen weniger zahlen wollten.

"Geben Sie mir diese Männer lieber sofort", entgegnete Kepler kalt.

Kobala schnaubte wütend, beherrschte sich aber mühsam. Was immer Benjamin veranstaltete, um die Chinesen aufzuhalten, er hatte Erfolg damit. Deswegen musste sich Kobala die Option mit Südafrika offen halten. Er sah zornig zu seinem Untergebenen. Dessen Hand legte sich schwer auf Keplers Schulter.

"Damit ist die Unterhaltung beendet", sagte er drohend. "Sie gehen besser."

Kepler erhob sich folgsam. Dann hielt er inne und senkte den Kopf, als wäre ihm schwindlig geworden. In Wirklichkeit konzentrierte er sich. Vier Sekunden später spürte er in sich die Energie des Inneren Atems, als würde sie die feinen Härchen auf seinen Armen aufrichten.

Er wirbelte herum. Dabei schwang er sein Bein und schlug Kobala mit dem Fuß hart gegen den Kopf. Während der Rebellenführer in den Sessel zurück fiel, schlug Kepler seinem erstaunt blickenden Handlanger zweimal ins Soplex. Der Handlanger krümmte sich und ging nach Luft schnappend zu Boden. Kepler drehte sich um, schlug dem sich regenden Kobala gegen die linke Schläfe, und der Rebellenführer sackte zusammen. Kepler drehte sich zum Handlanger und tastete ihn ab. Er fand eine FN Browning HP-DA, eine belgische, modernisierte Version des uralten Colt M1911. Kepler faste sie am Lauf und schlug dem Handlanger mit dem Griff der HP gegen den Kopf. Er stöhnte leise auf und wurde reglos. Die Platzwunde blutete, der Schlag war wohl zu stark gewesen, Kepler konnte den Inneren Atem nicht besonders gut kontrollieren. Dafür regte sich der Handlanger nicht mehr. Kepler legte die Pistole auf das Sofa, nahm das Kissen, das darauf lag, und ging zum Sessel. Kobala bewegte sich benommen.

"Sie sind ein toter Mann...", krächzte er, nachdem er die Augen geöffnet hatte.

Kepler schlug ihm in die Magengrube und ließ das Kissen fallen. Kobala sackte in sich zusammen im Versuch, Luft zu bekommen. Kepler riss ihn aus dem Sessel, schlug ihm nochmal in die Magengrube und drehte den erschlafften Rebellenführer um. Er trat ihm von hinten gegen die Kniekehlen, und sobald Kobala auf die Knie gestürzt war, drückte Kepler seinen Oberkörper gegen den Sessel und sein Gesicht auf die Sitzfläche. Er presste sein rechtes Knie in Kobalas Nacken, streckte seinen linken Arm zur Seite aus, legte ihn auf die Lehne, sammelte sich und brach den Unterarmknochen mit einem Schlag. Sofort drückte er den Kopf des vor Schmerz aufschreienden Rebellenführers in die Sitzfläche des Sessels. Das Knie nahm er aus seinem Nacken und stellte sich über Kobala. Solange der leiser wurde, sah Kepler über die Schulter. Der Handlanger lag völlig reglos da. Kepler drehte Kobalas Kopf etwas zur Seite und beugte sich hinunter.

"Ich breche dir nicht nur auch noch den rechten Arm", sagte er leise dem abgehackt atmenden Rebellenführer. "Ich trete dir gleich fürchterlich in die Eier und dann ersticke ich dich in deiner eigenen Kotze. Anschließend mache ich das Geschäft mit deinem Assistenten." Er schwieg kurz. "Kooperierst du?"

Kobala fing sich, er war ein Milizionär, und die Zeit als Politiker hin oder her, Kepler spürte, wie er sich unter ihm zu regen versuchte. Normal hätte Kepler nicht die Kraft, den massigen Rebellenführer zu kontrollieren. Aber er löste die linke Hand von dessen Gesicht und ergriff Kobalas gebrochenen Arm. Der stechende Schmerz ließ den Rebellenführer innehalten. Er verdrehte die Augen, und einige Sekunden lang sahen sich Kepler und er an. Auch wenn es hier um sehr viel Geld und um Macht ging, Kobala atmete lieber als ein etwas ärmerer Rebellenführer weiter, anstatt ein reicher, aber toter Absolutherrscher zu sein.

"Okay", stöhnte er mit erstickter Stimme.

"Wo sind die Geologen?", fragte Kepler.

Kobala zögerte nur kurz, aber Kepler drückte sofort auf die Bruchstelle seines Armes. Nicht so stark wie vorhin, aber schnell und brutal genug, um Missverständnisse gar nicht erst entstehen zu lassen. Kobala verzog vor Schmerz das Gesicht. Dann begann er mit wütend zitternder Stimme zu sprechen.

Nachdem er geendet hatte, dachte Kepler nach. Kobalas Miliz war auf einem ehemaligen Stützpunkt der kongolesischen Armee stationiert. Und auf Smiths Karte war in der Nähe von Kidumbi ein Gehöft als vermutetes Privathaus von Kobala gekennzeichnet. Und der Rebellenführer hatte eben gesagt, die Geologen und der Chinese seien dort.

"Welcher Chinese?", fragte Kepler erstaunt.

"Er erpresst die Geologen oder so", stöhnte Kobala. "Sie hören nur auf ihn."

Noch eine Überraschung. Aber wichtig war, dass Kobala die Wahrheit über die Geologen gesagt hatte.

Wenn nicht, hatte Kepler verloren.

Er ließ Kobala los, ergriff seinen Kopf und brach ihm mit einer ruckartigen Drehung das Genick. Er atmete durch und schleifte die Leiche hinter das Sofa.

Dann ging er zu Kobalas Handlanger. Er hatte auf wirklich dasselbe spekuliert, das ihm mit der 'Ndrangheta gelungen war, er hatte dem Assistenten die Position des Bosses anbieten wollen, um sich den Rücken frei zu halten. Aber entweder hatte er viel zu stark zugeschlagen oder der Handlanger hatte schon eine alte, nicht ausgeheilte Kopfverletzung gehabt. Aus seiner Nase war etwas Blut herausgeflossen, in seinen Mundwinkeln hatte sich Schaum gesammelt. Der Handlanger war tot. Kepler schleifte seine Leiche ebenfalls hinter das Sofa.

Anschließend schob er einen Sessel über die Blutlache, nahm die HP und öffnete das Fenster, das in den Garten hinausging. Er streckte den Kopf hinaus. Er sah niemanden und pfiff so laut er konnte.

Drei Minuten vergingen. Kepler sah zwei Wachmänner, die im Garten am Zaun entlang gingen. Dann hielt auf der Straße der weiße J7 schräg vom Fenster an. Eine Tür wurde geöffnet und Kepler hörte einen kurzen Pfiff. Er antwortete ganz leise. Dann schwang er sich über den Sims und hielt sich für einen Moment daran fest. Er sammelte sich, danach ließ er los. Drei Meter tiefer kam er federnd auf der Erde auf und lief vorsichtig in die Dunkelheit zwischen den Bäumen. Der J7 stand direkt hinter dem Zaun, Budi lehnte sich völlig entspannt wirkend an den Wagen. Seine rechte Hand steckte im Aufschlag seiner Jacke, er blickte sich um. Im selben Moment hörte Kepler zwei Stimmen. Er sprang zum Zaun und kletterte hoch. Budi riss indessen die hintere Tür auf. Kepler warf sich ins Auto, Budi schlug die Tür hinter ihm zu und stieg ein.

"Wende. Wir müssen nach Nordwesten", wies Kepler ihn an.

77. Während sie durch Bukavu fuhren, unterrichtete Kepler seinen Freund über den Stand der Dinge.

"Was für ein Chinese?", fragte Budi.

"Kobala meinte, er wollte die Geologen an seine Leute übergeben."

Budi dachte kurz nach.

"Und was machen wir mit ihm?", erkundigte er sich.

"Wir nehmen ihn erstmal mit", entschied Kepler. "Wenn wir im Flugzeug sind, verhöre ich ihn. Ich will verstehen, worein wir hier geraten sind."

Budi dachte kurz nach und nickte.

*****

Einige Zeit später hielt er am Alfaijini-Hospital an, das fast direkt an der Zwei lag. Ein World-Vision-Toyota wirkte hier völlig legitim. Budi fuhr trotzdem zwischen die Bäume hinter dem Parkplatz und nahm die Sicherungsposition ein, sobald Kepler und er ausgestiegen waren.

Kepler zog die Jacke aus und die Weste an. Er steckte seine beiden Glocks ein und holte das MSG heraus. Sie würden bald von der Zwei abfahren, und er wollte nicht, dass das Gewehr durch das Hoppeln über schlechtes Gelände einen Schaden nahm. Danach öffnete er die Motorhaube. Toyotas waren nicht nur in Afrika aufgrund ihrer Zuverlässigkeit legendär, aber die Kehrseite dessen war, dass sie deswegen kaum gepflegt wurden. Kepler wischte mit seiner Jacke über den Motor. Der graue Stoff wurde sofort schwarz und Kepler rieb sich die Schmiere ins Gesicht. Anschließend band er wieder das Kopftuch um, so wie er es im Sudan gemacht hatte. Damit waren seine leuchtenden Haare getarnt. Er zog die Nomexhandschuhe an und übernahm die Sicherung. Budis Vorbereitungen waren schneller, er zog nur die Jacke aus und hängte sich die MP5 um.

Zwei Minuten später waren sie wieder unterwegs. Die Frage war nicht ob, sondern wann jemand im Hauptquartier die Leichen entdecken würde. Kepler hoffte auf die übliche Trägheit der Afrikaner, mit viel mehr als drei Stunden bis zur Verfolgung rechnete er aber nicht. Aus diesem Grund wies er Budi an, weiter auf der Zwei zu fahren, anstatt auf Feldwegen. Zeit war ihr größter Feind, sie mussten die Tarnung der Schnelligkeit opfern.

Die Straße war in einem sehr guten Zustand, wie einige andere Straßen rund um Bukavu auch. Denn sie wurden benutzt, um die Bodenschätze außer Landes zu schaffen, darum war es nur im Interesse der Minenbetreiber, sie in einem ordentlichen Zustand zu halten. Mehr als das, sie wurden sogar bewacht.

Der erste Kontrollposten befand sich zwölf Kilometer hinter Bukavu. Kepler und Budi umfuhren ihn im großen Bogen. Das kostete sie dreißig Minuten.

Zurück auf der Zwei, sahen sie ein Schild, das die Entfernung zu Kidumbi mit fünfzehn Kilometern angab. Es gab keine prägnanten Punkte, an denen Kepler sich in der Dunkelheit orientieren konnte. Er holte die Karte heraus, rechnete die Geschwindigkeit in Strecke um, und wies an, nach links abzubiegen.

Budi starrte in die Dunkelheit, um den Weg zu erkennen, Kepler blickte auf die Karte und auf den Tacho, hielt das MSG fest und rechnete immer weiter.

Als sie nach Norden schwenkten, hatte der Untergrund nicht einmal mehr die übliche Kongo-Qualität. Sie rüttelten sich durch ein Tal, dann zeigte Kepler nach links. Budi kurbelte unentwegt am Lenkrad und sie holperten nach Westen, um vom Norden zu Kobalas Haus zu kommen. Zehn Minuten später kam eine Baumgruppe in Sicht. Sie mussten etwa anderthalb Kilometer vom Ziel entfernt sein. Kepler deutete dahin. Die Bäume boten nicht viel Deckung, aber im Dunkeln war es ausreichend, und Auswahl gab es hier keine.

Kepler und Budi stiegen aus. Budi füllte seine Taschen mit Magazinen, Kepler hängte das MSG um und zog den Riemen stramm, damit das Gewehr an seinem Rücken anlag und ihn nicht beim Laufen behinderte. Das obere Ende des Riemens hatte einen Karabiner, damit konnte Kepler das MSG abschnallen, ohne es über den Kopf ziehen zu müssen. Als er fertig war, zog Budi die Schulterstütze aus, lud die MP durch und sah ihn an. Kepler nickte und sie liefen los.

Die ersten sechshundert Meter legten sie relativ schnell zurück, dann kamen sie an den Rand des Tals. Die ganze Zeit über hatte Kepler sich gewundert, warum hier niemand patrouillierte. Er verstand, warum, als er und Budi auf einen Kamm stiegen, sich hinter einen Findling duckten und ins Tal sahen.

Kobala hatte den Landsitz eines reichen belgischen Kolonisten als Anwesen genutzt. Eine repräsentative zweistöckige Villa stand mitten im Tal, umgeben von einer Ansammlung kleiner Häuser. Sich dem Gehöft zu nähern, ohne gesehen zu werden, war unmöglich, Kobala brauchte keine Armee hier, ein Dutzend Leute reichte völlig aus. Im Moment patrouillierten lediglich zwei Männer, und zwar nur auf dem Gelände. Ihre Kontrollrunde dauerte zehn Minuten.

Kepler setzte das Fernglas an die Augen. Nicht nur die Zielerfassung war defekt, die Nachtsichtfunktion ebenso. Aber das Gelände wurde teilweise beleuchtet. Auch in einigen Fenstern der Villa brannte Licht. Die kleineren Gebäude waren dunkel. Bei der kongolesischen Infrastruktur war es schlicht unmöglich, dass der Stützpunkt an das Stromnetz von Bukavu angeschlossen war, Kobala hin oder her. Kepler suchte die Stromleitung, welche die Villa mit Elektrizität versorgte. Er fand sie nicht, sah aber eine andere Leitung und verfolgte ihren Verlauf. Sie endete zusammen mit weiteren Kabeln an einer Scheune, die abseits von den übrigen Gebäuden stand. Bestimmt war der Generator ein Diesel, deswegen stand er aus Lärmschutzgründen weiter weg. Bewacht wurde er trotzdem. Zwei Männer saßen auf der Erde vor der Scheune und unterhielten sich.

Kepler studierte die Gegebenheiten des Gehöfts noch eine Viertelstunde lang weiter, gewann aber keine weiteren Erkenntnisse.

"Wir sollten uns beeilen, viel Zeit haben wir nicht mehr", sagte Budi. "Denn wenn die Geologen doch nicht hier sind, müssen wir zusehen, dass wir verschwinden." Als Kepler das MSG vom Rücken schnallte, sah Budi zur Generatorscheune. "Etwa achthundertfünfzig Meter", meinte er geschäftig. "In dem Gelände haben wir vielleicht fünf Minuten, um es bis zum Haus zu schaffen."

"Achthundertzwanzig Meter", berichtigte Kepler.

"Warum das?"

Seinem Ton nach war Budi mit der Korrektur nicht einverstanden.

"Nachts erscheinen die Dinge weiter entfernt, weil der Luftdruck etwas niedriger ist", antwortete Kepler. "Hatte ich dir schon mal erklärt."

"Stimmt. Wozu brauchst du mich überhaupt, Colonel?", fragte Budi wehleidig.

"Damit du mich beschützt und rettest", antwortete Kepler.

Er richtete sich auf. Der Findling passte von der Höhe her, hatte aber nur eine winzige gerade Fläche, der Rest seiner Oberfläche war zerklüftet. Für das Zweibein hätte die schmale Kante ausgereicht, aber es war kaputt. Der Verschluss des MSG führte zwar keine drehende oder kippende Bewegung aus, sondern bewegte sich nur entlang der Waffenlängsachse, die Patronenhülse wurde verhältnismäßig langsam aus der Kammer geschoben und der gesamte Verlauf des Rückdrucks war ohne Kraftspitzen. In der Summe führte das zu einer sehr ruhigen Lage der Waffe beim Schuss. Aber der Stein war hart, glatt und kantig, ohne Abstützung würde das Gewehr beim Schuss verrutschen und Kepler würde zu lange brauchen, um das nächste Ziel anzuvisieren.

Er sah zu Budi, der zuversichtlich wartete. Die Geologen zu retten, war Kepler wichtig, aber das Leben seines Freundes hatte für ihn die absolute Priorität. Er durfte sich keinen Patzer erlauben, wie klein der auch sein mochte. Er hatte nur einen Versuch, sonst waren ihre mühsam erarbeitenden Chancen dahin.

Kepler sah sich um. Sand gab es hier nicht. Aber unweit der Findlinge gab es im felsigen Boden einige mit getrocknetem Lehm ausgefüllte Stellen.

"Hoca, ich brauche eine Socke", befahl Kepler. Budi schnürte sofort seine Stiefel auf, ohne nachzufragen, wenn auch mit einem verwunderten Gesichtsausdruck. Kepler holte währenddessen den Schalldämpfer aus dem Rucksack und schraubte ihn an die Mündung des Gewehrlaufs. "Füll die Socke mit Lehm oder kleinen Kieseln, wenn du welche findest", sagte er, als Budi barfuß war. "Nicht zu stramm und nicht zu locker."

"Wenn es dich glücklich macht", erwiderte Budi, "gern."

Er verschwand in der Dunkelheit. Nach zwei Minuten kehrte er zurück und gab Kepler eine gefüllte und zugebundene Socke. Der Lehm darin hatte die richtige Konsistenz. Die Socke war zwar nicht so flexibel wie ein Zweibein, bot jedoch genügend Auflagefläche, und die Reibung der Füllung verhinderte, dass das Gewehr beim Schuss wegrutschte.

Kepler legte die Socke auf den Findling und hockte sich hinter den Stein. Budi zog die Stiefel an und nahm die Sicherungsposition ein. Kepler legte den Schaft des MSG auf die Socke. Das Nachtsichtvisier wäre jetzt gut, aber das Zielfernrohr des MSG hatte eine Diode, die das Absehen beleuchtete. Darüber hinaus war in das Visier ein Restlichtverstärker integriert, so konnte Kepler gut zielen.

78. Er richtete das Gewehr aus, und korrigierte mit dem seitlichen Rändelrädchen sorgfältig den Höhenvorhalt.

"Bereit", sagte er leise.

"Bereit", echote Budi.

Kepler entsicherte, nahm den Mann links ins Fadenkreuz und drückte sanft den Abzug durch. Er war sich sicher, getroffen zu haben, und schoss auf den Mann rechts. Den Treffer in dessen Körper sah er. Er verlagerte den eigenen Oberkörper nach links unten und zielte auf den Verteilerkasten an der Scheune. Aber direkt daneben hing eine Laterne, und der Lichtkontrast war so stark, dass Kepler fast blind feuerte. Er traf den Verteilerkasten dennoch. Das Gelände wurde von der Dunkelheit verschluckt. Kepler und Budi sprangen auf.

Im Laufen klinkte Kepler den Karabiner des Trageriemens an das MSG und hängte das Gewehr über den Rücken. Dann zog er die Glock.

Sie hatten etwa die Hälfte der Strecke geschafft, als sie drei Männer mit Taschenlampen sahen. Anscheinend fiel das Licht hier öfter aus, die Kongolesen gingen ruhig und relativ langsam zur Generatorscheune. Aufgrund der Eigenblendwirkung der Taschenlampen und weil die Männer sich nicht umsahen, bemerkten sie Kepler und Budi nicht.

Es waren noch zweihundert Meter bis zu ihnen, als sie stehenblieben und anfingen, angeregt zu sprechen und zu gestikulieren. Jetzt hörten auch Kepler und Budi den Dieselgenerator, der gleichmäßig vor sich hin tuckerte. Und sie sahen tänzelnde Funken an den zerschossenen Kontakten. Die drei Kongolesen fingen alarmiert an, ihre Taschenlampen zu schwenken.

Kepler fiel aus dem Laufen heraus auf ein Knie und deutete nach vorn, als Budi neben ihm dasselbe machte. Kepler wollte das MSG trotz des Schalldämpfers nicht ohne äußerste Not einsetzen, die Villa war zu nah, dort könnte jemand die Überschallknalle der Projektile hören. Die MP5 schoss dagegen nicht nur unsichtbar, sondern sogar leiser als eine Glock, und hatte die nötige Reichweite.

Budi atmete durch, stabilisierte die MP und eröffnete das Feuer. Er hatte die MP5 auf Dauerfeuer umgestellt und leerte das Magazin in einer Salve. Ein Kongolese fiel sofort wie ein umgeknickter Baum um. Innerhalb von zwei Sekunden riss Budi die zusammengebundenen Magazine aus der Waffe, drehte sie um, rammte das volle in die MP, spannte sie in derselben Bewegung und schoss wieder. Die kurze Pause hatte den anderen Kongolesen nichts genutzt. Budi hatte sich eingeschossen, er brauchte nur ein Magazin, um beide zu treffen.

Während er sich erhob, warf er die leeren Magazine weg, zog das nächste Doppel heraus und machte die MP5 feuerbereit. Kepler hob die Glock, Budi behielt die Maschinenpistole im Anschlag an der Schulter und sie rannten weiter.

Als sie bei den Männern ankamen, waren zwei tot, der dritte starb gerade. Sie schleiften die Leichen hinter die Scheune, dann die beiden, die

Kepler erschossen hatte. Anschließend zog Budi einen Kabelbinder aus Keplers Tasche und befestigte damit eine seiner Handgranaten an der Tür der Generatorscheune.

Langsam, um nicht hastig zu werden, gingen sie danach zur Villa. Als sie bei den Autos ankamen, atmeten sie völlig ruhig, nur ihr Puls war höher als normal.

Im letzten Moment sahen sie einen Mann mit Zigarette im Mund um einen Wagen herum kommen. Sie duckten sich hinter ein Auto. Der Mann musste sie gehört haben, er blieb stehen und starrte in die Dunkelheit.

"Wer dort?", rief er auf Lingala.

"Ich", antwortete Kepler laut und hob die Glock.

"Wer – ich?", wollte der Mann verärgert wissen und trat zur Seite und vor.

Kepler schoss zweimal. Im selben Moment sah er einen zweiten Mann hinter einem Auto. Er schwenkte die Glock nach links und feuerte fünf Schuss durch die Scheiben des Wagens. Im Klirren des Glases hörte er ein Aufstöhnen. Er deutete Budi nach vorn, während er das Messer aus der Tasche zog. Budi nickte, lief zum ersten Auto und ging an seiner vorderen linken Ecke auf ein Knie. Mit der MP im Anschlag drehte er sich leicht hin und her, solange Kepler von einem Auto zum nächsten lief. Die Klinge öffnete mühelos die Seitenwände der Reifen, die Luft entwich pfeifend, und die Autos senkten sich. Es waren nur fünf, Kepler brauchte keine zwei Minuten, um die zwanzig Reifen unbrauchbar zu machen. Als er um das letzte Auto herumkam und das Messer in die Tasche steckte, schob Budi die MP5 auf den Rücken und zog die Glock.

Sie benötigten zehn Minuten, um die kleinen Gebäude zu überprüfen. Aber die waren nicht nur dunkel, sondern leer, und eines war sogar abgeschlossen.

Die Villa war fünfzig Meter von diesem Schuppen entfernt. Zehn Sekunden später waren Kepler und Budi auf dem Aufgang. Budi drückte sich links, Kepler sich rechts neben der Tür an die Wand. Er nickte. Budi drückte die Klinke und die Tür ging nach innen auf. Mit Glocks im Anschlag traten Kepler und er ein.

79. Die Villa war dunkel und schien völlig verlassen zu sein. Kepler und Budi gingen an beiden Seiten des Eingangsraumes vor. Der mündete nach drei Metern in einem bogenartigen Durchgang ohne Türen in den Hauptflur.

Irgendwo dort öffnete sich plötzlich eine Tür. Kepler und Budi hörten mehrere aufgebracht sprechende Stimmen, sprangen vor und drückten sich an die Wände neben dem Bogen. Sekunden später näherten sich schnelle Schritte, begleitet von wackelndem, schmalem Lichtstrahl einer Taschenlampe. Ein Mann eilte durch den Bogen zur Eingangstür. Er trug eine Uniform und eine AK am Riemen über der Schulter. Als Kepler die Glock anhob, bemerkte der Milizionär ihn und blieb verwundert stehen. Er schaffte es noch, den Mund aufzumachen, aber nicht mehr, zu schreien. Kepler schoss ihm in den Kopf und griff gleichzeitig zur Taschenlampe. Budi fing die Leiche auf, schleifte sie leise weg und entlud die AK, während Kepler die Taschenlampe ausmachte.

Sie warteten, bis ihre Augen sich wieder an die Dunkelheit gewöhnt hatten, und traten in den Hauptflur. Der war breit und verlief entlang der Mitte des Hauses. Am linken Ende gab es nur ein großes Fenster. Das Fenster am rechten Ende war schmaler und höher angebracht, wegen der Treppe, die von dort nach oben führte. Alles war ruhig. Im schwachen Mondlicht, das durch die Fenster einfiel, sahen Kepler und Budi mehrere Türen an beiden Seiten des Flurs. Links gab es eine große doppelflüglige, anscheinend führte sie zum Salon. Und der Milizionär war von links gekommen. Kepler deutete auf diese Tür und ging auf die andere Seite des Flurs.

Er und Budi waren gerade an der großen Tür angelangt, und er wollte auf die andere Seite des Flurs wechseln, als sich der rechte Türflügel öffnete. Ein Mann, ebenfalls mit einer Taschenlampe in der Hand, trat, nach jemandem namens Omdagli rufend, in den Flur hinaus. Er verharrte augenblicklich, als Kepler ihm die Mündung des Schalldämpfers gegen die Stirn drückte. Kepler drehte ihm die Taschenlampe aus der Hand. Der Mann torkelte rückwärts, dem Druck mit der Waffe gehorchend und Kepler aus aufgerissenen Augen anstarrend.

Im Salon gab es einige Möbel an den Wänden, in seiner Mitte stand ein langer Tisch. Darauf stand eine Petroleumlampe, um sie herum lagen Geldscheine und umgedrehte Karten, am Rande ihres fahlen Lichtkreises saßen drei Männer. Sie sahen auf und verharrten, als Kepler sie mit der Taschenlampe blendete. Er erschoss den Gefangenen und richtete die Glock auf die Männer.

"Wo sind die Südafrikaner und der Chinese?", fragte er. Einer der Männer griff nach unten und er erschoss ihn sofort. "Die Südafrikaner und der Chinese", wiederholte er. "Versteht ihr mich?" Keiner sagte etwas, sie blickten ihn nur an stumm und angespannt. Er legte auf den Mann an, der am Kopfende des Tisches saß. "Du bist der Nächste", versprach er. "Also, wo sind diese Männer?"

In diesem Moment rührte Budi sich. Er senkte seine Glock und ging vor. Beide Männer verfolgten ihn mit den Augen. Budi richtete die Glock auf den Mann neben den, auf den Kepler zielte, und feuerte in seinen Bauch, während er weiter ging. Der letzte Kongolese zuckte zusammen, als das Blut seines Kameraden ihn bespritzte. Dann kippte der Getroffene um. Der letzte Kongolese sah, wie er sich stöhnend und keuchend wand, dann spürte er Budi direkt neben sich und richtete den Blick auf ihn. Budi starrte wild ohne zu blinzeln in seine aufgerissenen Augen, hob langsam die Glock etwas und schoss dem Getroffenen zweimal in den Kopf. Ohne den Blick von den Augen des letzten Kongolesen zu lösen, drückte er die Mündung des Schalldämpfers auf dessen Hand.

"Keller", brachte der Kongolese, wie hypnotisiert ohne die Augen von Budi zu wenden, gepresst heraus. "Sie sind im Keller."

"Wie viele seid ihr hier?", fragte Kepler.

"Achtzehn", antwortete der Kongolese.

"Wie viele sind im Keller?"

"Fünf."

Kepler überlegte. In der Villa war alles still gewesen, das Gelände hatten er und Budi überprüft, soweit schien der Kongolese nicht zu lügen. Und eigentlich hatte er gar keinen Grund dazu, sondern eher einen, das eigene Leben zu retten.

"Führe uns hin", befahl Kepler.

Budi zerrte den Kongolesen hoch, drehte ihm den rechten Arm auf den Rücken und schubste ihn mit dem Schalldämpfer ins Genick. Schleppend machte der Mann die ersten Schritte.

Im Flur ging er nach rechts. Als er den Torbogen passierte, stockte er. In den Vorraum fiel durch die Eingangstür etwas Licht ein und der Mann sah die Leiche, die dort lag. Wahrscheinlich war es Omdagli. Budi schubste den Kongolesen unerbittlich weiter. Der ging zur Treppe.

Erst im Licht der Taschenlampe sahen Kepler und Budi rechts neben dem ersten kurzen Treppenlauf unter der Wendel der Treppe eine Tür. Im Dunkeln hatten sie sie nicht einmal ansatzweise erkannt. Kepler machte ein Zeichen und Budi blieb zusammen mit dem Gefangenen stehen.

Die Lampe und die Glock vorgestreckt, lief Kepler die Treppe hoch. Die obere Etage war dunkel und still. Kepler lief von Tür zur Tür, blieb neben ihnen stehen und horchte. Er hörte nichts, und der saubere Läufer im Flur sah so aus, als kämen einfache Milizionäre hier sonst nicht hin. Wahrscheinlich residierten hier nur Kobala und seine Handlanger, wenn sie mal herkamen. Kepler lief die Treppe hinunter und deutete auf die Tür. Der Gefangene öffnete sie.

*****

Kepler hatte erwartet, eine morsche Treppe und verschimmelte oder zumindest schmutzige Wände vorzufinden. Nichts davon traf zu. Die Tür war mit einer dicken schalldämmenden Matte verkleidet. Aus dem Keller fiel diffuser Lichtschein auf die Treppe.

Budi schubste den Kongolesen an und sie gingen hinunter. Kepler machte die Taschenlampe aus, schloss die Tür hinter sich und folgte ihnen. Seine Augen brauchten eine Sekunde, um sich an die schwach gelblich erhellte Dunkelheit zu gewöhnen. Eine Petroleumlampe baumelte in der Mitte des Kellerganges an einem kurzen Kabel von der Decke. Die stickige Luft ließ sie noch trüber erscheinen als sie es war. Es roch stechend nach Blut, Urin, Exkrementen, Schweiß, Verwesung und abgrundtiefer Angst.

Unter misslichen Umständen nahm Kepler gewisse Abnormalitäten als gegeben hin. Der Krieg war naturwidrig, die Krieger auch, ihn selbst miteingeschlossen. Aber das hier war pervers. Der widerlich süßliche Verwesungsgestank war zwar der ureigene Geruch des Krieges, doch dieser Keller war eine Folterkammer. Vielleicht hatten sich die Milizionäre im Salon darum so ergeben töten lassen. Menschen zu misshandeln, hatte sie seelenlos gemacht. Zu quälen und sich an der eigenen Allmächtigkeit zu berauschen, war eine grausame Droge.

Als ein dumpfer Schrei durch den Keller hallte, riss Budi die Glock an den Hinterkopf des Gefangenen. Das Geräusch des Schusses, dann der Aufschlag des Körpers auf dem Boden übertönten das Dröhnen auch in Keplers Kopf.

Etwas weiter vorn stand halboffen eine Tür. Die ging in den Durchgang auf, damit man sich in der Zelle nicht hinter ihr verstecken konnte. Durch den Spalt drang schwacher Lichtschein hervor. Wieder kam ein ersticktes Aufstöhnen einer weiblichen Stimme aus der Zelle. Kepler und Budi gingen um die Tür.

In dem dreckigen Verschlag, erhellt durch eine kleine Petroleumlampe, vergewaltigte ein Milizionär eine Frau. Er tat es gelangweilt, wie eine lästige Pflicht, ohne sich um die schwache Abwehr seines Opfers zu kümmern. Sein einziger Spaß war das Gefühl der Macht, und aufhören konnte er nicht mehr.

Vergewaltigungen wurden oft gezielt als Waffe eingesetzt, das hatte Kepler gewusst. Erlebt hatte er es noch nicht, und er wünschte sich, er hätte es auch nie.

Er presste die Kiefer zusammen und betrat den Verschlag. Der Milizionär lag mit dem Rücken zur Tür auf der Frau, und weder sah, noch hörte er, wie Kepler hereinkam. Die Frau, die sich mit zugebissener Unterlippe und aufgerissenen Augen unter dem Milizionär wand, hielt inne und sah Kepler erstaunt an. Er riss ihren Peiniger hoch und schleuderte ihn zur Seite. Der prallte gegen die Wand, fiel auf die Knie und rappelte sich hoch. Benommen vor Überraschung, beugte er sich, um die Hose hochzuziehen und verharrte, als er die auf ihn gerichtete Glock sah. Kepler schoss ihm in den Kopf.

In diesem Moment kam die Frau zu sich. Ohne sich um ihre Nacktheit zu kümmern, sprang sie auf und trat gegen ihren Vergewaltiger, während sie wütend aufschrie. Kepler reichte Budi seine Pistole und die Taschenlampe, zog die nun wild zappelnde Frau an sich und drückte ihr so sanft wie es unter diesen Umständen möglich war, die Hand auf den Mund.

"Sch, sch", flüsterte er beruhigend. Nach einigen Sekunden hörte die Frau auf zu zittern und versteifte sich in seinen Armen. Ihre Augen rollten erschrocken zur Seite. Kepler nahm vorsichtig die Hand von ihrem Mund und strich ihr über die Haare. "Ruhig", flüsterte er auf Lingala und lächelte, ohne die Zähne zu zeigen. Die Frau sah ihn immer noch erschrocken an. "Ruhig, er tut dir nicht mehr weh", sprach Kepler leise weiter auf die Frau ein. Ihr Blick verlor langsam den panischen Ausdruck. "Verstehst du Französisch?", wollte Kepler wissen. Die Frau atmete etwas ruhiger durch, dann nickte sie langsam. "Gibt es hier noch mehr Gefangene?", fragte Kepler weiter.

"Ja", antwortete sie. "Wer bist du?"

"Ein Freund. Weißt du etwas von zwei Weißen und einem Chinesen?"

"Nein, aber ich bin erst seit ein paar Tagen hier", antwortete die Frau.

"Du wartest hier. Wir suchen unsere Freunde, dann holen wir dich."

"Lasst mich nicht allein!", schrie die Frau beinahe, wieder fast hysterisch.

"Wir lassen dich nicht zurück", versprach Kepler ihr. "Wir nehmen dich mit, aber erst, wenn wir gehen. Kriech solange unter die Liege."

Die Frau gehorchte widerwillig. Ihre Scham kehrte zurück, sie schnappte ihre Lumpen und drehte sich weg. Kepler nahm seine Pistole, dann verließen er und Budi den Verschlag und machten die Tür zu. Kepler wechselte das Magazin.

*****

Der Keller war nicht minder groß als die Villa darüber und hatte mehrere Gänge. Während Kepler und Budi sie durchsuchten, überprüften sie die Türen. Sie alle waren jedoch verschlossen und hinter ihnen war es ruhig und dunkel.

Dann sahen sie eine größere Tür. Hinter ihr waren mehrere Stimmen zu hören, durch den Spalt unter ihr drang schwacher Lichtschimmer hervor. Kepler und Budi stellten sich diesmal direkt vor die Tür. Sie verengten die Augen, damit der Lichtschock nicht zu groß ausfiel, und rissen die Tür auf.

Im Raum dahinter befanden sich fünf Männer. Einer saß, gefesselt an einen Stuhl, in der Mitte des Raumes. Die anderen vier standen um ihn herum. Sie grölten wie betrunken, ihre nackten Oberkörper glänzten vor Schweiß im relativ hellen Licht mehrerer Lampen, die qualmend an den Wänden hingen. In den Augen der vier Peiniger, die sie benommen auf

300

Kepler und Budi richteten, spiegelte sich nur noch das unersättliche blutrünstige Bedürfnis, ihrem wehrlosen Opfer noch mehr Schmerz und Elend zu bereiten.

Das einzig Positive, was Kepler dieser Situation abzugewinnen vermochte, war der blutüberströmte Mann im Stuhl. Trotz seines zerschnittenen und aufgequollenen Gesichts sah Kepler deutlich, dass es ein Chinese war.

Die Milizionäre waren doch gar nicht betrunken, sondern einfach nur berauscht von ihrem widerlichen Vergnügen. Kepler deutete mit der Glock an die Wand. Die Milizionäre trotteten hin und sahen ihn abwartend an.

"Die Schlüssel von den anderen Zellen", verlangte Kepler. Die Milizionäre verstanden nicht, was er wollte. Dann kam einer allmählich zu sich, langte in die Tasche, zog einen Schlüsselbund heraus und warf ihn Kepler zu. Er unternahm keinen Versuch, ihn zu fangen, und er landete scheppernd auf dem Boden. Jetzt spannten sich auch die anderen Milizionäre an. "Wo sind die beiden Südafrikaner?", verlangte Kepler zu wissen. Der Milizionär deutete undefiniert irgendwohin nach vorn. "Sind noch mehr von euch hier?", fragte Kepler.

"Oben", lallte der Milizionär.

Dann weiteten sich seine Augen und er hob abwehrend die Hand. Kepler und Budi eröffneten das Feuer. Der Raum füllte sich mit verbranntem Pulvergas, dem Klirren der ausgeworfenen Hülsen auf dem Boden und dem Stöhnen eines Milizionärs, der vorgesprungen war, und darum nicht in den Kopf, sondern in den Hals getroffen wurde. Aus der Wunde blutend, fiel er auf die anderen Milizionäre. Seine Hand rutschte auf der blutigen Wand ab, er röchelte, seine Fersen scharrten über den Boden. Budi schoss ihm in den Kopf und nahm die Sicherungsposition an der Tür ein. Kepler ging zu dem Chinesen.

Der sah fürchterlich aus. Er war geschlagen und geschnitten worden, Zigaretten waren an ihm ausgedrückt worden. Kepler schnitt die Fesseln an seinen Ellenbogen und an den Knöcheln durch. Erstaunlicherweise war der Mann sogar halbwegs bei sich, und rieb mit schwachen Bewegungen die Handgelenke.

"Bist du okay?", fragte Kepler auf Mandarin.

Dass die Frage ziemlich geistlos war, wusste er selbst, aber sie vermittelte vielleicht etwas Normalität. Der Chinese sah ihn erstaunt an.

"Wer bist du?", fragte er mühsam zurück.

"Dun Che Lao Ren", erwiderte Kepler. "Wo sind die beiden Südafrikaner?"

"Irgendwo hier", keuchte der Chinese. "Du bist nicht der Weihnachtsmann."

"Das hast du richtig erkannt", beglückwünschte Kepler ihn. "Aber für dich bin ich es schon. Kannst du gehen?", fragte er, während er sich selbst im Stillen wüst über die zerschnittenen Reifen beschimpfte.

"Sogar rennen." Der Chinese spuckte Blut aus. "Wenn es bloß weg von hier geht." Er lächelte schief. Die Südafrikaner mochten Forscher sein, dieser Mann hatte eine ganz andere Ausbildung gehabt. Er packte Kepler an der Weste und zog ihn zu sich. "Arbeitest du für Guojia Anquan Bu?", keuchte er.

Kepler lächelte widerwillig, die Frage war so idiotisch wie seine vorhin.

"Seit wann gibt es Ausländer beim chinesischen Geheimdienst?"

"Ob du – für – Guojia Anquan Bu arbeitest?", wiederholte der Chinese hart.

Chinesen und Russen waren Meister darin, ihre Agenten gegen alles Mögliche abzuhärten, auch gegen Folter. Irgendwann wurde jeder Mensch gebrochen, aber diese Typen konnten die zehnfache Dosis vertragen. Der Kerl hier war bestimmt selbst beim GAB. Oder sogar beim Zhong Chan Er Bu, dem chinesischen Militärnachrichtendienst. Kepler ermahnte sich, auf der Hut mit ihm zu sein. Er sollte ihn retten, aber sonst durfte er mit den Chinesen nicht kooperieren.

"Ja, ich bin ein Agent", antwortete er.

Das war die Wahrheit. Sogar absolut, weil er nicht gesagt hatte, für welchen Dienst er tätig war. Die Aussage täuschte aber vor, dass er als geführter Ausländer für die Volksrepublik China arbeitete. Zumal er Mandarin sprach.

Aus der Zelle hinaus, schaltete Budi die Taschenlampe ein. Er sicherte, solange Kepler den Chinesen an die Wand des Ganges setzte. Dann gingen sie weiter.

Die Zellentüren waren nicht mit Zylinder- sondern mit einfachen Buntbartschlössern versehen. Kepler und Budi hätten die Türen mit einem Stück Draht oder einem Fußtritt öffnen können, aber so ging es einfacher, zumal sich jedes Schloss mit demselben Schlüssel öffnen ließ. Sie liefen durch den Keller und öffneten jede Tür. Nicht jede Zelle war belegt, aber mehr als genug waren es.

Am Ende standen sechs Frauen, einschließlich der ersten, ein einheimischer Mann und die südafrikanischen Geologen im Flur. Keiner der beiden war so malträtiert wie der Chinese, aber sie sahen viel verstörter aus als er.

Budi und Kepler setzten sich an die Spitze der kleinen Kolonne, nachdem er den Gefangenen erläutert hatte, dass sie gehen durften und mussten. Die beiden Südafrikaner stützen den Chinesen direkt hinter ihnen, dann kamen die Frauen, den Abschluss bildete der Schwarze, der sich irgendwo eine AK-74U besorgt hatte. Sie stiegen vorsichtig die Treppe hoch und öffneten die Tür. Es war alles ruhig, und Kepler und Budi gingen nach draußen.

Kepler fehlte eigentlich jegliche Vergleichsmöglichkeit, weil er nie eine Droge probiert hatte, er fand dennoch, dass die frische Luft der Nacht jedes erdenkliche Rauschmittel übertraf. Nachdem er seine Lunge mit frischer Luft vollgepumpt hatte, fühlte er sich wieder zuversichtlich und munter.

Im nächsten Augenblick war er wieder völlig nüchtern, weil er Scheinwerfer sah. Sie waren noch sehr weit entfernt, aber sie bewegten sich schnell, so wie sie wild hüpften. Es bestand kein Zweifel, wo sie hinwollten. Kepler drehte sich zu den Kongolesen und zeigte auf die tänzelnden Lichter.

"Verschwindet hier", befahl er. "Los, haut ab, die sind gleich da."

Der Mann sprach in einem scharfen Befehlston zu den Frauen, und sie setzten sich in Bewegung. Der Kongolese wartete, bis die Frauen sich ein Stück entfernt hatten, dann ging er zu Kepler und Budi und drückte ihnen die Hände.

"Bruder", sagte er dabei, "Bruder."

Die vergewaltigte Frau kam plötzlich zurück. Sie sagte nichts, sondern berührte nur leicht Budis Gesicht, griff nach Keplers Hand, küsste sie und rannte weg.

Kepler drehte sich zu den beiden Südafrikanern und dem Chinesen.

"Wir müssen da lang." Er zeigte nach Norden. "Und zwar etwa anderthalb Kilometer weit. Hung Gee Gung, schaffst du das?"

"Du bist auch noch ein Komiker, was", erwiderte der Chinese beinahe beleidigt. "Was weißt du schon von Hung Gee Gung?"

"Genug", gab Kepler zurück. "Also was ist?"

"Renn schon los", murrte der Chinese verärgert.

*****

Während sie liefen, blickte Kepler ständig über die Schulter zurück. Sie hatten einen Vorsprung. Aber die Autos näherten sich dem Stützpunkt viel zu schnell.

Kobalas Leute mussten sich jedoch erst ein Bild der Lage verschaffen. Das dauerte fünfzehn Minuten, und das gab Kepler, Budi und den Geiseln die Zeit, außer Sichtweite des Gehöfts zu kommen.

Aber in dieser Viertelstunde schafften sie lediglich einen Kilometer. Dann erschütterte eine heftige Explosion die Nacht. Das war Budis Granate am Generator. Die Sekundärexplosion, als der Dieseltank in die Luft flog, war noch spektakulärer. Budi grinste hämisch zufrieden beim Anblick des in den Himmel steigenden orangefarbenen Feuerballs, der ihnen weitere Zeit verschaffte.

303

Doch sie stand nicht still, das hatte sie noch nie getan. Das bedeutete, dass bald der Morgen kam. Und die Geiseln waren völlig atemlos. Kepler sah einen Findling, der fast so groß war wie der, von dem er geschossen hatte. Er befahl Budi, die Geiseln weiter zu führen, kauerte hinter den Stein und machte das MSG feuerbereit, um den Rückzug abzusichern.

Für die letzten fünfhundert Meter brauchten die erschöpften Geiseln fast zehn Minuten. Die Milizionäre schwärmten schon im Tal aus, als Budi endlich meldete, dass er beim Auto war. Kepler rannte los.

Als er am Toyota ankam, saßen die Geiseln schon hinten, Budi hatte den Rucksack im Kofferraum verstaut und schloss ihn. Kepler warf ihm das MSG zu und sprang auf den Fahrersitz. Während Budi einstieg, drehte Kepler sich um und musterte die Geiseln. Der Chinese war zwar völlig erschöpft, aber seine Hand hielt fest die Glock26. Plötzlich, als würde er Keplers prüfenden Blick spüren, öffnete er die Augen. Er sah Kepler an, dann nickte er ihm zu. Kepler sah zu den Südafrikanern. Beide regten sich überhaupt nicht, obwohl sie wussten, wie nah die Verfolger waren. Anstatt besorgt aus den Fenstern zu blicken, starrten sie leer vor sich hin. Zwar in besserer körperlicher Verfassung als der Chinese, waren die Südafrikaner geistig schlechter dran als er. Sie waren gebrochen. Doch ihr Zustand war im Moment bedeutungslos, wichtig war nur, dass sie am Leben waren. Kepler startete den Motor.

Während er den Toyota über den zerklüfteten Boden jagte, kamen die Geiseln allmählich zu sich. Kepler ignorierte ihr Stöhnen, für Rücksicht gab es keine Zeit. Die Uhr im Armaturenbrett zeigte schon fast vier. Bald würde es dämmern.

*****

Sie rasten nach Norden. Nach einigen Kilometern wurde das Fahren um einiges erträglicher. Hier hatte es vor Urzeiten einen Fluss gegeben, der Boden wurde weicher und hinter dem Auto stieg sogar eine kleine Staubwolke auf.

Kepler nickte, als Budi nach ein paar Kilometern nach rechts deutete. Dort öffnete sich im Boden ein tiefer Graben. Laut Karte verlief er fast parallel zur Straße Nummer Zwei. In vier Kilometern sollte er an einem Vulkanfeld enden. Dieses lag unmittelbar vor dem letzten Kontrollpunkt, der sich einige Kilometer vor dem Flughafen von Kavumu befand. Im Moment führten die Spuren des Toyotas direkt in seine Richtung, und der Flughafen bot sich geradezu für die Flucht an. Vorausgesetzt, die Reifenspuren würden auf dem felsigen Boden des Vulkanfeldes kaum zu erkennen sein, würden die Verfolger zum Flughafen fahren, während Kepler und Budi mit den Geiseln in die direkt entgegengesetzte Richtung rasen würden. Die Chancen standen eigentlich halbwegs gut, dass diese Vorgehensweise funktionierte. Sie verlängerte jedoch den Fluchtweg.

304

Darum dachte Kepler wieder, dass es viel besser gewesen wäre, sie hätten die Verfolger am Haus aus einem Hinterhalt heraus zusammengeschossen.

Dann sah er, dass der Graben endlich aufhörte, und lenkte nach rechts.

80. Wenn ihnen einfach nur ein Quäntchen mehr Glück vergönnt wäre, dann hätten alle Reifen es über die letzten Schlaglöcher geschafft. Doch der vordere rechte platzte plötzlich mit einem lauten Knall.

Kepler brachte den J7 zum Stehen. Er und Budi sprangen aus dem Wagen und rissen das Reserverad von der Heckklappe herunter.

Während sie hastig das defekte Rad auswechselten, stiegen die beiden Geologen aus. Sie sahen schlimm aus, darum ließ Kepler sie etwas frische Luft schnappen. Bis jetzt hatte keiner von ihnen gesprochen, wie Schafe hatten sie alles über sich ergehen lassen. Sie blickten sich ängstlich und unschlüssig um.

Sechs Minuten später war das Ersatzrad montiert. Kepler deutete Budi mit einem Wink, das kaputte Rad liegen zu lassen und die Geologen ins Auto zu bringen, und lief zum Kofferraum, um das Werkzeug zu verstauen.

Währenddessen überlegte er angestrengt den weiteren Weg.

"Colonel, pass auf!", brüllte Budi plötzlich.

Kepler schreckte auf und fuhr sofort herum, seine Hand schnellte zur Glock.

Hinter dem J7 fuhr aus dem Graben ein Enduro-Motorrad heraus, auf dem zwei Männer saßen. Der Fahrer riss das Gas auf, und der kleine Zweitakter knatterte laut, vorher war er überhaupt nicht zu hören gewesen, sein Licht war aus.

Im selben Moment als Kepler die Glock hochriss, hob der Sozius eine AK mit abgesägtem Kolben. Im Augenwinkel vernahm Kepler, dass Budi zu den Geologen sprang und sie zur Seite schubste. Die AK bellte. Ein Geschoss schlug direkt über Keplers Kopf in den Dachholm des J7 ein, dann barst die Seitenscheibe. Kepler feuerte mehr nach Gefühl, denn richtig gezielt. Sein erster Schuss erwischte den Schützen, der nächste den Fahrer. Das Motorrad schlingerte und krachte auf den Boden. Kepler lief mit vorgestreckter Waffe hin. Der Fahrer bewegte sich und er erschoss ihn. Dann trat er gegen den Not-Aus-Knopf. Der funktionierte erstaunlicherweise, es wurde still.

"Wir müssen besser aufpassen, das war knapp", sagte Kepler.

Er atmete durch, während er sich umdrehte und dabei die Glock einsteckte.

*****

305

"Budi!", schrie er verzweifelt im nächsten Augenblick. "Nein!"

Sein Freund saß mit aschfahlem Gesicht auf den Knien und drückte beide Hände an den Bauch. Im zögernden Licht der Dämmerung sah Kepler, wie Blut zwischen Budis Fingern rann und auf die Erde tropfte, und dass sich ein dunkler Fleck auf seiner Kampfmittelweste ausbreitete.

Budi hob den Kopf und sah kläglich und verzweifelt zu ihm. Er rannte zu seinem Freund, fasste ihn vorsichtig um und legte ihn sanft links neben sich mit dem Rücken auf die Erde. Budi klammerte sich an seinem Arm fest.

"Colonel...", stöhnte er schwach und schmerzerfüllt.

Kepler zog seine rechte Hand unter ihm heraus. Sie war voller Blut, die Kugel war aus Budis Rücken ausgetreten. Für einen kurzen Moment hatte Kepler die verzweifelte Hoffnung gehabt, dass es nur ein glatter harmloser Durchschuss war. Er riss Budis KMW auseinander und sah, dass sich das Einschussloch etwa zwei Handbreiten unter dem Brustbein seines Freundes befand. Kepler blickte auf seine Hand. Eine Sekunde lang redete er sich ein, dass es an dem wenigen Licht lag, und dass der Handschuh die Farbe verfälschte. Doch er wusste, warum das Blut, das aus seiner zitternden Hand tropfte, so tiefdunkel, fast schwarz war. Das Geschoss hatte Budis Leber, die Galle und die rechte Niere zerfetzt.

Sein Freund wand sich, um nicht im fürchterlichen Schmerz zu schreien. Aber obwohl er seine Lippen zerbiss, konnte er nicht stillhalten. Ein Schrei kam krächzend aus seinem Mund und traf Kepler wie ein Schlag in die Magengrube.

"Budi..."

Er hielt seinen Freund fest, der vor Schmerz zu zittern anfing, und wollte an seiner Stelle sterben.

Plötzlich öffnete Budi die Augen und sah ihn an.

"Dirk", presste er durch zusammengebissene Zähne, "bring es zu Ende."

Kepler starrte ihn eine Sekunde lang an, dann schüttelte er vehement den Kopf.

"Nein, Budi, nein, nein... Ich hole dich hier raus..."

"Hat keinen Zweck..."

"Du kommst mit..." Kepler wollte ihn hochziehen, aber Budi hielt ihn mit der linken Hand fest. "Bitte, Budi, bitte...", flehte Kepler, "komm bitte..."

"Es ist vorbei und du weißt das, Colonel", keuchte Budi. "Es ist sinnlos." Sein Gesicht verzog sich im Schmerz. "Dirk, bitte... Es tut so schrecklich weh..."

Kepler sah seinen Freund an, unfähig etwas zu sagen. Dann spürte er, wie Budi ihm seine Glock in die Hand drückte. Sein Freund versuchte, ihm die Entscheidung leichter zu machen. Weil er die Pistole nicht nahm, legte Budi sie auf seine Brust und schob den Schalldämpfer unter sein Kinn.

"Bitte erlöse mich, Dirk", krächzte er. "Ich will es nicht selbst machen. Sei der Freund, der du immer gewesen bist, und tue mir diesen letzten Gefallen."

Kepler wollte verneinen. Aber dann hörte er aus der Ferne das Geräusch eines Motors, der irgendwo, noch weit weg, mit sehr hoher Drehzahl lief.

Aus zwei Gründen nahm er die Glock. Sein Freund bat ihn darum. Und er musste wenigstens versuchen, drei andere Leben zu retten.

Der unerträgliche Schmerz machte aus Budis letztem Lächeln eine wahnsinnige Grimasse. Er umschloss Keplers Finger am Griff der Pistole mit seinen beiden zitternden Händen. Fast ohnmächtig vor Qual, hob er etwas das Kinn an.

"Schieß, Dirk...", stöhnte er.

Diese Worte wären ein Schrei gewesen, wenn der unerträgliche Schmerz sie nicht zu einem Japsen verstümmelt hätte.

"Nicht so, Budi, nein", presste Kepler heraus. Er sah seinem Freund in die Augen, während er die Glock aufrichtete. Genau über Budis Herzen setzte er die Mündung an. Er schob seine rechte Hand unter Budis Nacken und zog ihn in letzter Umarmung an sich. "Ich liebe dich, Budi."

Sein Freund lächelte. Zum letzten Mal. Dann zerstörten das Geräusch des Schusses und Budis letztes kurzes Aufstöhnen Kepler vollends. Sein Freund atmete das Leben aus und erstarrte, die Augen in die Ewigkeit gerichtet.

Die ausgeworfene Hülse flog hinter Keplers Kragen und verbrannte seine Haut. Aber diesen Schmerz nahm er nicht wahr, er war nichts im Vergleich zu dem in seinem Innern. In blinder Wut leerte Kepler das Magazin der Glock in die kongolesische Weite und sank über dem Körper seines Freundes zusammen.

*****

Zwei Sekunden vergingen, bevor das sich nähernde Geräusch eines Motors ihn in die Wirklichkeit zwang. Er wischte die Tränen aus den Augen.

"Du rettest mich auch noch mit deinem Tod", flüsterte er. "Danke, Budi." Er drückte seinem Freund die Augen zu und atmete durch. Dann sah er hoch. "Ins Auto", befahl er den Südafrikanern.

Die beiden Männer stiegen sofort hastig ein.

Kepler fühlte und empfand nichts mehr, aber sein Gehirn arbeitete wieder. Er schraubte den Schalldämpfer von Budis Glock und warf ihn weg, die Pistole und Budis Ersatzmagazine für sie steckte er ein. Dann nahm er Budis Splitterhandgranate, zog behutsam die MP5 über Budis Kopf und ging zwei Meter weg. Er streifte die Kugelummantelung von der Granate, zog den Sicherungsring ab und öffnete den Verschluss der MP. Vorsich-

307

tig steckte er die Granate in die Verschlussöffnung, blockierte mit ihr den Schlagbolzen und legte die MP so hin, dass die Granate nicht sichtbar war, aber herausrutschen würde, sobald man die MP hochhob. Kepler rannte zum Motorrad. Es lag auf dem Pfad, daneben war das Gelände mit Gräben durchzogen. Autos konnten sie nicht überqueren, sie würden anhalten und das Motorrad wegzuschieben. Kepler zog eine Granate aus der Weste, entsicherte sie und schob sie samt Mantel unter das Motorrad.

Danach sprang er in den Toyota startete den Motor und fuhr los.

Kaum mehr als dreißig Meter weiter lag links eine große, mit riesigen Findlingen übersäte Fläche. Als Kepler an ihnen vorbeijagte, sah er im Spiegel mehrere Scheinwerfer auftauchen. Er lenkte den Toyota zwischen die Findlinge und hielt den Wagen hinter einem großen Stein an.

"Wir müssen weiter", sagte der Chinese.

Kepler drehte sich um. Der Chinese sah ihn ausdruckslos an, die Gesichter der beiden Geologen waren nun vor Furcht verzerrt.

"Ich lasse ihn da nicht so liegen", krächzte Kepler. "Und wir müssen freien Rücken haben." Er machte den Motor aus und zog den Schlüssel ab. "Wartet."

Eine Explosion hallte kurz und trocken über die Umgebung. Die Falle am Motorrad hatte nicht funktioniert, es war die Granate in der MP5. Ohne Splittermantel klang die DM51 hohl.

Kepler rannte zum Kofferraum. Er hatte drei Magazine für das MSG in seiner Weste, aber er holte noch die zwei heraus, die im Rucksack waren. Dann nahm er das Gewehr und rannte los, hoffend, die Munition würde genügen.

Am letzten Findling brachte er das Gewehr in Anschlag.

Zwei Fahrzeuge standen zwanzig Meter hinter dem Motorrad. Etwa sieben Männer warteten neben ihnen, während zwei ganz junge Milizionäre versuchten, an die Granate zu kommen, die unter dem Motorrad klemmte. Ein Milizionär lag in einer riesigen Blutlache unweit von Budis Leiche.

Kepler kniete hin und legte das MSG neben sich. Danach legte er die beiden Nebeltöpfe und die Granate vor sich hin. Die ließ er liegen. Er wollte sein Kommen nicht verschleiern, eine Granate würde schon für den Überraschungsmoment sorgen. Kepler vergewisserte sich der Entfernungen, nahm eine Handgranate, riss den Sicherungsring aus ihr heraus und schleuderte sie zu den Milizionären an den Autos. In den ein paar Sekunden, die er noch hatte, ergriff er das MSG und duckte sich. Die Granate hatte nur einen Wirkungskreis von zehn Metern, aber die Bewegung war eingefleischt. Dann sprang er auf.

Er hatte die Granate im hohen Bogen geworfen, sie schlug nach drei Sekunden unweit der Milizionäre auf dem Boden auf. Die starrten sie an.

Die letzten zwei Sekunden vergingen, und als die Milizionäre auseinanderstoben, explodierte die Granate und tötete zwei von ihnen, oder sie fällte sie zumindest. Im selben Moment entsicherte Kepler das MSG, trat hinter dem Findling hervor und feuerte.

Sein Finger betätigte den Abzug exakt wie eine Maschine, und das MSG tat genau das, was er wollte. Wie ein Freund.

Der Schalldämpfer verschleierte seine Position, Kepler mähte zwei Milizionäre nieder, bevor die anderen zu sich kamen. Er wechselte das Magazin und ging vor, während er wieder feuerte. Noch zwei Milizionäre stürzten zu Boden, bevor die anderen Kepler sahen. Sie rannten schießend auseinander, aber ihr Feuer war hastig und verrissen, obwohl er sich auf zwanzig Meter genähert hatte. Er zielte nicht, sondern schoss nach Gefühl, aber seines war um Welten besser entwickelt als das seiner Gegner. Er hielt die Milizionäre unten, trieb sie mit seinen Schüssen zusammen und sobald sie ein größeres Ziel bildeten, erschoss er sie.

Als die nächsten zwanzig Schuss verbraucht waren, waren nur noch drei Milizionäre am Leben. Während Kepler das nächste Magazin einsteckte, flohen sie.

Jetzt legte Kepler richtig an. Den ersten fliehenden Milizionär fällte er mit einem Kopfschuss. Die beiden anderen flüchteten zum Graben. Das würde Kepler das Zielen sehr einfach machen. Einem Milizionär kam der gleiche Gedanke, er drehte wieder ab, während der zweite in den Graben sprang. Kepler legte auf den ersten an. Die Kugel erwischte ihn mitten im Rücken und er stürzte aufschreiend vornüber. Kepler feuerte nochmal auf ihn und rannte zum Graben. Der zweite Milizionär hatte fast die leichte Biegung erreicht, die sich knapp einhundert Meter entfernt befand. Er hatte nur noch wenige Schritte, stolperte aber und stürzte. Er rappelte sich hoch und stützte sich taumelnd mit den Händen an seinen Knien ab, seine AK hatte er längst fallenlassen. Die Dunkelheit war schon fast licht geworden. Der Milizionär richtete sich langsam auf und sah über die Schulter. Er verharrte, als er Kepler sah. Sein Gesicht im Strichbild des Absehens verzog sich vor entsetzlicher Todesangst. Kepler drückte dreimal schnell ab. Die erste Kugel traf den Milizionär ins Gesicht, die letzten beiden Kugeln zerfetzen den Kopf des schon toten Milizionärs, noch bevor er umfiel.

Kepler wechselte das Magazin und drehte sich um. Während er in Richtung der beiden Autos ging, feuerte er ununterbrochen auf sie und auf die liegenden Milizionäre. Falls einer den ersten Angriff überlebt haben sollte, den zweiten mit Sicherheit nicht, und die Autos waren jetzt völlig unbrauchbar. Kepler leerte zwei Magazine, dann hörte er, dass das letzte Projektil den Lauf nicht verlassen hatte. Die Beschädigung bei dem Unfall mit dem Mercedes G und die Belastung eben haben den Schalldämpfer wohl überhitzt und er hatte sich verzogen.

Doch der Steckschuss war jetzt bedeutungslos, alle Feinde waren tot. Kepler klickte das Magazin heraus und lud das Gewehr durch. Die Hülse wurde aus der Kammer ausgeworfen. Kepler packte den Schalldämpfer an, und die Handschuhe bewahrten ihn vor Brandblasen, als er ausholte und das Gewehr mit aller Kraft mit dem Kolben auf die Erde schlug. Er demolierte das MSG, bis es völlig unbrauchbar war. Als er zuletzt das Zielfernrohr kaputt trat, hatte er das Gefühl, noch einen Kameraden verraten und getötet zu haben.

Dann ging Kepler zu Budi. Er kniete vor seinem toten Freund und schob die Hände unter ihn. Er musste sich stählen, um Budi hoch zu heben, anstatt über ihm weinend zusammenzubrechen.

Er trug ihn und es zerriss ihn. Bei jedem Schritt hatte er eine andere Erinnerung an seinen Freund vor Augen, und sein Inneres wehrte sich vehement, verzweifelt und hilflos gegen Budis schrecklichen Tod.

*****

Die Geologen und der Chinese standen neben dem Toyota. Kepler sah den Südafrikanern an, dass sie am liebsten weggelaufen wären. Was sie zurückgehalten hatte, war nur die Unwissenheit – wohin. Der Chinese hingegen machte einen gefassten und ruhigen Eindruck. Er überlegte etwas.

"Macht mir die Beifahrertür auf", knurrte Kepler, "und dann einsteigen."

Der Chinese öffnete die Tür. Kepler setzte seinen toten Freund in den Sitz, schnallte ihn an und neigte etwas die Lehne, damit er nicht vornüber fiel.

Bevor er einstieg, sah er in den Himmel. Höchstens vierzig Minuten noch, bis der Morgen richtig hell war. Dann mussten sie dreißig Kilometer weiter südlich, in Bukavu, sein. Sonst waren sie aufgeschmissen.

Und sein Freund war umsonst gestorben.

81. Kepler hielt das Gas durchgetreten, auch wenn das mit fürchterlichem Gehopse verbunden war. Er verdrängte den Gedanken an die Reifen und fuhr so schnell, wie es nur ging. Seine ganze Aufmerksamkeit galt der Straße, die Geiseln waren ihm egal. Nur Budis Körper hielt er mit der rechten Hand fest, damit sein Freund nicht herumgeschleudert wurde.

Fünf Minuten später erreichte der Wagen die Zwei. Kidumbi passierten sie zehn Minuten später. Hier ging Kepler minimal vom Gas, die ersten Menschen waren schon auf den Straßen.

*****

Vier Kilometer hinter der Ortschaft befand sich der Kontrollpunkt.

Mit Kobalas Leuten. Solchen wie denen, die Budi getötet hatten. Plötzlich stieg eine nie gekannte Wut in Kepler hoch. Er hämmerte ohnmächtig mit der rechten Hand gegen das Lenkrad. Dann erfasste ihn grimmige Entschlossenheit.

Er blieb auf der Straße, anstatt den Kontrollpunkt zu umfahren. Etwa zwanzig Meter vor dem Häuschen sah er einen Milizionär hinauslaufen. Er hielt auf ihn zu, das band dessen Aufmerksamkeit. Die Augen auf das Auto gerichtet, hob der Milizionär sein Sturmgewehr und Kepler trat in die Bremse.

Der Wagen hielt zehn Meter vor dem Milizionär an. Kepler zog die Glock, riss die Tür auf und sprang heraus. Während ein weiterer Milizionär aus dem Häuschen kam, und dann noch einer, brachte Kepler die Glock in Anschlag und rannte los. Er feuerte dreimal auf den ersten Milizionär, danach auf die beiden anderen. Er tötete alle drei, bevor sie auch nur angelegt hatten.

Als er das Häuschen erreichte, war sein Magazin leer. Er drückte auf den Magazinknopf und schleuderte es mit einer abrupten Handbewegung aus der Glock, steckte ein neues ein und machte sie scharf. Sie vor sich hinhaltend, betrat er das Häuschen. Es war leer. Er zerschoss das Funkgerät, wechselte das Magazin, lief hinaus und packte die erste Leiche am Kragen.

Während er die letzte Leiche ins Häuschen zerrte, näherten sich zwei Fahrzeuge, eines aus jeder Richtung. Der Lieferwagen raste vorbei, sein Fahrer blickte stur nach vorn. Die vier Männer in dem PKW, der nach Bukavu fuhr, sahen Kepler erschrocken an. Er ließ die Leiche los, richtete sich auf, bedachte die Männer mit einem warnenden Blick und legte drohend einen Finger an die Lippen. Der Fahrer des PKWs gab Vollgas. Kepler lief zum J7. Die Geologen hatten die Augen zu. Kepler stieg ein und fuhr dem PKW hinterher.

Der hielt keinen Kilometer später an, um ihn vorbei zu lassen. Kepler wurde langsamer, als er an dem PKW vorbeifuhr. Soweit er es sehen konnte, telefonierten die Männer nicht. Hoffentlich hatte auch der Fahrer des Lieferwagens niemanden angerufen. Kepler gab wieder Vollgas.

*****

In den nächsten zehn Minuten überkam ihn eine seltsame, tranceartige Gleichgültigkeit. Er hatte keine Lust mehr, Kobalas Milizionären überhaupt noch auszuweichen. Die Geiseln waren ihm völlig egal, und er selbst war sich ebenso egal. Sollte er auf ein Hindernis auflaufen, würden sie alle im Kugelhagel sterben. Kepler rechnete nach, wie viele Magazine er noch für die Glock hatte. Es waren genug, nur Granaten hatte er keine mehr. Aber auch das war ihm egal.

311

Es war kurz vor Sonnenaufgang, als sie Bukavu erreichten. Kepler verspürte eine Erleichterung und die Entrückung verschwand und der Selbsterhaltungstrieb erfüllte ihn wieder. Er war der er war, er konnte nichts anderes sein und nichts anderes machen. Und wie früher, als er bei der Trauer um seine gefallenen Soldaten daran dachte, dass dafür andere leben würden, wollte er jetzt alles tun, um die drei Männer hinter ihm heile hier heraus zu bringen.

Er hatte vorgehabt, Bukavus Zentrum weiträumig zu umfahren. Aber um die Zeit würde er in den Randbezirken mit Sicherheit angehalten werden. Zudem befanden sich südlich von Bukavu etliche kleinere Minen, die Privatpersonen gehörten. Und jeder kongolesische Landbesitzer sah sich als Herr aller Dinge, die sich von seinem Flecken Erde herleiten ließen, selbst das Betreten des Grundstückes bedurfte ihrer ausdrücklichen Zustimmung. Außerdem waren die meisten Landbesitzer bewaffnet. Kepler hatte keine Zeit für solche Geplänkel.

Er blieb auf der Hauptstraße, fuhr aber erst zu derselben Stelle, an der Budi auf dem Hinweg angehalten hatte. Dieser Gedanke war schneidend.

Kepler öffnete die Heckklappe und wollte Budi holen. Aber seinen Freund in den Kofferraum zu legen, kam ihm als Schändung vor, auch wenn es sein musste. Er wollte Budi um Vergebung bitten. Doch er konnte es nicht tun. Er verstaute den Rucksack im Kofferraum und zog die eigene Jacke an. Danach ging er zu Budi. Er schnallte ihn ab und zog ihm die KMW aus. Dann legte er ihn wieder auf die Lehne und drehte seinen Kopf so, als würde Budi schlafen.

Danach sah Kepler zu den drei Geiseln.

"Lehnt euch gegeneinander oder sonst irgendwie, aber tut so, als würdet ihr schlafen", befahl er den drei Männern.

Er fuhr gerade wieder auf die Zwei, als sämtliche Autos auf der Straße anhielten. Kepler tat es auch, es war die Zeit des Hissens der Nationalflagge. Passierte man zu dieser Zeit, oder wenn die Flagge abends eingeholt wurde, öffentliche Gebäude, musste man anhalten und warten, bis die Zeremonie vorbei war.

Kepler sah nach rechts. Neben einem Gebäude kroch quälend langsam die blaue mit goldenem Stern und rotem Querstreifen Flagge der Demokratischen Republik Kongo den Mast hinauf. Eine korpulente Frau zog gemächlich am Seil und tat, als würde sie die wartenden Autos nicht sehen. Aber es bereitete ihr sichtlich Freude, Menschen unnötig lange warten zu lassen.

Die Prozedur dauerte fünf Minuten. Kepler riss sich zusammen, und wartete, bis die Autos vor ihm losfuhren. Er fädelte den Toyota hinter einen betagten Renault-LKW ein und blieb dicht hinter ihm.

Wegen der frühen Stunde, oder weil Kobalas Leute nicht wussten, nach wem sie suchen mussten, oder aus irgendeinem anderen Grund, passierte Kepler Bukavu zügig und ohne Zwischenfälle. Einmal sah er zwei Milizionäre einen Wagen kontrollieren. Einer sah gelangweilt auf den J7, streifte mit dem Blick über das Emblem von World Vision und Budi, und blickte desinteressiert weg.

*****

Im Stadtteil Muhungi verließ Kepler den Kreisverkehr nach links auf die Avenue De L'abattoire. Die Straße wand sich zwischen den Häusern bis ans Ufer des Ruzizi, wo sie sich anschließend entlang des Grenzflusses schlängelte.

Kepler dachte an die Nacht, als er und Budi in Bukavu ankamen und unweit von hier den G versteckt hatten. Es war wie gestern, und gleichzeitig wie vor Ewigkeiten. Kepler sah Budis lächelndes Gesicht vor sich und dachte sogleich daran, dass sein Freund jetzt tot neben ihm saß.

An der Stelle, wo der Fluss enger wurde, überspannte ihn eine ziemlich mitgenommene Brücke. Es war schon viel Verkehr auf der Straße, Kleinhändler in halbverfallenen Autos, Minenarbeiter in maroden Lastwagen und UNO-Typen in schicken SUVs. Das gegenüberliegende Ufer war an dieser Stelle noch kongolesisches Gebiet, aber bis zum Grenzübergang war es nicht mehr weit.

Kepler wusste nicht, wie die Kontrollen dort waren, doch sich den Weg frei zu schießen, behielt er sich als letzte Option vor. Er könnte die Grenze irgendwo anders überqueren, doch das wäre wahrscheinlich der größere Fehler, denn abseits der Kontrollpunkte suchte man verstärkt nach Coltan-Schmugglern. Kepler musste es wagen und fuhr über die Brücke.

Nach der Überquerung sah er zweihundert Meter von der Straße entfernt einige Bäume. Er fuhr zwischen die Bäume, stieg aus und holte das Telefon heraus.

"Lass die Turbinen anlaufen, Kolja", sagte er sobald der Russe abnahm.

Der Pilot bestätigte und Kepler legte auf. Er ging um den J7 herum, öffnete die Beifahrertür, zog die Glock und feuerte zweimal in die Scheibe. Mit dem Griff der Pistole schlug er die Glasscherben weg, aber nicht alle, sodass einige im Rahmengummi blieben. Danach öffnete er die rechte hintere Tür und wiederholte das Ganze. Anschließend blickte er zu den Männern auf dem Rücksitz. Sie waren fertig und geschafft, und eigentlich konnten sie persönlich nichts für Budis Tod. Trotzdem drückte Kepler die Mündung schräg an den Oberarm des Geologen, den Budi zur Seite geschubst hatte, und schoss. Der Geologe jaulte auf, obwohl es nur ein Streifschuss war. Aber es war blutig genug.

"Ist nur ein Kratzer und ich verarzte dich bald, aber du drücke jetzt so darauf, dass man die Wunde sieht", befahl er dem ihn fassungslos anbli-

313

ckenden Geologen. Dann sah er den anderen und den Chinesen an. "Und ihr beide seht verdammt krank und ängstlich aus, sonst sind wir geliefert."

Kepler zog die Weste und die Handschuhe aus. Er legte sie und die Glock17 unter die Fußmatte vor dem Beifahrersitz. Es war schlimm, Budis Beine anfassen zu müssen, die Leichenstarre setzte schon langsam ein. Kepler holte die HP aus dem Handschuhfach und schob sie unter Budis linken Oberschenkel. Dann berührte er mit der Stirn die inzwischen fahle und kalte Stirn seines Freundes. Er machte die Tür zu und sah an sich herunter. Die Jacke war schmutzig und mit Budis Blut beschmiert. Kepler riss den rechten Ärmel halb ab, zog das Tuch vom Kopf und band es sich als Atemschutz vors Gesicht. Danach stieg er ein.

Im Spiegel sah er in das Gesicht des Angeschossenen, der sich am Oberarm hielt. Der Geologe sah mitleiderregend aus. Kepler fuhr zur Straße.

Von Ruanda kamen viele Fahrzeuge, dahin fuhren wenige. Kepler wartete eine größere Lücke zwischen den Autos in Richtung Ruanda ab und fuhr nach rechts.

Einige Kilometer später sah er den Grenzübergang mitten in einer Kurve. Die Einrichtung sah behelfsmäßig aus, die Kongolesen und die Ruander teilten sich ein Gebäude, darauf prangten aufgemalte Wappen, sowohl das mit der friedlichen Hütte Ruandas, als auch das kongolesische mit dem Tigerkopf. Dabei gab es in Afrika von Natur aus überhaupt keine Tiger. Die Uniformen der Posten wiesen kaum Unterschiede auf, die Bewaffnung überhaupt nicht.

Kepler beschleunigte, dann stieg er abrupt in die Bremse, sodass der Toyota kreischend in einer Staubwolke zum Stehen kam. Kepler sprang aus dem Auto und rannte winkend zu den Grenzposten, die ihn verblüfft ansahen. Er griff in die Tasche, zog den World-Vision-Ausweis hervor und wedelte damit.

"Ein Notfall", schrie er auf Französisch wie außer Atem und sah von einem Soldaten zum anderen. "Ein Notfall", wiederholte er auf Englisch. Ein Soldat riss ihm den Ausweis aus der Hand. Kepler, als wäre er eben zu sich gekommen, zog das Tuch vom Gesicht herunter. "Bitte, helfen Sie uns", sagte er flehend.

Ein Offizier kam hinzu, ihm folgten Soldaten beider Länder. Kepler warf einen schnellen Blick auf die grünen Schulterstücke des Offiziers. Dort stand *Rwanda*.

"Was ist hier los?", verlangte der Offizier barsch zu wissen.

"Ich habe drei Kollegen im Auto, die dringend medizinisch versorgt werden müssen", haspelte Kepler auf Englisch, aber mit heftigem französischem Akzent, die Augen auf den Offizier gerichtet. "Sie haben Beulenpest", redete er schnell weiter und verschluckte dabei die Hälfte der

Vokale. "Wir wollten nach Kavumu, sie müssen ausgeflogen werden, aber der Flughafen dort ist völlig dicht. Jetzt soll ich nach Kamembe, unsere Maschine wartet dort."

"Spreche Französisch, wenn es besser ist", sagte der Offizier.

Auch wenn Französisch eine der Amtssprachen Ruandas war, kaum jemand im Land sprach es, und der Offizier beherrschte es nicht auf Muttersprachlerniveau.

"Vielen Dank", sagte Kepler und atmete mehrmals durch. "Wir sind auf dem Weg hierhin überfallen worden, konnten jedoch entkommen, aber einer der Männer ist angeschossen worden, und unser Begleitschutz ist tot."

"Von welcher Station kommt ihr?", fragte der Offizier.

"Die ganz neue in Walungu", antwortete Kepler.

Er hatte keine Ahnung, ob irgendeine Hilfsorganisation dort eine Station unterhielt. Aber der Ort lag weit in Kongos Landesinnerem, und zwar näher an Bukavu als an Kalemie. Das erklärte die Fahrt hierhin. Und die Erklärung implizierte, dass mit der angeblichen Station keine Verbindung möglich war.

Kepler senkte den Kopf, atmete schwer durch und schielte zum Toyota. Einer der Soldaten inspizierte gerade den Wagen. Er sah auch in den Kofferraum, aber ohne ihn aufzumachen. Er holte nicht einmal die Pistole, die unter Budis Bein steckte. Danach kam er zurück.

Kepler verstand nicht, was er dem Offizier berichtete, die Männer sprachen wohl Kinyarwanda, eine Bantusprache. Kepler hörte zwar einige Parallelen mit Lingala heraus, den Sinn des Gesagten erfasste er dennoch nicht.

Der Offizier sah ihn an, warf einen Blick in den Ausweis und dann wieder auf ihn. Kepler hob das Gesicht und sah ihn möglichst verwundert an. Der Offizier stutzte leicht, dann musterte er ihn von Kopf bis Fuß. Schließlich schüttelte er bedauernd den Kopf, lächelte aber leicht verlegen. Die List mit den weißen Haaren und dem Ausweis schien aufzugehen.

"Von wem wurdet ihr überfallen?", fragte der Offizier.

"Es könnten Interahamwe gewesen sein", beschuldigte Kepler die Hutu-Miliz, die neunzehnhundertvierundneunzig maßgeblich am Völkermord an Tutsis beteiligt gewesen war. "Aber ich kann mich irren, es ging so schnell, ich habe es nicht richtig sehen können", ergänzte er für den Fall, dass der Offizier auch ein Hutu war. Er atmete möglichst krampfhaft durch. "Monsieur, hören Sie, der Angeschossene im Auto ist der Neffe des belgischen Entwicklungsministers", teilte er dem Offizier bedrückt mit. "Ich muss wirklich dringend nach Kamembe, sonst stirbt er noch." Er versuchte unterwürfig zu blicken. "Es muss schnell gehen. Können Sie mir einen Soldaten mitgeben, damit niemand mich anhält? Ich bringe ihn gleich wieder zurück." Er sah den Offizier, dann die Soldaten an. "Er sollte nur besser eine Maske tragen, Monsieur. Wegen der Pest", fügte er so beiläufig hinzu, als wenn er um eine Zigarette bitten würde. "Haben Sie welche?"

Das erzielte die gewünschte Wirkung, *Pest* verstanden die Soldaten auch auf Französisch. Sie drucksten, und der Offizier sah Kepler betreten an. Dann blickte er betont geschäftig auf die Straße. Der Stau, den Kepler verursacht hatte, war mittlerweile in beide Richtungen ziemlich lang.

"Ich kann keinen meiner Männer mitgeben", sagte der Offizier. Sein Blick wurde betreten, Kepler spielte seine Verzweiflung anscheinend gut. "Aber wenn ihr dieser Straße folgt, kommt ihr direkt nach Cyangugu, es sind sechzehn Kilometer, und der Weg zum Flughafen ist ausgeschildert", beeilte sich der Offizier verlegen zu sagen. "Ich werde der dortigen Polizeistation sofort Bescheid sagen, damit man einen Wagen schickt, der euch eskortiert."

"Danke, Monsieur, vielen Dank", erging sich Kepler in Erleichterung. Die war nicht vorgetäuscht. Die Freude, mit der er die Hand ausstreckte, schon. Der Offizier hüstelte unbehaglich und er nahm die Hand herunter. "Ja, die Pest... Entschuldigung", bat er. "Ich fahre los und Sie rufen an, ja?"

"Ja. Wenn du zurückkommst, unterhalten wir uns über den Überfall", erwiderte der Offizier. "Ich behalte solange deinen Ausweis hier."

"Ja, Monsieur, natürlich", erwiderte Kepler beflissentlich. "Danke nochmals."

"Ja. Wirf die Pistole des Toten auf die Straße."

Kepler nickte und lief zum Toyota. Am Wagen zog er das Tuch über das Gesicht, stieg ein, warf die HP hinaus und fuhr los. Er winkte dem Offizier im Vorbeifahren zu. Der winkte geistesabwesend zurück, er telefonierte bereits.

*****

Ruandas Straßen waren in einem ähnlichen Zustand wie die im Kongo. Der Wagen schüttelte sich, aber das war Kepler egal. Nur noch zwanzig Kilometer und ins Flugzeug, dann könnte man sagen, sie hätten es geschafft.

Budi nicht.

Mitten in Cyangugu verwandelte sich die Straße aus dem Aschenputtel in eine Prinzessin, plötzlich wurde aus der Schotterpiste ein Asphaltbelag, der in einem erstaunlich guten Zustand war. Kepler erhöhte sofort die Geschwindigkeit.

Kurz hinter der Ortsgrenze sah er einen alten fünftürigen Peugeot104. Er erkannte den verblassten Oldtimer undefinierbarer Farbe als Polizeiau-

316

to nur, weil daneben zwei Männer in Uniformen und roten Baretten standen. Kepler zog die Glock aus dem Stiefel, als er hinter dem Peugeot anhielt. Dann winkte er drängend. Die Polizisten stiegen ein und fuhren los. Kepler folgte ihnen.

Als er hinter dem Peugeot die asphaltierte Straße nach links verließ, sah er ein Hinweisschild mit einem Flugzeugpiktogramm. Sie fuhren weiter zwischen Häusern, dann über eine freie Fläche, und plötzlich sah Kepler unvermittelt eine kilometerlange Landebahn, von der gerade eine mittelgroße zweimotorige Maschine abhob. Sie rauschte dröhnend davon, während der Peugeot schon mitten auf dem Gelände des Flughafens anhielt. Die Polizisten winkten durchs Fenster, wendeten und fuhren zurück. Kepler erwiderte den Gruß und sah sich um.

Das Gelände des Flughafens war mit verschiedensten Flugzeugen überfüllt. Sie parkten sogar direkt neben der Landebahn auf dem unbefestigten Boden.

Um keine Zeit mit dem Suchen zu verschwenden, rief Kepler Nikolai an.

Zwei Minuten später sah er den Russen über die Piste laufen, unbeeindruckt von einer uralten propellergetriebenen, landenden Douglas DC-3, die gefährlich mit den Tragflächen wackelte. Kepler fuhr dem Russen entgegen. Nikolai sah auf Budis blutverschmierte Brust, dann warf er einen Blick nach hinten.

"Wer sind die?", wollte er wissen.

"Die Passagiere", antwortete Kepler kurzangebunden.

"Sind aber drei."

"Das überlädt das Flugzeug nicht."

Nikolai kommentierte es nicht. Es wirkte, als sei er nicht mehr froh, den Job angenommen zu haben. Aber er stand zu seinem Wort. Kepler schätzte dennoch, dass eine Preisnachverhandlung anstand. Nikolai deutete zum Terminal.

"Dahinter steht eine Falcon50 der RwandaAirCargo."

Kepler brauchte weniger als eine Minute, um die dreistrahlige Maschine auf der asphaltierten Fläche neben der Rollbahn zu erreichen.

Nikolai kam zwei Minuten später angelaufen. Erst dann stieg Julien aus dem Flugzeug. Er rümpfte die Nase, als er die Geiseln sah. Und explodierte fast, als Kepler ihm mitteilte, dass sie Budi mitnehmen würden. Kepler musste sich beeilen, er erklärte sich einverstanden, ihn im Frachtraum unterzubringen, Julien wollte den Leichnam auf keinen Fall in der Kabine haben. Dem blieben weitere Worte im Hals stecken, als Kepler seine Weste anzog und die schallgedämpfte Glock einsteckte. Erschrocken, ging er zur Frachtluke und öffnete sie.

Kepler holte seinen Freund aus dem Auto. Die Leichenstarre hatte schon dessen Oberkörper fast komplett erfasst. Kepler legte Budi auf die Erde und machte ihn gerade. Es war grässlich. Aber ihn zurück zu lassen, das konnte Kepler nicht. Er hob Budi hoch und trug ihn zum Flugzeug. Der Frachtraum war zum Glück groß genug, sodass Budi dort ausgestreckt liegen konnte. Kepler legte ihn hinein. Julien schloss die Luke, und er folgte ihm zum Einstieg.

Nikolai beeilte sich, er führte schon die Abflugchecks durch. Dieser Flug würde für ihn der schlimmste seiner Laufbahn werden, so wie Julien ihn beim Einsteigen ansah. Es war der empörte Blick eines eingebildeten Opportunisten, der seinen Willen nicht hatte durchsetzen können.

Der Zwist war harmlos im Vergleich zu dem, was auf die Piloten noch zukam.

Aber zuerst wollte Kepler nur in die fliegende Röhre einsteigen und diesen unsäglichen Ort, der ihm seinen Freund genommen hatte, für immer verlassen.

82. Das Innere der Falcon war karg. Die betagte Maschine war im Grunde zwar ein Geschäftsflugzeug, mit Smiths G550 konnte sie aber nicht mithalten.

Auf dem Boden lag kein Teppich und einer der Geologen fiel fast hin, als er über eine Verzurröse stolperte. Steuerbords standen im mittleren Drittel der Kabine drei verschlissene Sitze. Sie gehörten sonst nicht zur Ausstattung, sie waren in den Ladeschienen festgemacht. Zwei Sessel hinter der Cockpittür entgegen der Flugrichtung waren dagegen fest verankert. Von hier aus konnte Kepler die Geiseln gut beobachten. Er winkte sie auf die hinteren Sitze.

Noch war nichts vorbei. Um die Täuschung des Chinesen aufrecht zu erhalten, übersetzte Kepler, als Nikolai erklärte, dass sie noch einige Genehmigungen einholen und den Flugplan bestätigen lassen mussten. Noch während er sprach, sah Kepler, wie wieder Angst in die Gesichter der Geologen kroch.

Nachdem Nikolai den Einstieg geschlossen hatte, entspannten sich die Geiseln ein wenig. Kepler schraubte den Schalldämpfer von der Glock, so konnte er bequemer sitzen. Die Geiseln beobachteten ihn wieder angespannt, der Verletzte sogar ziemlich ängstlich. Kepler kramte zwei Mullverbände und zwei Päckchen mit Desinfektionspulver aus der Weste und warf sie dem Chinesen zu.

"Hung, flick ihn zusammen", befahl er. "Und dich selbst auch."

"Wieso nennst du mich wieder so?", fragte der Chinese schwerfällig.

Kepler lächelte kurz und freudlos. Hung Gee Gung, ein Kräuterhändler aus der Provinz Honan, war eines seiner Vorbilder. Vor Jahrhunderten hatte der Kung-Fu-Meister aus dem Tiger- und dem Kranich-Stil die Kampfart *Hung's Faust* entwickelt, von der Kepler sich einiges angeeignet hatte. Der Legende nach war Hung ein außergewöhnlich starker und zäher Mann gewesen.

"Weil du halbtot zu Scherzen aufgelegt warst", antwortete Kepler.

Der Chinese sah ihn forschend an und nickte dann. Als er sich zu dem Verletzten drehte, hatte Kepler den Eindruck, dass er beinahe zufrieden war. Er hatte wirklich etwas von Meister Hung, der einen außerordentlich starken Willen gehabt hatte. Der Chinese versorgte gründlich den Geologen, bevor er sich um seine eigenen Verletzungen kümmerte.

*****

Es dauerte noch eine Stunde, bis alle Vorbereitungen abgeschlossen waren und die Startfreigabe erteilt wurde. Die Falcon rollte an und fünf Minuten später schwang sie sich unter dem Dröhnen ihrer drei Triebwerke träge in die Luft.

Während des Steigfluges beobachtete Kepler unentwegt die Landschaft. Nach einer westwärtigen Schleife flog die Falcon nach Süden. Sie stieg dabei, und bald verdeckte eine geschlossene, blendendweiße Wolkendecke die Erde.

Kepler wartete, bis die Reiseflughöhe erreicht war, und achtete dabei auf die Lageänderungen der Maschine. In der Luft durfte man seinen Wahrnehmungen eigentlich nicht trauen, aber außer Intuition hatte Kepler nichts dabei, den Kompass hatte Budi. Doch das Flugzeug schien in die richtige Richtung unterwegs zu sein. Kepler zog das Telefon aus der Tasche und drückte die Eins.

"Hallo, Joe. Wie geht es voran?"

Gradys Stimme klang wie üblich kalt, aber auch in aufgeregter Erwartung.

"Ich bin auf dem Weg zurück", antwortete Kepler.

"Die Geiseln?", fragte der Direktor sofort angespannt.

"Alle drei bei mir."

"Welche drei?"

"Es war ein Chinese bei den Geologen. Er hat sie wohl erpresst."

"Ach du..." Grady brach ab und schwieg sechs Sekunden lang. "Okay, das ist sehr gut", meinte er dann viel gelöster. "Geben Sie mir Smith."

"Ich musste ein anderes Flugzeug nehmen. Wir fliegen nach Windhuk."

"Das ist nicht gut", behauptete Grady sogleich vorwurfsvoll.

"Ach was, echt?", höhnte Kepler. "Dann verbessern Sie es."

Daraufhin schwieg der Direktor verwirrt eine Weile.

"Womit sind Sie unterwegs?", erkundigte er sich dann sachlich.

319

"Dassault Falcon50."

Grady überlegte wieder.

"Ich schicke Ihnen gleich die Koordinaten, wo der Pilot landen soll", sagte er dann in seinem üblichen rigorosen Ton einer Anweisung. "Sie werden dort etwas warten müssen, bis wir Sie abholen."

"Die Piloten sind Zivilisten. Sie werden es nicht wollen."

"Aber sie werden es tun", versprach Grady nach einer erneuten kurzen Pause.

"Na von mir aus", erwiderte Kepler. "War's das jetzt?"

"Was ist schiefgelaufen, Joe?", fragte Grady daraufhin schwer.

"Budi ist tot", antwortete Kepler matt.

"Verflucht."

Das leise Murmeln überraschte Kepler – es hatte betroffen geklungen. Grady sagte nichts weiter, in der Leitung knackte es, dann war sie tot.

Kepler ging zum Cockpit, aber das Telefon blieb stumm. Kepler wartete noch einige Augenblicke lang, dann zuckte er die Schultern, klopfte an und trat ein.

"Habt ihr Wasser und was zu essen für uns?", fragte er die Piloten.

"Ihr habt nur für den Flug bezahlt", gab Nikolai, ohne ihn anzusehen, zurück.

"Ich zahle für Wasser und Essen was ihr wollt", erwiderte Kepler, und sah den triumphierenden Blick, den Nikolai seinem Partner zuwarf. "Für einen Russen bist du ein Schwein", beschwerte er sich.

"Und du bist überhaupt kein Russe", gab Nikolai beißend zurück. "Die Typen da hinten auch nicht, und Geschäft ist Geschäft."

"Und auf der ganzen Welt erzählt man von eurer ausufernden Gastfreundschaft", erwiderte Kepler ebenfalls ätzend. "Aber da es nicht mein Geld ist, sondern das der russischen Steuerzahler", sagte er deutlich in der Absicht, den Russen an die Geschichte mit der GRU zu erinnern und ihn so wieder einzuschüchtern, bevor er sich zu überhaupt nichts mehr verpflichtet fühlte und auf die Idee kam, ein falsches Spiel zu spielen, "sei es dir gegönnt, Landsmann." Er holte das Geldbündel heraus, streifte Scheine für tausend Dollar ab und legte sie auf die Mittelkonsole. "Hier. Gib uns was zu essen und Wasser", befahl er kalt.

Er hatte zum Schluss fast beleidigend gesprochen, aber Nikolai steckte die Scheine selbstgefällig ein. Kepler ging ohne ein weiteres Wort hinaus.

Nikolai kam einige Minuten später nach und reichte ihm eine Halbliterplastikflasche mit Mineralwasser und ein in Folie verpacktes Sandwich. Kepler nahm es, ohne zu danken. Nikolai brachte den Geiseln das gleiche. Auch wenn ihn nichts weiter als Geld interessierte, er schien seinen Teil der Abmachung erfüllen zu wollen. Wahrscheinlich gerade des Geldes wegen.

Kepler hielt sich trotzdem wach und achtete auf jede Lageänderung der Maschine, anstatt zu schlafen, was er eigentlich nötig hatte. Immer wieder blickte er zur Sonne, dann auf seine Uhr und rechnete nach. Sie flogen nach Südwesten.

Im Heck der Maschine regte sich der Chinese. Er hatte aufmerksam zugehört, als Kepler mit Grady gesprochen hatte. Er hatte es auf Afrikaans getan, und der Chinese kannte diese Sprache anscheinend. Auch wenn er nicht hatte hören können, worum es gegangen war, schien ihn allein die Tatsache in helle Aufregung versetzt zu haben. Das beunruhigte Kepler. Aber nur kurz.

Denn seine Gedanken waren bei seinem toten Freund. Budi lag im Frachtraum, ganz allein, und Kepler hatte das Gefühl, er hätte ihn auch noch verraten.

Der Chinese stand auf und kam zu Kepler, der im durchgesessenen Sessel mehr hing, als dass er darin saß.

"Wo fliegen wir hin?", fragte der Chinese.

Was Kepler wunderte, waren die angespannten Blicke der Geologen. Eigentlich sollten sie sich freuen, gerettet worden zu sein. Es wirkte aber nicht so.

"Namibia."

"Und dann?", fragte der Chinese beunruhigt.

"Südafrika."

Kepler sprach träge und blickte aus halbgeschlossenen Augen, aber sein Inneres war völlig wach. Zu genau hatte der Chinese ihn gemustert und sich des Verbleibes der Glock vergewissert. Zudem hatte er nicht nachgefragt, ob Kepler für sein Land arbeitete. Dass dem nicht so war, hatte er schon verstanden.

"Wir... ich mache dir einen Vorschlag", begann der Chinese vorsichtig und abwartend. "Lass die Maschine woanders hinfliegen."

"Und zwar?", erkundigte sich Kepler.

"Nach Angola", antwortete der Chinese.

Zu sehr einschmeichelnd, anstatt leidlich gleichgültig, wie es beabsichtigt war.

"In Südafrika gibt es auch chinesische Konsulate", gab Kepler zurück.

"Ja, aber das in Angola wäre mir lieber."

Kepler schüttelte knapp den Kopf.

"Mir nicht."

"Ich bezahle den Flug und gebe dir auch so viel, dass sich diese Entscheidung lohnt", probierte der Chinese nochmal.

"Nein", antwortete Kepler in einem Ton, der die Diskussion beendete.

Der Schlag kam schnell und unvermittelt, Kepler wich dem Fuß des Chinesen jedoch aus. Dann schlug er zurück, direkt in dessen Genitalien, sprang auf und wartete, was als nächstes passieren würde. Die Glock zog er nicht. In einem Flugzeug mit Druckausgleich eine Waffe abzufeuern wäre irrsinnig. Der Chinese kam behände auf die Füße. Kepler und er maßen sich mit den Blicken, dann ging der Chinese auf ihn los. Ihn abzuwehren war nicht sonderlich schwer. Während Kepler seine Schläge blockte und ihn dann seinerseits angriff, bewunderte er den Chinesen. Er war gut, sein Kung-Fu war ein für den Kampf gedachter Stil. Dennoch, auch aufgrund dessen, dass er schlimme Misshandlungen hinter sich hatte, hatte Kepler keine Mühe, ihn zu überwältigen. Er musste sich sogar zurückhalten, um ihn nicht zu töten. Er schlug dennoch sehr nachdrücklich zu.

Nach knapp drei Minuten lag der Chinese bewusstlos auf dem Boden. Kepler langte zu den Kabelbindern. Es steckten vier in der Weste, aber eigentlich müssten es fünf sein. Dann erinnerte Kepler sich. Einen Kabelbinder hatte Budi für die Falle in der Generatorscheune genommen.

Mit einem Kloß im Hals packte Kepler den Chinesen, der schon wieder zu sich kam, am Kragen, und schleifte ihn über den Boden zu den beiden Geologen. Die sahen ihn furchterfüllt an. Kepler schnürte das rechte Handgelenk des Chinesen am Sitzgestell fest. Der versuchte sich zu wehren, und er schlug ihm sofort gegen den Kopf. Das war brutal genug, damit er reglos wurde. Kepler band sein linkes Handgelenk an das Sitzgestell. Der Chinese kam wieder zu sich.

"Weißt du jetzt, wieso ich Meister Hung kenne?", fragte Kepler drohend. Der Chinese wich seinem Blick aus. Kepler drehte sich um und sah zu Nikolai, der in der Tür stand und ihn erschrocken beobachtete. "Fragen?", erkundigte er sich.

Der Russe ging wortlos weg. Kepler setzte sich wieder in seinen Sessel.

*****

Die Zeit verging langsam unter dem monotonen Summen der drei Strahltriebwerke im Heck der Falcon. Kepler konnte sich nur mit Mühe wachhalten, das Nichtstun und die abklingende Aufregung machten ihn immer müder. Dann erwischte er sich dabei, dass er mit den Augen nach Budi suchte. Aber sein Freund, der Mensch, der ihm Lebensmut geschenkt hatte, er war tot. Der glühende Stich in seinem Innern machte Kepler wach und ohnmächtig wütend.

Er rang seine Verzweiflung mühsam halbwegs nieder, und, um sich abzulenken, fragte er sich, ob der Tausender wohl einen Kaffee beinhaltete. Die Strecke von Kongo nach Namibia betrug etwa dreitausend Kilometer. Bei Mach null Komma acht waren es weniger als vier Stunden. Fast drei waren sie schon in der Luft, also mussten sie sich jetzt im namibischen Luftraum befinden. Kepler beschloss, die restliche Zeit ohne Kaffee auszuhalten.

322

Das war allerdings schwer, denn die Falcon, obwohl recht klein, flog sehr ruhig. Wenn nicht das leichte Vibrieren des Rumpfes und das monotone Geräusch der Triebwerke wären, man hätte denken können, man wäre am Boden. Das und das endlos gleiche Panorama hinter dem Fenster wirkten einschläfernd. Kepler kämpfte dagegen an, indem er die drei gefesselten Männer unentwegt anstarrte. Sie schlossen die Augen, um ihn nicht ansehen zu müssen, sogar der Chinese.

Plötzlich gab das Satellitentelefon einen kurzen Ton von sich. Kepler öffnete die SMS und sah geografische Koordinaten. Sie sagten ihm nichts. Er ging ins Cockpit und legte das Telefon auf das Armaturenbrett.

"Fliegt diese Koordinaten an", befahl er.

Er sprach Englisch, damit auch der Belgier ihn verstand. Der warf einen Blick auf das Display des Telefons, dann auf die Karte.

"Das ist ja mitten im Nichts", sagte er und suchte aufgescheucht nach Ausflüchten. "Da können wir nicht hin, das ist außerhalb unserer Reichweite."

"Diese Falcon hat eine Reichweite von sechseinhalbtausend Kilometer, ihr kommt nicht über den Point of no Return", widersprach Kepler. Dann änderte er den Ton. Die Glock konnte er ziehen wie kein zweiter, ein Flugzeug fliegen dagegen überhaupt nicht. Er brauchte die Piloten noch. "Und was juckt euch eine zusätzliche Flugstunde?", meinte er. "Je besser es für mich läuft, desto größer wird eure Prämie, haben wir doch so ausgemacht."

Nikolai sah zu ihm und er nickte. Er hatte die Prämie schon in Bukavu versprochen, und tausend Dollar für vier Sandwiches zu bezahlen, hatte er auch ohne mit der Wimper zu zucken vermocht. Der Russe stupste seinen Kollegen in die Schulter und machte ihm mit den Augen ausdrücklich ein Zeichen. Julien nickte daraufhin widerwillig und übertrug die Koordinaten auf seine Karte.

"Wir müssen Windhuk wegen der Flugplanänderung Bescheid sagen..."

"Das mach mal", meinte Kepler.

Zwei Sekunden später wurde Nikolais Gesichtsausdruck verklärt. Julien folgte seinem Blick aus dem Fenster und erblasste. Kepler sah hinaus und erkannte, dass er die Prämie gar nicht hätte zu erwähnen brauchen. Er blickte fassungslos ins Fenster und seine Müdigkeit verflog. Sie wich der Wut.

Denn die Falcon wurde an jeder Seite von einer Atlas Cheetah eskortiert. Aus dieser Perspektive wirkten die beiden Kampfjets, modernisierte südafrikanische Versionen der französischen Dassault Mirage III, mit den Luft-Luft-Raketen neben den Flügeltanks unter den dreieckigen Tragflächen, einschüchternd. Noch beeindruckender war die Reaktionszeit, und die Tatsache, dass die Jets im fremden Luftraum operierten. Namibia war früher zwar Teil Südafrikas gewesen und hatte jetzt keine eigenen Luftstreitkräfte, von einigen flugunfähigen Helikoptern abgesehen, dennoch war es ein souveräner Staat. Dass Grady zu so etwas fähig war, hätte Kepler beeindruckend gefunden.

Wenn er nach Kongo nicht einen irren deutschen Feldwebel und seinen Freund hätte schicken müssen – ohne ihre Mission gut vorbereitet zu haben.

"Du arbeitest nicht für die GRU", presste Nikolai heraus, ohne ihn anzusehen.

"Für dessen südafrikanisches Pendant", bestätigte Kepler offen. "Aber das ist für euch irrelevant. Ihr fliegt mich nur, ich mache meine Arbeit."

"Unsere Vereinbarung gilt, ja?", vergewisserte sich Nikolai zaghaft.

"Natürlich. Geschäft ist Geschäft", gab Kepler zurück.

Der Anblick der beiden Piloten war amüsant. Jetzt wäre es eigentlich ein guter Zeitpunkt, zu klären, was er noch alles für den zusätzlichen Tausender bekommen könnte. Als hätten sie seine Gedanken gehört, konzentrierten sich Nikolai und Julien umgehend auf ihre Anzeigen.

Kepler ging hinaus und warf die Tür zu. Er blieb stehen, weil er hörte, wie Nikolai angeregt auf seinen Partner einredete. Die Tür der alten Maschine war nicht schalldicht, er konnte verstehen, was die Piloten besprachen. Er bekam Brechreiz. Nikolai sprach darüber, dass sie hier so viel Geld verdient hätten, dass sie sich einige Jahre früher zur Ruhe setzen könnten. Bis dahin würden sich so viel Zinsen angehäuft haben, dass sie sich die jüngsten Mädchen leisten, und einige sogar entjungfern können würden.

Das bezweifelte Kepler allerdings. Er ging zurück in die Kabine.

*****

Eine knappe Stunde später ging die Falcon in den Sinkflug. Dreißig weitere Minuten vergingen, dann berührte sie weich die Erde, rollte aus und blieb am Ende der Rollbahn stehen. Das Heulen der Triebwerke ging ins Pfeifen über und wurde immer leiser. Kepler hörte die beiden Cheetah über sie hinweg donnern, dann kam Nikolai aus dem Cockpit. Auf Keplers kurzes Nicken hin öffnete der Pilot die Tür und ließ den Einstieg herunter.

Der heiße Atem der Wüste rang fast sofort die Bemühungen der Klimaanlage nieder, die Temperatur im Flugzeug auf angenehmem Niveau zu halten. Kepler stieg aus und sah in den Himmel.

Cheetah hieß *Gepard*, aber ihm kamen die beiden Kampfjets, die in dem grell hellen Blau enge Kreise um den kleinen Flugplatz zogen, wie Geier vor.

83. Die Falcon-Triebwerke liefen lange nach. Während das pfeifende Geräusch der Turbinen allmählich erstarb, sah Kepler sich um.

Dass es mitten im Nichts eine betonierte Piste gab, die lang genug war, damit eine Maschine wie die Falcon starten und landen konnte, war nicht verwunderlich. Namibias Straßennetz war, wie jene vieler afrikanischer Staaten, nur sporadisch befestigt, der Großteil der Straßen waren Naturpisten. Die namibischen waren einfach die Spuren von Gradern. Sie hießen auf Afrikaans *Pads*, durchzogen das ganze Land und waren in einem weitaus besseren Zustand als Straßen in anderen afrikanischen Ländern, weil sie instandgehalten wurden. Aber weder sie, noch das aus deutscher Kolonialzeit stammende Eisenbahnnetz wurden in Namibia so stark wie das Flugzeug benutzt. Das Land war extrem dünn besiedelt, die Bevölkerung konzentrierte sich in den wenigen Städten und im fruchtbaren Norden. Aber wie klein auch immer, nahezu jede namibische Stadt verfügte über mehr oder minder gut eingerichtete Landepisten. Sogar viele Farmen und Lodges, wie Gästehäuser und Hotels in den Naturreservaten und Nationalparks in den Commonwealth-Staaten hießen, besaßen eigene Landebahnen.

Kepler befand sich, wie er es aus der Position der sengenden Sonne, der kaum vorhandenen Vegetation – und der Sensibilität seines Auftrages – ableitete, in der Kalahari im Südwesten von Namibia an der Grenze zu Südafrika. Die endlose Weite um ihn herum war absolut leer. Hier gab es keine Städte in der Nähe.

So wie die Gebäude einige hundert Meter entfernt aussahen, war die Falcon auf einem ehemaligen Armeestützpunkt gelandet.

*****

Es war heiß und trocken. Kepler zog die Weste aus. Er schwitzte, und die mit Ausrüstung vollgestopfte KMW war schwer. Die heißen Strahlen der Sonne drangen sofort durch das Unterhemd und belebten Kepler ein wenig. Er tastete die Weste ab, fand die Sonnenbrille aber nicht. Er hatte sie wohl verloren. Um sich zu zerstreuen, ging er zu den Häusern und inspizierte sie.

Es war wirklich ein ehemaliger Stützpunkt der südafrikanischen Armee, der nach der Unabhängigkeit Namibias aufgegeben worden war.

Kepler hob den Kopf, weil er eine Veränderung im Ton der Triebwerke der hoch oben kreisenden Cheetah merkte. Sie flogen nun in einer engen Formation weg. Kepler sah den beiden sich entfernenden Kampfflugzeugen nach, bis seine Augen vom hellen Licht wehtaten. Die Jets flogen nach Südwesten. Bald waren sie in der gleißenden Luft verschwunden. Kepler ging zurück zur Falcon.

Die beiden Geologen schliefen wie erschlagen, der Chinese war nun wach. Er beobachte Kepler schweigend und regungslos.

Die Cockpittür war abgeschlossen. Kepler hämmerte dagegen und bekundete laut, er wolle Wasser haben. Es kam die hastige Antwort, dass er es gleich bekäme. Tatsächlich öffnete sich die Tür nur Sekunden später, seit dem Auftauchen der südafrikanischen Kampfflieger waren die Piloten völlig eingeschüchtert. Sie kamen beide aus dem Cockpit. Julien huschte mit gesenktem Blick nach draußen, um sich zu erleichtern. Nikolai hatte vier Wasserflaschen in den Armen. Eine davon reichte er wortlos Kepler, die anderen legte er vor die Geiseln und ging zurück ins Cockpit. Julien rannte hinein und schloss die Tür sogar ab.

Um die Piloten machte sich Kepler keine Sorgen, sie waren gierig und hatten Angst. Er trank seine Wasserflasche in zwei Zügen aus, dann ging er zu den Geiseln. Der Chinese sah ihn feindselig an. Kepler zerschnitt wortlos die Kabelbinder. Die Geologen wachten dabei auf. So wie sie blickten, schienen sie für ihre Rettung nicht mehr dankbar zu sein, warum auch immer.

Kepler verübelte es ihnen nicht. Normalerweise wollte niemand, der seine Sinne beisammenhatte, etwas mit ihm zu tun haben. Die, die es doch gewagt hatten, waren dessen nicht froh. Falls überhaupt noch zu einer Empfindung fähig.

"Bleibt hier drin, oder ich töte euch", sagte Kepler den drei Geiseln.

Danach verließ er die Falcon wieder. Er ging entlang der Landebahn nach Osten, um sich in den Schatten eines verfallenen Häuschens zu verkriechen.

*****

Er hatte den Verlust seiner anderen Männer verkraftet. Aber Budi hatte ihm zu nah gestanden, als dass er seinen Tod einfach überwinden konnte. Das Einzige, was ihn davon abhielt, sich angesichts der absoluten Sinnlosigkeit seines Seins eine Kugel in den Kopf zu jagen, war, dass er Budi noch etwas schuldete.

Im Schatten der Ruine angekommen, holte Kepler das Telefon heraus. Er konnte nur eine Person anrufen. Er war im Auftrag der Regierung im Ausland unterwegs, also musste Galemas Ressort zwangsläufig involviert sein.

"Hallo, Dirk." Benjamins ruhige Stimme klang müde, aber überhaupt nicht überrascht. "Ich wollte dich gerade anrufen", behauptete er.

"Ach ja? Und was wolltest du? Mir zum erfolgreichen Einsatz gratulieren oder was anderes?", erkundigte sich Kepler hämisch.

"Ich wollte wissen, wie es dir geht", antwortete Benjamin bedrückt, aber gleichzeitig auch ein wenig spitz. "Und fragen, ob ich etwas für dich tun kann."

"Deswegen rufe ich dich an, Herr Minister", entgegnete Kepler. "Das kannst du nämlich tatsächlich – schaff mich auf eure Ranch."

Galema schwieg eine Weile.

"Ich versuche es", sagte er dann zweifelnd.

"Nein, Benjamin, du arrangierst es!", forderte Kepler kompromisslos. "Ich habe mein Leben für deine Familie aufgegeben und das von Budi geopfert, ihr seid es uns einfach schuldig. Du, Mauto, Rebecca, ihr alle."

Eine Weile hörte Kepler nur das leise Knistern in der Leitung.

"Eigentlich ist das sogar eine sehr gute Idee", begann Galema dann nachdenklich zu sprechen. "Die Ranch steht leer, nur der Hausmeister sieht dort nach dem Rechten." Er schwieg kurz, danach sprach er entschieden weiter. "Grady ist zwar schon unterwegs zu dir, aber wir kriegen das hin", gelobte er.

"Und wehe, wenn nicht, Benjamin."

"Ich bin immer noch dein Freund, Dirk", erwiderte Galema verletzt.

"Dann erklär mir, wofür mein anderer Freund gestorben ist", verlangte Kepler.

Der Minister schwieg fast eine ganze Minute lang, bevor er zu sprechen begann. Vielleicht war er sich der Leitung nicht sicher, vielleicht hatte er aber auch nur Hemmungen, einem Außenstehenden Staatsgeheimnisse mitzuteilen.

Aber Kepler war nicht mehr außenstehend, er war mitten drin. Er wartete angespannt. Sollte Galema auch über Nuklearwaffen sprechen, war sein letzter Satz eben eine pure Lüge gewesen.

"Es geht um Chrom", begann der Minister. "Sie ist sehr klein, aber wir haben im Kongo die elfte Stätte auf der Welt gefunden, wo es gediegen vorkommt."

Die Republik Südafrika förderte das meiste des weltweiten Bedarfs dieses seltenen Elements und wollte, dass es auch weiterhin so blieb. Und eine Mine, in der reines Metall geschürft werden konnte, war sehr lukrativ.

Kepler wurde dunkel vor Augen. Bis zuletzt hatte er gehofft, dass Budi sein Leben für etwas gegeben hatte, das für Südafrika, wenn nicht essentiell, so doch immens wichtig war. Doch sein Freund war nur des Geldes wegen gestorben.

"Sprich weiter", forderte er vor Wut erstickend.

"Die Aufgabe der Männer, die ihr herausgeholt habt, war es, unsere Regierung in Bezug auf die Bodenschätze des Kongo zu beraten. Wir haben einiges in die DRK investiert", begann Benjamin im Ton einer Rechtfertigung. "Wir wollen unsere Investitionen irgendwann mal zurückhaben. Aber die Geologen meldeten sich plötzlich nicht mehr." Er sprach schneller weiter. "Wir hatten ihre Familien überwacht und haben ein Telefonat abgehört. Einer der Geologen wies seine Frau an, das Land zu verlassen. Er sagte, sie hätten ausgesorgt, weil sie den Fund den Chinesen angeboten haben. Weil die Mine ohne die Unterstützung der hiesigen Machthaber wertlos ist, wollten sie für die Chinesen mit Kobala darum verhandeln. Er nahm sie aber als Geiseln, um seinen Preis hochzutreiben."

"Warum habt ihr uns nicht die Wahrheit gesagt?", wütete Kepler. "Ich hätte kein Problem damit gehabt, Verräter zu töten. Eure Investition wäre geschützt und Budi wäre am Leben geblieben. Ihr habt ihn für Geld umgebracht!"

"Nicht nur", widersprach Galema. "Grady hatte die strikte Anweisung, die Mission absolut unauffällig durchzuführen. Ihr habt das geschafft, und Südafrika steht Kongo gegenüber sauber da, und die Chinesen werden begreifen, dass sie auf unserem Kontinent nicht das Sagen haben." Er schwieg kurz, und als er weitersprach, klang er ehrlich. "Es tut mir wegen Budi wirklich sehr leid."

"Was glaubst du denn, wie es mir geht, Benjamin?", brüllte Kepler fast.

"Es war ein Befehl von oben", sagte der Minister niedergeschlagen. "Und für dieses Gespräch würde man sogar mich verurteilen und einsperren." Er schwieg kurz. "Wenn es ein Trost ist, Dirk – wir brauchen diese Männer lebend."

"Damit ihr an euere Mine kommt." Kepler atmete ermattet durch. "Dann Folgendes – bekomme ich nicht was ich will, töte ich alle drei Geiseln, und ihr müsst die Mine von neuem suchen, und habt internationale Probleme."

"Und was willst du?", wollte der Minister alarmiert wissen.

"Ihr kriegt die Geiseln und lasst mich dafür Budi in Würde begraben."

"Nur darum geht es dir?", fragte Galema maßlos erstaunt.

"Versprich es mir, Ben", verlangte Kepler. "Gib mir dein Wort darauf."

"Das hast du." Galema schwieg. "Und was danach, Dirk? Was ist mit dir?"

Keplers eigenes Leben ging weiter – noch. Solange das der Fall war, sollte er sich darum kümmern. Er hatte kein Problem damit, in einem wenn auch unfairen, aber in einem Kampf zu sterben. Für etwas gemeuchelt zu werden, was nur dem verdammten Ringen um Macht, Einfluss und Geld diente, wollte er nicht.

"Ich muss aus Afrika verschwinden. Dann bin ich für niemanden mehr eine Bedrohung", antwortete er. "Dafür brauche ich sauberes Geld, über Mautos Kreditkarte kann ich jetzt wohl gefunden werden. Er soll unsere Konten auflösen."

"Werden dir drei reichen?", unterbrach Galema ihn.

Das war eine Million US-Dollar mehr, als Mauto ihm gegeben hatte. Kepler verkniff sich die Frage, was der Minister gerade versuchte. Den Verlust seines Freundes zu mildern oder sich selbst von Budis Tod frei zu kaufen.

"Ja, sie werden mir reichen", gab er zurück. "Und ich brauche eine neue Identität", sprach er weiter. "Als Kepler bin weg vom Fenster, jetzt auch als Luger."

"Um das Geld kümmere ich mich, nur das mit dem neuen Pass geht nicht so schnell", erwiderte Benjamin bedauernd, aber ehrlich. "Aber das wird Grady übernehmen. Wir treffen uns auf der Ranch und besprechen alles."

"Kein Grady in dieser Sache", verlangte Kepler.

"Warum?", fragte Benjamin trotz der Situation völlig überrascht.

"Ich traue ihm nicht. Er hatte uns was von Nuklearwaffen vorgelogen."

"Das hatte er zu dem Zeitpunkt tun müssen", versicherte Galema. "Er hat nur eine ausführende Funktion, das Sagen haben andere."

"So", entgegnete Kepler nur.

Es könnte allerdings stimmen, Grady hatte genau das zu verstehen gegeben.

"Bis vor sechs Tagen kannte ich selbst auch nur die Version über die Atomwaffen", erklärte Benjamin. "Erst als ich persönlich mit den Chinesen verhandeln sollte, wurde mir der wahre Hintergrund mitgeteilt. Aber ich durfte Grady nicht sagen, dass die Geologen falsches Spiel spielten." Er machte eine kurze Pause. "Grady wird dir helfen. Er und ich, wir sind Verbündete."

"In jenem Krieg, in dem Budi nur ein Bauer war", warf Kepler verbittert ein.

"Und trotzdem kannst du Grady vertrauen", behauptete Galema unbeirrt. "Ihm ja. Den anderen nicht."

"Welchen anderen?", fragte Kepler alarmiert.

"Gradys Chef. Und noch einigen Leuten. Sie haben die Kontrolle."

"Sag mir ehrlich, ob es für mich gefährlich ist, mich mit ihnen zu treffen."

Kepler forderte es drohend und wie ein Ultimatum, aber es war eine Bitte.

"Ich kann es nicht genau einschätzen", antwortete Benjamin überlegend und schwieg eine Weile. "Behalte für dich, was ich dir vorhin erzählt habe, dann können Grady und ich dich beschützen", versprach er.

"Das kann ich selbst", sagte Kepler. "Fallt ihr mir nur nicht in den Rücken."

Er legte auf und lehnte sich an die eingestürzte Mauer. Vielleicht standen die Chancen, seinem Freund die letzte Ehre zu erweisen, doch nicht schlecht.

*****

Dann spürte Kepler plötzlich bewusst ein Drücken rechts an der Seite. Es war die ganze Zeit da gewesen, aber jetzt erst war es unangenehm geworden. Kepler zog das Shirt aus der Hose. In seine Hand fiel eine Neunmillimeterhülse. Er starrte einige Momente lang darauf. Budi hatte zu Spoon gesagt, sein Herz wäre wie eine Hülse. Genau wie die hier. Die Hülse der Patrone, mit deren Geschoss er das Leben seines Freundes beendet hatte.

Er steckte die Hülse in die rechte Tasche seiner Hose und schloss die Augen.

84. Sechs Stunden waren seit der Landung vergangen, ohne dass sich etwas gerührt hatte, lediglich die Sonne war weitergewandert. Die Schatten wurden allmählich länger, die Luft kühlte sich ab, der Tag neigte sich dem Ende zu. Alles war ruhig, Kepler vernahm lediglich leise Geräusche aus der Wüste, die im Rauschen des Windes untergingen. Leben gab es überall, auch an solchen unwirklichen Orten. Warum war Budi dann tot?

Kepler hörte Schritte, dann fiel ein Schatten auf ihn. Er sah zum belgischen Piloten hoch, der mit den Händen hinter dem Rücken vor ihm stand.

"Es wird für uns Zeit", setzte Julien ihn in Kenntnis.

"Die Cheetah machten deutlich, dass wir warten sollen", entgegnete Kepler.

"Sie sind nicht hier." Julien machte eine Pause. "Wir fliegen", fuhr er fort, wissend, dass er nicht entschieden genug klang, "du kannst gerne bleiben."

"Nicht gerne. Und ihr bleibt auch", teilte Kepler dem Piloten mit.

"Wir haben unsere Abmachung erfüllt, oder?", widersetze sich Julien etwas vehementer als zuvor. "Außerdem, du kannst uns nicht zwingen."

Das sollte bedrohlich klingen, entlockte Kepler aber nur ein müdes Lächeln.

"Doch. Ich kann ein Loch in die Reifen ballern", erwiderte er müde in die Weite blickend. "Oder sonst wohin." Er sah zu dem Piloten. "Leg die Pistole weg, Julien, bevor du dich verletzt." Er lächelte kalt verachtend. "Du hast nicht den Mumm, mich zu erschießen, du kannst nur kleine Mädchen beeindrucken." Juliens Hand zuckte. Doch die KMW lag direkt neben Kepler und er riss die Glock aus ihr heraus und richtete sie auf den Piloten, bevor der seine Waffe auch nur halbwegs in Anschlag gebracht hatte. "Leg die Pistole hin", befahl Kepler. "Dein Kumpel soll wieder hervorkriechen, dann verzieht ihr euch in eure Kiste und wartet geduldig, bis ich hier fertig bin." Er legte den Finger auf den Abzug. "Ich werde mich nicht wiederholen."

Julien legte die Waffe nieder und ging wortlos davon. Kepler schob die Pistole mit dem Fuß zu sich. Es war ein recht ungepflegter Colt M1911,

Kaliber .45ACP. Kepler feixte amüsiert, die Pistole war nicht einmal gespannt. Er fragte sich, ob sie überhaupt durchgeladen war. Ihn wunderte allerdings, dass nicht Nikolai zu ihm gekommen war. Aber vielleicht hatte der Russe auf Nummer sicher aus dem Hinterhalt angreifen wollen.

Kepler hörte, wie er sich entfernte, dann sah er beide Piloten ins Flugzeug einsteigen. Er steckte den Colt in die Weste.

Grady sollte sich beeilen. Wenn es dunkel wurde, bevor er hier ankam, würde Kepler wohl tatsächlich ein paar Reifen erschießen müssen. Und Menschen.

85. Zwanzig Minuten später ließ ein Geräusch Kepler erneut aufhorchen. Es klang wie das Summen eines Insekts, irgendwo weit weg. Dann hörte Kepler etwas Mechanisches heraus. Er beschirmte die Augen mit der Hand und sah sich um. Schließlich machte er die Quelle des Geräusches in etwa zehntausend Fuß Höhe aus. Aufgrund der Lichtspiegelungen auf den Rotorblättern sah er, dass das Flugzeug vier Triebwerke hatte. Es musste eine C-130 sein. Siebzig Länder auf der ganzen Welt setzten dieses Flugzeug ein, auch Südafrika.

Um möglichst schlecht wahrgenommen zu werden, flog die Hercules aus der Sonne an, die sich nunmehr in einer Linie mit der Landebahn befand.

Kurz vor der Piste ging die Maschine in den Sturzflug. Dieses Manöver verringerte die Gefahr eines Abschusses im Landeanflug.

Die brachiale Landung mit dem größtmöglichen Sinkwinkel war von deutschen Piloten bei Flügen in Jugoslawien entwickelt worden. Sie wurde *Sarajevolandung* genannt. Kepler hatte seine einzige solche verschlafen, als seine Kompanie im Kosovo einmal mit einer C-160 Transall ins Einsatzgebiet verlegt worden war. Die Piloten hatten es sich nicht nehmen lassen, den KSK-Typen die Farbe aus den Gesichtern zu treiben. Weil Kepler das verpennt hatte, wie der Laderaummeister später den Piloten angesäuert berichtet hatte, hatten die Flieger nicht die volle Genugtuung gehabt. Kepler hatte als Entschuldigung angeführt, bei der Luftwaffe gewesen und in der F-4 mitgeflogen zu sein. Daraufhin hatten sich die Piloten mit den Gesichtern seiner Kameraden zufriedengegeben. Deren Worten nach war die Sarajevolandung besser als jede Achterbahnfahrt.

Die Piloten der Hercules fingen die Maschine wenige Dutzend Meter über der Falcon ab und setzten kurz hinter ihr auf. Die Triebwerke brüllten sofort in vollem Umkehrschub auf. Die Hercules brauchte nur wenige hundert Meter zum Ausrollen, währenddessen ging die Ladeklappe im Heck auf.

Kaum, dass die Maschine stand, sprangen Soldaten heraus. Kepler sah die Kompassrose auf den Ärmeln ihrer hellbraunen Tarnanzüge. Es waren Recces, Soldaten einer Spezialeinheit der South African Forces Brigade. Bewaffnet waren sie mit Vektor-R4-Sturmgewehren. Zielgerichtet und schnell sicherten sie das Gelände und beide Flugzeuge. Kepler fand es übertrieben, aber gelungen.

Ein Recce lief mit dem Gewehr im Anschlag zu ihm. Kepler spreizte deutlich die Arme, aber der Recce senkte sein R4 und salutierte. Kepler stand auf, hob seine Weste auf und erwiderte den Gruß.

"Wo ist Grady, Sergeant?", wollte er wissen.

"In der Maschine, Sir."

"Braucht er noch lange, um sich zu erholen?", erkundigte sich Kepler.

"Etwas", meinte der Recce betont neutral. "Sind Sie allein hier, Sir?"

"Der Einzige mit einer Knarre", beantwortete Kepler die eigentliche Frage.

"Soll ich Sie zu Mister Grady bringen?"

"Ja, danke."

Sie gingen zur Hercules. Währenddessen stürmten die Recces fast schon der Falcon. Jeder Berufsmilitär, schon gar ein Kommandosoldat, ließ sich niemals eine Möglichkeit entgehen, den Ernstfall zu üben.

Innerhalb einer Minute brachten die Recces die drei Geiseln und die beiden Piloten heraus. Die Hände der Geiseln waren am Rücken gefesselt, die Piloten hielten ihre an den Köpfen.

In diesem Moment stieg Grady aus der Hercules, etwas blass und ein bisschen bemüht, munter auszusehen. Er sah sich um, blickte erst zu den Soldaten, die die Geiseln zur Hercules eskortierten, dann suchte er mit dem Blick nach Kepler.

"Mister Luger", rief er beinahe schon freudig.

Er schien sich wirklich zu freuen, ging ihm zügig entgegen und streckte die Hand aus. Kepler spielte mit, erwiderte den Gruß aber nur mit einem zurückhaltenden Nicken. Grady überging das und blickte mit einer Mischung aus Anerkennung und Verärgerung zur Falcon. Die Geheimhaltung war durch sie hin.

"Darum kümmere ich mich", sagte Kepler und drehte sich zum Sergeanten neben ihm. "Ich brauche die beiden Männer an der Falcon, Sarge, und eine Bahre."

"Sofort, Sir."

Der Sergeant lief zur Hercules. Es dauerte, seine Kameraden luden gerade die Geiseln ins Flugzeug. Er wartete wohl, bis sie fertig waren, dann kam er mit einer Feldtrage heraus. Kepler winkte ihm, ließ Grady einfach stehen und ging zur Falcon. Der Recce schloss zu ihm auf.

Nikolai und Julien standen immer noch neben ihrem Flugzeug mit den Händen an den Köpfen, bewacht von zwei Recces. Kepler nickte den Soldaten zu.

"Mein... Partner... liegt im Frachtraum, ihr bringt ihn bitte in die Hercules", bat er sie. "Sarge, Sie brauche ich noch hier"

"Ja, Sir", antwortete der Sergeant und gab den Soldaten die Feldtrage.

"Danke, sagte Kepler und sah auf die verstört blickenden Piloten. "Nehmt die Hände runter und gebt den Soldaten meinen Freund", befahl er ihnen auf Englisch. Er machte eine Pause. "Wenn wir gestartet sind, könnt ihr abhauen." Es machte ihm eine grimmige Freude, die Erleichterung auf den Gesichtern der Piloten zu sehen. "Eure Prämie überweise ich auf dasselbe Konto", setzte er für Nikolai noch eins auf Russisch drauf.

Der Russe grinste freudig, Julien wollte nur noch weg. Heischend bat der Belgier die Soldaten mitzukommen und führte sie zu der Frachtraumklappe. Er brauchte einige Zeit, um die Klappe zu öffnen, und er konnte es sichtlich nicht abwarten, bis die Soldaten Budis Körper auf die Bahre gelegt hatten. Julien verriegelte die Klappe und verschwand sofort im Innern des Flugzeuges.

Kepler reichte Nikolai den Colt mit dem Griff voran. Beschämt blickend nahm der Russe die Pistole und steckte sie ein. Er zögerte ein wenig, ihm fiel nichts Gescheites zum Abschied ein. Kepler sah ihn amüsiert an. Nikolai öffnete den Mund, und schloss ihn gleich wieder ohne ein Wort. Er nickte nur unbeholfen, lief ins Flugzeug und machte die Tür zu. Kepler sah zum Sergeanten.

"Haben eure Granaten die übliche fünf Sekunden-Verzögerung?", fragte er.

Der Sergeant nickte. Kepler streckte die Hand aus und er gab ihm eine Splittergranate. Kepler steckte sie in die Hosentasche und ging zum Bug der Falcon.

Währenddessen startete schon das Triebwerk unter der Seitenflosse. Es lief knapp über der Startdrehzahl, als Kepler die Nase des Flugzeugs umrundet hatte.

"Kolja!", brüllte er und wedelte mit den Armen.

Der Pilot sah ihn und schob das äußere trapezförmige Fenster auf. Er blickte fragend auf Kepler, der mit der Hand deutete, die Drehzahl des Triebwerks zu drosseln. Einen Augenblick später wurde es leiser.

"Was?", fragte der Pilot auf Russisch.

"Willst du wissen, wie sich ein junges Mädchen fühlt, während du es entjungferst?", schrie Kepler auf Englisch.

Der Russe lächelte verstört, als wäre er ratlos.

"Was?", fragte er dann gespielt verwundert.

"Willst du wissen, wie sich ein Kind fühlt, wenn du es entjungferst?",
wiederholte Kepler und sah, dass auch der Belgier erstaunt zu ihm blickte.
"So."

Er zog die Glock und schoss unterhalb der Fensterkante. Das dünne
Aluminium stellte für Parabellumgeschosse kein ernsthaftes Hindernis
dar, sie durchschlugen mühelos die dünne Haut des Flugzeuges. Der Russe sackte zusammen und schrie wie ein verletztes Tier auf. In purer Verzweiflung rammte Julien die Schubhebel nach vorn, das Flugzeug rollte
langsam an. Kepler nahm nach links und feuerte weiter. Der Kopf des
Belgiers verschwand schlagartig, er musste getroffen worden sein. Das
Flugzeug rollte weiter, während Kepler das Magazin leer schoss. Im
Cockpit rauchte es, mehrere Warnsignale schrillten durcheinander. Kepler
warf das Magazin aus, schob ein volles in die Glock, spannte sie und
steckte sie ein. Er zog die Granate heraus, entsicherte sie und schleuderte
sie in einem eleganten Bogen ins Fenster des Cockpits.

Er winkte dem Recce und sie rannten weg. Wegen der Schüsse alarmiert, sahen die Soldaten an der Hercules zu ihnen. Kepler deutete ihnen,
die Waffen zu senken, blieb vor ihnen stehen und drehte sich um.

Die Falcon rollte indessen weiter. Dann sprengte ein dumpfer Knall die
Scheiben des Cockpits heraus. Dunkler Rauch quoll aus den Fenstern.
Schlingernd rollte das Bugrad von der Landebahn und torkelte über die
Erdaufwürfe. Dann brach die Rumpfunterseite hinter dem Bugfahrwerk.
Der Riss pflanzte sich rasant nach oben fort und das Dach knickte durch.
Während sich der aufgerissene Rumpf in die Erde bohrte, hob sich die
Nase des Cockpits in den Himmel. Die Falcon blieb stehen und das
Triebwerk ging stotternd aus. An den durchgerissenen Kabelsträngen
züngelten Funken, aus den durchgebrochenen Leitungen floss Hydraulik-
flüssigkeit. Ein trocken knisternder Funke entzündete ihre Dämpfe und
die in der Sonne fast unsichtbaren Flammen krochen in den Rumpf hinein. Um Treibstoff zu sparen, wog die Innenausstattung von Flugzeugen
zwar wenig, aber aufgrund der verwendeten Materialien war sie auch
leicht entzündlich. Von allein würde das Feuer in der Falcon nicht ausgehen, und es war nur eine Frage der Zeit, bis es sich zum Kerosin durch-
fraß.

Zusammen mit den Soldaten und Grady sah Kepler dem Dassault-
Flugzeug beim Brennen zu. Die Piloten der C-130 kamen dazu, ihre Blicke waren zwiespältig, schließlich hatte Kepler ein Flugzeug zerstört.

Sekunden später zerriss eine Explosion die Stille der namibischen Wüste und zerstörte die Falcon. Die Detonationswelle schleuderte mehrere
Trümmerstücke bis zur Hercules und erschütterte das Flugzeug.

Zwei weniger, die kleine Mädchen kauften.

Der Kommandant der C-130 sah Kepler schief an und schickte die Recces die Wrackteile wegräumen. Das freie Stück der Piste war für den Start nicht ausreichend, weil es noch immer heiß war, sodass die Motoren nicht die volle Leistung brachten und die Maschine eine lange Startstrecke brauchte, um auf Abhebegeschwindigkeit zu kommen. Die Hercules würde bis zum Ende der Landebahn rollen, umdrehen und gegen das Wrack der Falcon starten müssen.

Grady lud Kepler mit einer Handbewegung in die Hercules ein. Während die Recces die Trümmerteile von der Bahn kickten, lief an der Steuerbordtragfläche der C-130 das Triebwerk Nummer eins an.

86. Kepler setzte sich deutlich abgegrenzt von den anderen neben Budi, als wollte er Wache für ihn halten. Grady schien mit ihm sprechen zu wollen, ließ es aber nach einem Blick auf ihn bleiben. Die Recces betrachteten ihn forschend und mit stummem Respekt, dann schickten sie einen Soldaten, der ihm eine Wasserflasche und eine Feldration reichte. Kepler dankte, dann war er wieder allein. Nachdem er gegessen hatte, übermannte ihn die Müdigkeit.

*****

Er wachte auf, als das Geräusch der Motoren sich änderte. Wenig später hörte Kepler ein Rumpeln im Boden, als das Fahrwerk ausgefahren wurde. In den Ohren wurde es dick, das Flugzeug sank. Kepler drehte sich zum Fenster. In der Schwärze der Nacht sah er ein Lichtermeer unter dem Flugzeug. Dann kippte es und verschwand seitlich aus seinem Blickfeld, als die Hercules den Kurs änderte. Kepler versuchte, in der Dunkelheit etwas Markantes auszumachen, um festzustellen, wo er war, sah aber nichts, nicht einmal Sterne, die ihm seine Position verraten hätten. Er wollte Grady fragen, auf welche Stadt sie sich im Anflug befanden, ließ es dann aber, zu ändern war es jetzt sowieso nicht. Er fühlte sich matt, brauchte aber Kraft, vorbei war das Ganze noch lange nicht. Er schloss die Augen, aber nicht mehr, um zu schlafen. Stattdessen konzentrierte er sich langsam. Nach der Landung musste er wieder Herr seiner selbst sein.

Die Hercules setzte nicht so weich auf, wie Nikolai es mit der Falcon getan hatte. Es war eine ehrliche militärische Landung, wenn auch nicht mehr nach Sarajevo-Art. Die C-130 rollte über den Rollway auf einen Hangar zu. Kepler sah zivile Maschinen verschiedener Airlines, dann die charakteristischen Umrisse des Terminals. Die Hercules befand sich auf dem Flughafen von Kapstadt.

Sobald die C-130 in einem Hangar zum Stehen kam, standen die Soldaten auf und bildeten eine Gasse. Die Rampe im Heck senkte sich. Sofort waren Männer in Anzügen im Innern des Flugzeuges. Auf Gradys Wink hin nahmen jeweils zwei von ihnen je eine Geisel zwischen sich und eskortierten sie hinaus.

Nachdem der Chinese draußen war, kam der Direktor zu Kepler, der immer noch bewegungslos in seinem Sitz saß, aber nun völlig wach war.

"Wir können weiter."

"Wo geht es hin?", fragte Kepler.

"Gemäß Ihrem Wunsch zur Ranch der Galemas. Eine sehr gute Wahl", versuchte Grady ihn ein wenig zu loben.

"Wer kommt noch dahin?"

"Benjamin, noch einige weitere Personen und mein Chef, zählte Grady ungerührt auf. Dann sah er Kepler bittend an. "Ich brauche Sie dort, Joe", fügte er hinzu. "Ich muss Sie meinem Chef vorzeigen."

Die ernst und ehrlich ausgesprochenen Worte überraschten Kepler wirklich. Er wusste, dass Grady ihn benutzte. Dass der Direktor auf ihn angewiesen war, das hatte er vermutet. Dass Grady bitten würde, das allerdings nicht.

"Ich werde mich nicht für Ihre Sache opfern", stellte er klar.

"Die Ranch ist sehr abgelegen, keine störenden Faktoren, sie eignet sich wirklich gut für ein Treffen, das nie stattgefunden hat", sinnierte Grady dahin und lächelte kurz. "Und Sie kennen sich in der Umgebung gut aus. Sollte es Ihnen dort nicht gefallen, kann niemand Sie hindern, einen Spaziergang zu machen."

Diese Rückendeckung hatte Kepler ebenfalls nicht erwartet, nicht einmal erhofft. Genauso wenig, dass sie wirklich ehrlich gemeint zu sein schien.

"Vergessen Sie bloß nicht, Budi mitzunehmen", sagte er und erhob sich.

Grady erteilte eine Anweisung an einen Mann im Anzug, dann sprach er mit dem Kommandeur der Recces, anschließend deutete er Kepler mitzukommen.

Im Hangar standen sieben Range Rover. Soweit Kepler es erkennen konnte, saß je eine Geisel in einem Fahrzeug in Begleitung der beiden Männer, die sie aus dem Flugzeug hinausgeführt hatten. Budis Leichnam wurde in den vierten Wagen eingeladen. Grady lotste Kepler zu dem drittletzten Rover, der mit offenen hinteren Türen bereitstand.

Einige Augenblicke später fuhren sie los. Der Rover, in dem Kepler und Grady saßen, befand sich in der Mitte der Kolonne.

*****

Die vierzig Minuten der Fahrt verbrachten sie schweigend. Der Direktor brütete wahrscheinlich über das bevorstehende Treffen. Kepler sah die Lichter der vorbeifahrenden Autos und fühlte sich völlig leer. Und mutterseelenallein.

336

Nur die Glock war ihm als Freund geblieben. Außer ihr hatte er nichts und niemanden mehr.

87. Die Ranch lag dunkel im Schatten der Berge, lediglich die Fenster des Haupthauses waren erleuchtet. Dafür aber sämtliche.

Als sie sich der Villa näherten, sah Kepler etwa zwanzig weitere Fahrzeuge davor stehen. Drei große Limousinen, eine davon war die von Benjamin Galema. Der Rest waren große amerikanische SUVs.

"Die anderen sind schon alle da", konstatierte Grady, dann sah er Kepler direkt an. "Joe, man wird Sie danach fragen, wie Sie die Männer rausgeholt haben. Beantworten Sie diese Fragen ehrlich, nur erwähnen Sie Smith bitte nicht."

"Und dann?"

"Sind Sie ein freier Mann, wenn Sie es wollen", antwortete der Direktor.

Kepler hatte den Eindruck, dass Grady *wahrscheinlich* hatte hinzufügen wollen. Er sah auf die Uhr.

"Sie haben vier Stunden für diesen Affentanz", setzte er Grady in Kenntnis.

"Warum?", fragte der Direktor des MSS verwundert.

"Weil ich Budi begraben muss."

"Und wieso die Frist?"

"Er war Moslem. Und ein Moslem muss innerhalb von vierundzwanzig Stunden nach dem Tod beerdigt werden", antwortete Kepler endgültig.

Die Autos hielten direkt neben dem Aufgang der Villa an. Sofort umschwirrten mehrere Männer in Anzügen die Fahrzeuge. Einige von ihnen trugen ganz offen Maschinenpistolen. Sie sahen Kepler misstrauisch an, als er ausstieg. Andere zerrten die Geiseln aus den Autos und brachten sie sofort ins Haus.

Kepler folgte Grady dahin. An der Eingangstür hielt ein Bodyguard sie an.

"Geben Sie mir Ihre Waffe", befahl er Kepler.

Der Mann wirkte verschlagen, schmierig und überheblich.

"Nein", erwiderte Kepler knapp.

"Die Waffe, sofort", wiederholte der Schmierige.

Dann langte er selbst nach der Glock. Kepler packte ihn blitzschnell am Handgelenk und verdrehte seinen Arm so, dass der Schmierige sich vornüber beugte und vor Schmerz aufschrie. Sein Kollege machte einen Schritt vor. Kepler wechselte die Hand, mit der er den Arm des Schmierigen hielt, riss die Glock aus der Weste und hielt sie dem anderen direkt unter die Nase.

"Ich gebe meine Waffe nicht ab", setzte er ihn in Kenntnis. "Wenn du etwas dagegen hast, knallt es – im wahrsten Sinne des Wortes." Er blickte ihn abwartend an. "Also?", erkundigte er sich. "Was wollt ihr?" Andere Bodyguards hatten die Situation mitbekommen und näherten sich mit angespannten Gesichtern die Waffen hebend. Kepler verdrehte den Arm des Schmierigen noch mehr, und der fiel auf die Knie. "Also, was jetzt?", wiederholte Kepler.

Er verlor die Geduld, und Grady sah es.

"Ich verbürge mich für ihn", sagte er dem zweiten Bodyguard.

"Aber...", begann der.

"Ich übernehme persönlich für diesen Mann die Verantwortung", sprach Grady jedes Wort langsam und unmissverständlich aus.

"Ja oder nein?", fragte Kepler, der die Unentschlossenheit des Bodyguards sah.

Der trat unwillig zur Seite.

"Gehen Sie", knurrte er.

Kepler steckte die Glock ein und ließ den Schmierigen los. Der packte sich an die Schulter und drehte den Kopf. Er stand immer noch auf den Knien und sah hasserfüllt hoch. Kepler ignorierte es und ging weiter.

"Vielen Dank auch", beschwerte sich Grady ätzend in seinen Rücken.

"Reizen Sie mich nicht noch weiter", empfahl Kepler ihm. "Sie haben noch drei Stunden fünfundfünfzig."

Vor dem Salon liefen sie auf eine weitere Truppe auf. Grady überholte Kepler und sprach mit den Bodyguards. Die sahen Kepler entfremdet und misstrauisch an, dann nickte einer. Grady drehte sich um.

"Warten Sie bitte hier, Mister Luger." Sein Ton war der eines Befehls, mit den Augen bat er. "Ich hole Sie gleich."

Kepler ging zur Kommode, die an der Wand stand, stemmte sich daran hoch und setzte sich darauf. Grady warf einen Blick auf ihn und verschwand hinter der Tür. Kepler besah die Bodyguards mit einem schweren Blick, sie versuchten, ebenso zurückzublicken. Kepler schloss die Augen.

*****

"Luger", hörte er einige Zeit später.

Einer der Bodyguards sah Kepler ausdruckslos an und zeigte auf die geöffnete Tür des Salons. Grady beeilte sich wohl, es war keine Stunde vergangen.

Kepler sprang von der Truhe. Vor der Tür hatten die Bodyguards eine enge Gasse gebildet, durch die er gerade soeben hindurch passte. Der letzte Bodyguard stand allerdings so, dass Kepler ihm ausweichen müsste. Er blieb vor ihm stehen und eine Sekunde lang blickten sie einander an. Der Bodyguard sah zur Seite, rührte sich jedoch nicht. Kepler stieß

338

mit seiner Schulter brutal gegen seine. Der Bodyguard taumelte zur Seite. Kepler sah ihn abwartend an. Zwei Sekunden vergingen, ohne dass sich jemand rührte. Kepler trat in den Salon.

Der Raum war unverändert, lediglich eine Fensterscheibe glänzte neu, und der Tisch stand jetzt in der Mitte. An ihm saßen Grady und Benjamin, und ihnen gegenüber zwei Männer. In ihren Gesichtern stand die abgebrühte Arroganz von Menschen, die mit ihrer ganzen Seele dem Geld dienten. Einen hatte Kepler letztes Jahr in der Zeitung gesehen, es war der Handelsminister. Den anderen schätzte Kepler als den Chef von irgendeinem Konzern ein, der mit Chrom zu tun hatte. Die eigentliche Treibkraft hinter dieser Geschichte.

Am Kopfende saß ein älterer Mann mit Glatze, adlig blassem Gesicht und dünner Nase. Er war ausgemergelt, die Falten seiner Haut machten ihn noch abstoßender als die hervorstehenden Knochen. Sein Gesicht war kalt, absolut emotionslos und leer. Nur seine Augen glitzerten wach und tief boshaft. Er wirkte wie ein dämonisches Skelett. Die anderen Männer schienen sich allein wegen seiner Anwesenheit unwohl zu fühlen. Das musste der Chef von Grady sein, und so kalt wie er wirkte – sein Mentor. Und derjenige, der hier das Sagen hatte.

Gradys Chef wies mit einer knappen herrischen Geste auf den freien Stuhl ihm gegenüber. Sonst saß niemand dort. Kepler nahm Platz.

"Kennen Sie die Anwesenden?", fragte Gradys Chef mit eisiger Freundlichkeit.

"Einige", antwortete Kepler und deutete dem skelettartig aussehenden Mann zu schweigen, als der etwas sagen wollte. "Und ich will keine weiteren kennen."

"Ich stelle mich Ihnen trotzdem vor", erwiderte Gradys Chef sofort überhöflich, aber ohne Kepler die Hand zu reichen. "Motri, ich bin der Minister des Innern und mache heute den Vorsitz bei diesem Komitee." Er machte eine kurze Pause. "Dann erzählen Sie uns jetzt, was alles in Kongo geschehen ist."

"Kriege ich erst einen Kaffee?", nörgelte Kepler. "Bitte."

"Wenn es denn sein muss."

"Unbedingt", behauptete Kepler.

"Dann bitte", erlaubte Motri.

Er zeigte auf das Tablet in der Mitte des Tisches. Darauf standen eine Kanne, Schälchen mit Zuckerwürfeln, ein Kännchen mit Sahne und eine Tasse. Vor jedem am Tisch stand eine gefühlte Tasse. Kepler musste sich über den Tisch strecken, um das Tablett zu erreichen. Niemand regte sich, um es ihm zuzuschieben. Kepler zog das Tablett zu sich. Das Gedeck klirrte. Kepler goss ein, versenkte vier Zuckerwürfel in der Tasse und rührte sie langsam und lärmend um. Er sah förmlich die Erwartung in den

Augen von Motri, dass er laut schlürfend trinken würde. Er nahm geräuschlos einen Schluck und lehnte sich zurück.

"Und, sind Sie jetzt zufrieden?", fragte Motri täuschend mild.

"Ne, damit bin ich etwas beruhigt", gab Kepler deutlich zurück. Er nahm noch einen Schluck. "Jetzt dürfen Sie fragen."

"Dann ganz von vorn", verlangte Motri. "Wie sind Sie eingereist?"

"Genauso wie ich ausgereist bin", gab Kepler zurück. "Hab ein Flugzeug gechartert. Ist eine Spezialität von mir."

In den folgenden zwei Stunden erzählte er, wie der Einsatz in Kongo abgelaufen war. Die Verhandlung mit Kobala missfiel Motri deutlich.

"Ich musste mich vergewissern, dass er die Geiseln hatte, und dass er nicht mit uns zusammenarbeiten wollte", erklärte Kepler erbost.

"Sie hatten den strikten Befehl, Kobala zu eliminieren", rief Motri ihm im scharfen Ton ins Gedächtnis. "Keine Erlaubnis, mit ihm zu verhandeln."

Kepler sah zu Grady. Dessen Augen verengten sich, ansonsten blieb er ruhig.

"So", sagte Kepler.

"Ja, so", erwiderte Motri sofort barsch. "Solche Überlegungen finden außerhalb Ihrer Gehaltsstufe statt", stellte er klar.

"Aber denken darf ich schon?", erkundigte sich Kepler. "Oder wurde ich nur darum dahin geschickt, weil ich nicht existiere?"

"Wir schickten Sie dahin, damit Sie eine Mission ausführten."

"Habe ich getan", entgegnete Kepler. "Kobala ist tot."

"Entzückend", meinte Motri.

Diesmal schien er es auch tatsächlich so zu meinen.

"Mein bester Freund ist auch tot", sagte Kepler.

"So ist der Job", erwiderte Motri trocken. "Berichten Sie weiter."

Die Befreiung der Geiseln bewertete er als gelungen, mit der Ergänzung, dass man es auch besser hätte machen können. Kepler stimmte zu, mit der Anmerkung, dass man im Nachhinein immer alles besser wusste. Die improvisierte Vorgehensweise mit dem Ausweis des Franzosen rief bei Motri sogar Anerkennung hervor. Die Verwendung der Falcon billigte er erst, nachdem er erfuhr, dass ihre Piloten tot waren. Warum, interessierte ihn wiederum überhaupt nicht.

Nachdem Kepler fertig war, lobte Motri ihn im Großen und Ganzen und insbesondere dafür, dass er den Chinesen mitgebracht hatte. Gleichzeitig machte Motri jedoch deutlich, dass es gerade einmal gut gewesen war.

Inwieweit das für ihn persönlich galt, wusste Kepler nicht, Motri schien alle Anwesenden nachdrücklich belehren zu wollen. Wenn diese Sorte von Chef einen auf diese Art lobte, war danach ein Glas Wermut das reinste Vergnügen.

"Na dann, bitte sehr", höhnte Kepler, nachdem Motri seine mit erlesener Schärfe vorgetragenen Ausführungen beendet hatte. "Sie haben bekommen was Sie wollten, jetzt habe ich etwas zu erledigen."

Die Stimme von Motri ertönte erst, als er die Klinke anfasste.

"Bleiben Sie in der Nähe, Luger", befahl er ruhig und unmissverständlich.

"Ganz bestimmt", warf Kepler eisig über die Schulter.

Er bekam mit, dass Grady seinen Chef ansah und respektvoll, aber nachdrücklich warnend den Kopf schüttelte. Motri sagte nichts.

Kepler trat aus der Tür und sah die Bodyguards einzeln nacheinander an. Dann ging er wortlos und geradlinig los. Sie machten ihm Platz.

88. Den Hausmeister fand Kepler in dem Haus, in dem er selbst kurz gewohnt hatte. Der Mann saß erschrocken zusammen mit seiner Frau in der Küche, die schwach von lediglich einer Kerze erhellt wurde. Kepler begrüßte die alten Leute knapp und bat um eine Schaufel. Der Hausmeister gab ihm den Schlüssel von der Scheune, aus dem Haus gehen wollte er nicht.

*****

Kepler suchte den Range Rover, in dem Budi lag.

Er trug seinen toten Freund zu derselben Stelle, an der sie erst vor wenigen Monaten Sahi beerdigt hatten. Neben seinem Grab hob Kepler das nächste aus.

Nachdem er damit fertig war, legte er Budi hinein und bettete ihn für die letzte Ruhe. Er hatte seinen Freund nicht gewaschen, obwohl das im Islam als Sünde galt. Doch Märtyrer wurden auch in dieser Religion ungewaschen und in ihren schmutzigen und blutbespritzten Kleidern beigesetzt.

Kepler setzte sich neben Budi hin. Er rauchte eine Zigarette, die letzte zusammen mit seinem Freund, und er nahm Abschied von ihm. Dann holte er Budis Glock heraus, das Einzige, was ihm von seinem Freund geblieben war, und zog seine. Eine Zeitlang hielt er sie beide in den Händen, dann legte er seine auf Budis Brust und steckte dessen Pistole in die Weste.

Innerlich völlig ausgelaugt, schaufelte er das Grab zu, in der bodenlos schweren Gewissheit, niemals wieder hierhin zurückkehren zu können.

Danach stand er lange mit gesenktem Kopf vor dem Grab und versuchte, für Budi zu beten. Aber er konnte es nicht gut, seine Gedanken schweiften ständig ab und wurden zu Erinnerungen. Dann war sein Kopf völlig leer.

Doch so konnte er Budi nicht zurücklassen. Er zog die Glock, hob sie über den Kopf und schoss den letzten Salut für seinen gefallenen Kameraden und Freund.

Beim ersten Schuss zuckte er selbst zusammen, beim dritten sah er seine Tränen auf die frische, würzig duftende Erde fallen. In hilfloser Verzweiflung hob er den Kopf und wollte den Schmerz hinausschreien. Aber er konnte es nicht.

*****

"Was ist hier los?", riss eine scharf klingende Stimme ihn aus seiner Trauer.

Kepler drehte den Kopf. Einige Bodyguards standen mit Waffen in den Händen neben ihm. Er steckte die Glock ein.

"Verschwindet", warf er tonlos zurück.

Die Männer sahen ihn an, dann zum Grab. Dann gingen sie wortlos weg.

*****

Kepler stand da und suchte nach Gründen.

Für den Tod seines Freundes und für sein eigenes Weiterleben.

Plötzlich dachte er an Oma.

Nur das bewahrte ihn davor, die Glock zum zweiten Mal zu ziehen.

89. Wie lange er dagestanden hatte, wusste Kepler nicht, als er wieder bei sich war, setzte schon die Morgendämmerung ein.

Er hörte und sah die Natur erwachen, und das war irgendwie tröstlich. An jedem Tag gab es den Tod. Doch jeder Tag war auch eine Hoffnung.

Kepler beugte sich herunter und nahm die Weste, dann machte er sich langsam auf den Weg zur Villa. Die Schaufel und die Schlüssel des Hausmeisters ließ er zurück. Er musste noch etwas klären, und wenn er sich anschließend nicht um die Sachen des Hausmeisters kümmern konnte, dann würde ihm absolut alles völlig und ganz egal sein. Er würde gar nichts mehr wahrnehmen können.

*****

Als er um den Stall herumging, erblickte er eine merkwürdige Szene auf dem gepflegten Rasen vor der Villa.

Die drei Geiseln standen mit hinter dem Rücken gefesselten Händen in einer Reihe. Ihre Gesichter drückten malträtierte Müdigkeit aus, man hatte sie anscheinend die ganze Nacht lang unsanft verhört. Hinter ihnen standen sechs Bodyguards. Es waren anscheinend die Leute von Motri, zumindest war der Schmierige dabei. Andere Leibwächter sah Kepler nicht, wahrscheinlich sicherten sie die Umgebung. Motri, Grady, Benjamin, der Wirtschaftsboss und der Handelsminister standen fünf Meter von

342

den drei Geiseln. Der Gesichtsausdruck von Motri war durch eine sadistische Freude verzerrt. Grady wirkte unbeteiligt, Benjamin war blass und schien erschrocken zu sein. Die beiden anderen Bosse schauten betont gleichmütig drein.

Motri beugte sich leicht vor. Kepler blieb stehen und hörte hin.

"Mister Kramow und Mister Sidney, Sie sind des Hochverrates an der Republik Südafrika überführt", sprach Motri hochtrabend, während er den Männern in die Augen blickte. "Mister Xueng, Sie sind der Spionage gegen die Republik Südafrika schuldig." Er machte eine Pause. "Dafür hat dieses Komitee Sie einstimmig zum Tode verurteilt." Motri ließ den Geiseln Zeit, die Tragweite seiner Worte zu begreifen. "Das Urteil ist umgehend zu vollstrecken."

Dass Südafrika die Todesstrafe längst auch im Kriegsrecht abgeschafft hatte, spielte keine Rolle, das hier war auch kein ordentlicher Prozess. Mit einem perfiden Lächeln nahm Motri den beiden Geologen mit dem letzten Satz jede Hoffnung und weidete sich an ihrer Verzweiflung. Kepler konnte ihre Gesichter nicht sehen, aber er sah es an ihrem Zittern. Der Chinese stand steif da. Völlig fassungslos nahm Kepler den Wink von Motri wahr, woraufhin drei seiner Bodyguards die Geiseln auf die Knie zwangen.

Dem Chinesen musste sein Henker mit dem Fuß gegen die Kniekehlen schlagen, die beiden anderen sanken ergeben nieder. Sobald sie auf den Knien standen, zogen die drei Bodyguards hinter ihnen ihre Pistolen und richteten sie auf die Hinterköpfe der Geiseln. Zwei Sekunden verstrichen quälend langsam, dann peitschte der Schuss. Der rechte Geologe zuckte und fiel seitlich hin. Der andere sah fassungslos auf die Leiche, erzitterte und blickte verzweifelt und flehend auf. Im nächsten Augenblick wurde er erschossen.

Benjamin hatte die Augen zugekniffen und den Kopf zur Seite gedreht. Sein Kabinettskollege und der Manager blickten zwar nach wie vor geradeaus, allerdings mit völlig versteinerten Gesichtern. Grady nahm das Ganze gelassener hin, aber nicht einmal er lächelte so befriedigt wie Motri.

Der blickte mit perfider Genugtuung auf Benjamin, den Wirtschaftsboss und den Handelsminister. Mit der illegalen Exekution hatte er sie sich untertan und zu seinen Komplizen gemacht und sie an sich gebunden.

Im Gegensatz zu den Südafrikanern kniete der Chinese mit absolut geradem Rücken. Er hatte nicht zusammengezuckt, als die Schüsse gefallen waren. Als der Bodyguard hinter ihm die Waffe hob, krümmte er sich nicht, sondern drückte seinen Hinterkopf sogar gegen die Mündung.

In der völligen Stille war das Klicken des Schlagbolzens ins Leere fast genauso laut wie ein Schuss. Der Chinese zuckte trotz all seiner Stärke zusammen. Motri wartete, bis er ihn ansah, und lächelte ihn gewinnend an.

"Sie, Mister Xueng, dürfen weiterleben", erlaubte er großzügig. "Sie werden in Ihr Land zurückkehren und alles, was Sie erlebt haben, als Botschaft überbringen", befahl er drohend. "Wir lassen uns nicht hintergehen. Sie haben hoffentlich nachvollzogen, wie raffiniert wir euch davon abgehalten haben, mit Kobala in Verbindung zu treten." Er machte eine Pause. "Es ist jetzt völlig egal, dass Sie wissen, wo die Mine liegt, und dass die Geologen es Ihnen und den Kongolesen verraten haben. Kobala ist tot, und in diesem Moment wird in Bukavu ein Mann auf seinem Posten installiert, der uns gegenüber absolut loyal ist. Und wenn wir die Mine nicht umgehend erschließen können – für China ist sie Tabu. Haben Sie das alles verstanden, Mister Xueng?" Der Chinese hatte perplex zugehört, nun nickte er langsam. Motri lächelte. "Doch unsere Länder sind gute Partner, und nach dieser Klärung wollen wir unsere Zusammenarbeit weiterführen – als Gleichberechtigte." Obwohl von oben herab, hatte dieser Satz mehr nach einem Wunsch als nach einem Angebot geklungen. "Wollen Sie der Verbindungsmann in dieser Angelegenheit sein?", erkundigte sich Motri nunmehr fast bittend.

Kepler hielt nichts von Verrätern, nur darum war er bei der Exekution nicht eingeschritten, aber jetzt war es zu viel.

Er näherte sich schnell und von der Seite, und alle waren zu sehr mit der Inszenierung beschäftigt, sogar die Bodyguards, die wie siegreiche Helden auf die Leichen blickten. Darum konnte Kepler ungehindert bis zu Motri gelangen. Erst als er neben ihm stand, nahmen ihn alle anderen überrascht wahr.

"Dafür?", fragte er wütend. "Budi musste sterben – dafür? Nur für eine Abreibung für die Chinesen?" Er schüttelte endgültig den Kopf. "Nein."

Er riss die Glock hoch. Motris verzweifelt werdender Blick war für Kepler nur eine kleine Genugtuung, als er ihm in die Stirn schoss.

Die Leiche lag noch nicht auf dem Boden, als Kepler sich umdrehte. Er erschoss sofort zwei Henker, nur den mit der leeren Pistole, der erschrocken die Hände hochhob, nicht. Dann zielte er auf die drei anderen Bodyguards.

"Schmeißt eure Knarren weg", verlangte er.

Er erschoss sogleich einen, der seinem Befehl nicht gehorchte und nach seiner Waffe zuckte. Die beiden anderen zögerten erst, gehorchten dann aber und warfen ihre Pistolen weit hinter sich.

Kepler lächelte und blickte zum Himmel, während er sich auf den Tod vorbereitete. Er hatte Budi gerächt, und er würde gleich auch sterben, denn zehn weitere Leibwächter liefen mit gezückten Pistolen herbei.

"Stopp!", schrie Grady plötzlich mit kraftvoller Stimme klar und entschieden den Befehl, der keinen Ungehorsam duldete. "Keiner schießt hier mehr!"

Kepler und die hinzugekommenen Leibwächter hielten inne. Nichtsdestotrotz zielten sie weiterhin auf ihn und er auf sie.

Grady trat mit gebieterisch erhobener Hand vor.

"Es ist alles in Ordnung!", verkündete er. Motris Bodyguards und die hinzugekommenen Leibwächter sahen verwundert zu ihm. "Ich sagte eben, die Waffen runter!", grollte Grady sofort drohend. Das wirkte endlich. Zögernd, aber die hinzugekommenen Leibwächter folgten seinem Befehl. Kepler dagegen entspannte lediglich den Finger am Abzug, die Sicherung hatte er schon durchgedrückt. Mehr tat er nicht. "Das gilt auch für Sie, Mister Luger!", setzte der Direktor des MSS scharf nach.

"Kepler", korrigierte Kepler.

Dann senkte er zwar die Glock, war jedoch bereit, sie jeden Augenblick zu benutzen, den Finger nahm er nicht vom Abzug herunter.

"Mund halten!", herrschte Grady ihn an. "Waffen einstecken und zurück auf Ihre Posten!", befahl er den hinzugekommenen Leibwächtern. "Ich habe hier alles unter Kontrolle. Für uns besteht keine Gefahr."

Acht der zehn hinzugekommen Leibwächtern waren wohl nicht Motris Leute, sie gehorchten und steckten ihre Pistolen ein. Sie entfernten sich aber nicht. Die letzten beiden zögerten. Das hinderte die anderen an der Ausführung des Befehls. Kepler fragte sich, warum Grady nicht weitersprach, dann hörte er ihn schnell mit den anderen Bossen sprechen. Der Wirtschaftsboss trat vor.

"Tun Sie, was Ihnen gesagt wurde", befahl er den beiden, die zögerten.

Das entschärfte die Situation, es waren seine Männer. Sie steckten die Waffen ein und gingen davon. Die anderen acht folgten ihnen.

Nur die letzten drei Bodyguards von Motri blieben da. Der Schmierige sah sowohl Kepler als auch Grady wütend an. Kepler war klar, wie dem Schmierigen sicherlich auch, warum der Direktor eingeschritten war. Dass er, die beiden Minister und der Wirtschaftsboss im Kugelhagel sterben könnten, hatte eine Rolle gespielt. Aber, und das war viel wichtiger, Kepler hatte diese Männer von Motris gnadenloser Tyrannei befreit, und für Grady den Weg zu dessen Thron freigemacht. Die anderen profitierten mit Sicherheit davon, darum machten sie mit. Der Schmierige musste etwas tun, um am Leben zu bleiben.

"Der wird verhaftet", knurrte er.

Er musste seine Macht beweisen, indem er Kepler zur Verantwortung zog.

"Das überlassen Sie mir", wies Grady ihn zurecht.

Die Augen des Schmierigen blitzten auf.

"Nein", sagte er bestimmend. "Ich bin der Sicherheitschef des Minis-
ters, damit unterstehen auch Sie mir. Ich verhafte ihn!"

Grady und die anderen stockten, sie wussten im Moment nicht, wie sie
Motris Bodyguards aus dem Spiel bringen konnten.

Kepler trat vor den Schmierigen und sah ihm in die Augen.

"Wie willst du das denn anstellen?", fragte er mit abschätzigem Hohn.
"Du bist nur ein dämlicher Bastard eines Esels und einer räudigen Hün-
din."

Damit hatte er nicht nur den Schmierigen selbst, sondern auch dessen
Familie beleidigt. Es funktionierte. Der Schmierige spannte sich wütend
an. Im selben Moment vernahm Kepler rechts eine Bewegung. Er
schwang den Arm hoch und zur Seite und schoss. Weil er es ohne hinzusehen getan hatte, tötete der Schuss den Henker mit der leeren Waffe
nicht, sondern verletzte ihn nur am Oberarm.

An Budis Grab hatte Kepler weder die Schüsse gezählt, noch danach
das Magazin gewechselt. Der Verschluss der Glock in seiner ausgestreckten Hand stand nun offen und offenbarte, dass die Pistole leer war.

Eine Sekunde verstrich. Dann zog sich der Mund des Schmierigen in
einem schiefen Lächeln auseinander. Kepler ließ die Glock fallen. Der
Direktor des MSS brüllte wütend etwas, aber er ignorierte ihn. Er und die
Bodyguards wussten, dass das hier nur mit dem Tod enden konnte. Genau
darauf hatten sie es schließlich angelegt.

Kepler duckte sich und entging dem in sein Gesicht gerichteten Schlag,
wehrte mit einer Blockkombination die nächste Attacke des Schmierigen
ab und schickte ihn mit einem Fußtritt in die Seite zu Boden. Im nächsten
Moment umschlossen ihn von hinten die Arme des angeschossenen Bodyguards. Kepler schlug mit dem Fuß über die Schulter, erwischte den
Bodyguard mit dem Stiefel im Gesicht, kam frei und wehrte sich gegen
den, der neben dem Schmierigen gestanden hatte. Dieser verstand einiges
von Nahkampf, Kepler musste zwei kräftige Tritte gegen die Rippen einstecken. Er holte Luft und drehte sich mit dem ausgestreckten Fuß zweimal um die eigene Achse, was ihm etwas Bewegungsfreiheit verschaffte.
Aber jetzt griffen alle drei Bodyguards ihn an. Wenigstens holte keiner
von ihnen seine weggeworfene Pistole.

Kepler ließ den Henker nah an sich herankommen und brach ihm mit
einem Faustschlag zwei Rippen. Der Henker strauchelte. Kepler schlug
sogleich zur Seite aus, wehrte den Schmierigen, dann den anderen Bodyguard ab und griff sich den Henker. Mit einem Schlag richtete er ihn auf,
packte mit beiden Händen dessen Kopf und brach ihm das Genick, während er sich über seinen Rücken abrollte. Er kam direkt vor dem Schmierigen auf und warf sich sofort flach auf den Boden. Das Bein des Schmierigen verfehlte nur knapp seinen Kopf. Kepler rollte sich auf den Rücken,

schwang die Beine über den Kopf und traf den Schmierigen mit beiden Füßen unter dem Kinn. Der taumelte zurück und Kepler sprang auf. Im selben Moment wurde er vom Tritt gegen den linken Oberarm umgeworfen. Er rollte sich über die Schulter ab, kam auf die Füße und stürmte zurück. Er präsentierte dem anderen Bodyguard seine Schulter als Ziel, und während der darauf einschlug, trat er in schneller Folge und mit aller Kraft viermal mit dem Fuß gegen dessen Schienbein. Der Bodyguard fiel auf ein Knie, seine Deckung brach auf. Kepler zertrümmerte seine Nase und seine Augenbrauen mit drei Faustschlägen, sprang hoch und schlug in der Drehung mit dem Schienbein seitlich hart gegen seinen Kopf. Der Bodyguard taumelte, seine Arme fielen herunter. Kepler riss seinen Kopf an den Haaren zurück und schlug mit dem Handballen von unten gegen seine Nase. Der Schlag rammte deren gebrochene Knochen buchstäblich ins Gehirn. Der Bodyguard wurde steif und kippte um. Der Schmierige taumelte indessen zu den Pistolen. Kepler rannte zu ihm, während er das Messer aus der Weste riss. Als der Schmierige die erste Waffe fast erreicht hatte, klappte Kepler die Klinge aus. Er war bei dem Schmierigen angelangt, als der sich mit der Pistole in der Hand aufrichtete. In dem Moment, als er sich umdrehte, ergriff Kepler seine fast erhobene Hand mit der Pistole, riss den Schmierigen zu sich und stieß ihm die Klinge unter das Brustbein. Der Schmierige versteifte sich. Sein Gesicht war nur Zentimeter von Keplers entfernt, und sie stierten einander in die Augen. Kepler schleuderte ruckartig das rechte Handgelenk des Schmierigen. Die Pistole flog aus dessen Hand, sein Mund öffnete sich entsetzt in abgehacktem Einatmen. Während Kepler ihm in die Augen blickte, drehte er das Messer und stieß es tiefer in den Körper des Schmierigen und nach oben. Der Schmierige ächzte, seine Lider begannen zu flattern, dann fiel er erstickt aufstöhnend auf die Knie. Kepler zog das Messer aus ihm heraus, ließ ihn los und trat zurück. Fassungslos sah der Schmierige auf den größer werdenden Blutfleck auf seiner Brust. In seinem Hals röchelte es. Er taumelte und fiel mit dem Gesicht auf die Erde. Er zuckte noch zweimal, seine linke Hand ballte sich zur Faust. Eine Sekunde später öffnete sie sich kraftlos, und dann regte der Schmierige sich nicht mehr.

Benjamin Galema, der Handelsminister und der Wirtschaftsboss sahen Kepler nur kurz und erschrocken an, als er sich umdrehte, dann blickten sie wieder unbehaglich, aber mit sichtlicher Erleichterung auf den toten Schmierigen. Grady und der Chinese, der immer noch auf den Knien stand, sahen dagegen unentwegt zu Kepler. Er musterte den Chinesen. Der wich seinem eisigen Blick zwar nicht aus, aber in seinen Augen war Furcht.

Kepler ging zu ihm. Der Chinese spannte sich an, als er hinter ihn trat, und atmete kaum hörbar, aber erleichtert aus, als Kepler den Kabelbinder an seinen Handgelenken zerschnitt.

"Hau ab", befahl Kepler auf Mandarin.

Der Chinese stand auf und drehte sich zu ihm um.

"Danke", sagte er. "Du bist ein großer Krieger."

Er neigte den Kopf und führte seine Hände im traditionellen chinesischen Gruß vor der Brust zusammen. Vielleicht waren sie Feinde, aber Chinesen begegneten auch ihren Gegnern mit Respekt, wenn sie faire Kämpfer waren.

"Ja", sagte Kepler tonlos. "Und jetzt verschwinde."

Er wischte das blutige Messer penibel an der Jacke eines Henkers ab und steckte es ein. Ohne weiter auf den Chinesen zu achten, ging er zu Grady und den anderen. Die vier Männer hatten den Wortwechsel mit dem Chinesen zwar nicht verstanden, aber dessen Geste. Sie imitierten sie, indem sie knapp die Köpfe neigten, als Kepler sie nacheinander musterte. Er blieb stehen, hob seine Glock auf, steckte ein volles Magazin in sie und lud sie durch. Benjamin, der Handelsminister und der Wirtschaftsboss zuckten bei dem harten Geräusch zusammen, dann sahen sie verlegen und betroffen weg. Kepler ging zu Grady.

"Gibt es weitere Überraschungen?", fragte er. Grady schüttelte den Kopf. Für die drei anderen als der neue Anführer mit. "Ich kündige", sagte Kepler zu ihm, während er die Glock einsteckte. "Wir müssen uns nur noch über meine Abfindung unterhalten. Jetzt gleich."

"Geben Sie mir zwei Minuten", bat der wohl neue Minister für Südafrikas innere Sicherheit, und erteilte mit diesen Worten gleichzeitig auch einen Befehl.

Kepler nickte, er hatte keine Kraft mehr. Und er musste den anderen drei Männern zeigen, dass auch er Grady als denjenigen akzeptierte, der nun und für immer das Sagen hatte. Während Grady begann, Benjamin und den beiden anderen schnell und gebieterisch Anweisungen zu erteilen, holte Kepler seine Weste und ging zu dem Haus, in dem seine Männer gewohnt hatten.

*****

Als er an seinem ehemaligen Haus vorbeiging, zog die neue Eingangstür seinen Blick auf sich. Sie wirkte wie ein Flicken an dem Haus.

Kepler erinnerte sich, wie zerschossen sie gewesen war. Er kam sich genauso durchlöchert vor. Aber für seine Seele gab es keine Flicken.

90. Im Inneren des Hauses lag eine dicke Staubschicht, aber ansonsten war es in Ordnung, sogar Strom war da. Doch Kepler mutete das verlassene Haus wie eine zerstörte Ruine an. Zwei der vier seiner Männer, die

348

hier gelebt hatten, waren tot. Weil Menschen geldgierig waren, nur darum. Kepler hatte Budi und Sahi verloren, wie er alles verlor, was er liebte und woran er glaubte.

Aber es war ein wenig tröstlich, hier zu sein. Als wären seine Männer bei ihm, auch die gefallenen. Gleichzeitig war das Gefühl ihrer Nähe eine stumme Anklage über ihren Tod. Kepler wusste, dass weder Budi noch Sahi ihm je etwas vorwerfen würden, doch das machte es nicht leichter. Er warf es sich selbst vor.

In der Küche ließ er sich auf einen Stuhl fallen und senkte den Kopf. Tiefe Ausweglosigkeit bemächtigte sich seiner, und nur etwas Schweres, Kompaktes und Unnachgiebiges tief in ihm, das ihn immer wieder hatte überleben und weitermachen lassen, war noch da. Er atmete, also musste er weitermachen.

Was, das wusste er nicht. Zumindest am Leben bleiben. Wieder einmal.

Plötzlich tauchte Grady wie aus dem Nichts vor ihm auf. Er reichte ihm eine kleine Flasche mit Wasser. Im Gegensatz zu Kepler versuchte er, den Staub vom Stuhl abzuwischen, bevor er sich setzte.

"Wieso sind Sie nicht verschwunden?", wollte er wissen.

"Ich musste Budi begraben", antwortete Kepler.

"Ich meinte, danach?", interessierte sich Grady mit aufmerksamem Blick.

"Danach war es mir egal", murmelte Kepler. "Und ich wollte nicht davonlaufen. Warum hat dieses Skelett mich am Leben gelassen?"

"Motri glaubte mir", erwiderte Grady. "Auch er wollte fähige Männer."

Kepler köpfte die Flasche und trank sie aus.

"Danke."

"Ich danke Ihnen", erwiderte Grady. "Wenn Sie nur wüssten, was für einen Dienst Sie uns heute erwiesen haben..."

"Ich will es aber nicht wissen", unterbrach Kepler ihn und sah ihm in die Augen. "Warum haben Sie mir verschwiegen, dass es Verräter waren?"

"Ich hatte keine Ahnung davon, Joe", begann der Direktor.

"Herr Kepler", korrigierte Kepler sofort eisig.

"Ich wusste es wirklich nicht", wiederholte Grady mit offenem Blick. "Mir ist erst bei der Besprechung vorhin klar geworden, was Motri beabsichtigt – und auch geschafft – hat. Wir hatten Kobala unterstützt, doch er hatte uns betrogen, und die Chinesen waren im Begriff, dasselbe zu tun. Motri hat ihnen und den Kongolesen eine Lektion erteilt. Und dafür gesorgt, dass sich niemand von unseren Leuten kaufen lässt. Hoffentlich."

Kepler sah den Direktor schief an.

"Und Sie machen genauso weiter."

"Motri hat gar nicht so verkehrt gehandelt", erwiderte Grady ruhig. "Natürlich werde ich weitermachen, nur etwas anders." Er machte eine Pause. "Und ich wollte Sie fragen, ob Sie nicht doch für mich arbeiten wollen. Ich brauche fähige Leute, und ich würde Ihnen freie Hand lassen."

"Was haben Sie an meinen Worten über die Kündigung missverstanden?", erkundigte sich Kepler. "Ihr Unwissen hat mich meinen Freund gekostet."

"Das tut mir sehr leid", sagte Grady leise und bedrückt.

"Davon wird Budi aber nicht lebendig", erwiderte Kepler scharf. "Wissen Sie, warum ich Ihnen, Benjamin und den anderen keine Kugel in den Kopf gejagt habe? Weil auch wenn diese Mission nicht so stümperhaft vorbereitet gewesen wäre, Budi wäre trotzdem umgekommen. Denn es war meine Schuld, ich hätte ihn zwingen müssen, die schusssichere Weste anzuziehen. Ich tat es nicht. Nur darum dürft ihr weiterleben." Kepler kämpfte die in ihm aufsteigende Wut nieder, atmete durch, lehnte sich zurück und sah Grady an. "Sie werden mir auf der Stelle das Leben ermöglichen, das ich nie führen wollte, und ich verschwinde."

Der Direktor schüttelte bedauernd den Kopf.

"Jetzt laufen Sie davon, Joe."

"Ich hadere nicht damit, dass ich ein Killer bin", gab Kepler zurück. "Aber wegen mir sterben ständig auch solche Menschen, die leben sollten." Er sah Grady in die Augen. "Davor renne ich weg, Direktor, nicht vor Ihnen." Er hatte es endgültig gesagt und sein Blick ließ Grady keinen Spielraum. "Rufen Sie Smith an."

"Smith?", fragte der Direktor überrascht. "Was wollen Sie von ihm?"

"Ich brauche einen Transport aus Afrika, und weil ich nicht existiere, muss Smith mich rausfliegen, ich brauche sein Flugzeug, um diesen verdammten Kontinent verlassen zu können", antwortete Kepler. "Rufen Sie ihn an – jetzt. Er soll sofort herkommen und meine Erma mitbringen."

Grady zog ein Satellitentelefon heraus und wählte. Dann, wahrscheinlich um seine Aufrichtigkeit zu beweisen, stellte er es auf laut und legte es auf den Tisch.

"Ja?", ertönte Smiths Stimme nach dem vierten Rufzeichen.

"Wo sind Sie?", verlangte Grady zu wissen.

"Fliege nach Vélingara."

"Was wollen Sie in Senegal?", fragte der Direktor.

"Geschäfte, Mister Grady." Smith klang nur in etwa so, als wenn er sich rechtfertigen würde, gleichzeitig gab er deutlich zu verstehen, dass er sein eigener Herr war. "In Casamance tobt immer noch der Krieg", fügte er neutraler hinzu.

"Wieso sind Sie nicht im Kongo?", fragte Gradys nun um einiges schärfer.

"Ich war zwei Tage lang dort", antwortete Smith. "Vor einigen Stunden hörte ich, Kobala sei tot und seine Villa wäre in Flammen aufgegangen. Ein Franzose hätte ein Flugzeug entführt, ist später allerdings ganz woanders tot aufgefunden worden." Smith klang belustigt. "Aufgrund der Informationen, und weil Joe sich nicht bei mir meldete, nahm ich an, er hätte einen anderen Ausgang benutzt. Ich habe zu tun, und ich will bestimmt nicht in Verbindung mit dieser Veranstaltung gebracht werden", schloss er. "Hat Joe es mittlerweile geschafft?"

"Er hat es sehr gut erledigt."

Grady hatte Kepler bei diesen Worten nicht angesehen.

"Sehen Sie", freute sich Smith, "ich habe Ihnen immer gesagt, dass er..."

Keplers Geduld war am Ende. Es war ihm egal, dass Grady und Smith aufeinander angewiesen waren, sie konnten ihr Spiel später fortsetzen. Grady sah es.

"Kommen Sie sofort her", befahl er rigoros. "Joe muss ausgeflogen werden."

"Geben Sie mir eine Woche", bat Smith.

"Fünf Tage", intervenierte Kepler sofort, damit ein Handeln gar nicht erst aufkam. "Er soll mich anrufen, sobald er hier ist." Grady gab es wörtlich weiter und legte danach auf. "Ich brauche schon wieder eine neue Identität", verlangte Kepler. "Nehmen Sie den Pass von dem Typen, den ich zuletzt getötet habe, und kleben Sie mein Foto da rein. Ich sehe ihm ähnlich und bin wie er."

"Nicht ganz so wie er", widersprach Grady und sah ihn mit angewiderter Bewunderung an. "Wie machen Sie das? Wie schaffen Sie es, nach diesem ganzen Desaster so klar zu denken und zu handeln?" Kepler antwortete nicht. "Bleiben Sie bei mir", bat Grady. "Ihr Gehalt können Sie selbst bestimmen."

"Das habe ich eben getan", erwiderte Kepler kalt.

Grady war mit dieser Antwort sichtlich unzufrieden, aber er nahm sie hin. Er erhob sich. Kepler auch. Schweigend verließen sie das Haus.

*****

Der Wirtschaftsboss und der Handelsminister waren mit ihren Leuten schon weggefahren. Benjamin stand mit seinen Leibwächtern, dem Hausmeister und sechs MSS-Agenten vor der Villa.

Das Gesicht des Hausmeisters war trotz seiner dunklen Haut aschfahl grau, weil Benjamin erklärte, was mit den zehn Toten passieren sollte, als Kepler und Grady an der Villa ankamen. Die Leichen mussten verpackt werden, damit man sie ihren Familien aushändigen konnte. Das sollten

351

die Leibwächter und Grays Agenten erledigen, der Hausmeister war dazu nicht imstande. Er hatte dafür zu sorgen, dass die Ranch wieder anständig aussah.

Der Hausmeister erbrach sich, als Kepler zur Leiche des Schmierigen ging und in seinen Taschen wühlte. Den Pass fand Kepler nicht, aber einen Ausweis des Ministeriums. Er sah seinem eigenen ähnlich, aber statt der Nummer der Abteilung hielt der Adler auf der Kokarde des Ministeriums ein Schwert. Kepler verzog den Mund beim Anblick der Klinge, dann lächelte er wirklich erheitert.

"Entweder will mir jemand etwas sagen, oder ich bin mal ein Glückskind gewesen", sagte er kalt belustigt, als er Grady den Ausweis reichte.

"Wieso?", fragte der Direktor und sah ihn verständnislos an.

"Ich brauche mir nicht einmal einen neuen Vornamen zu merken."

"Joe Askin", las Grady den Namen des Toten.

"Machen Sie bitte zügig, ich brauche umgehend Papiere, um mich legitimieren zu können", sagte Kepler. "Ich muss noch einiges erledigen, und ich will nicht jedes Mal die Glock ziehen müssen."

Grady zog ein schwarzes Etui aus der Tasche und reichte es ihm. Es war sein, oder vielmehr Lugers, MSS-Ausweis. Etwas überrascht steckte Kepler ihn ein.

"Ich hatte wirklich gehofft, Sie würden bleiben", sagte der Direktor.

"In fünf Tagen bin ich weg. Du bringst mir den Koffer", sagte Kepler zu Benjamin, der gerade zu ihnen kam, dann wandte er sich zu Grady, "und Sie den neuen Pass. Mit ordentlichem Hintergrund und australischem Visum."

Benjamin nickte, Grady neigte nur leicht den Kopf. Kepler drehte sich wortlos um und ging zur Villa.

Im Flur hing ein Spiegel. Kepler sah hinein. Seine Augen waren müde und rot, sein Gesicht war mit dem Öl des Toyotas beschmiert und von Schweißrinnen durchzogen, seine Kleidung war mit Dreck und Blut besudelt.

Kepler ging in den ersten Stock, dort ins erstbeste Zimmer und fiel ohne sich auszuziehen auf das Bett, das dort stand. Sobald er die Hand mit der Glock unter dem Kopfkissen richtig positioniert hatte, schlief er ein.

VIII.

91. Es waren wohl Keplers Wille und seine Natur, die wie ein harter Eisenstab in seinem Rückgrat saßen und ihn immer wieder überleben und weitermachen ließen. Sie weckten ihn vor dem Sonnenaufgang am nächsten Morgen.

Kepler stand auf, ging aus dem Haus, atmete durch und rannte los. Er lief lange und monoton vor sich hin, und die drückende Leere in seinem Innern rutschte mit jedem Schritt irgendwohin weiter nach unten. Sie verschwand nicht, sondern wurde immer mehr ein Teil von ihm.

In Kongo hatte er etwas von seiner Seele eingebüßt. Das letzte winzige Stückchen, das er noch gehabt hatte. Das Einzige, was ihm noch geblieben war, war sein Körper, der jeden Befehl seines Gehirns sofort und präzise ausführte, und das gab ihm Kraft. Wenigstens darauf konnte er zählen. Er lief zurück.

In keinem Badezimmer in der Villa fand er Duschgel oder Shampoo. Er duschte dennoch und wusch zumindest den gröbsten Schmutz ab, doch in seinen Hautporen spürte er den Staub des verfluchten Kongo.

*****

Der Hausmeister hatte seine Arbeit gut gemacht, nichts deutete mehr auf das Massaker, das auf der Ranch am Vortag stattgefunden hatte.

Kepler fand den Hausmeister und dessen Frau beim Frühstück auf der Terrasse seines ehemaligen Hauses. Die Eheleute mussten in ihrem Leben schon einiges erlebt haben. Aber jetzt saßen sie mit abwesenden Gesichtern vor ihrem Essen, die gestrigen Ereignisse mussten sie arg mitgenommen haben. Sie bemerkten nicht einmal, wie Kepler um das Haus herum auf die Terrasse kam. Erst als eine junge Frau, die zwischen den beiden saß, die Augen hob und sich hastig und erstaunt bewegte, riss es den Hausmeister und seine Frau aus ihrer Lethargie.

"Morgen", grüßte Kepler bedächtig, um sie nicht noch mehr zu erschrecken.

"Morgen", erwiderte der Hausmeister angespannt.

Die Frauen sahen ihn zurückhaltend an, ohne ein Wort zu sagen. Kepler griff nach der Lehne des vierten Stuhls. Er wollte sich nicht selbst zum Frühstück einladen, er wollte diese Menschen nur nicht von oben herab ansprechen. Sie hatten schon so genügend Angst vor ihm, so wie sie ihn ansahen. Er zog den Stuhl einen Meter vom Tisch weg, bevor er sich darauf setzte.

"Ich muss Sie um etwas bitten", sagte er. "Wir sind für einige Zeit gezwungenermaßen Nachbarn, aber ich muss noch etwas erledigen."

"Sie sind Mister Kepler, nicht wahr?", fragte der Hausmeister. Er sah ihm kurz in die Augen. "Sie waren mal Bodyguard von Mister Mauto, richtig?"

"Ja."

So war die menschliche Natur. Die Leute fürchteten ihn sichtlich, dennoch sah Kepler unverhohlene Neugier in den Augen aller drei. Der Hausmeister warf einen Blick auf die Frauen, dann sah er Kepler an, dieses Mal etwas länger.

"Waren Sie mit Budi hier, als wir überfallen wurden?", fragte er. Der Name seines Freundes schnürte Kepler die Luft ab. Er nickte nur. "Was sollen wir für Sie tun?", fragte der Hausmeister daraufhin etwas gelöster.

Kepler deutete auf seine verdreckte und mit Blut verschmierte Kampfmontur.

"In die Stadt fahren und Kleidung für mich kaufen, ich habe kein Auto und keine andere Kleidung", bat er. Dann sah er auf den Tisch. "Und wenn ich einen Kaffee bekommen könnte, wäre das prickelnd schön."

Der letzte Satz, und wahrscheinlich sein Ton und sein Gesichtsausdruck, riefen zurückhaltendes Lächeln hervor. Die Frau des Hausmeisters ging ins Haus und kehrte mit einem kompletten Gedeck zurück. Kepler bekam Würstchen, Omelett und weißes Brot. Er schob den Stuhl an den Tisch und merkte erst jetzt, dass er hungrig war. Er schlang das Essen herunter. Mit einem Blick, der ihn an seine Oma erinnerte, füllte die Frau des Hausmeisters seinen Teller erneut.

"Unsere Tochter wird die Kleidung für Sie kaufen", sagte sie.

Kepler sah auf die junge Frau, die bis jetzt kein Wort gesagt hatte. Die Mutter sprach auf Xhosa auf sie ein. Kepler brauchte einen Augenblick, um den Sinn ihrer Worte zu verstehen. Sie befahl der Tochter nachdrücklich, seine Bitte zu erfüllen, weil er zwar ein böser Mann war, aber kein schlechter, und sie ihm helfen sollten. Kepler erwartete, dass sich die junge Frau sträuben würde, aber sie war mehr über die Anmerkung aufgebracht, denn über die Aufforderung.

"Natürlich", antwortete sie kalt. Sie blickte zu Kepler, dann sichtlich belustigt zu ihrer Mutter. "Und er spricht Xhosa." Die Mutter senkte sogleich betreten die Augen und die junge Frau zeigte eine Reihe weißer Zähne in einem breiten Lächeln. "Was brauchen Sie, Mister Kepler?", fragte sie freundlich auf Afrikaans.

Kepler kaute den Bissen, den er im Mund hatte, durch, legte die Gabel auf den Teller und reichte ihr über den Tisch die Hand.

"Nenn mich Joe."

"Ich bin Terry. Iss auf, Joe, dann sagst du mir, was ich für dich kaufen soll."

"Können wir noch etwas für Sie tun?", erkundigte sich der Hausmeister.

"Wenn Sie ein Bier für mich hätten..."

Der Hausmeister brachte ihm eine Flasche. Kepler beendete das Frühstück, dankte für die Gastfreundschaft und verließ zusammen mit Theresa den Tisch.

Sie notierte seine Wünsche bezüglich der Kleidung, anschließend begleitete Kepler sie zu ihrem Wagen. Im Einsteigen drehte sich Theresa zu ihm.

"Während ich dir die Kleidung besorge, tue bitte mir und dir selbst einen Gefallen – zieh diese Klamotten aus, wasch sie und geh duschen. Du stinkst."

"Hatte ich vor", antwortete Kepler. Er reichte Theresa das Geld. Als sie die Scheine nahm, berührten sich ihre Finger, und sie ließ diese Berührung andauern, bevor sie die Hand wegnahm. "Warum hast du deine Mutter zurechtgewiesen?", wollte Kepler wissen. "Ihr habt mich zuerst angeguckt, als wäre ich ein Monster. Jetzt lächelst du."

"Du bist eins", erwiderte Theresa und sah ihm in die Augen. "Darum hatte meine Mutter mich wohl auch angerufen, damit ich herkomme." Sie machte eine Pause. "Aber Rebecca hat mir einiges über dich erzählt. Ich arbeite für sie, leite in Cape Town die Stiftung, die sie gegründet hat, um missbrauchten Kindern zu helfen", erklärte sie. "Sie lässt dich übrigens grüßen, ich habe mit ihr gestern telefoniert." Sie lächelte. "Thembeka lässt dich auch grüßen."

Kepler blickte in ihre nussbraunen Augen und ihm wurde ein wenig leichter.

*****

Nachdem Theresa weggefahren war, ging er zum Haus des Hausmeisters zurück. Er bekam von dessen Frau ein Handtuch, Duschgel, einen Waschbottich, Waschmittel und Ratschläge, wie er den Schmutz aus seiner Kleidung richtig herauswaschen konnte. Vom Hausmeister bekam er eine Latzhose.

Er kehrte zurück zur Villa und duschte. Und was beim Laufen begonnen hatte, war nun von Wasser und Seife beendet worden. Kepler war fast der alte. Nur war in seinem Herz kein Platz mehr. Für nichts und für niemanden.

Er stieg in den Blaumann. Gemäß der Anweisung der Frau des Hausmeisters bereitete er den Bottich vor. Zuerst wusch er seine Unterwäsche aus, dann die restlichen Sachen, wobei er das Wasser dreimal wechseln musste

Die Nomex-Handschuhe wusch er über dem Becken aus. Als sich Budis getrocknetes Blut von ihnen löste und Kepler zusah, wie es den Abfluss herunterrann, hatte er das Gefühl, dass das Blut seines Freundes an seinen Händen klebte. Auch das erbitterte Scheuern half nicht gegen dieses Gefühl, auch nicht, dass die Handschuhe und die anderen Sachen nach dem Schrubben und mehrmaligem Waschen im Bottich und in der Waschmaschine, sauber wurden.

Kepler legte sie zum Trocknen draußen aus und inspizierte seine verbliebene Ausrüstung. Die Glock26 mit den beiden zugehörigen Ersatzmagazinen legte er beiseite, weil er sie nicht benutzt hatte. Budis Glock17 zerlegte er und machte sie sauber. Danach säuberte er sorgfältig das Messer. Teresa würde ihm Kleidung bringen. Er hatte seine Weste, einhundertsechsunddreißig Schuss in acht Magazinen für die Glock17 und einunddreißig Schuss für die Glock26. Ein Messer, ein Satellitentelefon, den MSS-Ausweis, Bargeld und die Karte für das Konto, das Mauto für ihn eingerichtet hatte. Theoretisch ließ sich mit diesem ganzen Zeug ein ziemlich erfülltes Leben führen.

Er rief bei 1time an und bestellte ein Ticket nach Durban für den nächsten Tag.

Danach trank Kepler die Bierflasche in einem Zug aus. Er wollte sich nicht betäuben, er hatte nichts mehr, das betäubt werden konnte, das war sein Fluch. Darum wollte er wenigstens den Geschmack von etwas Bitterem spüren.

*****

Kepler ging in die Sporthalle, und um das Denken abzuschalten, begann er gegen die eigenen Schatten zu kämpfen, gegen den physischen und gegen den in seinem Innern. Er steigerte sich so hinein, dass er erst zwei Stunden später wieder zu sich kam. Etwas war anders. Kepler drehte sich um.

Theresa stand in der Tür und betrachtete ihn nachdenklich.

"Wie lange stehst du schon da?", wollte er wissen.

"Zwanzig Minuten", antwortete Theresa.

"Ich werde alt", murmelte Kepler.

"Bitte?", fragte Theresa verwirrt.

"Ich habe dich nicht gehört", erklärte er.

"Du warst beschäftigt", meinte Theresa.

"Früher konnte ich zwei Dinge gleichzeitig."

"Ich glaube, du warst eben mit mehr als nur mit zwei Dingen beschäftigt."

In der Pause, die danach entstand, sah Kepler die junge Frau erstaunt an. Theresas Blick war undefinierbar.

"Hast du alles?", fragte Kepler.

Theresa hob die Hände an. In jeder hielt sie zwei Einkaufstüten.

Kepler und sie gingen in die Villa, in das Zimmer, in dem Kepler geschlafen hatte. Theresa reichte ihm die erste Tüte. Darin war Unterwäsche. Kepler ging ins Bad und zog sie an. Als er zurück war, reichte Theresa ihm wortlos die nächste Tüte. Sie hatte genau das gekauft, was er gewollt hatte. Unscheinbare, aber gute Hose, Jacke und ein Hemd. Kepler sah darin wie ein gutsituierter durchschnittlicher Südafrikaner der Mittelschicht aus. Theresa hatte auch passende Schuhe gekauft, mehrere Paare. Eines war Kepler zu groß, das andere zu klein, zwei passten gut. Er entschied sich für die schlichteren zum Schnüren.

"Gib die anderen deinem Vater", sagte er. "Vielen Dank, Terry."

356

"Das restliche Geld ist in der Tüte", merkte Theresa an.

"Behalt es. Du hast genug Zeit und Sprit für mich geopfert", sagte Kepler. Sie sah ihn nur schweigend an. Kepler warf einen Blick in die Tüte. Darin lagen einige Geldscheine und eine Kondompackung. Er lächelte schief. "Rebecca hat dir wohl ziemlich alles über mich erzählt."

"Das hat sie, ja", antwortete Theresa. "Aber es ist viel pragmatischer." Sie kam dicht zu ihm und sah ihm in die Augen. Sie blickte bittend, aber gleichzeitig erhaben und würdevoll. "Ich habe AIDS und einen Tumor."

In ihren Augen war die Freude, am Leben zu sein. Und der ungestillte Hunger nach Liebe – und die endgültige, ausweglose Gewissheit des Todes.

Kepler umarmte sie. Sie beide starben. Theresa physisch, er seelisch. Sie hatte nicht mehr lange. Er war eigentlich schon tot.

92. Am nächsten Morgen brachte Theresa Kepler zum Flughafen. Sie stand sogar mit ihm in der Schlange zum Schalter an.

Es herrschte eine Hektik, die Kepler an Deutschland erinnerte. Normalerweise waren Menschen in anderen Ländern ruhiger und gelassener. Heute aber drängten sie sich regelrecht. Die meisten in der Schlange waren dem Anschein nach Geschäftsreisende. Einer von ihnen, ein etwa dreißigjähriger Mann mit dem Gesicht einer Bulldogge und dem Körper eines Athleten, drängte sich an anderen vorbei. Er trug einen Anzug und Krawatte. Er hielt ein Handy am Ohr, während er sich mit seinem Aktenkoffer arrogant und beiläufig den Weg freimachte. Theresa und andere Reisende waren empört, aber der Mann machte den Eindruck, dass man ihn besser nicht zurechtwies. Er verhöhnte die Menschen einfach. Es war verwunderlich, dass so viele einem Einzelnen kleinbeigaben, weil er selbstsicher auftrat und so die Menge einschüchterte. Die Menschen blickten zur Seite und man konnte ihnen die Hoffnung ansehen, dass sie nicht die Aufmerksamkeit des Kerls auf sich lenkten. Hätten sich nur einer oder zwei von ihnen ihm in den Weg gestellt, dann hätte der Mann von seinem Vorhaben abgelassen. Aber so machte er überlegen und lässig weiter. Bald war er hinter Theresa.

"Lass den Zombie vordrängeln, Terry", sagte Kepler müde.

Der Drängler würde dadurch eh nicht schneller am Ziel sein. Theresa machte ihm Platz. Der Drängler hatte aber gehört, was Kepler gesagt hatte. Er beendete sein Telefonat, gaffte ihn von oben herab an und schnaubte verächtlich.

"Hast du ein Problem?", wollte er streitlustig wissen.

"Suchst du eins?", fragte Kepler zurück.

"Und wenn?", höhnte der Drängler.

"Wie schmerzhaft hättest du es denn gern?", erkundigte sich Kepler. Er wusste nicht, ob der Drängler überhaupt etwas tun wollte, aber es war ihm egal. Er ergriff dessen Hand und verdrehte ruckartig seinen Arm. Der Drängler schrie vor Schmerz auf und krümmte sich. Kepler packte ihn hinten am Hals mit einem Griff, der den Drängler auf die Knie zwang, und sah kalt in sein vor Schmerz verzogenes Gesicht. "Noch eine weitere halbe Stunde mit mir, und du lernst *bitte* zu sagen." Kepler ließ seinen Hals los. "Verpiss dich ans Ende der Schlange."

Er schubste ihn und der Drängler machte sich auf dem Boden lang. Mühsam kam er wieder hoch und trottete weg. Er wurde dabei von höhnischen Blicken anderer Reisender begleitet, einige klatschten sogar, anscheinend hatte sich der Drängler ziemlich weit vorgekämpft. Die Schmach ließ ihn sich nicht mehr anstellen, er ging weg und blickte sich dabei um.

Kurz spürte Kepler einen herrischen Griff an seinem rechten Oberarm. Er drehte sich um und sah einen Polizisten. Ein zweiter stand mit der Hand an der Waffe etwas weiter, dahinter der Drängler, der abfällig überlegen grinste.

"Ich bin vom MSS", sagte Kepler. "Mein Ausweis ist in der Jacke."

"Langsam, Mister", verlangte der Polizist etwas weniger zuversichtlich.

Er und sein Kollege verfolgten aufmerksam jede von Keplers Bewegungen. Er zog seinen MSS-Ausweis heraus und öffnete ihn. Die Vier auf der Kokarde zeigte sofort Wirkung. Der Polizist ließ Kepler los und warf einen Blick auf den Drängler, der jetzt nicht mehr grinste.

"Sir, wir müssen den Vorfall aufnehmen", sagte der Polizist zu Kepler. "Sie haben sich anscheinend nicht korrekt verhalten."

"Er hat sich durch die ganze Schlange vorgedrängelt", erwiderte Kepler und sah den Drängler an. "Willst du wirklich Anzeige gegen mich erstatten?", fragte er. Sein eigener arroganter Ton hielt ihn irgendwie aufrecht, aber die MSS-Marke war die einzige Sache, derer er sich im Moment sicher war. Der Polizist blickte nun bemüht neutral, ohne einen Kommentar. Der Drängler schüttelte den Kopf. "Dann solltest du einen späteren Flug nehmen", schlug Kepler ihm vor.

Einige in der Schlange lachten, die Polizisten ebenfalls, nur unterdrückt. Sie nickten Kepler zu, dann gingen sie davon. Der Drängler auch.

"Ruf an, wann du zurück kommst", sagte Theresa.

Sie drückte flüchtig seinen Unterarm und ging weg.

*****

Kepler sah ihr verwundert nach, dann war er an der Reihe am Schalter. Er zeigte nochmal den MSS-Ausweis, bezahlte und ging durch. Es piepste. Nur in Filmen reagierten Metalldetektoren nicht auf eine Glock. Weil die Pistole zu achtzig Prozent aus Metall bestand, wurde sie in Wirklich-

358

keit von den Detektoren sehr wohl registriert. Der Zollbeamte winkte Kepler jedoch durch.

Er ging weiter, holte das Satellitentelefon heraus und wählte.

"Ja?", hörte er Spoons Stimme.

Dass sie ihn so aufwühlen würde, damit hatte Kepler nicht gerechnet.

"Ich bin es...", begann er zögernd.

"Joe! Joe!"

Die Freude und die Erleichterung in Spoons Stimme waren so stark, dass Kepler tief durchatmen musste.

"Ana, ich komme mit 1time in zwei Stunden in Durban an", sprach er schnell, bevor sie weiter sprach. "Würdest du mich abholen?"

"Ja, sicher", antwortete Spoon verwundert.

"Danke, bis nachher."

Kepler legte auf. Er hatte die Identifizierung nicht ausgeschaltet, und wollte nicht, dass Spoon zurückrief, darum schaltete er das Telefon aus.

Er trank einen Kaffee, bald danach begann das Boarding.

93. Kepler sah Spoon in der Menschenmenge, die aus dem Flughafengebäude strömte. Die Polizistin ging nervös neben dem MVR auf und ab, während sie unentwegt auf den Eingang blickte. Sie kaute vor Ungeduld an ihrer Unterlippe und spähte in die Gesichter der Menschen, die ihr entgegenkamen. Kepler hielt seine Idee nicht mehr für gut. Aber Ungewissheit war quälender als Wissen.

"Joe!" Spoon lief zu ihm und warf sich ihm an den Hals. "Endlich..." Bevor er reagieren konnte, nahm sie sein Gesicht in ihre Hände, küsste ihn verlangend, drückte sich von ihm und sah ihn an. Sie lächelte und berührte erheitert seine ausgebleichten Haare, dann blickte sie sich in freudiger Erwartung um. "Wo ist Hoca?", wollte sie wissen. Kepler schwieg. Spoon sah ihn an und wusste die Antwort. "Nein...", flüsterte sie mit zitternden Lippen, "nein, bitte nicht..."

"Sein richtiger Name war Budi", sagte Kepler schwer.

Spoon atmete gepresst aus, in ihren Augen standen Tränen.

Ihr Blick war schmerzvoll. Dass Budis Tod ihr nahe gehen würde, das hatte Kepler gewusst. Dass er ihr fast unerträgliche Schmerzen bereiten würde, nicht.

*****

Den ganzen Weg nach Berea sprachen sie nicht, sie sahen sich nicht einmal an.

In Budis Wohnzimmer blieb Kepler stehen. Spoon trat leise hinter ihn und legte ihre Arme um ihn. Kepler wand sich heraus und ging ins Schlafzimmer. Dort leerte er Budis Safe. Als er zurückkam, war Spoon in der Küche.

Sie wartete auf ihn und als er hereinkam, reichte sie ihm eine Tasse mit Kaffee.

"Danke", sagte Kepler und zeigte mit den Augen auf einen Stuhl. "Setz dich."

Schweigend folgte Spoon der Aufforderung. In ihrem Blick sah Kepler, dass sich der Schmerz über Budis Tod mit ihrem eigenen mischte.

"Du gehst weg, nicht wahr", sagte sie niedergeschlagen. "Allein?"

"Ja."

"Nimm mich mit", bat Spoon gehetzt.

"Das kann ich nicht, Ana."

"Warum?", flüsterte Spoon mit reißender Stimme.

"Ich muss dich beschützen."

"Indem du mich allein zurücklässt?", hakte Spoon fassungslos und aufgebracht nach. "Was für eine kranke Logik ist das denn?"

Kepler hatte das Gefühl, dass sie ihn anschreien und schütteln wollte.

"Jeder Mensch, der mit mir zu tun hatte, ist zu Schaden gekommen", antwortete er schwer. "Katrin und meine Familie leben wenigstens noch, hoffe ich." Er hob den Blick. "Andere sind tot, Ana. Sieben meiner Männer sind tot. Und Budi, der einzige Mensch, den ich noch geliebt habe, mein einziger Freund, er ist gestorben, weil er mir gefolgt war."

"Und ich?", fragte Spoon. "Ich liebe dich doch auch!"

"Ich habe jede Frau, die mir begegnet ist, auf irgendeine Weise verletzt", sagte Kepler, "und lieber verliere ich dich, als dass ich zusehen muss, wie du auch stirbst." Er gebot ihr mit einer Handbewegung zu schweigen. "Als Budi in meinen Armen starb, habe ich mir geschworen, dass ich das wenigstens dir nicht antun werde." Er sah Spoon in die Augen. "Du wirst darüber hinwegkommen, Ana, und mich vergessen, auch wenn du mir nicht verzeihen kannst."

"Nimm mich mit, irgendwohin, wo niemand ist, wir können doch einfach für uns zusammen leben", flehte Spoon mit Tränen in den Augen.

"Im Flugzeug habe ich darüber nachgedacht", sagte Kepler. "Dass wir irgendwo abgeschieden leben und die Welt einfach Welt sein lassen könnten."

"Ja...", stimmte Spoon ihm mit wilder Hoffnung zu.

"Und wenn es nicht funktioniert, und die Welt mich wieder in die Finger kriegt, dann geht das Ganze von vorne los. Ich habe mir auch deswegen keine Kugel in den Kopf gejagt, weil ich an deine Worte dachte, ich wollte dich nicht mit der Ungewissheit quälen, das wäre schlimmer als das hier." Kepler sah ihr bittend in die Augen. "Aber, Ana, wenn du meinetwegen stirbst, bringe ich mich um. Ich kann den Gedanken nicht ertragen, dass du verletzt wirst. Ich war für meinen Freund verantwortlich, und ich habe ihn verloren, so wie ich schon zu viele verloren habe." Er atmete durch. "Es reicht. Nie wieder."

"Ich bin Polizistin", erinnerte Spoon ihn heftig. "Ich kann immer sterben!"

"Wenn es dein Schicksal ist, akzeptiere ich es", sagte Kepler. "Aber", schloss er endgültig, "ich werde nicht zulassen, dass mein Schicksal dich tötet."

Spoon sah ihm in die Augen. Kepler hielt ihrem Blick stand. Und er bat sie stumm, ihn zu erlösen und gehen zu lassen. Gleichzeitig sagte sein Blick, dass wenn sie es nicht machte, er es selbst tun würde, ohne jegliche Rücksicht.

"Wo willst du hin?", fragte Spoon tonlos. "Nach Hause?"

"Ich habe keines", antwortete Kepler. "Meine wahre Identität ist ausgelöscht, meine jetzige wird es in ein paar Tagen sein. Ich verkrieche mich weit weg, wo die Welt etwas Zeit brauchen wird, um mich zu finden."

"Wie ist dein wirklicher Name?", wollte Spoon wissen.

*****

Kepler war nicht derselbe Mensch, der vor Jahren nüchtern zwar, aber mit einem Ideal nach Afrika gekommen war. Er hat aufgehört, dieser Mensch zu sein, als er im sudanesischen Dschungel den ersten Schuss aus einer SWD abgefeuert hatte. Damals hatte er gedacht, er würde so Leben retten und es beschützen.

Den Mann, den er damals gerettet hatte, hatte er vor zwei Tagen selbst getötet.

"Joe", antwortete Kepler. "Mein Name ist Joe Luger."

94. Es waren nicht die Kleidung oder das Bargeld in seinem Safe, das Kepler mitnehmen wollte. Es waren das Foto von ihm, Budi, Sahi, Massa und Ngabe, das Rebecca gemacht hatte, und das Blechkästchen mit der Erde von den Gräbern seiner Eltern und seiner Oma. Er nahm das Wakizashi mit, Katrins DVD und Omas alte Bibel, ein kleines Buch, gebunden in weiches Leder. Er hatte nicht einmal darin gelesen, aber er wollte dieses Buch nicht zurücklassen. Dann sah er Abudis Unterlagen, die er bei seiner ersten Flucht aus Sudan mitgenommen hatte. Er wusste zwar nicht, wozu er es je brauchen könnte, aber das Päckchen wog fast nichts, und er nahm es mit.

*****

Kepler blieb zwei Tage in Durban, um sein eigentliches Vorhaben durchzuführen. Dazu hatte es nicht nur seines MSS-Ausweises bedurft, sondern auch Gradys Intervention. Kepler musste ihn anrufen, als er Spoon das Haus überschreiben wollte. Der Direktor bestätigte dem Beam-

361

ten der zuständigen Behörde, dass Agent Aburni gefallen war, und dass Agent Luger in dessen Vollmacht handelte. Gradys Einschreiten beschleunigte das Ganze, sonst wären bestimmt einige Wochen nötig gewesen, um den Vorgang abzuschließen.

Spoon hatte sich erst dagegen gesträubt, dass Kepler ihr das Haus und den MVR überschreiben wollte, sich dann aber gefügt, und chauffierte ihn zu den Behörden. Sie sprach nur, wenn es nicht zu vermeiden war. Sie sah ihn dabei nicht an, sie vermied jeden Blickkontakt. Es war für sie beide schwer, und Kepler hatte das Gefühl, dass zwischen ihnen eine unüberwindbare Mauer stand.

Nachdem er alles erledigt hatte, buchte er den nächsten Flug nach Kapstadt.

*****

Kepler stand vor Sonnenaufgang auf und rief ein Taxi. Danach ging er in die Haushälfte, die Budi gehört hatte. Im geisterhaft wirkenden Wohnzimmer hielt er inne. Die Erinnerung an seinen Freund umgab ihn, und er konnte einmal kurz lächeln. Dann verabschiedete er sich und ging ins Schlafzimmer.

Spoon schlief zusammengerollt auf der Seite, die Decke war von ihr abgerutscht. Kepler sah sie an und dachte an die Wiederholungen in seinem Leben.

Wie vor Jahren Katrin, so hatte auch Spoon ihm ein Geschenk gemacht, das über alle Maßen groß war. Ihre Liebe bedeutete vielleicht, dass er noch nicht vollends verloren war, und noch nicht alles verloren hatte. Spoon war eine Insel des Glücks im Ozean des grauen Nichts, das ihn umgab, sie war ihm beinahe so wie Budi vertraut. Sein Entschluss, allein zu gehen, wankte.

Aber dann war Kepler, als würde er sehen, wie an Spoons wunderschönen Brüsten ihr rotes warmes Blut herunterlief. Das Bild war plastisch, er fühlte das Blut beinahe zwischen seinen Fingern rinnen und Spoons Leben davon tragen.

Sein Herz begann zu rasen. Er konnte nicht in einem Märchen leben, er konnte seine Welt nicht ignorieren, er wusste zu gut, wer und was er war.

Genauso wie er wusste, was er nicht war.

Er nahm die Erinnerung an Spoon und ihren Duft mit und ging wie ein Dieb.

*****

Am Flughafen checkte er zügig ein, ging zum Gate und wartete auf das Boarding. Es begann eine Viertelstunde später. Kepler reihte sich in die Schlange ein.

"Joe", hörte er die Stimme, die wie ein Messer über sein Herz schnitt. Er drehte sich um. "Einfach so?", fragte Spoon.

Sie sah ihm in die Augen. Schweigend griff er nach Spoons rechter Hand und holte die Hülse aus der Hosentasche heraus. Er legte das mattgelbe leere Röhrchen in Spoons filigrane Hand und schloss ihre Finger. Spoon hielt seine Hände mit ihrer linken Hand fest. Sie sahen einander stumm an.

Irgendwann hörte das Klicken der Ticketlesemaschine auf, alle Passagiere waren eingestiegen. Die Mitarbeiter des Flughafens warteten nur noch auf Kepler.

Sie ließen ihm und Spoon zwei Minuten, dann ging ein junger Mann zu ihnen.

Spoon trat an Kepler, legte ihre Arme um seinen Hals und küsste ihn. Sie löste sich von ihm, bevor der Flughafenangestellte bei ihnen war, und sah Kepler in die Augen. Dann lächelte sie kurz und schmerzlich und ging davon.

95. Theresa freute sich sehr, ihn zu sehen, und hauchte ihm einen Kuss auf die Wange. Auf der Fahrt fragte sie, ob er Lust hätte, mit ihr essen zu gehen.

Kepler war zu allem bereit, um die Gedanken an Budi und an Spoon loszuwerden, er stimmte zu und es gelang ihm, dabei halbwegs freudig zu lächeln.

*****

Vier Stunden später klingelte das Telefon. Smith teilte kurzangebunden mit, dass die Gulfstream in zwanzig Stunden abflugbereit am Cape Town International stehen wird, und erbat die Auskunft über das Ziel. Kepler nannte es ihm, dann legte der Waffenhändler auf. Kepler rief Grady an, dann Benjamin. Anschließend packte er den Bundeswehrrucksack. Seine wenigen Habseligkeiten ließen reichlich Platz übrig, aber den würde er noch brauchen.

Theresa kam eine Stunde später. Kepler verabschiedete sich von ihren Eltern, dann ging er zu den Gräbern und verabschiedete sich von Sahi.

Von Budis Grab nahm er eine Prise Erde und legte sie in das Kästchen mit der Erde von den Gräbern seiner Eltern und Omas. Die Erde seiner Heimat vermischte sich mit der Erde, die seinen Freund bedeckte.

"Warte auf mich, Budi", flüsterte er.

Dann ging er schnellen Schrittes zu Theresa, die am Auto auf ihn wartete.

*****

Sie fuhren nach Kapstadt. Auf der Long Street, einer der belebtesten Straßen der Innenstadt, mit unzähligen Kneipen, Restaurants und Nachtclubs, die sie zur Vergnügungsmeile machten, gingen sie essen.

Danach stürzten sie sich in einem Nachtklub in das mottenhafte Nachtleben von Cape Town.

Als sie miteinander tanzten, hatte Kepler das Gefühl, dass die junge todgeweihte Frau ihn brauchte. Nicht für ein erfülltes oder sinnvolles Leben, sondern um zu vergessen. Theresa wollte ihrer schrecklichen Krankheit zum Trotz leben, eine Frau sein, sich gut fühlen und es genießen, wenn auch nur für eine Nacht.

Kepler wollte auch vergessen und mit Afrika abschließen, und er hatte günstigere Voraussetzungen dafür als Theresa. Zumindest oberflächlich betrachtet.

Für einen Moment gelang es ihnen beiden wirklich, zu vergessen und zu leben.

Dann holte die Realität sie ein, so wie sie es immer tat. Als Theresa sich Kepler hingab, war der Schatten des AIDS da und gaffte sie aus toten Augen hämisch an. Sogar in ihrer Leidenschaft küsste Theresa Kepler nicht einmal.

Am Morgen sprachen sie nicht. Es gab nichts, worüber sie reden könnten, darum zerstörten sie ihre Vertrautheit nicht mit leeren Phrasen. Theresa brachte ihn zum Flughafen. Sie stieg aus, ging um den Wagen herum zu Kepler und umarmte ihn. Dann sah sie ihm in die Augen, berührte mit den Lippen leicht seine borstige Wange und sagte ein Wort, das ihm in diesem Moment alles bedeutete.

"Danke."

96. Grady, Benjamin und Smith warteten in der Lounge für Privatflieger, wohin ein freundlicher Flughafenmitarbeiter Kepler brachte. Sie standen auf, als er hereinkam. Nachdem der Flughafenmitarbeiter die Tür von außen geschlossen hatte, trat Kepler an den Tisch in der Mitte des Raumes, hinter dem die drei Männer standen. Er reichte keinem die Hand, sie ihm ebenfalls nicht.

Einige Sekunden verstrichen, dann stellte Benjamin einen großen Koffer auf den Tisch und öffnete ihn. Er war voll Bündeln aus Fünfzig-Dollar-Scheinen.

"Sind vier, von deinem und Budis Konten", sagte Ben und versuchte zu lächeln. "Drei-sieben in Schecks natürlich, von der South African Reserve Bank."

In bar hätten vier Millionen Dollar je nach dem Wert der Banknoten um die zwanzig Kilogramm gewogen, für dieses Volumen hätte Galema mehrere solcher Koffer mitbringen müssen, um das Geld mitzubringen. Und die Schecks der Zentralbank der Republik Südafrika waren auch in Australien gedeckt.

"Danke, Benjamin", erwiderte Kepler, und er meinte es ehrlich. Er gab dem Minister die Karte für sein von Mauto eingerichtetes Konto, dann holte er seinen MSS-Ausweis heraus und sah Grady fragend an. "Der neue Pass?"

"Sie bleiben Luger, so ist es weniger aufwändig, als Ihnen etwas Neues zu basteln. Außerdem, Askin passte nicht zu Ihnen." Der Direktor sah Kepler in die Augen. "Und den Ausweis behalten Sie bitte als Souvenir." Kepler steckte ihn wortlos wieder ein. Der Direktor reichte ihm seinen Pass. Er zögerte, das kleine Büchlein loszulassen, als Kepler danach griff. "Sie überlegen es sich nicht anders, oder?", fragte er ohne große Hoffnung.

Kepler schüttelte den Kopf. Und sah, dass Grady das aufrichtig bedauerte. Und dieser Mann hatte sehr viel für ihn getan. Er schuldete ihm mindestens die wahre Erklärung dafür, warum er sich selbst aufgegeben hatte.

"Ich wollte wirklich MSS-Agent werden", sagte er. "Aber dann wurde Budi verwundet und ich musste ihn erschießen, damit er nicht vor Schmerzen den Verstand verlor." Er atmete durch, während Grady, Ben und Smith hart schluckten. "Und um die Geiseln zu retten. Und nun – ich kann einfach nicht mehr."

"Es tut uns leid, Dirk", sagte Grady, und Benjamin und Smith nickten.

Keplers neuer alter Pass hatte erstaunlicherweise ein konsularisches Visum, in dem vermerkt war, dass dem Inhaber von der australischen Regierung das Agrément erteilt worden war. Damit war Australien bereit, Joseph Luger gemäß Wiener Übereinkommen über diplomatische und konsularische Beziehungen für eine diplomatische oder eine andere Mission zu empfangen. Und Luger hatte tatsächlich eine Mission, er war nun ein Honorarkonsul. Das Agrément war nur eine Vorstufe zur Akkreditierung und weit entfernt von der diplomatischen Immunität, das Ehrenkonsultum besaß nur Amtshandlungsimmunität. Aber auch das würde vielleicht einiges leichter und einfacher machen.

Kepler fragte sich, inwiefern Grady seine Integrität ihm gegenüber demonstrieren wollte, und inwiefern er ihm, und sich selbst auch, eine Tür offen ließ.

"Wieso nicht einfach ein Independent Migrant Visa?", fragte Kepler mit ruhigem Misstrauen und sah dem Direktor in die Augen. "Gibt es dort überhaupt Südafrikaner, oder soll ich Dingos mit Auswanderungswunsch beraten?"

"Kulturattaché wäre ein Euphemismus für einen Geheimagenten. Und in der kurzen Zeit konnte ich den Eignungstest fürs IMV nicht durchkriegen. Fürs Rentnervisum sind Sie viel zu jung, und Besuchervisa verlängern die Australier zum zweiten Mal kaum, darum haben Ben und ich es so gemacht", antwortete Grady. "Es macht den Anschein, als wollen wir Sie abschieben, Sie bekommen nicht mal Gehalt von uns. Und weil wir und die Australier zum Commonwealth gehören, tun sie uns den Gefallen und nehmen Sie auf."

"Danke, Sir", sagte Kepler. "Dir auch, Ben." Beide nickten. Kepler legte sein Satellitentelefon auf den Tisch. "Sollten sich Chief Edrusku oder Ana Spoon je melden, sagt ihnen, ich sei tot."

Er straffte sich, steckte den Pass ein und wollte den Koffer nehmen.

"Die anderen lassen dich grüßen", sagte Benjamin leise und gab ihm einen dicken Briefumschlag. "Hier, sie haben dir geschrieben."

Kepler nickte, dann sah er zu Smith.

"Erma?"

"Im Flugzeug", antwortete der Waffenhändler knapp.

Kepler nahm den Geldkoffer, dann streckte er Benjamin die Hand entgegen.

"Leb wohl, Dirk", sagte der Minister gedämpft.

"Du auch, Benjamin." Kepler atmete durch. "Grüß die anderen von mir."

Der Minister nickte. Kepler gab Grady die Hand. Sie verabschiedeten sich ohne Worte, nur mit einem Blick. Dann ging Kepler hinaus.

*****

Smith holte ihn ein und führte ihn schweigend zu der Gulfstream, die auf dem Vorfeld wartete. Sobald sie eingestiegen waren, schloss der Copilot die Tür, und wenige Minuten später wurden die Triebwerke gestartet.

Vierzehn Minuten später befand sich die G550 mit eingefahrenem Fahrwerk im Steigflug. Der Kurs war nach Osten. Der Himmel war fast wolkenlos, nur hin und wieder rasten kleine winzige weiße Fetzen am Flugzeug vorbei. Die scharfe Küstenlinie tausende Meter weiter unten schien sich kaum zu bewegen. Doch sie tat es, beständig und unaufhaltsam. Bald überflog die Gulfstream sie und dann breitete sich die unendliche blaue Weite des Ozeans unter dem Flugzeug aus.

Kepler lehnte sich zurück, schloss die Augen und nahm Abschied von Afrika, das ihm so viel Schmerz bereitet hatte. Und das er liebte.

Smith kam und reichte ihm eine Tasse mit heißem Kaffee. Der Waffenhändler sah Kepler irgendwie besorgt oder auch verlegen an, dann klärte er ihn auf, dass sie ohne Zwischenlandung nach Canberra fliegen würden, die G550 hatte die nötige Reichweite, um die elftausend Kilometer Entfernung in einem Stück zurückzulegen. Außerdem waren nur sie beide, der Bodyguard und zwei Besatzungsmitglieder an Bord, also hätten sie auch weiter gekonnt.

"Wie viel kriegst du für den Flug?", unterbrach Kepler seine Ausführungen.

"Bist eingeladen", lehnte der Waffenhändler ab.

"Von wem?", fragte Kepler verdutzt.

"Vom MSS", antwortete Smith kurzangebunden. "Willst du was essen?"

"Nein, danke. Gibst du mir bitte mein Gewehr?"

Smith stand auf und ging weg. Zwei Minuten später kehrte er mit einer länglichen Tasche zurück, gab sie Kepler ohne ein Wort und ging wieder.

In der Tasche lagen das SR-100, der Schalldämpfer, das Werkzeug und zwanzig volle Ersatzmagazine. Kepler packte alles in seinen Rucksack um, danach legte er die Glocks und die Weste hinein. Anschließend öffnete er Benjamins Koffer und verstaute die dreißig Geldbündel im Rucksack. Kepler machte ihn zu und holte den Briefumschlag heraus. Darin waren Faxkopien der Briefe.

Mauto und Rebecca dankten ihm, versuchten, ihm Trost zuzusprechen und wünschten ihm alles Gute. Massa und Ngabe hatten zusammen einen Brief geschrieben. Er war auf Arabisch, und Kepler musste sich an die halbvergessenen Zeichen erst erinnern. Seine Männer schrieben dasselbe wie die Galemas, und dankten ihm, dass er Budi gemäß der Tradition begraben hatte. Und sie versuchten nicht nur wie die anderen, tröstende Worte zu finden, sondern auch, Kepler von jeglicher Schuld an Budis Tod freizusprechen. Ihr Brief schloss mit der Bitte, ihnen bei Gelegenheit zu schreiben und zu berichten, wie ihr Freund gefallen war. *Colonel, es war uns eine Ehre, Ihre Ratten zu sein*, lautete der letzte Satz, *wir werden Sie nie vergessen.*

"Mir auch, Männer", flüsterte Kepler mit geschlossenen Augen. "Mir war es auch eine Ehre, euer Kamerad und Kommandeur zu sein. Es tut mir unendlich leid, dass ich nur so wenige von euch alle vor dem Tod bewahrt habe."

97. Bedingt durch die Zeitverschiebung landete die Gulfstream um zehn Uhr lokaler Zeit in Canberra. Ein Mitarbeiter der südafrikanischen Botschaft wartete auf dem Vorfeld. Er stieg ins Flugzeug, begrüßte alle knapp, danach stopfte er Keplers Rucksack in eine große Jutetasche. Solche wurden von Staatskurieren auf der ganzen Welt für die Beförderung von diplomatischer Post benutzt.

Kepler bat Smith, Grady in seinem Namen nochmal zu danken, und verabschiedete sich vom Waffenhändler herzlicher, als er ihn begrüßt hatte.

*****

Die nächsten zehn Tage verbrachte Kepler damit, sich in Australien einzurichten. Dann war er anerkannt, hatte ein Bankkonto und durfte Eigentum erwerben.

Um das zu tun, flog er nach Sydney, ein australischer Beamter hatte ihm eine entsprechende Firma empfohlen, die dort ansässig war. Seine Waffen schickte Kepler sich selbst per Post hinterher.

Der Kingsford Smith International Airport lag neun Kilometer vom Stadtzentrum Sydneys entfernt. Die Verbindung über den Airportlink war schnell, zwanzig Minuten später befand sich Kepler in den Häuserschluchten von Sydney-City. Irgendwo in der dichtbesiedelten Metropole, die ihm schon nach kurzer Zeit einige Kopfschmerzen verursachte, setzte der Taxifahrer ihn vor dem Firmensitz von Outback-Immovables ab.

Dort geriet Kepler an einen jungen Makler, der sich abgeklärt gab. Im Immobiliengeschäft war er es vielleicht auch, doch mehr als zwei Freundinnen in seinem gesamten Leben traute Kepler ihm nicht zu. Der Jüngling begrüßte ihn mit einem festen Handschlag und erkundigte sich nach seinen Wünschen. Kepler hatte Durst und wollte ein Haus abseits der Zivilisation erwerben.

Er entschied sich zügig für eine Ranch im Outback. Ihr Besitzer war verstorben, und die Erben wussten nichts mit ihr anzufangen.

Der Makler wollte an Kepler anscheinend die Provision seines Lebens verdienen. Kepler bot die Hälfte des aufgerufenen Preises an. Der Makler bescheinigte ihm fröhlich einen guten Bluff, wo er doch den australischen Immobilienmarkt nicht kannte. Kepler erwiderte, die Ranch stehe schon lange zum Verkauf, auf dem Bild des Wohnzimmers sah man deutlich Staub auf den Möbeln.

Sie tranken Kaffee und stritten sich handelnd freundlich miteinander. Nach der dritten Kanne waren sie sich einig.

*****

Es dauerte einige Zeit, bis der Papierkram erledigt war. Kepler nutzte die Zeit dazu, verschiedene Autos Probe zu fahren. Er machte es sehr ausgiebig, weil er die Zeit mit einer Beschäftigung ausfüllen wollte. Denn eine genaue Vorstellung davon, was er haben wollte, hatte er eigentlich schon längst.

*****

Schließlich war er Besitzer der Solitary-Ranch im Landesinneren der Northern Territory. Am selben Tag kaufte er einen allradgetriebenen Ford F-350-Pickup mit einem sechs Komma vier Liter V8-Turbodiesel und Doppelkabine.

98. An einem Morgen machte sich Kepler gegen drei Uhr auf den Weg.

Als die Morgendämmerung des neuen Tages anbrach, hatte er Sydney bereits weit hinter sich gelassen. Sobald sich der Himmel zartrosa färbte, verließ er den Highway und fuhr weit ins Land, bis er die befestigte Straße nicht mehr sah.

Er hielt an, stieg aus und zog den Anzug aus. Es ging ihm sofort besser, sobald er seine Hose, die Stiefel, das Shirt, die Weste und das Kopftuch anhatte.

Aber nicht so gut, wie dort, wo er zu Hause war.

Australien roch ganz anders als Afrika. Budi fehlte ihm fürchterlich, und die Glock konnte er auch nicht mehr offen tragen. Aber er brauchte einen Freund, so allein wie er in der unermesslichen Weite des fremden Landes war. Er holte die Erma heraus, öffnete die Heckklappe des Fords, setzte sich im Schneidersitz auf die Ladefläche und stellte das Gewehr mit der Mündung nach oben zwischen seine Beine hin. Dann las er nochmal Thembekas Brief.

Lieber Onkel Dirk, ich danke dir für alles. Ich habe dich sehr lieb. Gott sei mit dir, hatte das Mädchen in einer etwas unsicher wackligen, kindlichen Schrift geschrieben. *Deine Thembeka.*

Kepler steckte das Blatt in die Brusttasche der Weste über seinem Herzen, setzte die Sonnenbrille auf und legte die Hände auf das Gewehr.

*****

Still und einsam saß er da und blickte in den Sonnenaufgang, der sich feurig über der Endlosigkeit von Australien ausbreitete.

Ende

zialeinheit unter der Leitung von Kris und Griff. Ihr Auftrag ist simpel: Sie sollen die Terroristen mit allen Mitteln aufhalten, ehe sie das Gefüge der Bundesrepublik Deutschland aus den Angeln heben.

Ihre Zufriedenheit ist unser Ziel!

Liebe Leser, liebe Leserinnen,

hat Ihnen unser Buch gefallen? Haben Sie Anmerkungen für uns? Kritik? Bitte zögern Sie nicht, uns zu schreiben. Wir werden jede Nachricht persönlich lesen und beantworten.

Schreiben Sie uns: info@ek2-publishing.com

Wussten Sie schon, dass Sie uns dabei unterstützen können, deutsche Militärliteratur sichtbarer zu machen? Bitte nehmen Sie sich einen Moment Zeit und bewerten Sie dieses Buch auf Amazon. Viele positive Rezensionen führen dazu, dass das Buch mehr Menschen angezeigt wird.

Sie können somit mit wenigen Minuten Zeitaufwand unserem kleinen Familienunternehmen einen großen Gefallen tun. Vielen Dank für Ihre Unterstützung!

PS: In seltenen Fällen kommt ein Buch beschädigt beim Kunden an. Bitte zögern Sie in diesem Fall nicht, uns zu kontaktieren. Selbstverständlich ersetzen wir Ihnen das Buch kostenlos.

Eine Veröffentlichung der EK-2 Publishing GmbH

Friedensstraße 12
47228 Duisburg
Registergericht: Duisburg
Handelsregisternummer: HRB 30321
Geschäftsführerin: Monika Münstermann

E-Mail: info@ek2-publishing.com
Website: www.ek2-publishing.com

Cover/Umschlag: Jörg Pieskers
Autor: Johann Löwen
Lektorat & Buchsatz: Johann Löwen/Heiko Piller

Neuausgabe, August 2024

Druckhinweis:
Libri Plureos GmbH
Friedensallee 273 2
2763 Hamburg